高职机电一体化技术专业系列教材

国家骨干高职院校建设项目成果

机电设备安装与调试

主　编　冯国发

副主编　赵忠玉　葛占福

参　编　王得宏　任林昌

西北工業大學出版社

【内容简介】 本书采用项目式和任务驱动式教学形式，通过完成任务让读者掌握机电设备安装与调试工艺内容。本书涵盖的内容主要有“自动化生产线安装与调试”、“装配钳工”、“微机原理与PLC编程”、“数控机床安装与验收”“液压与气动技术”等课程的知识信息。在编写过程中坚持“理论够用、强调应用、方便教学”为原则，找准职业教育的特点和定位，力求内容上有所突破，思路上有所创新。全书设置若干学习情景，每个学习情景的设计都是按照认知规律，有任务描述、学习目标、知识衔接和任务实施等环节，让学生在情景学习中逐渐掌握相关技能知识。

图书在版编目(CIP)数据

机电设备安装与调试／冯国发主编.—西安：西北工业大学出版社，2015.4
ISBN 978-7-5612-4314-5

Ⅰ.①机… Ⅱ.①冯… Ⅲ.①机电设备—设备安装—高等职业教育—教材 ②机电设备—调试方法—高等职业教育—教材 Ⅳ.①TH17

中国版本图书馆CIP数据核字(2015)第073179号

出版发行：西北工业大学出版社
通信地址：西安市友谊西路127号　　邮编：710072
电　　话：(029) 88493844　88491757
网　　址：www.nwpup.com
印 刷 者：陕西宝石兰印务有限责任公司
开　　本：787 mm×1 092 mm　1/16
印　　张：23.5
字　　数：556千字
版　　次：2015年7月第1版　　2015年7月第1次印刷
定　　价：41.00元

FOREWORD

前言

为了深入贯彻落实国家大力发展职业教育的规划纲要精神，以校企合作、工学结合、课堂与实训一体化的职业教育理念为指导，着重体现任务引领、实践导向、基于工作过程系统化的教学理念，本书在编写过程中，打破传统的学科课程体系，以企业生产任务为依托，对机电设备安装与调试知识、技能进行重新构建，力求内容上有所突破，思路上有所创新。

本书以就业为导向，坚持"够用、使用、会用"的原则，以图片、操作表格代替烦琐抽象的原理分析，吸收新产品、新知识、新工艺与新技能，重点培养学生的技术应用能力，帮助学生学会方法，养成习惯，更好地满足企业岗位的需要。

本书由 4 个教学学习情境组成：自动化生产线供料机构组装与调试；自动化生产线搬运机械手安装与调试；自动化生产线物料传送及分拣机构组装与调试；自动化生产线物料供料搬运、传输及分拣机构组装与调试。

在编写中模拟企业工程实施环境，将传感器、机械传动、液压与气动控制、PLC、变频器及触摸屏等知识融为一体，全面介绍了机械组装、电路连接、气路连接、程序输入、参数设置、人机界面工程创建和设备调试等机电应用技能。

本书主要涵盖"自动化生产线安装与调试""装配钳工""微机原理与 PLC 编程""数控机床安装与验收""液压与气动技术""变频器原理与参数设计""传感器原理"等课程的知识信息。

本书授课参考学时如下：

序号	教学内容	建议学时
学习情境一	自动化生产线供料机构组装与调试	20
学习情境二	自动化生产线搬运机械手安装与调试	16
学习情境三	自动化生产线物料传送及分拣机构的组装与调试	20
学习情境四	自动化生产线物料供料、搬运、传输及分拣机构组装与调试	16

本书由武威职业学院冯国发任主编，赵忠玉、葛占福任副主编。具体编写分工如下：学习情境一、三由冯国发编写；学习情境二由赵忠玉编写；学习情境四由葛占福编写。此外，参与本书编写工作的还有王得宏、任林昌。

在本书编写过程中，武威职业学院各级领导及同仁们给予了诸多支持和帮助，在此表示衷心感谢！

限于水平，书中难免有不足之处，敬请读者批评指正。

编　者

2015 年 3 月

CONTENTS

目录

学习情境四　自动化生产线物料供料、搬运、传输及分拣机构组装与调试

◇学习情境一

自动化生产线供料机构组装与调试

任务描述

1) 根据设备装配示意图组装送料机构机械构件；

2) 按照设备电路图连接送料机构的电器回路；

3) 输入设备控制 PLC 程序，调试送料机构使其实现特定功能。

学习目标

☆知识目标：

1) 掌握自动化生产线供料单元工作流程；

2) 掌握自动化生产线供料单元机械部件装配；

3) 掌握自动化生产线供料单元电器回路连接；

4) 掌握自动化生产线供料单元动回路连接；

5) 掌握自动化生产线供料单元 PLC 程序编制及变频器参数设定及输入；

6) 掌握自动化生产线供料单元整机调试；

7) 对自动化生产线供料单元提出创新与改进意见。

☆技能目标：

1) 能够识读设备图样及技术文件；

2) 会利用钳工知识正确画线；

3) 能够正确地执行送料机构装配步骤；

4) 根据电路图会连接物料检测光电传感器；

5) 根据电路图会连接直流电动机控制电气线路。

学时安排

项目	资讯	计划	决策	实施	检查	评价	总计
学时	4	2	2	10	1	1	20

知识链接

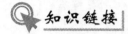

一、自动化生产线供料机构安装与调试

(一)识读设备图样及技术文件

1. 装置简介

送料机构主要起上料作用,结构如图 1 - 1 所示。

1—转盘;2—调节支架;3—直流电动机;4—物料;5—出料口传感器;6—物料检测支架

图 1 - 1　供料单元结构图

供料单元由转盘、调节支架、直流电动机、物料出口、出料口传感器、物料检测支架等组成。

放料转盘:转盘中共放三种物料,即金属物料、白色非金属物料和黑色非金属物料。

驱动电机:电动机采用 24 V 直流减速电动机,转速为 6 r/min;用于驱动放料转盘旋转。

物料支架:将物料有效定位,并确保每次只上一个物料。

出料口传感器:物料检测为光电漫反射型传感器,主要为 PLC 提供一个输入信号,如果运行中,光电传感器没有检测到物料并保持若干秒钟,则应让系统停机然后报警。

(1)起停控制。按下启动按钮,机构启动。按下停止按钮,机构停止工作。

(2)送料功能。机构启动后,自动检测物料支架上的物料,警示灯绿灯闪烁。若无物料,PLC 便控制转盘电动机工作,驱动叶扇旋转,物料在叶扇推挤下,从放料转盘中移至出料口。当物料检测传感器检测到物料时,电动机停止运转。

(3)物料报警功能。当转盘电动机运行 4 s 后,物料传感器仍未检测到物料,则说明料盘内已无物料,此时机构停止工作并报警,警示灯闪烁。

2. 识读机械装配图样

送料机构的设备其功能是将料盘中的物料移至出料口。

送料机构由放料转盘、调节固定支架、转盘电动机(直流减速电动机物料检测光电传感器(出料口检测传感器)和物料检测支架等组成如图1-2,其中放料转盘固定在调节固定支架上,物料检测传感器固定在物料检测支架上。放料转盘放置物料,其内部页扇经24 V直流减速电动机驱动旋转后,便将物料推挤出料盘,滑向出料口,电动机的转速为6 r/min改变转盘支架上。改变转盘上下的位置可调节转盘的高度。物料检测支架有物料定位功能,并保证每次只上一个物料。出料口检测使用的传感器为光电漫反射型传感器,是一种光电式接近开关,通常简称为光电开关,其用途是检测出料口有无物料,为PLC提供输入信号。

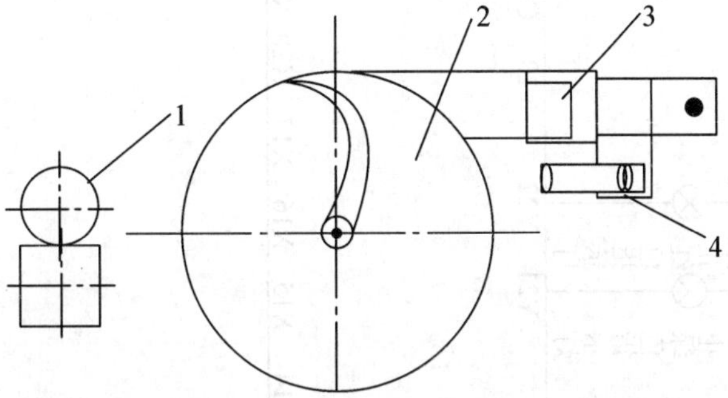

1—物料支架;2—物料转盘;3—传感器支架;4—出料口

图1-2 供料机构示意图

3. 识读电路图

端子接线布置如图1-3所示,送料机构的电气控制以PLC为核心,PLC输入启停及物料检测信号,输出信号驱动直流电动机、警示灯和蜂鸣器。

(1)PLC机型。PLC机型为三菱FX_{2N}-48MR。

(2)I/O点分配。PLC输入/输出设备及输入/输出点的分配情况见表1-1。

表1-1 输入/输出设备节点分配

输入			输出		
元件代号	功能	输入点	元件代号	功能	输出点
SB1	启动按钮	X0	M	直流减速电动机	Y3
SB2	停止按钮	X1	HA	警示灯报警	Y15
SQP3	物料检测光电传感器	X11	IN1	警示灯绿灯	Y21
			IN2	警示灯红灯	Y22

(3)输入/输出设备连接特点。本设备中所使用的光电传感器都是三线传感器,它们均有三根引出线,其中一根接PLC的输入信号端子,一根接PLC的直流输出电源24 V"+"(此线在图形符号中隐含了),第三根接输入公共端COM。

供料单元PLC接线图如图1-3所示。

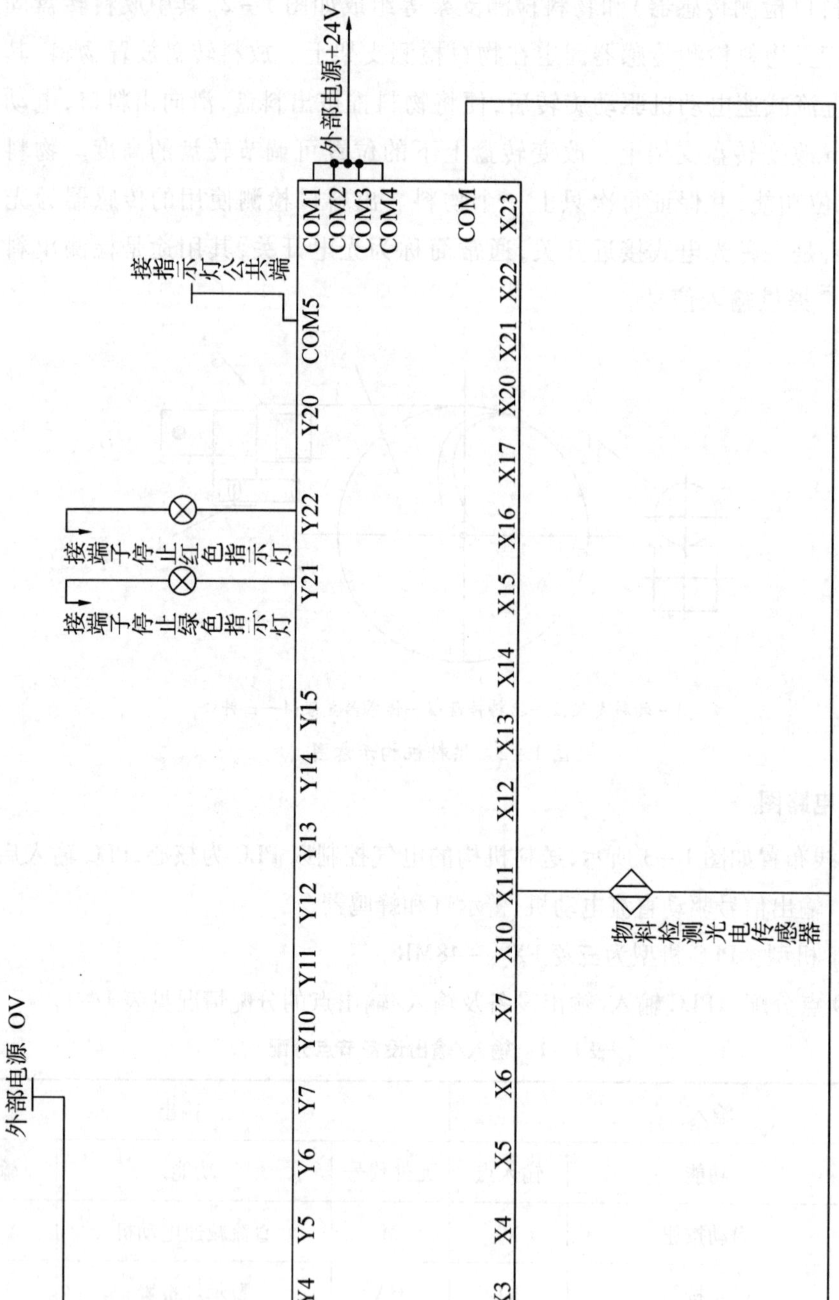

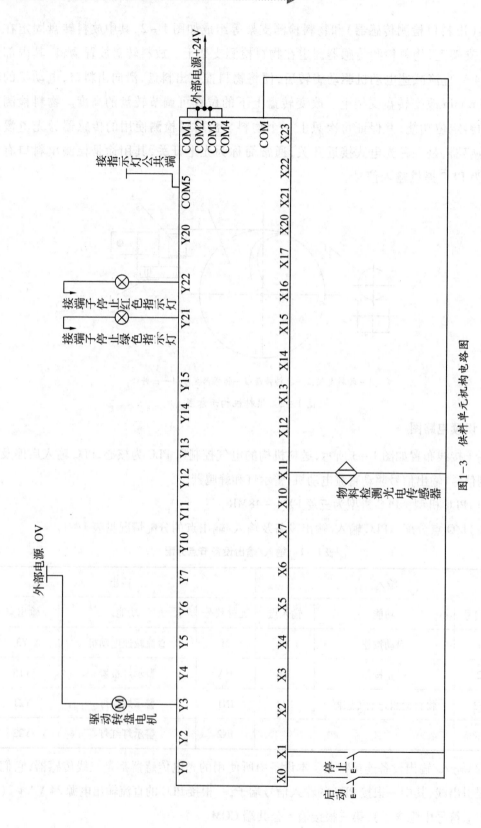

图1-3　供料单元机构电路图

4. 识读梯形图

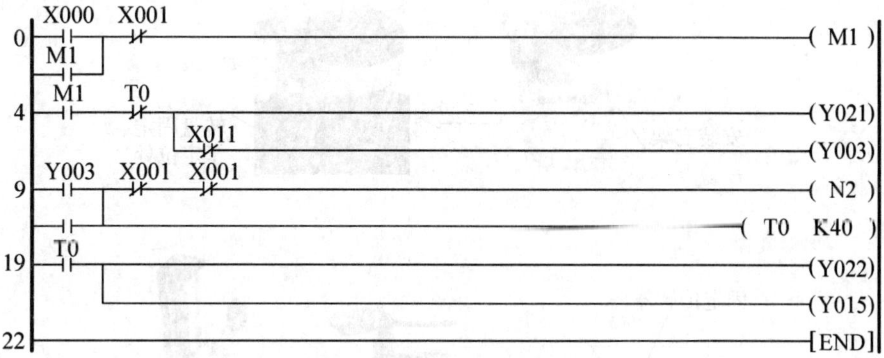

图 1－4　供料单元 PLC 梯形图

(1)启停控制。按下启动按钮 SB1,启停标志辅助继电器 M1 为 ON,送料机构启动。按下停止按钮 SB2,M1 为 OFF,送料机构停止工作。

(2)直流减速电动机控制。当 M1 为 ON 时,Y21 为 ON,警示灯绿灯闪烁。若出料口无物料,则物料检测传感器的 SQ3 不动作,X11 = N0 动作,Y3 为 ON,驱动直流减速电动机旋转,物料挤压上料。当物料检测传感器 SQ3 检测到物料时,X11 = ON,Y3 为 OFF,直流减速电动机停转,一次上料结束。

(3)报警控制。Y3 为 ON 时,报警标志 M2 为 ON 且保持,定时器 T0 开始计时 4 s,时间到,若传感器检测不到物料,仍动作,Y21,Y3 为 OFF,绿灯熄灭,直流减速电动机停转;同时 Y22,Y15 为 ON 警示灯红灯闪烁,蜂鸣器发出报警声。当 SQ3 动作时,报警标志 M2 复位。

(二)供料单元的组装

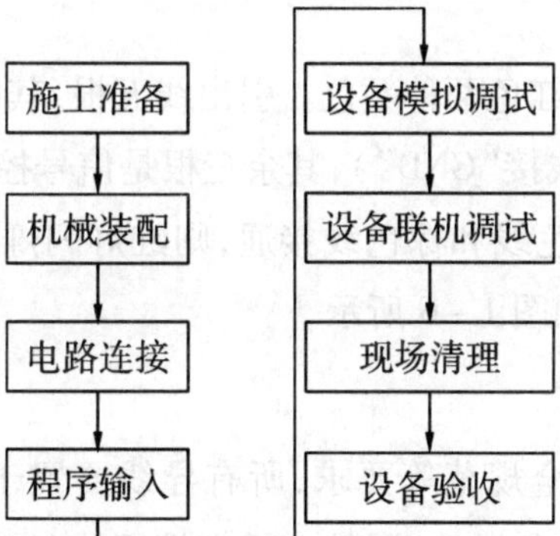

图 1－5　送料机构的组装与调试流程图

1. 机械装配(供料转盘组装)

供料转盘装配如图 1－6 所示。

2. 电气回路组成

本装置电气部分主要由电源模块、按钮模块、可编程控制器(PLC)模块、变频器模块、三相异步电动机、接线端子排等组成。所有的电气元件均连接到接线端子排上,通过接线端子排连接到安全插孔,由安全接插孔连接到各个模块,提高实训考核装置安全性。结构为拼装式，各个模块均为通用模块，可以互换，能完成不同的实训项目，扩展性较强。

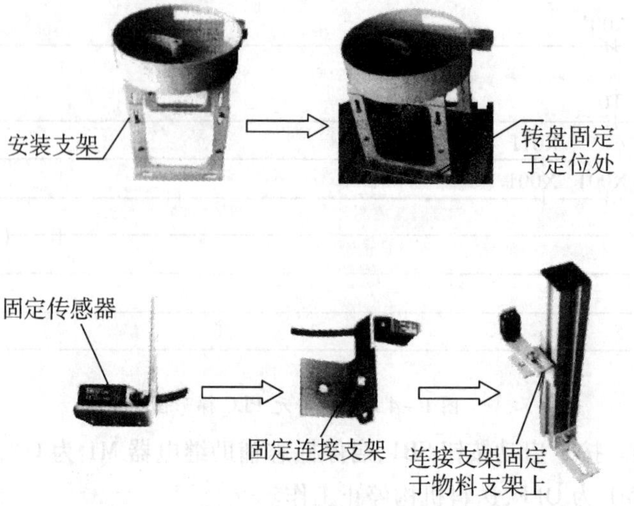

图 1-6　转盘组装图

(1)电源模块。三相电源总开关(带漏电和短路保护)、熔断器。单相电源插座用于模块电源连接和给外部设备提供电源，模块之间电源连接采用安全导线方式连接。

(2)按钮模块。提供了多种不同功能的按钮和指示灯(DC24 V)，急停按钮、转换开关、蜂鸣器。所有接口采用安全插座连接。内置开关电源(24 V/6 A 一组，12 V/2 A 一组)，为外部设备工作提供电源。

(3)PLC 模块。采用三菱 FX2N-48MR 继电器输出，所有接口采用安全插座连接。

(4)变频器模块。三菱 E540-0.75 kw 控制传送带电动机转动，所有接口采用安全插座连接。

(5)警示灯。共有绿色和红色两种颜色。引出线五根，其中并在一起的两根粗线是电源线(红线接"+24"，黑红双色线接"GND")，其余三根是信号控制线(棕色线为控制信号公共端，如果将控制信号线中的红色线和棕色线接通，则红灯闪烁，将控制信号线中的绿色线和棕色线接通，则绿灯闪烁)。如图 1-6 所示。

3. 电气回路组装

电路连接应符合工艺、安全规范等要求，所有导线要置于线槽内。导线与端子排连接时，应套线号管并及时编号，避免错编、漏编。插入端子排的连线必须接触良好且紧固。自动化生产线电气接线端子分配如图 1-11 所示。

供料单元电气连接流程如图 1-7 所示。

(1)连接物料检测传感器至端子排。物料检测传感器有三根引出线，其连接方法如下：黑色线连接 PLC 的输入信号端子，棕色线连接 PLC 的 24 V 电源输出端子，蓝色线连接 PLC 的输入公共端 COM。

(2)连接输入元件至端子排。输出元件的引出线都为单芯线。连接时，应做到导线与端子紧固，无露铜，线槽外的引出线整齐、美观。

(3)连接转盘电动机。如图 1 - 8 所示。直流转盘电动机有两根线,红色线其对应的 PLC 输出端子接直流电源 24 V“ + ”),蓝色线接直流电源 24 V“ - ”。

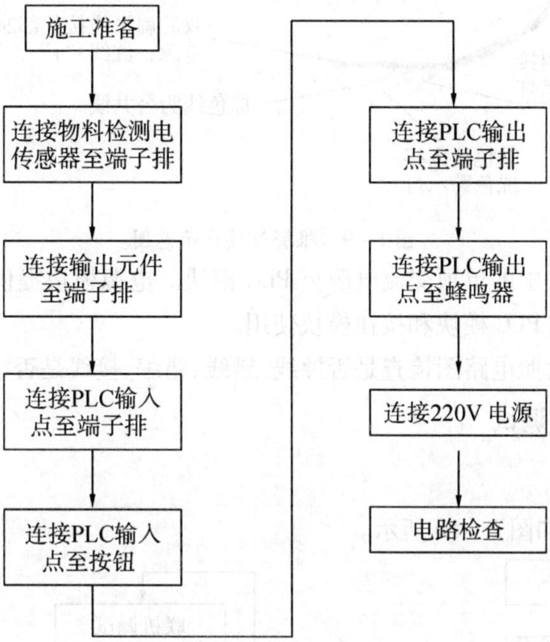

图 1 - 7 电路连接流程图

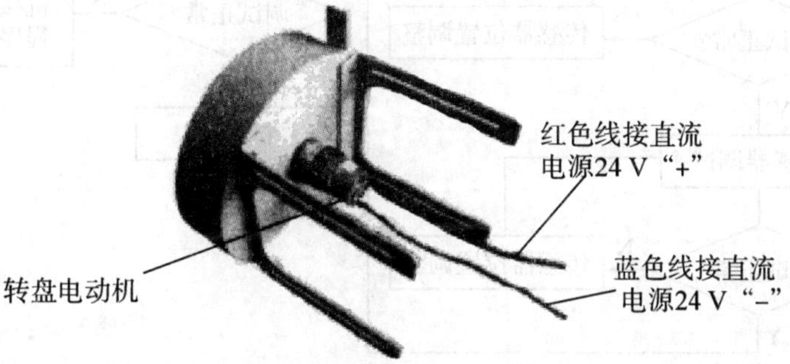

图 1 - 8 电动机接线

(4)连接警示灯。如图 1 - 9 所示警示灯有 5 根线,其中较粗的两芯扁平线为电源线,其红色线接直流电源 24 V“ + ”,黑色线接直流电源 24 V“ - ”;其余三根为信号控制线,棕色线为信号控制端的公共端,红色线接红色警示灯,绿色线接绿色警示灯如图 1 - 9 所示。

(5)连接 PLC 的输入端子至端子盘。PLC 模块采用安全插座连接,连接时应将安全插头完全置于插座内,以保证两者有效接触,避免出现电路开路现象。传感器与 PLC 连接时,应看清三线的颜色,确保连接正确,避免烧坏传感器。

(6)连接 PLC 的输入端子至按钮模块,根据电路图将启动、停止按钮与其对应的 PLC 输入信号端子连接。

(7)连接 PLC 的输入端子至端子排,PLC 左侧部分是输出部分,三菱 FX2N - 48MR 型 PLC 共有 5 组输出端子,其中 Y0 ~ - 3 共用 COM1,Y4 ~ Y7 公用 COM2,Y1 ~ Y13(共用有

COM3,Y14 ~ Y17 共用 COM4,Y20 ~ Y27 共用 COM5。

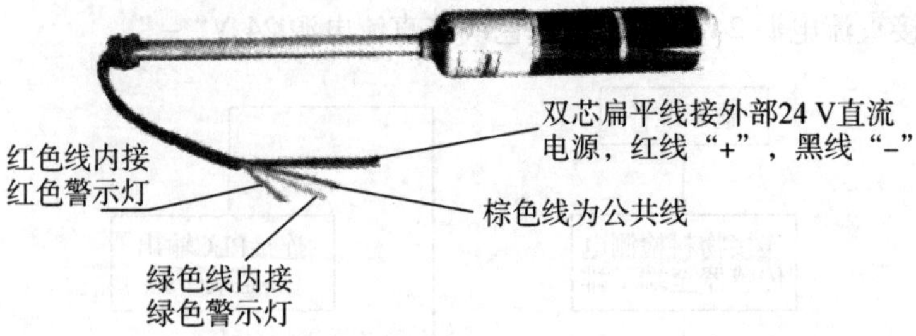

图 1-9　报警灯接线示意图

(8)连接电源模块中的单项交流电源至 PLC 模块。电源模块提供一组三项电源和两个两项电源,单项电源供 PLC 模块和按钮模块使用。

(9)电路检查。对照电路图检查是否掉线、错线、错编,接线是否牢固等。

(三)供料单元的调试

1. 设备调试

设备调试流程图如图 1-10 所示。

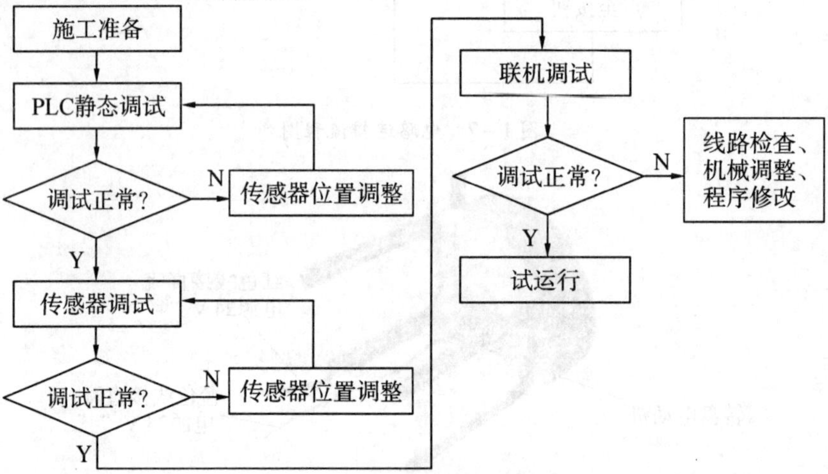

图 1-10　设备调试流程图

PLC 静态调试记载表见表 1-2。

表 1-2　静态调试记载表

步骤	操作任务	观察任务		备注
		正确结果	观察结果	
1	按下启动按钮 SB1	Y21 指示 LED 点亮		
		Y3 指示 LED 点亮		
2	X11 在 4 s 后仍不动作	Y3 指示 LED 熄灭		
		Y22 指示 LED 点亮		
		Y15 指示 LED 点亮		
		Y21 指示 LED 熄灭		

续表

步骤	操作任务	观察任务		备注
		正确结果	观察结果	
3	动作 X11 钮子开关	Y21 指示 LED 点亮		
4	复位 X11 钮子开关	Y21 指示 LED 点亮		
		Y3 指示 LED 点亮		
5	动作 X11 钮子开关	Y21 指示 LED 点亮		
		Y3 指示 LED 熄灭		
6	按下停止按钮 SB2	Y21 指示 LED 熄灭		

2. PLC 静态调试

(1)连接计算机与 PLC。

(2)确认 PLC 输出负载回路电源处于断开状态。

(3)合上断路器,给设备供电。

(4)将 PLC 的 RUN/STOP 开关置“STOP”位置,写入程序。

(5)将 PLC 的 RUN/STOP 开关置”RUN”位置,按下 PLC 模块上的钮子开关模拟调试程序,观察 PLC 输出指示 LED 的动作情况。

(6)将 PLC 的 RUN/STOP 开关置“STOP”位置。

(7)复位 PLC 模块上的钮子开关。

3. 传感器调试

出料口放置物料,观察 PLC 的输入指示 LED,如能点亮,说明光电传感器位置正常;如不能点亮,需调整传感器位置、调节传感器漫反射灵敏度或检查传感器及其线路的好坏。

4. 设备联机调试(见表 1-3)

表 1-3　联机调试结果一览表

步骤	操作过程	设备实现的功能	备注
1	按下停止按钮 SB1 (出料口无物料)	绿灯闪烁	送料
		电动机旋转	
2	2 s 后出料口无料	绿灯熄灭	停机报警
		红灯闪烁	
		电动机停转	
		发出警报声	
3	给出料口加料	绿灯闪烁	等待取料
4	取走出料口物料	绿灯闪烁	送料
		电动机旋转	
5	出料口有物料	绿灯闪烁	等待取料
		电动机停转	
6	按下停止按钮 SB2	绿灯熄灭	机构停止工作

端子接线布置图

1	驱动启动警示灯红
2	驱动启动警示灯绿
3	指示灯信号公共端
4	警示灯电源正
5	警示灯电源负
6	转盘电机电正
7	转盘电机电负
8	触摸屏电源正
9	触摸屏电源负
10	驱动手爪抓紧双向电控阀 1
11	驱动手爪抓紧双向电控阀 2
12	驱动手爪松开双向电控阀 1
13	驱动手爪松开双向电控阀 2
14	驱动手爪提升双向电控阀 1
15	驱动手爪提升双向电控阀 2
16	驱动手爪下降双向电控阀 1
17	驱动手爪下降双向电控阀 2
18	驱动手臂伸出双向电控阀 1
19	驱动手臂伸出双向电控阀 2
20	驱动手臂缩回双向电控阀 1
21	驱动手臂缩回双向电控阀 2
22	驱动手臂左转双向电控阀 1
23	驱动手臂左转双向电控阀 2
24	驱动手臂右转双向电控阀 1
25	驱动手臂右转双向电控阀 2
26	驱动推料一伸出单向电控阀 1
27	驱动推料一伸出单向电控阀 2
28	驱动推料二伸出单向电控阀 1
29	驱动推料二伸出单向电控阀 2
30	驱动推料三伸出单向电控阀 1
31	驱动推料三伸出单向电控阀 2
32	
33	
34	物料检测光电传感器正
35	物料检测光电传感器负
36	物料检测光电传感器输出
37	手臂旋转左限位接近传感器正
38	手臂旋转左限位接近传感器负
39	手臂旋转左限位接近传感器输出
40	手臂旋转右限位接近传感器正
41	手臂旋转右限位接近传感器负
42	手臂旋转右限位接近传感器输出
43	手臂气缸伸出限位磁性传感器正
44	手臂气缸伸出限位磁性传感器负
45	手臂气缸缩回限位磁性传感器正
46	手臂气缸缩回限位磁性传感器负
47	手爪提升气缸上限位磁性传感器正
48	手爪提升气缸上限位磁性传感器负
49	手爪提升气缸下限位磁性传感器正
50	手爪提升气缸下限位磁性传感器负
51	手爪磁性传感器正
52	手爪磁性传感器负
53	推料一气缸伸出磁性传感器正
54	推料一气缸伸出磁性传感器负
55	推料一气缸缩回磁性传感器正
56	推料一气缸缩回磁性传感器负
57	推料二气缸伸出磁性传感器正
58	推料二气缸伸出磁性传感器负
59	推料二气缸缩回磁性传感器正
60	推料二气缸缩回磁性传感器负
61	推料三气缸伸出磁性传感器正
62	推料三气缸伸出磁性传感器负
63	推料三气缸缩回磁性传感器正
64	推料三气缸缩回磁性传感器负
65	光电传感器正
66	光电传感器负
67	光电传感器输出
68	电感式接近传感器正
69	电感式接近传感器负
70	电感式接近传感器输出
71	光纤传感器一正
72	光纤传感器一负
73	光纤传感器一输出
74	光纤传感器二正
75	光纤传感器二负
76	光纤传感器二输出
77	
78	
79	
80	
81	电机PE
82	U
83	V
84	W

注：

1. 传感器引出线：棕色表示“正”，蓝色表示“负”，黑色表示“输出”。
2. 电控阀分单向和双向，单向一个线圈双向两个线圈。图中“1”“2”表示一个线圈的两个接头。

图1-11　自动化生产线电气接线端子分配图

模拟调试正常后，接通 PLC 输出负载的电源回路，进入联机调试阶段。认真观察设备的动作情况，若出现问题，应立即解决或切断电源，避免扩大故障范围。必须提醒的是：若程序有误，可能会使直流电动机处于连续运转状态，这将直接导致物料挤压支架及其他部件损坏。

5. 试运行

操作送料机，观察一段时间，确保设备稳定可靠运行。

6. 现场清理

（1）清点工、量具。

（2）资料整理。整理技术说明书、设备电路图、安装图等资料。

二、装配钳工基本知识

（一）钳工工种定义

钳工是使用钳工工具、钻床等，按技术要求对工件进行加工、修整、装配的工种。它是起源最早、技术性最强的工种之一，具有灵活性强、工作范围广、技艺性强的特点。操作者的技能水平直接决定加工质量。钳工主要用于以机械加工方法不适宜或难以解决的场合，如零件在加工前的画线；机械设备在受到磨损或精度降低或产生故障而影响使用时，要通过钳工来维护和修理。另外，装配调试、安装维修、工具制造等都离不开钳工。

（二）钳工基本操作

钳工基本操作内容包括画线、錾削、锯削、挫削、钻孔、扩孔、锪孔、铰孔、攻螺纹与套螺纹、矫正与弯曲、铆接、刮削、研磨、技术测量、简单的热处理等，并能对部件或机器进行装配、调试、维修等。

1. 钳工的特点

（1）加工灵活、方便，能够加工形状复杂、质量要求较高的零件。

（2）工具简单，制造刃磨方便，材料来源充足，成本低。

（3）劳动强度大，生产率低，对个人技术水平要求较高。

2. 钳工的加工范围

（1）加工前的准备工作。如清理毛坯，在工件上画线等。

（2）加工精密零件。如锉样板、刮削或研磨机器量具的配合表面等。

（3）零件装配成机器时互相配合零件的调整，整台机器的组装、试车、调试等。

（4）机器设备的保养维护。

（三）钳工的安全文明生产

1. 基本要求

（1）合理布局主要设备。钳台要放在便于工作和光线适宜的地方，台式钻床和砂轮机一般应安装在场地的边沿，以保证安全。

（2）使用电动工具时，要有绝缘防护和安全接地措施，发现损坏应及时上报，在未修复前不得使用。使用砂轮时,要戴好防护眼镜。钳台上要有防护网。清除切屑要用刷子,不要直接用手清除或用嘴吹。

(3)毛坯和加工零件应放在规定位置,要排列整齐平稳,便于取放,避免碰伤已加工面。

(4)工、量具的安放,应按下列要求布置:

1)为取用方便,右手取用的工、量具放在右边,左手取用的工、量具放在左边,且排列整齐,不能使其伸到钳台边以外。

2)量具不能与工具或工件混放在一起,应放在量具盒内或专用板架上。精密的工、量具更要轻拿轻放。

3)工、量具要整齐地放入工具箱内,不应任意堆放,以防受损和取用不便。工、量具用后要及时维护、存放。

4)保持工作场地的整洁。工作完毕后,对所用过的设备都应按要求清理、润滑,对工作场地要及时清扫干净,并将切屑及污物及时运送到指定地点。

2. 实训纪律与安全

(1)进实训室必须穿工作服,女生戴工作帽;

(2)操作者要在指定岗位进行操作,不得串岗;

(3)遵守劳动纪律,不准迟到早退;

(4)认真遵守安全操作规程;

(5)爱护设备及工具、量具,工件摆放整齐,对损坏和丢失的工具、量具要折价赔偿。

3. 钳工实训安全操作规程

(1)工作前检查工、夹、量具,如手锤、钳子、锉刀、游标卡尺等,必须完好无损,手锤前端不得有卷边毛刺,锤头与锤柄不得松动。

(2)工作前必须穿戴好防护用品,工作服袖口、衣边应符合要求,长发要挽入工作帽内。

(3)禁止使用缺手柄的锉刀、刮刀,以免伤手。

(4)用手锤敲击时,注意前后是否有人,不许带手套,以免手锤滑脱伤人;不准将锉刀当手锤或橇杠使用。

(5)不准把扳手,钳类工具当手锤使用;活动扳手不能反向使用,不准在扳手中间加垫片使用。

(6)不准将虎钳砧磴使用;不准在虎钳手柄上加长管或用手锤敲击增大加紧力。

(7)实训室严禁吸烟,注意防火。

(8)工具、零件等物品不能放在窗口,下班时要锁好门窗,防止失窃。

(9)实训过程中,要严格遵守各项实训规章制度和操作规范,严禁用工具对他人打闹。

(四)钳工画线

1. 画线概述

根据图样或技术文件要求,在毛坯或半成品上用画线工具划出加工界线或作为找正检查的辅助线,这种操作就叫作画线。

平面画线。只在某一表面内画线。

立体画线。在工件的不同表面内画线。

2. 画线的作用

(1)确定工件上各加工面的加工位置和加工余量。

(2)检查毛坯的形状和尺寸是否满足加工要求。

(3)在坯料上出现某些缺陷的情况下,往往通过"借料"画线的方法来补救,使坯料满足加工要求。

(4)下料前,在板料上画线,可合理安排和节约材料。

3. 画线的要求

对画线的要求是:线条清晰均匀,定形、定位尺寸准确。考虑到线条宽度等因素,一般要求画线精度能达到0.25~0.5 mm。工件的完工尺寸不能完全由画线确定,而应在加工过程中,通过测量以保证尺寸的准确性。

(五)画线工具及其使用

画线工具按其用途可分为四大类。

1. 基准工具

常用的基准工具有画线平板、直角铁、方箱、磁性吸盘、V形铁等。如图1-12所示。基准工具的工作表面要平整,各工作表面要相互垂直。基准工具主要用于放置工件,使工件画线时处于正确位置。使用基准工具,必须保持工作面清洁,不得有毛刺或与其他物体发生撞击和挤压的损伤。

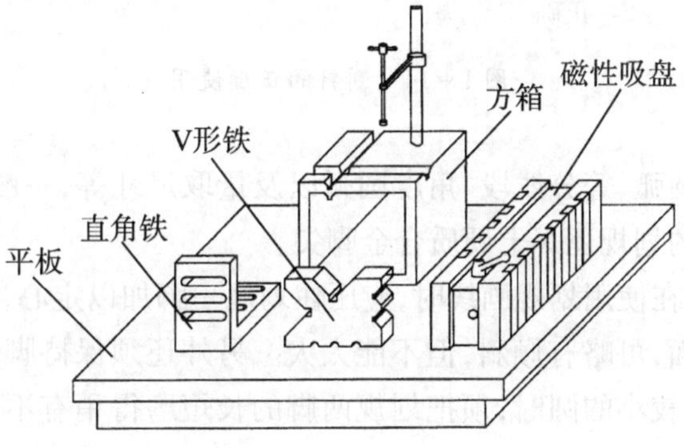

图1-12　基准工具

画线平板的工作表面经精刨或刮削加工,具有较高的精度,是画线的基准面。在画线过程中应使平板表面保持清洁,防止铁屑、灰砂等在拖动下划伤画线工具或工件,工具和工件在平板上应轻拿、轻放,避免撞击,更不可以在平板上敲击,平板使用后应揩净并涂油防锈。

2. 直接画线工具

常用的直接画线工具有直尺、三角板、画线样板、划针、画线盘、划规、样冲等。

(1)直尺、三角板、画线样板

直尺、三角板用于划直线和一些特殊的角度,在工件批量画线时,可按要求制作一些专用画线样板直接画线,要求尺身平整,棱边光滑,没有毛刺。

(2)划针

如图1－13所示,划针由工具钢或弹簧钢丝制成,端部磨尖为15°～20°的夹角,直径一般为3～5 mm,并经热处理淬火使之硬化。有的划针在尖端部焊有硬质合金,耐磨性更好。

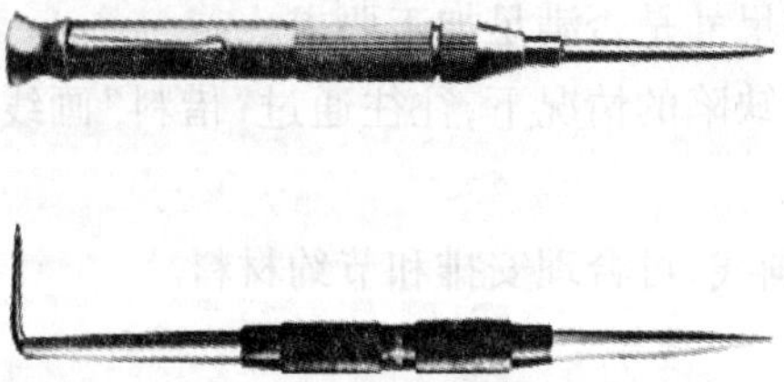

图1－13　划针

划针在使用时一定要使划针的尖端在直尺的底边,画线时如图1－14所示要求,划针上部向外侧倾斜15°～20°,沿画线方向倾斜45°～75°,这样划出的线直、划出的尺寸正确。另外还须保持针尖的尖锐,画线要尽量做到一次划成,使划出的线条既清晰又准确。

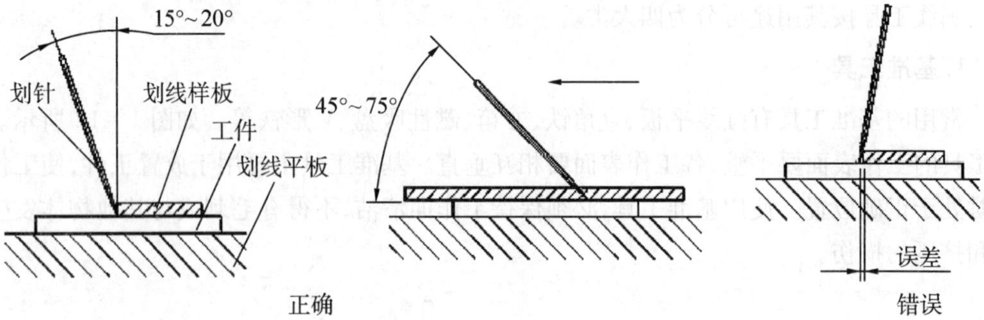

图1－14　划针的正确使用

(3)划规

划规用于划圆和圆弧、等分线段、角度圆弧以及量取尺寸等,一般用中碳钢或工具钢制成,两脚尖端淬硬,有的划规还焊上硬质合金脚尖。

如图1－15所示,在使用划规画线时,应压住划规一脚加以定心,转动另一脚画线,划规要基本垂直于画线表面,可略有倾斜,但不能太大。另外还须保持脚尖的尖锐,以保证划出的线条清晰,在划尺寸较小的圆时,须把划规两脚的长短磨得稍有不同,而且两脚合拢时脚尖能靠紧。

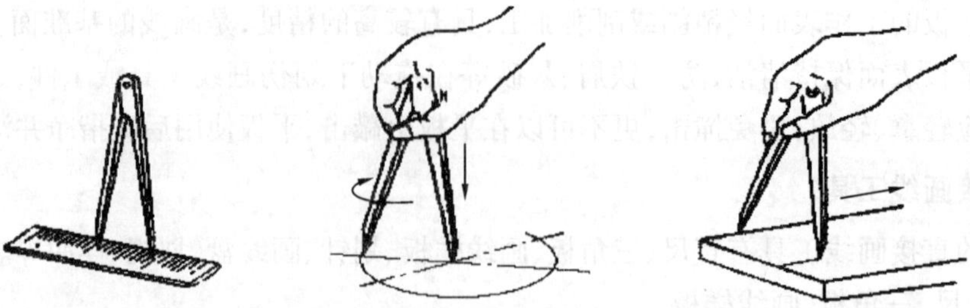

图1－15　划规的正确使用

(4)画线盘

画线盘是用来在画线平板上对工件进行画线或找正位置。划针的直端用来画线,弯头一端用于对工件安放位置的找正。

如图 1 - 16 所示，在使用画线盘时，利用夹紧螺母可使划针处于不同的位置，划针伸出部分应尽量短些，并要牢固地夹紧。画线时手握稳盘座，使划针与工件画线表面之间保持 40° ~ 60°的夹角，底座平面始终与画线平板表面贴紧移动，线条一次划出。在划较长直线时，应采用分段连接的方法，避免在画线过程中由于划针的弹性变形和画线盘本身的移动所造成的画线误差。

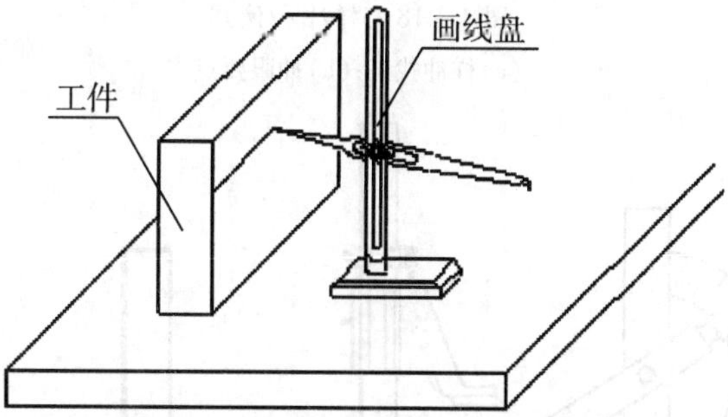

图 1 - 16 画线盘的使用

(5)样冲

样冲是用来在已划好的加工线条上打出冲点作为标记，或为划圆弧、钻孔定中心。如图 1 - 17 所示，它一般用工具钢制成，尖端处淬硬，冲尖顶角磨成 40° ~ 60°。一般在用于钻孔定中心时，尖角取大值。

图 1 - 17 样冲

如图 1 - 18(a)所示，冲点时要先找正再冲点。找正时将样冲外倾使尖端对准线的正中，然后再将样冲直立。冲点时先轻打一个印痕，检查无误后再重打冲点以保证冲眼在线的正中。在冲眼距离上，直线上的冲眼距离可大些，但在短直线上至少要有三个冲眼；在曲线上冲眼点距离要小些，直径小于 20 mm 圆周上应有 4 个冲眼，而直径大于 20 mm 的圆周线上应有 8 个冲眼；但在线条的相交处和拐角处必须打上冲眼，如图 1 - 18(b)所示。另外粗糙毛坯表面冲眼应深些，光滑表面或薄壁工件应浅些，而精加工表面绝不可以打上冲眼。

3. 测量工具

常用的测量工具如图 1 - 19 所示，有直尺、高度画线尺、90°角尺、量角器等。测量工具主要用于量取尺寸和角度，检查划出线条的正确性，其中有些工具也可用来直接画线。

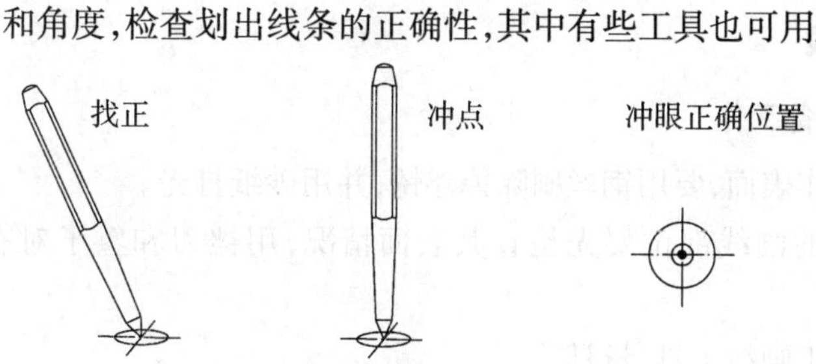

(a)

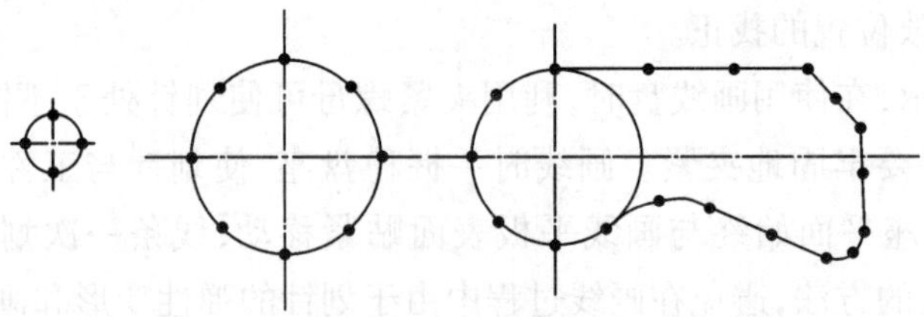

(b)

图 1－18 样冲和使用
(a)样冲找正；(b)冲眼要点

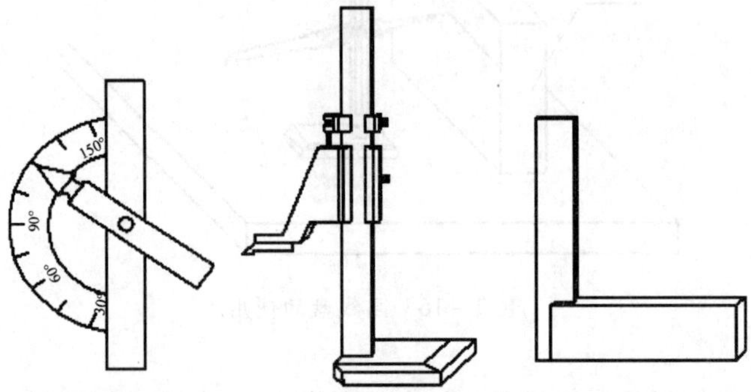

量角器 高度画线尺 直角尺

图 1－19 测量工具

钢直尺是一种简单的尺寸量具。在尺面上刻有尺寸线，最小刻线间距为 0.5 mm，它的长度规格有 150 mm，300 mm，1 000 mm。它最大的特点是刻线的零刻度与尺身的边缘重合，也可作为划直线时的导向工具。而高度画线尺是一种精密量具，读数值为 0.02 mm，装有硬质合金画线脚，能直接表示出高度尺寸，用于半成品画线，一般不允许用于毛坯画线。

(1) 90°角尺。在画线时常用作划平行线或垂直线的导向工具，也可用来找正工件平面在画线平台上的垂直位置。

(2)万能角度尺。常用于划角度线。

(3)游标高度尺。它附有划针脚，能直接表示出高度尺寸，其读数精度一般为 0.02 mm，可作为精密画线工具。

4. 辅助工具

常用的辅助工具有 C 形夹头、千斤顶等。

(六)平面画线

1. 画线前的准备工作

(1)生锈的工作表面，要用钢丝刷除掉浮锈，并用砂纸打光。

(2)较大工件的画线部位要先检查其表面情况，用锉刀和錾子对有缺陷的部位进行修整。

(3)检查和校正画线工具、量具。

(4)在画线部位涂刷薄层石灰水，对已加工过的工件，可涂刷紫色或绿色涂料(龙胆紫或孔雀绿加虫胶和酒精),并阴干。

(5)用铅块或木块堵孔,以便划定孔的加工中心位置。

(6)准备好锤子、锉刀、錾子、砂纸、粉笔、棉纱等其他用具和用品。

2. 画线的找正与借料

(1)画线找正

对于毛坯,画线前一定要先做好找正工作。找正是指利用画线工具使工件有关的毛坯表面处于合适的位置。找正的目的有以下几点:

1)尽量使毛坯的加工余量均匀。

2)当毛坯上各表面都为加工表面时,对各加工表面的自身位置找正后才能画线,使各处的加工余量尽量均匀。

例1　如图1-20(a)所示,图中圆环锻件毛坯的内、外圆均要求加工。因内、外圆偏心较大,不能按图样尺寸直接划出。此时可在画线时利用找正的方法予以补救。以圆环锻件的外圆为基准找正的方法是:按外圆均匀留出加工余量,划内孔的加工线,内孔有一部分,即图1-20(b)所示的阴影区域,加工不到。以圆环锻件的内孔为基准找正的方法是:按内孔均匀留出加工余量,划外圆的加工线,外圆有一部分,即图1-20(c)所示的阴影区域,加工不到。

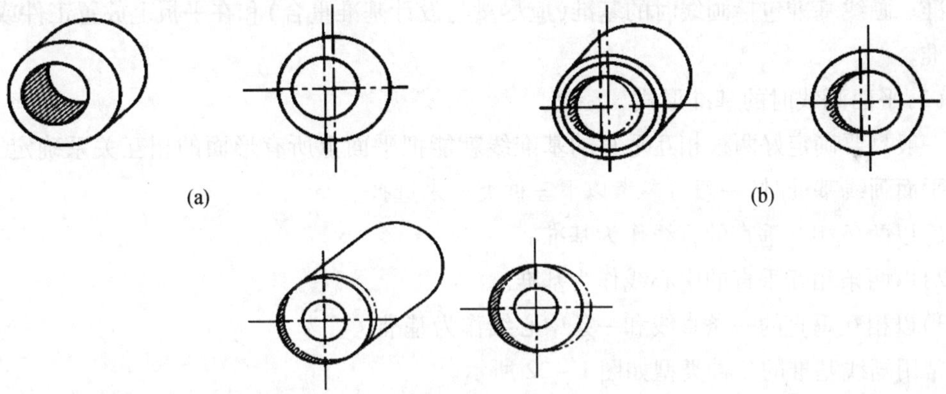

图1-20　画线找正

(a)圆环锻件毛坯;(b)以外圆为基准找正;(c)以内孔为基准找正

(2)画线借料

大多数毛坯都存在着一定的误差和缺陷。当误差不太大或有局部缺陷时,可利用画线借料的方法予以补救。借料是通过试划和调整,使各个加工面的加工余量合理分配,互相借用,从而保证各个加工面都有足够的加工余量,可在加工后排除铸、锻件原来存在的误差和缺陷。

例2　图1-21(a)所示为一个圆环状的锻件毛坯。如果毛坯比较精确,就可以按图样尺寸进行画线,如图1-21(b)所示。如果毛坯由于锻造误差使其外圆和内孔产生了较大的偏心,则可用画线借料的方法予以补救,其方法是:根据偏移量的大小将基准圆中心线选在锻件内孔和外圆圆心之间的一个适当的位置,使内孔和外圆都有足够的加工余量,再分别划出加工线,如图 1－21 (c)所示。

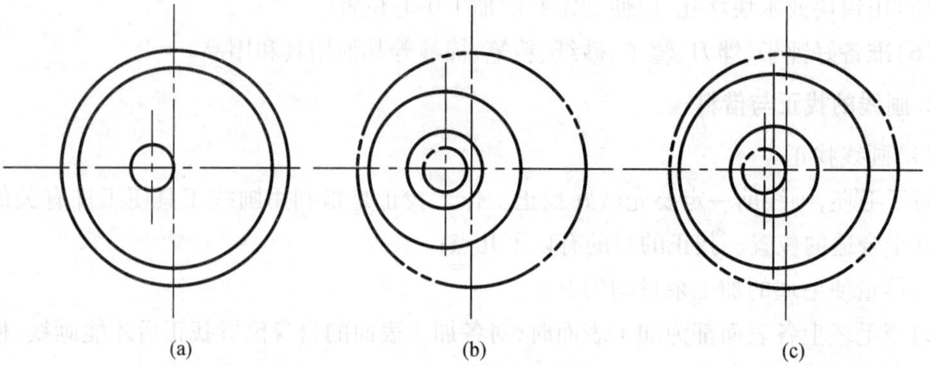

图 1－21　圆环画线借料

(a)圆环锻件毛坯;(b)毛坯精确按图样画线;(c)毛坯内外圆偏心大画线借料

3. 平面画线时基准线的确定

(1)基准的概念

基准是用来确定工件上的几何要素的几何关系所依据的点、线、面。设计图样上所采用的基准称为设计基准。画线时用来确定工件几何要素的几何关系所依据的点、线、面称为画线基准。画线基准包括画线时的基准(应尽量与设计基准重合)和在平板上放置工件或找正的基准。

(2)平面画线时的基准形式

一般只要确定好两根相互垂直的基准线就能把平面上所有形面的相互关系确定下来。确定平面画线基准时,一般可参考以下三种类型来选择。

1)以两条相互垂直的直线作为基准。

2)以两条相互垂直的中心线作为基准。

3)以相互垂直的一条直线和一条中心线作为基准。

常用画线基准的三种类型如图 1－22 所示。

(3)基准选择的原则

1)画线基准尽量与设计基准一致,并且画线时必须先从基准线开始。

2)若工件上有已加工表面,则应以已加工表面为画线基准。

3)若工件为毛坯,则应选重要孔的中心线等为画线基准。

4)若毛坯上无重要孔,则应选较平整的大平面为画线基准。

4. 基本线条的画法

基本画线方法见表 1－4。

(1)平行线画法:用作图法画平行线、用角尺推平行线、用平台和划针盘画平行线。

(2)垂直线画法:用作图法画垂直线、用直角尺画垂直线。

(3)角度线画法:画 45°线,画 30°,60°,75°,120°线,用角度规画角度线。

(4)正多边形画法:在已知圆内画正方形、正六边形、正五边形。

(5)相切圆弧的画法:圆弧与两相交直线相切、圆弧与两已知圆弧相切(外切、内切、内外切）。

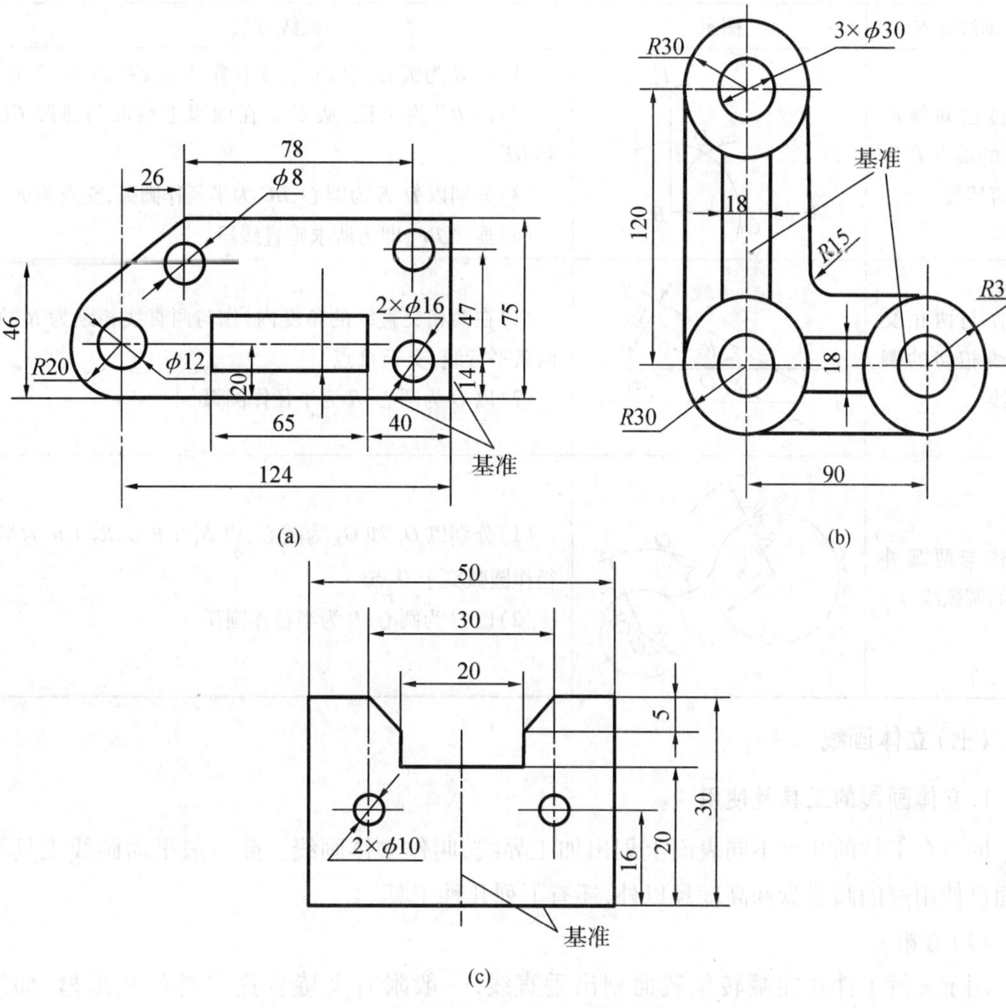

图 1－22　平面基准的确定

（a）以两条相互垂直的直线作为基准；（b）以两条相互垂直的中心线作为基准；（c）以一条直线和一条中心线作为基准

表 1－4　基本画线方法

画线要求	图示	画线方法
将线段 *AB* 进行五等分（或若干等分）	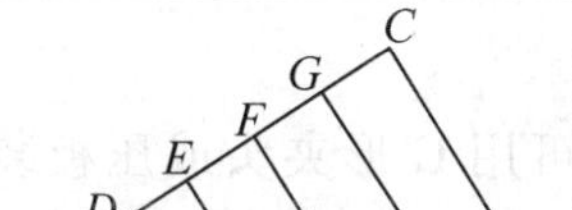	（1）由 *A* 点作一射线并与已知线段 *AB* 成某一角度 （2）从 *A* 点在射线上任意截取五等分点 *D*,*E*,*F*,*G*,*C* （3）连接 *BC*，并过 *D*,*E*,*F*,*G* 分别作 *BC* 线段的平行线，在 *AB* 线上的交点即为 *AB* 线段的五等分点
作与线段 *AB* 距离为 *R* 的平行线	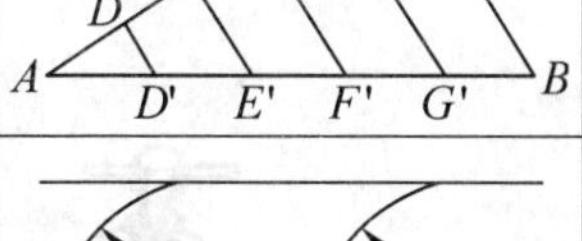	（1）在已知线段上任取两点 *C*,*D* （2）分别以 *C*,*D* 为圆心，*R* 为半径，在同侧作圆弧 （3）作两圆弧的公切线，即为所求的平行线
过线外一点 *P*，作线段 *AB* 的平行线	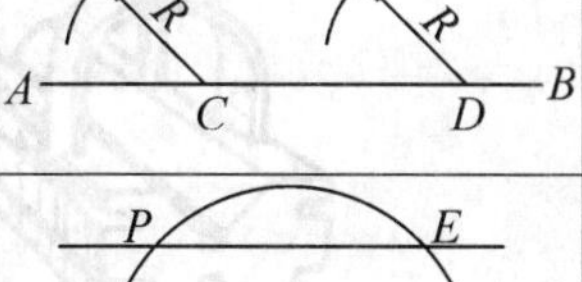	（1）在 *AB* 线段上取一点 *O* （2）以 *O* 为圆心，*OP* 为半径作圆弧，交 *AB* 于 *C*,*D* （3）以 *O* 为圆心，*CP* 为半径作圆弧，交圆弧 *CD* 于 *E* （4）连接 *PE*，即为所求平行线

续表

画线要求	图示	画线方法
过已知线段 AB 的端点 B 作垂直线段	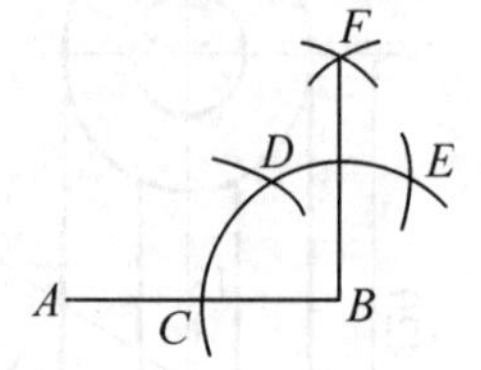	(1)以 B 为圆心,取 BC 为半径作圆弧交线段 AB 于 C (2)以 BC 为半径,从 C 点在圆弧上截取圆弧段 CD 和 DE (3)分别以 D、E 为圆心,BC 为半径作圆弧,交点为 F (4)连接 BF,即为所求垂直线段
作与两相交直线相切的圆弧线	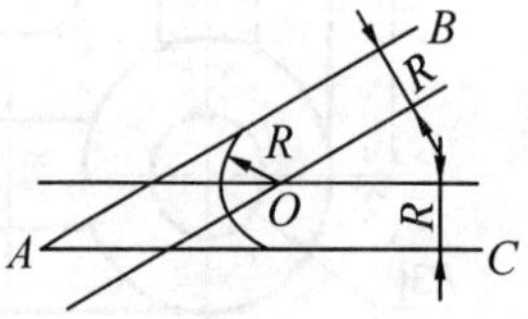	(1)在两相交直线的角度内,作与两直线相距为 R 的两条平行线,交于 O 点 (2)以 O 为圆心,R 为半径作圆弧
作与两圆外切的圆弧线	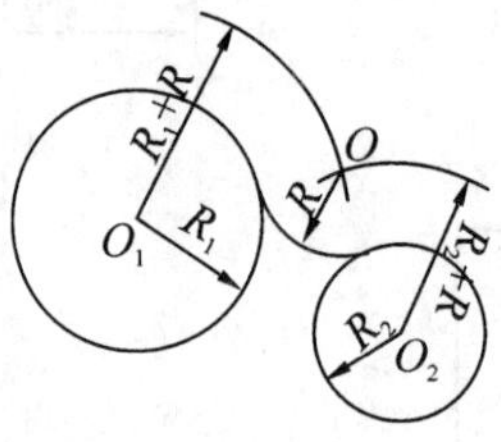	(1)分别以 O_1 和 O_2 为圆心,以 R_1+R 及 R_2+R 为半径作圆弧交于 O 点 (2)以 O 为圆心,R 为半径作圆弧

(七)立体画线

1. 立体画线的工具及使用

同时在工件的几个不同表面上划出加工界线,叫作立体画线。除一般平面画线工具和前面已使用过的画线盘和高度尺以外,还有下列几种工具。

(1)方箱

用于夹持工件并能翻转位置而划出垂直线,一般附有夹持装置和制有 V 形槽,如图 1-23所示。

(2)V 形铁

通常是两个 V 形铁一起使用,用来安放圆柱形工件,划出中心线找出中心等,如图 1-24 所示。

(3)直角铁

可将工件夹在直角铁的垂直面上进行画线,可用 C 形夹头或压板装夹,如图 1-25 所示。

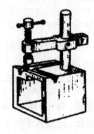

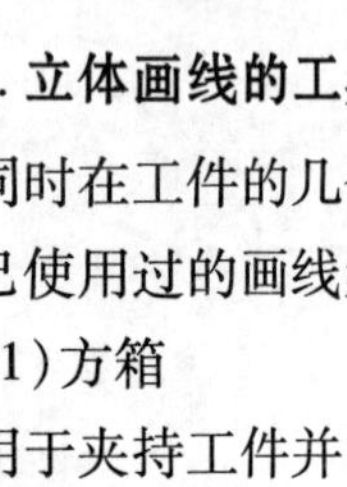

图 1-23　方箱

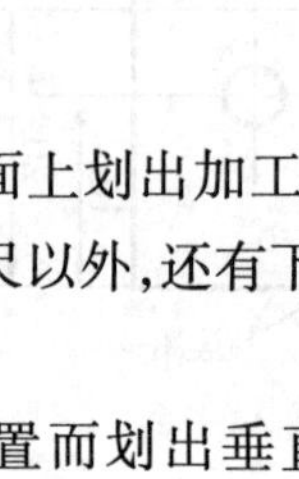

图 1-24　V 形铁

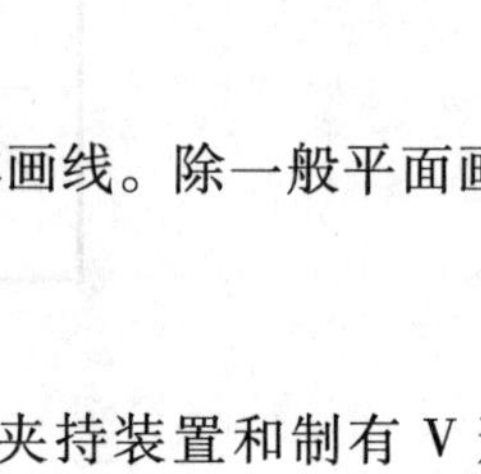

图 1-25　直角铁在画线中的应用

(4)调节支撑工具

1)锥顶千斤顶,通常是三个一组,用于支持不规则的工件,其支撑高度可作一定调整,如图1－26(a)所示。

2)带V形铁的千斤顶,用于支撑工件的圆柱面,如图1－26(b)所示。

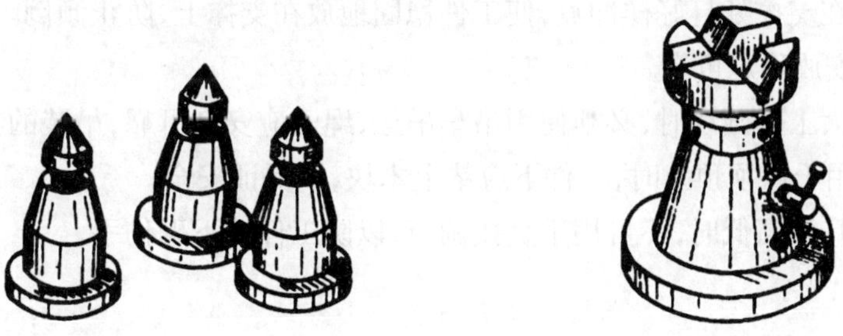

(a)　　(b)

图1－26　千斤顶

(a)锥顶千斤顶;(b)带V形铁的千斤顶

3)斜楔垫块和V形垫铁,用于支持毛坯工件,使用方便,但只能作少量的高低调节,如图1－27和图1－28所示。

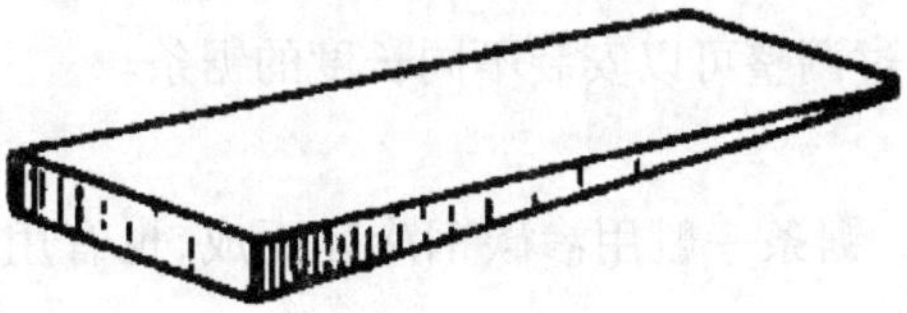

图1－27 斜楔垫铁

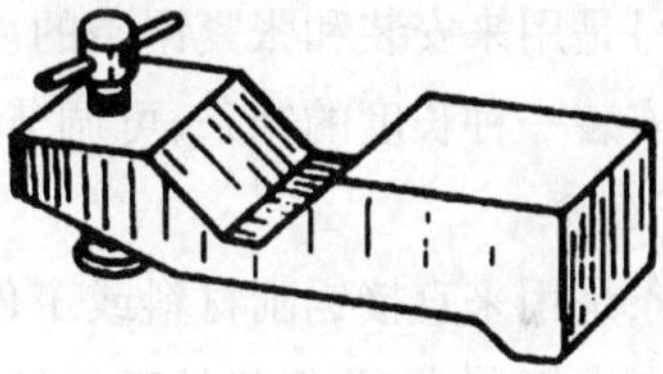

图1－28　V形垫铁

2. 画线时工件的放置与找正基准的确定方法

(1)选择工件上与加工部位有关而且比较直观的面(如凸台、对称中心和非加工的自由表面等)作为找正基准,使非加工面与加工面之间厚度均匀,并使其形状误差反映在次要部位或不显著部位。

(2)选择有装配关系的非加工部位作找正基准,以保证工件经画线和加工后能顺利进行装配。

(3)在多数情况下,还必须有一个与画线平台垂直或倾斜的找正基准,以保证该位置上的非加工面与加工面之间的厚度均匀。

3. 画线步骤的确定

画线前,必须先确定各个画线表面的先后画线顺序及各位置的尺寸基准线。尺寸基准的选择原则有下面几方面。

(1)应与图样所用基准(设计基准)一致,以便能直接量取画线尺寸,避免因尺寸间的换算而增加画线误差。

(2)以精度高且加工余量少的型面作为尺寸基准,以保证主要型面的顺利加工和便于安排其他型面的加工位置。

(3)当毛坯在尺寸、形状和位置上存在误差和缺陷时,可将所选的尺寸基准位置进行必要的调整——画线借料,使各加工面都有必要的加工余量,并使其误差和缺陷能在加工后排除。

4. 安全措施

(1)工件应在支撑处打好样冲点,使工件稳固地放在支撑上,防止倾倒。对较大工件,应加附加支撑,使安放稳定可靠。

(2)在对较大工件画线时,必须使用吊车吊运,绳索应安全可靠,吊装的方法应正确。大件放在平台上,用千斤顶顶上时,工件下应垫上木块,以保证安全。

(3)调整千斤顶高低时,不可用手直接调节,以防工件掉下砸伤手。

(八)锯削

1. 手据

用手锯对材料或工件进行分割或锯槽的加工方法称为锯削。手锯用来锯断各种原材料或半成品,锯掉工件上多余部分,在工件上锯槽。

手锯由锯弓和锯条两部分组成。

(1)锯弓

锯弓是用来安装和张紧锯条的。根据其构造可分为固定式和可调节式两种。固定式锯弓只能安装一种长度的锯条;可调节式锯弓通过调整可以安装不同长度的锯条。

(2)锯条

锯条是用来直接锯削材料或工件的刃具。锯条一般用渗碳钢冷轧而成,也有用碳素工具钢或合金钢制成,并经热处理淬硬。

1)锯条的规格。锯条的长度是以两端安装孔的中心距来表示的。其规格有 200 mm,250 mm,300 mm。钳工常用的锯条规格为 300 mm。

2)锯齿的粗细。锯齿的粗细是以锯条每 25 mm 长度内的锯齿数来表示。常用的有 14,18,24 和 32 等几种,齿数愈多表示锯齿愈细。锯齿粗细的选择应根据材料的软硬和厚薄来选用,见表 1-5。

表 1-5 锯齿的粗细规格及选择

锯条粗细	每 25 mm 长度内的齿数	应用
粗	14~18	锯削铜、铝、铸铁、软钢等
中	22~24	锯削中等硬钢、锯削厚壁的钢管、铜管等
细	32	薄壁管子、薄板材料等
细变中	32~20	一般工厂中使用,易于起锯

①粗齿锯条的容屑槽较大,适用于锯削软材料和较大的表面,因为在这种情况下每锯一次都会产生较多的切屑,容屑槽大就不会产生堵塞而影响切削效率。

②细齿锯条适用于锯削硬材料,因硬材料不易锯入,每锯一次的切屑较少,不会堵塞容屑槽,而锯齿增多后,可使每齿的锯削量减少,材料容易被切除,故推锯比较省力,锯齿不易磨损。锯管子和薄板时必须用细齿锯条,否则锯齿容易被钩住而崩断。严格地讲,薄板材

料的锯削截面上至少应有两个以上的齿同时参加切削,才可能避免锯齿被钩住和崩断的现象。

2. 锯削操作

(1)锯削前的准备

1)锯条的安装。手锯向前推时才起切削作用,因此锯条安装时一定要注意锯齿应向前倾斜,不能装反,否则锯齿前角变为负值,就不能正常地锯削,如图 1-29 所示。

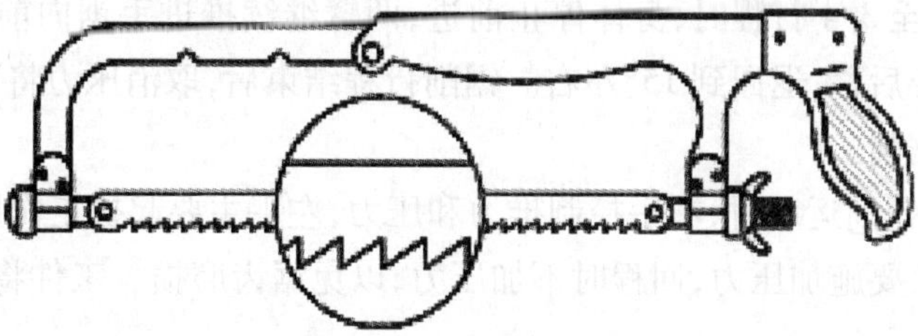

图 1-29　锯条的安装

锯条安装的松紧程度是通过调节翼形螺母来控制的,不能太紧或太松。太紧,使锯条的受力太大而失去应有的弹性,锯削时稍有卡阻或用力不当,就会折断;太松,锯削时锯条容易扭曲摆动,也容易折断,且锯出的锯缝易发生歪斜。锯条安装的松紧程度以手扳动锯条,感觉硬实为宜。装好的锯条应与锯弓保持在同一平面内,以保证锯缝正直,防止锯条折断。

2)工件的夹持。

①工件应夹在台虎钳的左边,便于操作。伸出钳口不应过长,以免锯削时产生振动,一般锯缝离开钳口侧面约 20 mm,锯缝线保持与钳口侧面平行。

②工件一定要夹紧牢固,避免锯削时工件移动或使锯条折断。

③防止工件变形及夹坏已加工表面。

(2)锯削姿势及要领

1)握锯方法。如图 1-30 所示,手锯的握法,右手满握锯柄,左手常用的握法有三种死握法,易疲劳,两手配合的协调力差,较少采用;活握法左手虎口压紧在锯弓前端,其余四指自然收拢,与右手的协调轻松自然;抱握法拇指压在锯背上,其余四指轻扶在锯弓前端,易将锯弓扶正,应用较广。

2)站立位置和姿势。如图 1-31 所示,锯削时的站立位置和姿势与錾削基本相同。

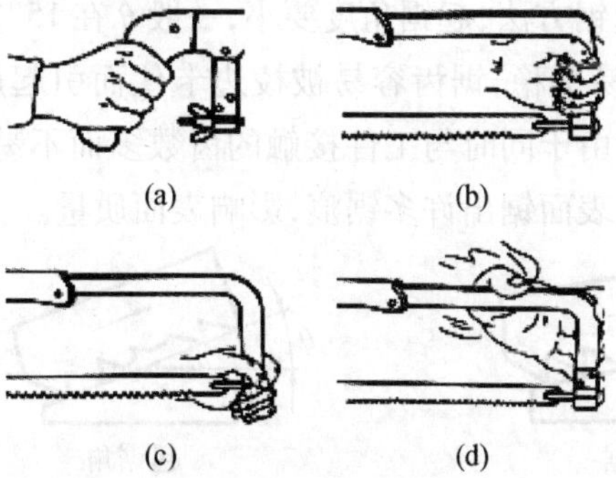

图 1-30　手锯握法图

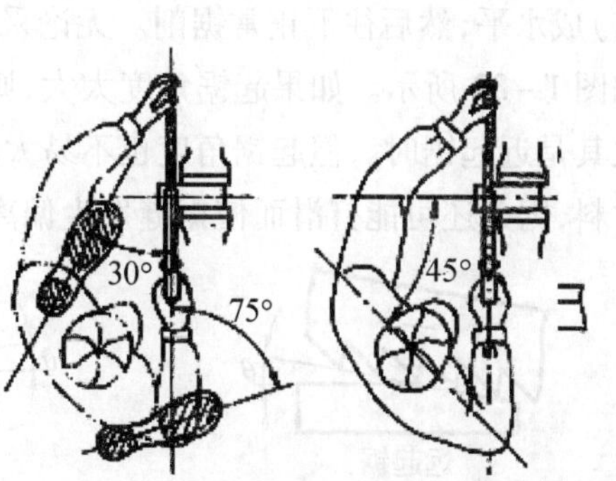

图 1-31　锯削时的站立步位和姿势

3）锯削动作

①锯削开始时，右腿站稳伸直，左腿略有弯曲，身体向前倾斜10°左右，保持自然，重心落在左脚上。双手握正手锯，左臂略弯曲，右臂尽量向后收，与锯削方向保持平行。

②向前锯削时，身体与手锯一起向前运动，此时，左脚向前弯曲，右腿伸直向前倾，重心落在左脚上。

③随着手锯行程的继续推进，身体倾斜的角度也随之增大，左右手臂均向前伸出。

④当手锯推进至3/4行程时，身体停止前进，两臂继续推进手锯向前运动，身体随着锯削的反作用力，重心后移，退回到15°左右。锯削行程结束后，取消压力将手和身体回复到最初位置，作第二次锯削。

4）锯削压力。锯削运动时，右手控制推力和压力，左手主要起扶正作用，压力不要过大。手锯推出时为切削，要施加压力，回程时不加压力，以免锯齿磨损。工件将要锯断时，压力一定要小。

5）锯削运动和速度。锯削时手锯的运动形式有两种：一种是直线运动，如锯薄形工件和锯缝底面要求平直的槽；另一种是小幅度地上下摆动式运动，手锯推进时右手下压而左手上提，回程时右手上抬，左手自然跟回，这种运动方式操作自然、省力，可减少锯削时的阻力，提高锯削效率，锯削运动大都采用这种运动方式。锯削运动速度一般为40次/min左右，锯软材料速度可适当快些；锯硬材料慢些。速度过慢，影响锯削效率；过快，锯条发热严重，锯齿容易磨损。必要时可加水、乳化液或机油进行冷却润滑，以减轻锯条的磨损。锯削行程应保持匀速，返回时速度相应快些。锯削时应充分利用锯条的有效全长进行切削，避免局部磨损，缩短锯条的使用寿命。一般锯削行程不小于锯条全长的2/3。

（3）起锯方法

起锯是锯削运动的开始，起锯质量的好坏直接影响锯削质量。起锯有远起锯和近起锯两种。用左手拇指靠住锯条，使锯条能正确地锯在所需位置上，起锯行程要短，压力要小，速度要慢。远起锯是指从工件远离操作者的一端起锯，锯齿是逐步切入材料，不易被卡住，起锯较方便。近起锯是指从工件靠近操作者的一端起锯，这种方法如果掌握不好，锯齿容易被工件的棱边卡住，造成锯条崩齿，此时，可采用向后拉手锯作倒向起锯，使起锯时接触的齿数增加，再作推进起锯就不会被棱边卡住而崩齿。一般情况下，采用远起锯的方法。当起锯锯到槽深2～3 mm，锯条已不会滑出槽外，左手拇指可离开锯条，扶正锯弓逐渐使锯痕向后（向前）成水平，然后往下正常锯削。无论采用哪种起锯方法，起锯角度要小，一般θ在15°左右，如图1－32所示。如果起锯角度太大，则起锯不易平稳，锯齿容易被棱边卡住而引起崩齿，尤其是近起锯时。但起锯角度也不易太小，否则，由于同时与工件接触的齿数多而不易切入材料，锯条还可能打滑而使锯缝发生偏离，在工件表面锯出许多锯痕，影响表面质量。

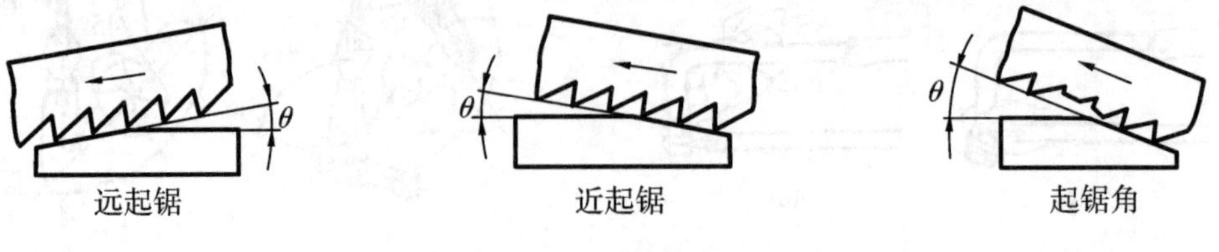

图1－32　起锯角度

3. 各种材料的锯削

(1)棒料的锯削

如果棒料的断面要求平整,应从一个方向起锯直到结束。如果锯削的断面要求不高,可不断改变锯削的方向,锯入一定深度后再将棒料转过一个角度重新起锯,以减小切削阻力,提高锯削效率。

(2)管子的锯削

锯削薄壁管子和精加工的管子时,如图 1 – 33 所示,为了防止夹扁或夹坏管子表面,管子的安装必须正确,一般管子应夹在有 V 形或弧形槽的木块之间。锯削时,锯条应选用细齿锯条,不能在一个方向从开始一直锯到结束,否则锯齿容易被管壁钩住而崩裂。正确的锯削方法是从锯削处起锯到管子内壁处,再顺着推锯方向转动一个角度,仍旧锯到管子内壁处,如此不断改变方向,直到锯断管子为止。

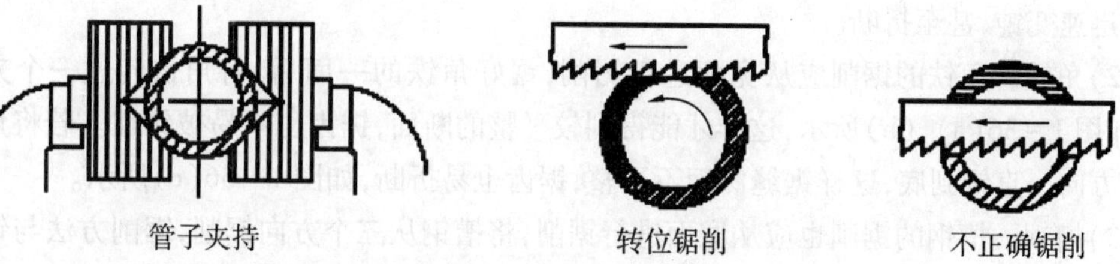

图 1 – 33　管子的锯削

(3)薄板料的锯削

薄板料由于截面小,锯齿容易被钩住而崩齿,除选用细齿锯条外,还要尽可能从宽面上锯削,这样锯齿就不易被钩住。常用的薄板料锯削方法有两种:一种是将薄板料夹在两木块或金属块之间,连同木块或金属块一起锯下去,如图 1 – 34(a)所示,这样既避免了锯齿被钩住,又增加了薄板的刚性,锯削不会出现弹动。另一种方法是将薄板料夹在台虎钳上,如图 1 – 34(b)所示,手锯沿着钳口作横向斜推,这样使锯齿与薄板料接触的截面增大、齿数增加,避免锯齿被钩住。

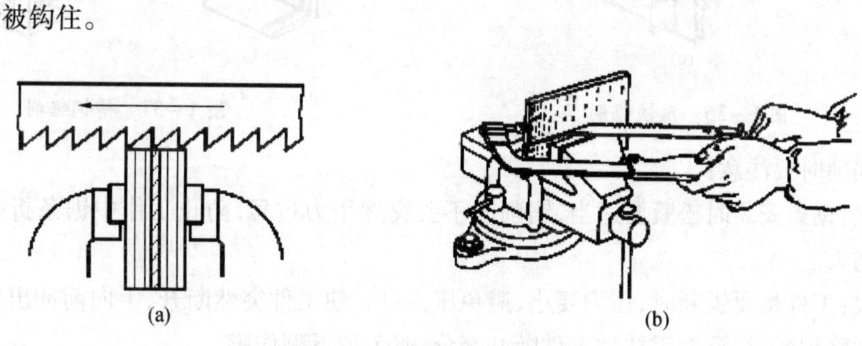

图 1 – 34　薄板锯削

(4)深缝锯削

深缝是指锯缝的深度超过了锯弓的高度,如图 1 – 35(a)所示。深缝锯削时,应将锯条转过 90°安装,使锯弓转到工件的侧面,如图 1 – 35(b)所示。也可将锯弓转过 180°,锯弓放在工件底面,锯条装夹成锯齿朝向锯弓内进行锯削,如图 1 – 35(c)所示。

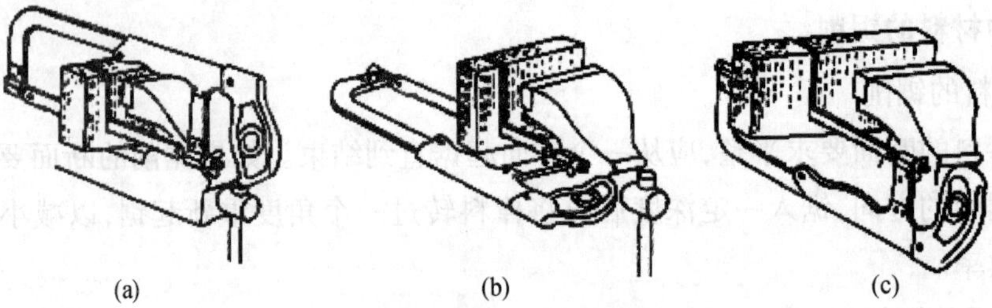

图 1－35　深缝锯削

深缝锯削时，由于台虎钳钳口的高度有限，工件应不断改变装夹位置，使锯削部位始终处于钳口附近，而不是离钳口过高或过低，否则工件因振动而影响锯削质量，同时也极易损坏锯条。

(5) 型钢的锯削

1) 扁钢。应从扁钢的宽面进行锯削，锯缝较长，参加锯削的锯齿也多，锯削时的往复次数少，锯齿不易被钩住而崩断。若从扁钢的窄面进行锯削，则锯缝短，参加锯削的锯齿少，使锯齿迅速变钝，甚至折断。

2) 角铁。角铁的锯削应从宽面进行锯削，锯好角铁的一面后，将角铁转过一个方向再锯，如图 1－36(a)、(b) 所示，这样才能得到较平整的断面，锯齿也不易被钩住。若将角铁从一个方向一直锯到底，这样锯缝深而不平整，锯齿也易折断，如图 1－36(c) 所示。

3) 槽钢。槽钢的锯削也应从宽面进行锯削，将槽钢从三个方向锯削，锯削方法与锯削角铁相似，如图 1－37(a)、(b)、(c) 所示，图 1－37(d) 所示为错误锯削。

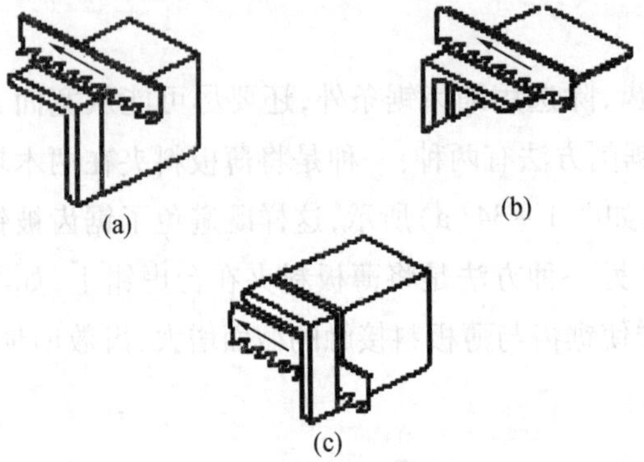

图 1－36　角铁锯削

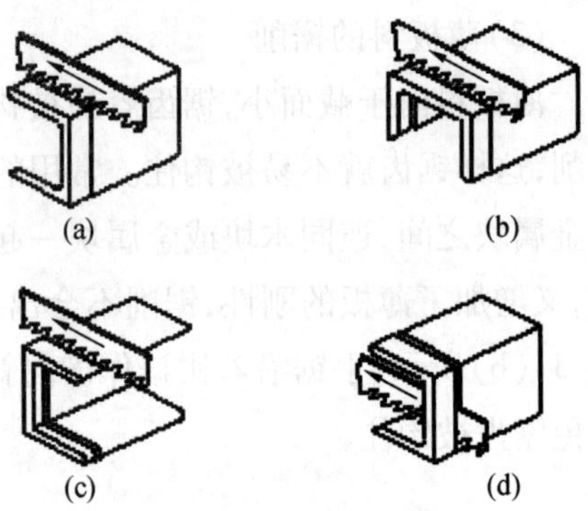

图 1－37　槽钢锯削

在锯削时要注意：

首先：锯条安装时松紧要适当，锯削时不要突然用力过猛，防止工作中锯条折断从锯弓中崩出伤人。

其次：工件将要锯断时，压力要小，避免压力过大使工件突然断开，手向前冲出而造成事故。工件将锯断时，要左手扶住工件断开部分，避免掉下砸伤脚。

(九) 锉削

1. 锉刀

(1) 锉刀种类

锉刀按其用途不同，可分为普通钳工锉、异形锉和整形锉三类。普通钳工锉按其断面形状不同,可分为扁锉(板锉、平锉)、方锉、三角锉、半圆锉、圆锉五种;异形锉是用来锉削工件特殊表面的,很少应用,按其断面形状分,除扁锉、方锉、三角锉、半圆锉、圆锉外,还有刀形锉、菱形锉、单面三角锉、双半圆锉、椭圆锉等;整形锉主要用于修整工件上的细小部位,又叫什锦锉,常以5把、6把、8把、10把或12把为一组。

(2)锉刀的规格及选用

1)锉刀的规格。锉刀的规格分尺寸规格和锉齿的粗细规格。锉刀的尺寸规格除圆锉刀用直径表示、方锉刀用方形尺寸表示外,其他锉刀都是用锉身的长度来表示尺寸规格的。常用的锉刀规格有100 mm,125 mm,150 mm,200 mm,250 mm,300 mm,350 mm,400 mm等几种。异形锉和整形锉的尺寸规格是指锉刀全长。锉纹号是锉齿粗细的参数,以每10 mm轴向长度内主锉纹条数来划分。有5种,分别为1~5号,锉纹号越小,锉齿越粗。

2)锉刀的选择

①锉刀断面形状的选择。应根据工件加工表面的形状来选择。锉内圆弧面选用圆锉或半圆锉;锉内角表面选用三角锉;锉内直角表面选用扁锉或方锉,等等。

②锉齿粗细的选择。根据工件加工余量的多少、加工精度和表面粗糙度要求的高低、工件材料的软硬来选择。一般材料软、余量大、精度和粗糙度要求低的工件选用粗齿,反之选细齿。

③锉刀尺寸规格的选择。根据加工面的大小和加工余量的多少来选择。加工面较大、余量多时,选择较长的锉刀,反之则选用较短的锉刀。

④锉刀锉纹的选择。锉削有色金属等软材料,应选用单齿纹锉刀或粗齿锉刀,防止切屑堵塞;锉削钢铁等硬材料时,应选用双齿纹锉刀或细齿锉刀。

(3)锉刀柄的装拆

装锉刀柄前,应先检查木柄头上的铁箍是否脱落,防止锉刀舌插入后松动或裂开;检查木柄孔的深度和直径是否过大或过小,一般以锉刀舌的3/4插入木柄孔内为宜。手柄表面不能有裂纹或毛刺,防止锉削时伤手。

锉刀柄的安装如图1-38(a)所示,先将锉刀舌放入木柄孔中,再用左手轻握木柄,右手将锉刀扶正,逐步镦紧,或用手锤轻轻击

打直到插入木柄长度约3/4为止。拆卸手柄的方法如图1-38(b)所示,在平板或台虎钳钳口上轻轻将木柄敲松后取下。

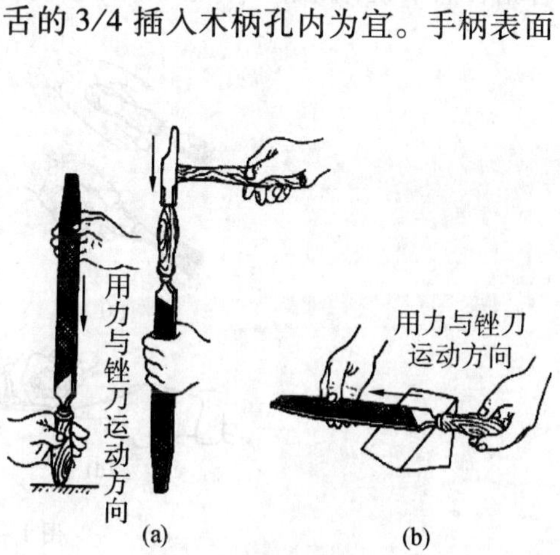

图1-38　锉刀柄的装拆

(4)锉刀的正确使用和保养

合理使用和保养锉刀,可延长锉刀的使用寿命,因此使用时必须注意以下规则。

1)锉刀放置时避免与其他金属硬物相碰,也不能把锉刀重叠堆放,以免锉纹损伤。

2)不能用锉刀来锉削毛坯的硬皮或氧化皮以及淬硬的工件表面,而应用其他工具或锉刀的锉梢端、锉刀的边齿来加工。

3)锉削时应先认定一面使用,用钝后再用另一面,因用过的锉刀面容易锈蚀,两面同时使用会缩短使用期限。另外锉削时要充分使用锉刀的有效工作长度,避免局部磨损。

4)锉削过程中,要及时清除锉纹中嵌有的切屑,以免切屑刮伤加工表面。锉刀用完后,也应及时用锉刷刷去锉齿中的残留切屑,以免生锈。

5)防止锉刀沾水、沾油,以防锈蚀及锉削时锉刀打滑。

6)不能把锉刀当作装拆、敲击或撬物的工具,防止锉刀折断造成损伤。

7)使用整形锉时,用力不能过猛,以免折断锉刀。

2. 锉削操作

(1)工件的装夹

1)工件应尽量夹在台虎钳的中间,伸出部分不能太高,防止锉削时工件产生振动,特别是薄形工件。

2)工件夹持要牢固,但也不能使工件变形。

3)对几何形状特殊的工件,夹持时要加衬垫,如圆形工件要衬V形块或弧形木块。

4)对已加工表面或精密工件,夹持时要加软钳口,并保持钳口清洁。

(2)锉刀的握法

锉刀握法的正确与否,对锉削质量、锉削力量的发挥及疲劳程度都有一定的影响。由于锉刀的形状和大小不同,锉刀的握法也不同。

对于较大锉刀(250 mm以上),右手握锉方法如图1-39(a)所示,用右手握锉刀柄,柄端顶住掌心,大拇指放在柄的上部,其余四指由下向上满握锉刀柄;左手的握锉姿势有两种,将左手拇指肌肉压在锉刀头上,中指、无名指捏住锉刀前端,也可用左手掌斜压在锉刀前端,各指自然平放,如图1-39(b)所示。

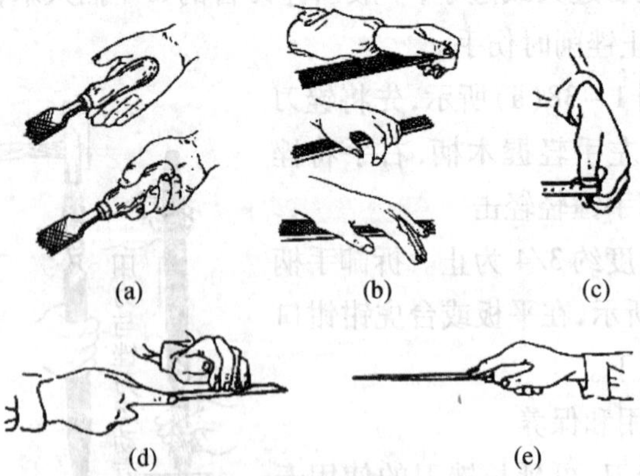

图1-39　锉刀的握法

中型锉刀(200 mm),右手握锉方法同大锉刀握法一样,左手只需用大拇指和食指、中指轻轻扶持即可,不必像大锉刀那样施加很大的压力,如图1-39(c)所示。

小型锉刀(150 mm),右手与中型锉刀握法相似,右手食指平直扶在手柄外侧面,左手手指压在锉刀的中部,如图1-39(d)所示。

125 mm以下锉刀及整形锉,只需一只手握住或双手抱握即可,如图1-39(e)所示。

(3)锉削姿势及动作

锉削时,人的站立位置、姿势动作与锯削相似,站立要自然,便于用力,以适应不同的锉削要求。锉削时两手握住锉刀放在工件上,左臂弯曲,小臂与工件锉削面的左右方向保持基本平行,右小臂与工件锉削面的前后方向保持基本平行。右脚伸直并稍向前倾,重心落在左脚,左膝随锉削时的往复运动而屈伸,锉削时要使锉刀的有效长度充分利用。锉削的动作是由身体和手臂同时运动合成。

(4)锉削时的两手用力和锉削速度

锉削时,锉刀推进时的推力大小由右手控制,而压力的大小由两手同时控制。为了保持锉刀直线的锉削运动,必须满足以下条件:锉削时,锉刀在工件的任意位置上,前后两端所受的力矩应相等。由于锉刀的位置在不断改变,因此两手所加的压力也会随之做相应变化。

锉削时,右手的压力随锉刀的推动而逐渐增加,左手的压力随锉刀的推进而逐渐减小,如图 1-40 所示。这是锉削操作最关键的技术要领,只有认真练习,才能掌握。

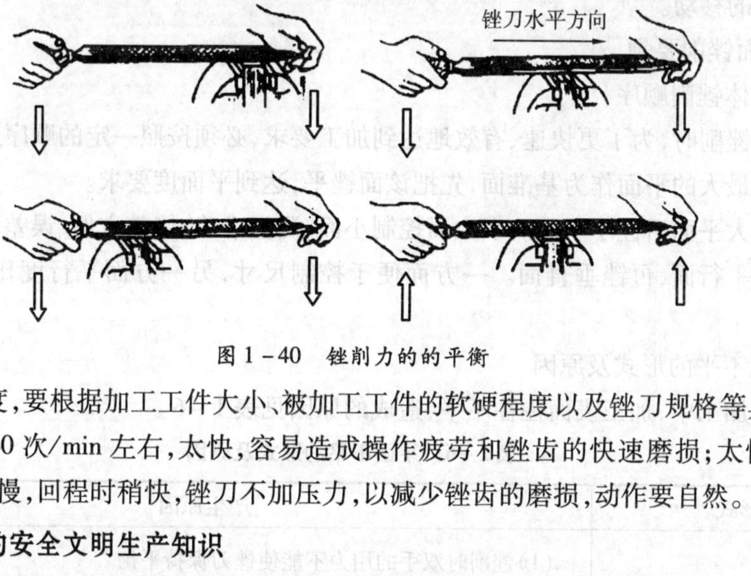

图 1-40　锉削力的的平衡

锉削的速度,要根据加工工件大小、被加工工件的软硬程度以及锉刀规格等具体情况而定。一般应在 40 次/min 左右,太快,容易造成操作疲劳和锉齿的快速磨损;太慢,效率低。推出时,速度稍慢,回程时稍快,锉刀不加压力,以减少锉齿的磨损,动作要自然。

3. 锉削时的安全文明生产知识

(1)锉刀是右手工具,应放在台虎钳的右边,锉刀柄不要露出钳台外边,以防跌落而扎伤脚或损坏锉刀。

(2)不使用无柄或柄已开裂的锉刀,锉刀柄一定要装紧,防止手柄脱落而刺伤手。

(3)不能用嘴吹切屑,防止切屑飞入眼中。也不能用手清除切屑,以防扎伤手,同时因手上有油污,会使锉削时锉刀打滑而造成事故。

4. 平面的锉削

(1)平面锉削的方法

1)顺向锉。锉削时,锉刀运动方向与工件夹持方向始终一致。由于顺向锉的锉痕整齐一致,比较美观,对于不大的平面和最后的锉光都采用这种方法。

2)交叉锉

如图 1-41 所示,锉削时,锉刀的运动方向与工件夹持的水平方向约成 50°~60°夹角,且锉纹交叉。由于锉刀与工件的接触面积较大，锉刀容易掌握平稳，且能从交叉的锉痕上判断出锉面的凹凸情况，因此容易把平面锉平。交叉锉一般用于粗锉，以提高效率，最后精锉，仍要改用顺向锉，使锉痕整齐一致。

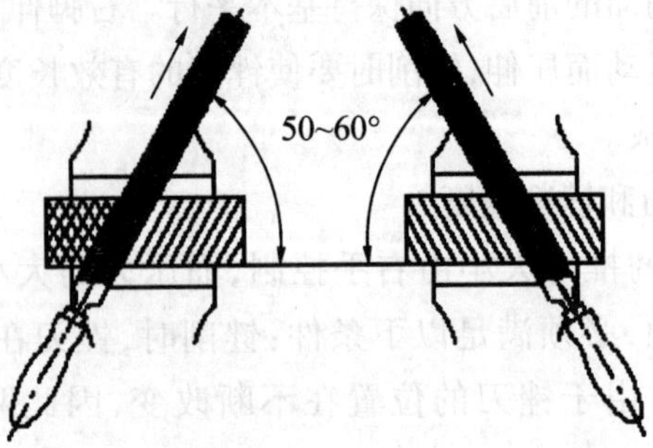

图 1－41　锉削方法

锉平面时，无论顺向锉还是交叉锉，为使加工面均匀地锉削，每次退回锉刀时，锉刀应在横向作适当的移动。

(2) 平面锉削要领

1) 长方体锉削顺序

长方体锉削时，为了更快速、有效地达到加工要求，必须按照一定的顺序进行加工。

①选择最大的平面作为基准面，先把该面锉平，达到平面度要求。

②先锉大平面后锉小平面。以大面控制小面，测量准确、修整方便、误差小、余量小。

③先锉平行面，再锉垂直面。一方面便于控制尺寸，另一方面平行度比垂直度的测量方便。

2) 平面不平的形式及原因

在实际加工中，加工表面往往不平，造成的原因见表 1－6。

表 1－6　平面不平的形式及原因

形式	产生原因
平面中凸	(1) 锉削时双手的用力不能使锉刀保持平衡 (2) 锉刀开始推出时，右手压力大，造成后面多锉；锉刀推到前面时，左手压力大，造成前面多锉 (3) 锉削姿势不正确 (4) 锉刀本身中间凹
对角扭曲	(1) 左手或右手施加压力时重心偏在锉刀的一侧 (2) 工件未夹正确 (3) 锉刀本身扭曲
平面横向中凸或中凹	锉削时，锉刀左右移动不均匀

(3) 平面锉削时常用的量具及使用

1) 刀口直尺及平面度的检测

刀口直尺是用光隙法检测平面零件直线度和平面度的常用量具。刀口直尺有 0 级和 1

级精度两种，常用的规格有 75 mm，125 mm，175 mm 等。

①平面度的检测方法。锉削面的平面度通常采用刀口直尺通过透光法来检查。检测时如图 1－42（a）所示，在工件检测面上，迎着亮光，观察刀口直尺与工件表面间的缝隙，若有均匀、微弱的光线通过，则平面平直。平面度误差值的确定，可用塞尺作塞入检查。如图 1－42（b）所示，若两端光线极微弱，中间光线很强，则工件表面中间凹，误差值取检测部位中的最大直线度误差值计。如图 1－42（c）所示，若中间光线极弱，两端处光线较强，则工件表面中凸，其误差值应取两端检测部位中的最大直线度误差值计（在两端塞入同样厚度的塞尺时）。检测有一定宽度的平面时，要使其检查位置合理、全面，常采用"米"字形逐一检测整个平面，如图 1－42（d）所示。另外也可采用在标准平板上用塞尺检查的方法，如图 1－42（e）所示。

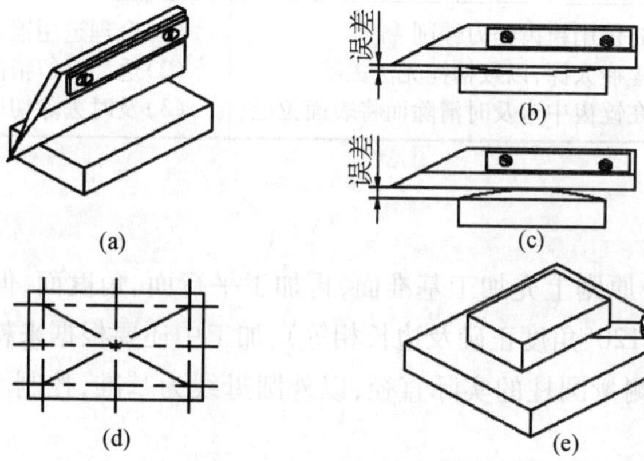

图 1－42　平面度检测方法

②刀口直尺的使用要点。刀口直尺的工作刃口极易碰损，使用和存放要特别小心。欲改变工件检测表面的位置时，一定要抬起刀口直尺，使其离开工件表面，然后移到其他位置轻轻放下，严禁在工件表面上推拉移位，以免损伤精度。使用时手握持隔热板，以免体温影响测量和直接握持金属面后清洗不净产生锈蚀。

2）90°角尺及垂直度的检测

①90°角尺的结构应用。角尺主要用于检验 90°角，测量垂直度误差，也可当作直尺测量直线度、平面度，以及检查机床仪器的精度和画线，常用的有刀口角尺和宽座角尺两种。

②垂直度的检测方法。测量垂直度前，先用锉刀将工件的锐边去毛刺、倒钝。测量时，如图 1－43（a）所示，先将角尺尺座的测量面紧贴工件基准面，从上逐步轻轻向下移动至角尺的测量面与工件被测面接触，眼光平视观察其透光情况。检测时，角尺不可斜放，如图 1－43（b）所示，否则得不到正确的测量结果。

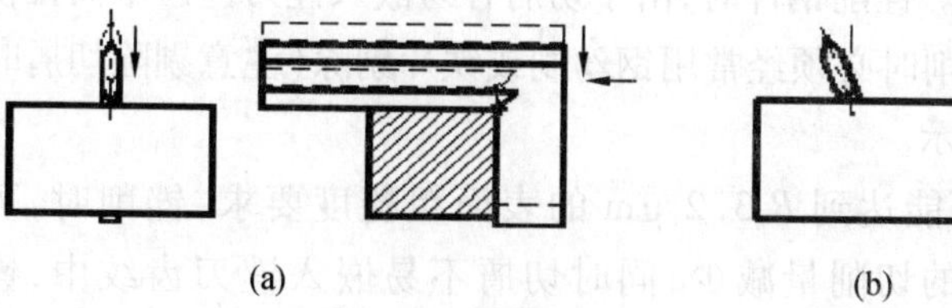

图 1－43　垂直度检测

（a）正确；（b）不正确

3)锉削时常见的废品分析。锉削加工中出现废品的原因分析及预防方法见表1-7。

表1-7 锉削时常见的废品分析

形式	产生原因	预防方法
工件夹坏	(1)已加工表面被台钳口夹出伤痕 (2)夹紧力太大,使空心工件被夹偏	(1)夹持精加工表面应用软钳口 (2)夹紧要适当,夹持应用V形块或弧形木块
尺寸太小	(1)画线不正确 (2)未及时检测尺寸	(1)按图正确画线,并校对 (2)经常测量,做到心中有数
平面不平	(1)锉削姿势不正确 (2)选用中凹的锉刀,而使锉出的平面中凸	(1)加强锉削技能训练 (2)正确选用锉刀
表面粗糙不光洁	(1)精加工时仍用粗齿锉刀锉削 (2)粗锉时锉痕太深,以致精锉无法去除 (3)切屑嵌在锉齿中未及时清除而将表面拉毛	(1)合理选用锉刀 (2)适当多留精锉余量 (3)及时去除切屑

5.其他锉削

(1)六角锉削方法

1)六角体加工方法。原则上先加工基准面,再加工平行面、角度面,但为了保证正六边形要求(即对边尺寸相等、120°角度正确及边长相等),加工中还要根据来料的情况而定。

圆料加工六角时,先测量圆柱的实际直径,以外圆母线为基准,控制M尺寸来保证,加工方法如图1-44所示。

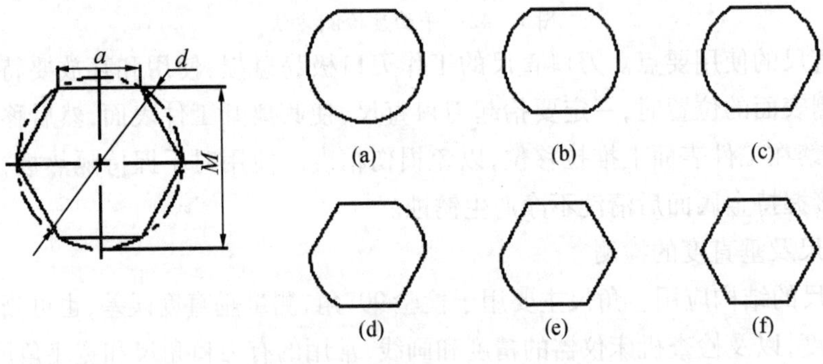

图1-44 圆料加工六角体方法

如图1-45所示,六角加工也可用边长样板来测量。加工时,先加工六角体一组对边,然后同时加工两相邻角度面,用边长样板控制六角体边长相等,最后加工两角度面的平行面。

2)钢件锉削方法。锉削钢件时,由于切屑容易嵌入锉刀锉齿中而拉伤加工表面,使表面粗糙度增大,因此,锉削时必须经常用钢丝刷或铁片剔除(注意剔除切屑时,应顺着锉刀齿纹方向),如图1-46所示。

为了使加工表面能达到$R_a3.2\ \mu m$的表面粗糙度要求,锉削时,可在锉刀的齿面涂上粉笔,使每次锉削的切削量减少,同时切屑不易嵌入锉刀齿纹中,锉出的加工表面更光洁。

3）六角体常见的误差分析。六角加工中出现加工误差的原因分析见表 1－8。

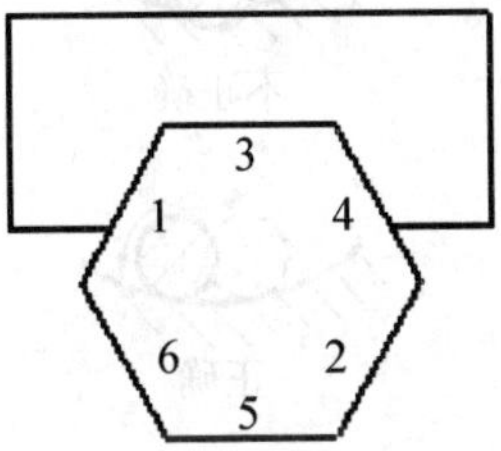

图 1－45 边长样板测量

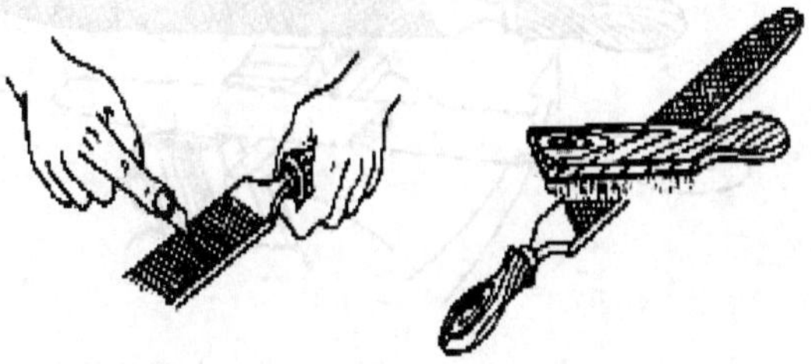

图 1－46 清除锉齿内锉屑方法

表 1－8　六角体锉削加工常见的误差分析

形式	产生原因
同一面上两端宽窄不等	（1）锉削面与端面不垂直 （2）来料外圆有锥度
六角体扭曲	各加工面间有扭曲误差存在
六角边长不等	各加工面尺寸公差没有控制好
120°角度不等	角度测量存在积累误差

（2）曲面锉削方法

1）锉削外圆弧。外圆弧锉削所用的锉刀为扁锉，锉削时如图 1－47 所示，锉刀要同时完成两运动：前进运动和锉刀绕工件圆弧中心的转动。

①顺向锉。顺向锉锉削时如图 1－47（a）所示，左手将锉刀头部置于工件左侧，右手握柄抬高，拉着右手下压推进锉刀、左手随着上提且仍施加压力，如此反复直到圆弧面成形。顺向锉能得到较光滑的圆弧面、较低的表面粗糙度，但锉削位置不易掌握且效率不高，适用于精锉。

②横向锉。横向锉锉削时如图 1－47（b）所示，锉刀沿着圆弧面的轴线方向作直线运动，同时锉刀不断随圆弧面摆动。横向锉，锉削效率高，且便于按画线位置均匀地锉近弧线，但只能锉成近似圆弧面的多棱形面，故多用于圆弧面的粗加工。

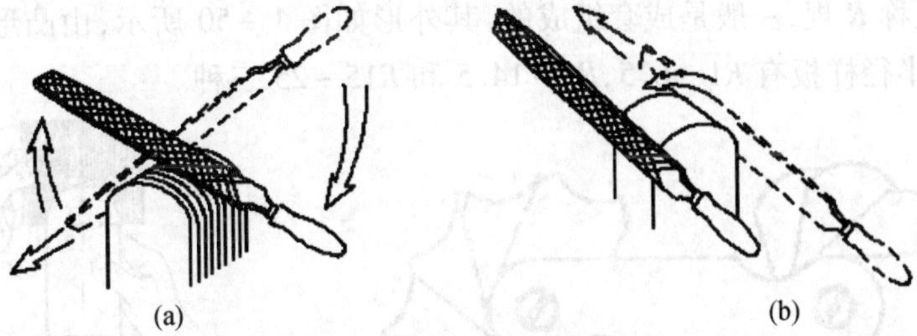

图 1－47　外圆弧锉削方法

2）锉削内圆弧面。锉削内圆弧面时，锉刀选用圆锉、半圆锉、方锉（圆弧半径较大时）。锉削时如图 1－48 所示，锉刀要同时完成三个运动。

①锉刀沿轴线作前进运动，保证锉刀全程参加切削。

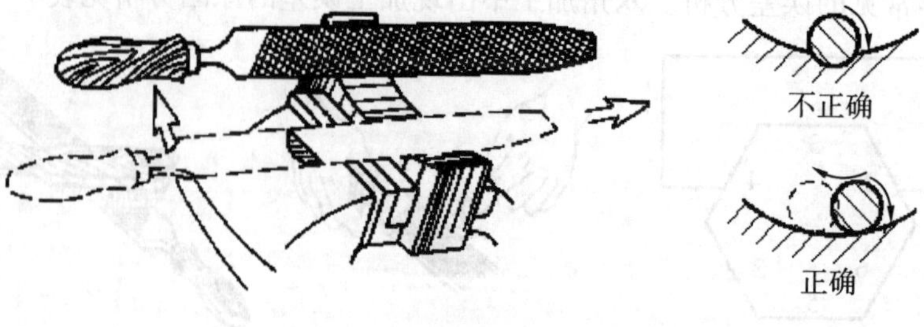

图 1－48　内圆弧锉削方法

②沿圆弧面向左或向右移动，避免加工表面出现棱角（约半个到一个锉刀直径）。

③绕锉刀轴线转动（顺时针或逆时针方向转动）。

三个运动要协调配合、缺一不可，否则，不能保证锉出的圆弧面光滑、正确。

（3）平面与圆弧的连接方法

一般情况下，应先加工平面再加工圆弧，以使圆弧与平面连接圆滑。若先加工圆弧面再加工平面，则在加工平面时，由于锉刀左右移动使圆弧面损伤，且连接处不易锉圆滑或不相切。

（4）推锉

推锉时，锉刀容易掌握平衡，一般用于狭长平面的平面度修整，或锉刀推进受阻碍时要求锉纹一致而采用的一种补偿方法，如图 1－49 所示。由于推锉时的锉刀运动方向不是锉齿的切削方向，且不能充分发挥手的力量，故效率低，只适合于加工余量小的场合。

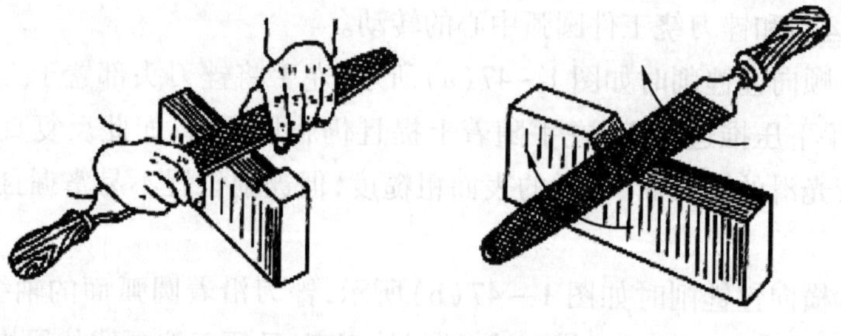

图 1－49　推锉

（5）半径样板及圆弧线轮廓度的检测方法

半径样板又称 R 规，一般是成套组成的，其外形如图 1－50 所示，由凸形样板和凹形样板组成，常用的半径样板有 $R1\sim6.5$，$R7\sim14.5$ 和 $R15\sim25$ 三种。

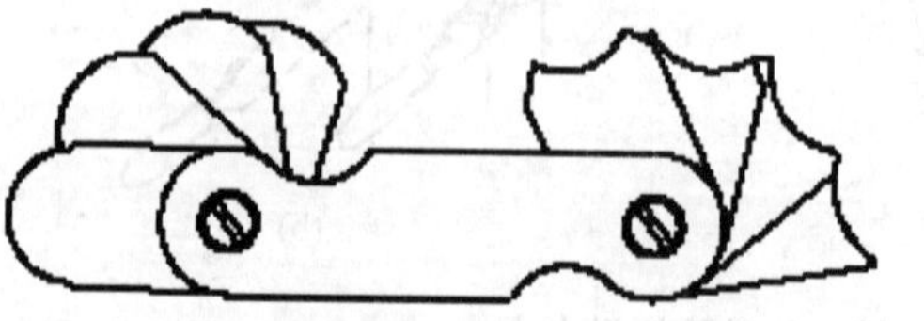

图 1－50　半径样板

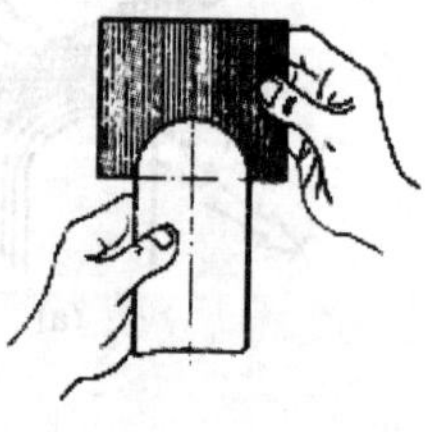

图 1－51　圆弧测量

圆弧面线轮廓度检测时，如图 1－51 所示，用半径样板透光法检查。半径样板与工件圆弧面间的缝隙均匀、透光微弱，则圆弧面轮廓尺寸、形状精度合格，否则达不到要求。

(十) 钻孔加工

用钻头在实体材料上加工孔的方法叫钻孔。由于钻孔时钻头处于半封闭状态,转速高、切削量大,排屑又很困难,因此钻孔时的加工精度不高,一般为IT10~IT11级,表面粗糙度一般为R_a50~12.5 μm,常用于加工要求不高的孔或作为孔的粗加工。

1. 常用钻床

常用钻床有台式钻床、立式钻床和摇臂钻床。

(1)台式钻床

台式钻床简称台钻,是一种安放在作业台上、主轴垂直布置的小型钻床,最大钻孔直径为13 mm,结构如图1-52所示。

台钻由机头1、电动机2、塔式带轮3、立柱4、回转工作台6和底座5等组成。电动机和机头上分别装有五级塔式带轮,通过改变V带在两个塔式带轮中的位置,可使主轴获得五种转速,机头与电动机连为一体,可沿立柱上下移动,根据钻孔工件的高度,将机头调整到适当位置后,通过锁紧手柄使机头固定方能钻孔。回转工作台可沿立柱上下移动,或绕立柱轴线作水平转动,也可在水平面内作一定角度的转动,以便钻斜孔时使用。较大或较重的工件钻孔时,可将回转工作台转到一侧,直接将工件放在底座上,底座上有两条T形槽,用来装夹工件或固定夹具。在底座的四个角上有安装孔,用螺栓将其固定。

(2)立式钻床

立式钻床简称立钻,如图1-53所示,主轴箱和工作台安置在立柱上,主轴垂直布置。立钻的刚性好,强度高、功率较大,最大钻孔直径有25 mm,35 mm,40 mm和50 mm等几种。立钻可用来进行钻孔、扩孔、镗孔、铰孔、攻螺纹和锪端面等。

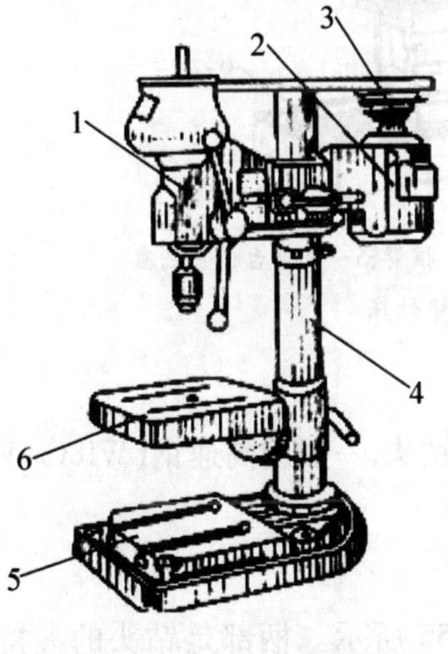

1—机头;2—电动机;3—塔式带轮

4—立柱;5—底座;6—回转工作台

图1-52 台式钻床

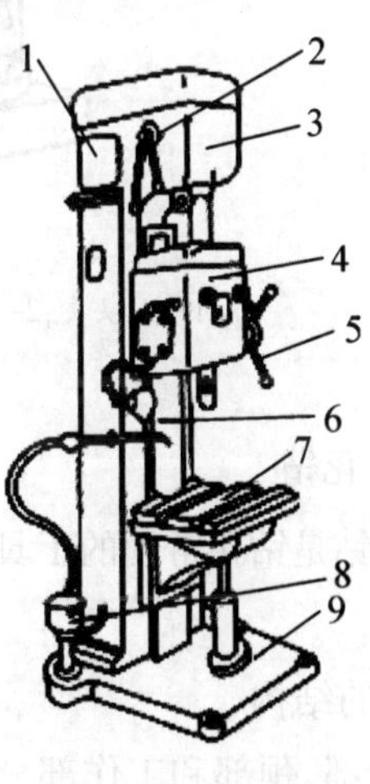

图1-53 立式钻床

立钻由主轴变速箱、电动机、进给箱、立柱、工作台、底座和冷却系统等主要部分组成。电动机通过主轴变速箱驱动主轴旋转,改变变速手柄位置,可使主轴得到多种转速。通过进给变速箱,可使主轴得到多种机动进给速度,转动手柄可以实现手动进给。工作台上有T形槽,用来装夹工件或夹具。工作台能沿立柱导轨上下移动,根据钻孔工件的高度,适当调整工作台位置,然后通过压板、螺栓将其固定在立柱导轨上。底座用来安装和固定立钻,并设有油箱,为孔加工提供切削液,以保证有较高的生产效率和孔的加工质量。

(3)摇臂钻床

摇臂钻床用来对大、中型工件在同一平面内、不同位置的多孔系进行钻孔、扩孔、锪孔、镗孔、铰孔、攻螺纹和锪端面等。

如图 1－54 所示,摇臂钻床主要由摇臂 4、主电动机、立柱 2、主轴箱 3、工作台 5、底座 6 等部分组成。主电动机旋转直接带动主轴变速箱中的齿轮系,使主轴得到十几种转速和进给速度,可实现机动进给、微量进给、定程切削和手动进给。主轴箱能在摇臂上左右移动,以加工同一平面上、相互平行的孔系。摇臂在升降电机驱动下能沿立柱轴线任意升降,操作者可手拉摇臂绕立柱作 360°任意旋转,根据工作台的位置,将其固定在适当角度。工作台面上有多条 T 形槽,用来安装中、小型工件或钻床夹具。大型工件加工时,可将工作台移开,工件直接安放在底座上加工,必要时可通过底座上的 T 形槽螺栓将工件固定,然后进行加工。

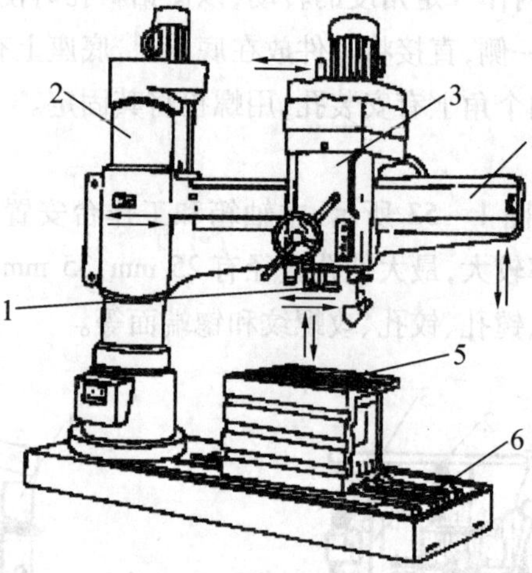

1—钻头夹;2—立柱;3—主轴箱;4—摇臂;5—工作台;6—底座

图 1－54　摇臂钻床

2. 标准麻花钻

标准麻花钻是钻孔常用的工具,简称麻花钻或钻头,一般用高速钢(W18Cr4V 或 W9Cr4V2)制成。

(1)钻头的结构

钻头由柄部、颈部和工作部分组成,如图 1－55 所示。柄部是钻头的夹持部分,用来传递钻孔时所需的转矩和轴向力。它有直柄和锥柄两种。一般直径小于 13 mm 的钻头做成直柄,直径大于 13 mm 的钻头做成莫氏锥柄。颈部位于柄部和工作部分之间,用于磨制钻头外圆时供砂轮退刀用,也是钻头规格、商标、材料的打印处。工作部分由切削部分和导向部分组成,是钻头的主要部分。导向部分起引导钻削方向和修光孔壁的作用,是切削部分的备用部分。

(2)钻头的刃磨与修磨

1)钻头的刃磨。钻头的刃磨直接关系到钻头切削能力的优劣、钻孔精度的高低、表面粗糙度值的大小等。因此,当钻头磨钝或在不同材料上钻孔要改变切削角度时,必须进行刃磨。一般钻头采用手工刃磨,主要刃磨两个主后刀面(两条主切削刃)。刃磨时,如图 1-56 所示,右手握住钻头的头部作为定位支点,使其绕轴线转动,使钻头整个后刀面都能磨到,并对砂轮施加压力;左手握住柄部作上下弧形摆动,使钻头磨出正确的后角。

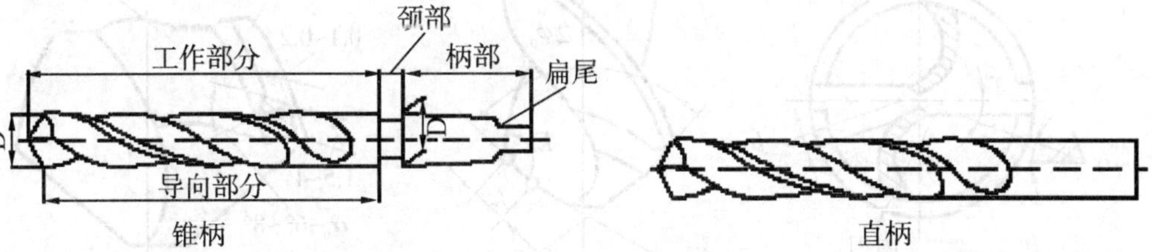

图 1-55　钻头的结构

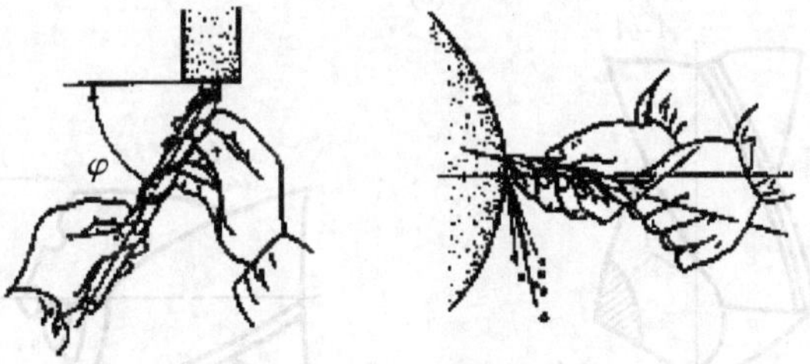

图 1-56　钻头的刃磨

刃磨时钻头轴心线与砂轮圆柱母线在水平面内的夹角约等于钻头顶角 2φ 的一半,两手动作的配合要协调、自然。由于钻头的后角在不同半径处是不等的,所以摆动角度的大小也要随后角的大小而变化。为防止在刃磨时另一刀瓣的刀尖可能碰坏,一般采用前刀面向下的刃磨方法。

在刃磨过程中,要随时检查角度的正确性和对称性。刃磨刃口时磨削量要小,随时将钻头浸入水中冷却,以防切削部分过热而退火。

主切削刃刃磨后,一般采用目测的方法进行检验,主要作以下几方面的检查。

①检查顶角 2φ 的大小是否正确(118° ±2°),两主切削刃是否对称、长度一致。检查时,将钻头竖直向上,两眼平视主切削刃。为避免视差,应将钻头旋转 180°后反复观察几次,若结果一样,说明对称了。

②检查主切削刃外缘处的后角 α(8° ~14°)是否达到要求的数值。

③检查主切削刃近钻心处的后角是否达到要求的数值。可以通过检查横刃斜角 ψ(50° ~55°)是否正确来确定。

2)钻头的修磨。针对标准麻花钻存在的一些缺点,以适应钻削不同的材料、满足不同的钻削要求。通常对钻头的切削部分进行修磨,改善切削性能。

①修磨横刃。如图 1-57(a)所示,修磨横刃主要是把横刃磨短,增大横刃处的前角。修磨后的横刃长度为原来长度的 1/3 ~1/5,以减少轴向阻力和挤刮现象,提高钻头的定心作用和切削稳定性,一般 5 mm 以上的钻头都要修磨横刃。钻头修磨后形成内刃,内刃斜角 τ =

20° ~30°，内刃处前角 $\gamma 0_\tau = 0° \sim -15°$。

②修磨主切削刃。如图 1-57(b)所示，修磨主切削刃主要是磨出第二顶角 $2\varphi_0$，即在外缘处磨出过渡刃，以增加主削刃的总长度，增大刀尖角 Er，从而增加刀齿强度，改善散热条件，提高切削刃与棱边交角处的抗磨性，延长钻头使用寿命，减少孔壁表面粗糙度。一般 $2\varphi_0 = 70 \sim 75°$，$f_0 = 0.2D$。

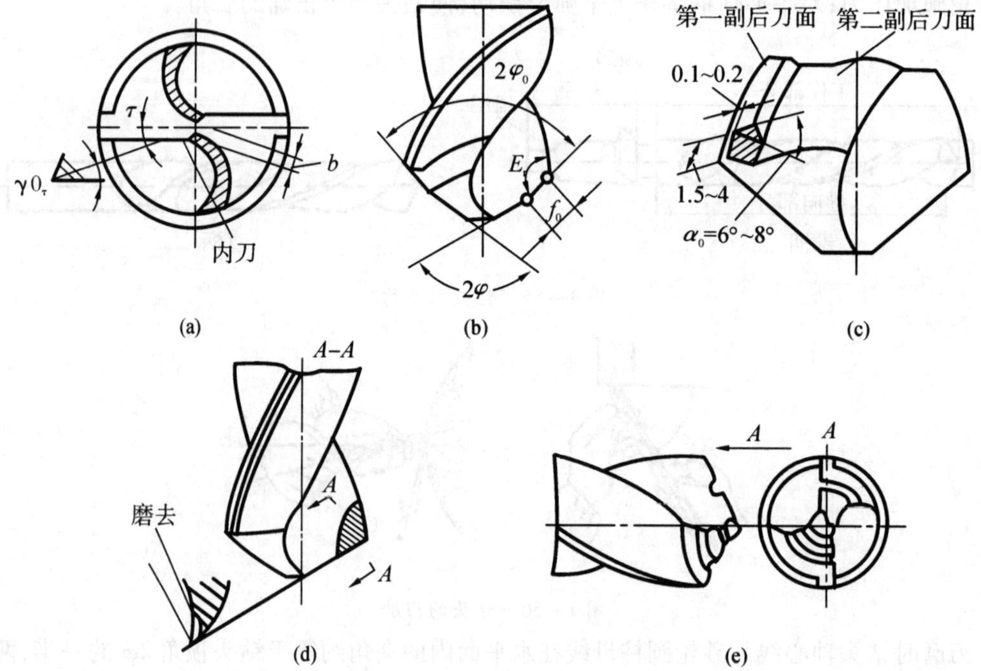

图 1-57　麻花钻的修磨

③修磨棱边。如图 1-57(c)，在靠近主切削刃的一段棱边上，磨出副后角 p_s，棱边宽度为原来的 1/3 ~1/2，以减少棱边对孔壁的摩擦，提高钻头的使用寿命。

④修磨前刀面。如图 1-57(d)所示，将主切削刃和副切削刃的交角处的前刀面磨去一块，以减少此处的前角。在钻削硬材料时可提高刀齿强度，钻削黄铜时还可避免切削刃过分锋利而引起扎刀现象。

⑤磨出分屑槽。在直径大于 15 mm 的钻头都可磨出分屑槽。如图 1-57(e)所示，在两个后刀面上磨出几条相互错开的分屑槽，使原来的宽切屑变窄，有利于排屑，尤其适合钻削钢料。

3. 钻孔方法

(1)钻孔工件的画线

钻孔工件的画线，按孔的尺寸要求，划出十字中心线，然后打上样冲眼，样冲眼要正确、垂直，因为它直接关系到起钻的定心位置。如图 1-58 所示，为了便于及时检查和校正钻孔的位置，可以划出几个大小不等的检查圆。对于尺寸位置要求较高的孔，为避免样冲眼产生的偏差，可在划十字中心线时，同时划出大小不等的方框，作为钻孔时的检查线。

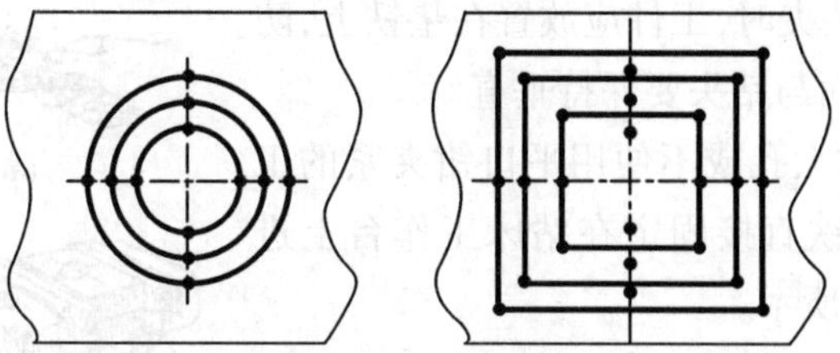

图 1－58　钻孔位置的检查

(2)钻头的装夹

对于直径小于 13 mm 的直柄钻头，直接在钻夹头中夹持，钻头伸入钻夹头中的长度不小于 15 mm，通过钻夹头上的三个小孔来转动钻钥匙，如图 1－59(a)所示，使三个卡爪伸出或缩进，将钻头夹紧或松开。

对于 13 mm 以上的锥柄钻头，用柄部的莫氏锥体直接与钻床主轴相连。较小的钻头不能直接与钻床主轴的内莫氏锥度相配合，须选用相应的钻套与其连接起来才能进行钻孔。每个钻套上端有一扁尾，套筒内腔和主轴锥孔上端均有一扁槽，安装时如图 1－59b 所示，将钻头或钻套的扁尾沿锥孔方向装入扁槽中，以传递转矩，使钻头顺利切削。拆卸时，用楔铁敲入套筒或主轴锥孔的扁槽内，利用楔铁斜面的向下分力，使钻头与套筒或主轴分离。在装夹钻头前，钻头、钻套、主轴必须分别擦干净，连接要牢固，必要时可用木块垫在钻床工作台上，摇动钻床手柄，使钻头向木块冲击几次，即可将钻头装夹牢固。严禁用手锤等硬物敲击钻夹头。钻头装好后应使径向圆跳动尽量小。

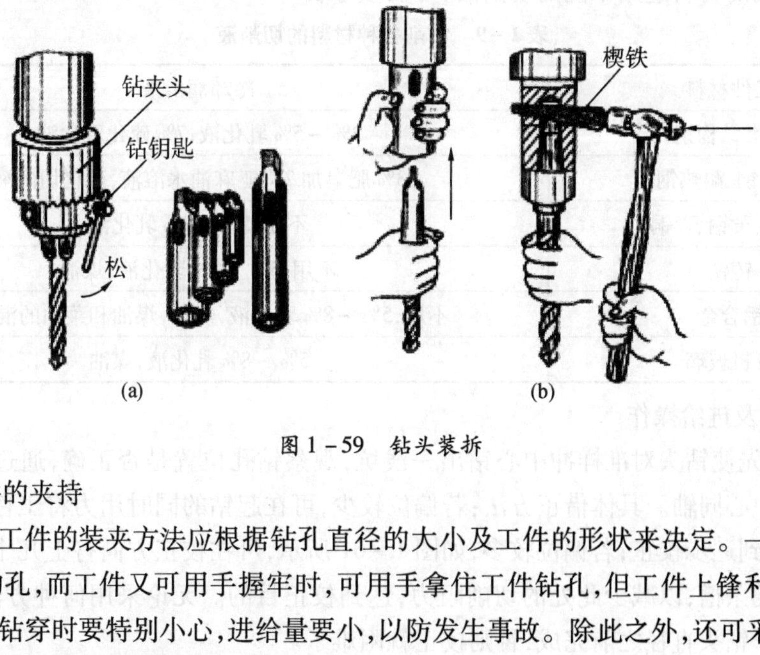

图 1－59　钻头装拆

(3)工件的夹持

钻孔时，工件的装夹方法应根据钻孔直径的大小及工件的形状来决定。一般钻削直径小于 8 mm 的孔，而工件又可用手握牢时，可用手拿住工件钻孔，但工件上锋利的边角要倒钝，当孔快要钻穿时要特别小心，进给量要小，以防发生事故。除此之外，还可采用其他不同的装夹方法来保证钻孔质量和安全。

1)用手虎钳夹紧。在小型工件、板上钻小孔或不能用手握住工件钻孔时，必须将工件放置在定位块上，用手虎钳夹持来钻孔，如图 1－60(a)所示。

2)用平口钳夹紧。钻孔直径超过 8 mm 且表面平整的工件上钻孔，可用平口钳来装夹，如图 1-60(b)所示。装夹时,工件应放置在垫铁上,防止钻坏平口钳,工件表面与钻头要保持垂直。

3)用压板夹紧。钻大孔或不便用平口钳夹紧的工件,可用压板、螺栓、垫铁直接固定在钻床工作台上进行钻孔,如图 1-60(c)所示。

4)用三爪自定心卡盘夹紧。圆柱工件端面上进行钻孔,用三爪自定心卡盘来夹紧,如图 1-60(d)所示。

5)用 V 形铁夹。在圆柱形工件上进行钻孔,可用带夹紧装置的 V 形铁夹紧,也可将工件放在 V 形铁上并配以压板压牢,以防止工件在钻孔时转动,如图 1-60(e)所示。

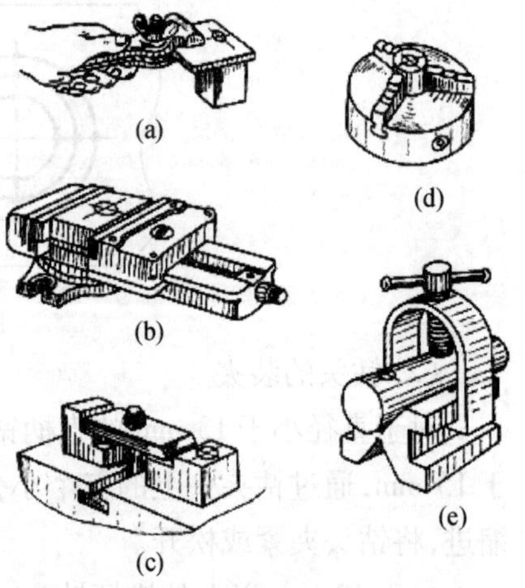

图 1-60　工件的夹持方式

(4)切削液的选择

在钻削过程中,由于钻头处于半封闭状态下工作,钻头与工件的摩擦和切屑的变形等产生大量的切削热,严重降低了钻头的切削能力,甚至引起钻头的退火。为了提高生产效率,延长钻头的使用寿命,保证钻孔质量,钻孔时要注入充足的切削液。

切削液一方面有利于切削热的传导,起到冷却作用;另一方面切削液流入钻头与工件的切削部位,有利于减少两者之间的摩擦,降低切削阻力,提高孔壁质量,起到润滑作用。

由于钻削属于粗加工,切削液主要是为了提高钻头的寿命和切削性能,因此以冷却为主。钻削不同的材料选用不同的切削液,可以参考表 1-9。

表 1-9　钻削各种材料的切削液

工件材料	冷却润滑液
各类结构钢	3% ~5% 乳化液,7% 硫化乳化液
不锈钢、耐热钢	3% 肥皂加 2% 亚麻油水溶液,硫化切削液
纯铜、黄铜、青铜	不用,5% ~8% 乳化液
铸铁	不用,5% ~8% 乳化液,煤油
铝合金	不用,5% ~8% 乳化液,煤油,煤油和菜油的混合油
有机玻璃	5% ~8% 乳化液,煤油

(5)起钻及进给操作

钻孔时,先使钻头对准样冲中心钻出一浅坑,观察钻孔位置是否正确,通过不断找正使浅坑与钻孔中心同轴。具体借正方法:若偏位较少,可在起钻的同时用力将工件向偏位的反方向推移,达到逐步校正;若偏位较多,如图 1-61 所示,可在校正方向打上几个样冲眼或用油槽錾錾出几条槽,以减少此处的切削阻力,达到校正目的。无论采用何种方法,都必须在浅坑外圆小于钻头直径之前完成,否则校正就困难了。

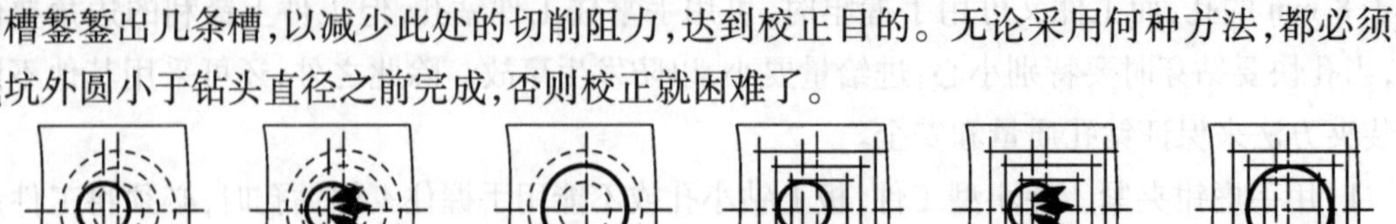
图 1-61　起钻偏位校正图

起钻达到钻孔位置要求后，即可按要求完成钻孔。手动进给时，进给用力不应使钻头产生弯曲，以免钻孔轴线歪斜（见图1－62）。当孔将要钻穿时，必须减少进给量，如果是采用自动进给，此时最好改为手动进给。因为当钻尖将要钻穿工件材料时，轴向阻力突然减少，由于钻床进给机构的间隙和弹性变形的恢复，将使钻头以很大的进给量自动切入，以致造成钻头折断或钻孔质量降低等现象。

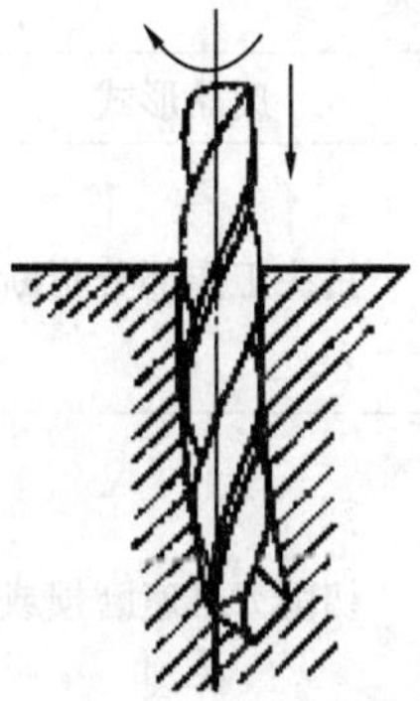
图1－62　钻孔轴线歪斜

钻不通孔时，可按钻孔深度调整挡块，并通过测量实际尺寸来检查钻孔的深度是否达到要求。钻深孔时，钻头要经常退出排屑，防止钻头因切屑堵塞而扭断。直径超过30 mm的大孔可分两次钻削，先用0.5～0.7倍孔径的钻头钻孔，再用所需孔径的钻头扩孔。这样可以减少轴向力，保护机床，同时又可提高钻孔质量。

4. 钻孔时常见的废品形式及产生原因

钻孔中常出现的废品形式及产生的原因。见表1－10。

表1－10　钻孔时常见的废品形式及产生原因

废品形式	产生原因
孔径大于规定尺寸	（1）钻头两主切削刃长短不等，高度不一致； （2）钻头主轴摆动或工作台未锁紧； （3）钻头弯曲或在钻夹头中未装好，引起摆动
孔呈多棱形	（1）钻头后角太大； （2）钻头两主切削刃长短不等、角度不对称
孔位置偏移	（1）工件画线不正确或装夹不正确； （2）样冲眼中心不准； （3）钻头横刃太长，定心不稳； （4）起钻过偏没有纠正
孔壁粗糙	（1）钻头不锋利； （2）进给量太大； （3）切削液性能差或供给不足； （4）切屑堵塞螺旋槽
孔歪斜	（1）钻头与工件表面不垂直，钻床主轴与台面不垂直； （2）进给量过大，造成钻头弯曲； （3）工件安装时，安装接触面上的切屑等污物未及时清除； （4）工件装夹不牢，钻孔时产生歪斜，或工件有砂眼
钻头工作部分折断	（1）钻头已钝还在继续钻孔； （2）进给量太大； （3）未经常退屑使钻头在螺旋槽中阻塞； （4）孔刚钻穿未减小进给量；

续表

废品形式	产生原因
钻头工作部分折断	(5)工件未夹紧,钻孔时有松动; (6)钻黄铜等软金属及薄板料时,钻头未修磨; (7)孔已歪斜还在继续钻
切削刃迅速磨损或碎裂	(1)切削速度太高; (2)钻头刃磨不适应工件材料的硬度; (3)工件有硬块或砂眼; (4)进给量太大; (5)切削液输入不足

(十一)扩孔、锪孔、铰孔

1. 扩孔

扩孔是用扩孔钻对工件上已有的孔进行扩大加工,如图1.63所示。扩孔可以作为孔的最终加工,也可作为铰孔、磨孔前的预加工工序。扩孔后,孔的尺寸精度可达到IT9～IT10,表面粗糙度可达到R_a12.5～3.2 μm。

扩孔时的切削深度a_p按下式计算:

$$a_p = \frac{D-d}{2}$$

式中　D——扩孔后直径,mm;

d——预加工孔直径,mm。

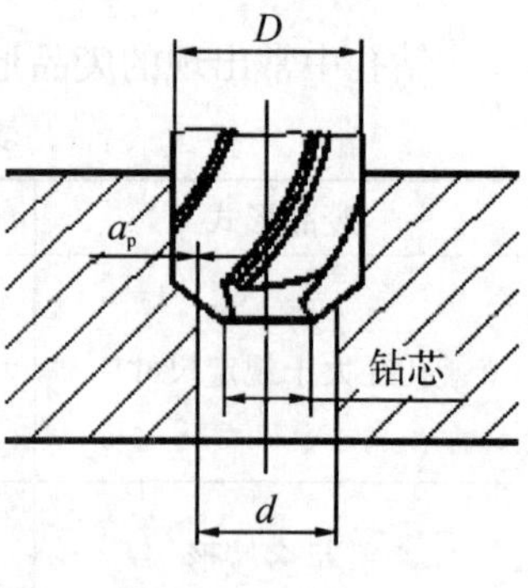

图1-63　扩孔

实际生产中,一般用麻花钻代替扩孔钻使用,扩孔钻多用于成批大量生产。扩孔时的进给量为钻孔的1.5～2倍,切削速度为钻孔时的1/2。

2. 锪孔

用锪孔刀具在孔口表面加工出一定形状的孔或表面的加工方法,称为锪孔。常见的锪孔形式有:锪圆柱形沉孔(见图1-64(a))、锪锥形沉孔(见图1-64(b))和锪凸台平面(见图1-64(c))。

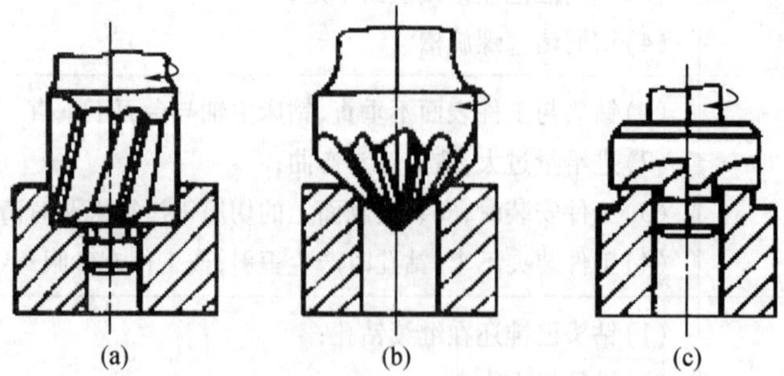

图1-64　锪孔形式

(1)锪锥形埋头孔

按图纸锥角要求选用锥形锪孔钻,锪孔深度一般控制在埋头螺钉装入后低于工件表面约0.5 mm,加工表面无振痕。

使用专用锥形锪钻(见图1-65)或用麻花钻刃磨改制(见图1-66)。

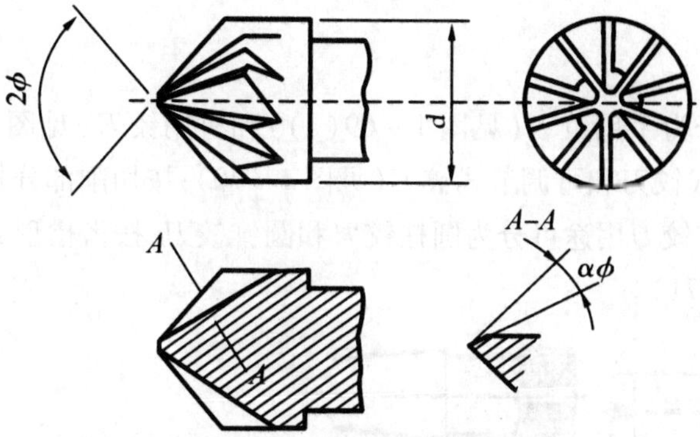

图1-65 锥形锪钻

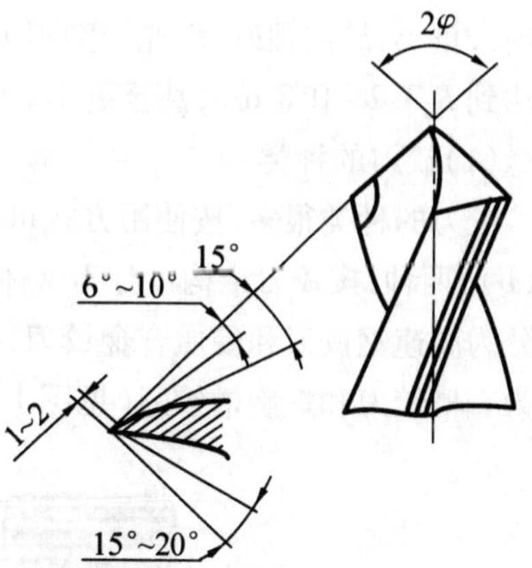

图1-66 钻头改磨锥形锪钻

(2)锪柱形埋头孔

使用麻花钻刃磨改制的钻头锪孔(见图1-67)。柱形埋头孔要求底面平整并与底孔轴线垂直,加工表面无振痕。使用麻花钻改制的柱形锪钻,在4~7孔的一端面上锪出4~11柱形埋头孔,达到图纸要求,锪孔方法如图1-68所示。

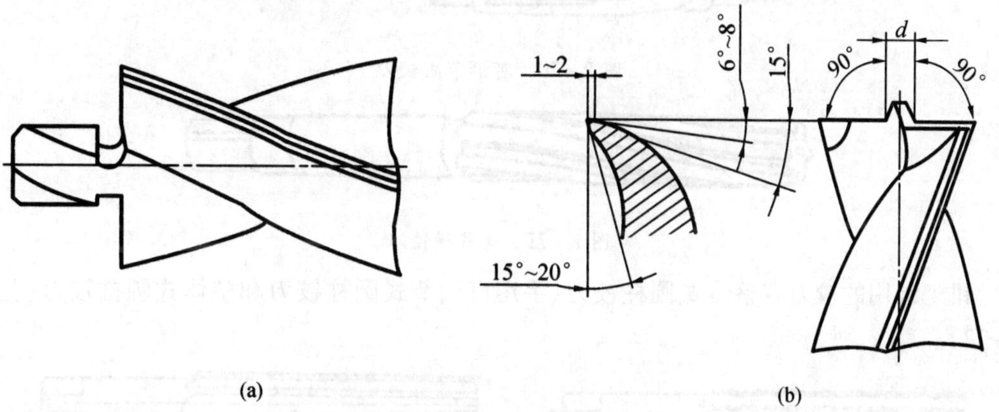

图1-67 麻花钻改制的柱形锪钻

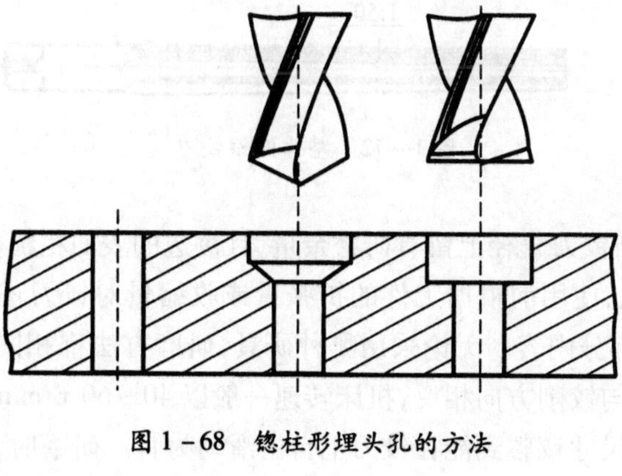

图1-68 锪柱形埋头孔的方法

3. 铰孔

用铰刀对已经粗加工的孔进行精加工的一种方法，称为铰孔。由于铰刀的刀齿数量多，切削余量小，导向性好，因此切削阻力小，加工精度高，一般可达到 IT7 ~ IT9 级，表面粗糙度可达到 R_a3.2 ~0.8 μm，甚至更小。

(1)铰刀的种类

铰刀的种类很多，按使用方式可分为手用铰刀(见图 1 - 69(a))和机用铰刀(见图 1 - 69(b))两种；按铰刀结构可分为整体式铰刀和可调节式铰刀(见图 1 - 70)；按切削部分材料可分为高速钢铰刀和硬质合金铰刀；按铰刀用途可分为圆柱铰刀和圆锥铰刀；按齿槽形式可分为直槽铰刀和螺旋槽铰刀(见图 1 - 71)。

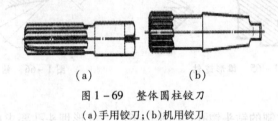

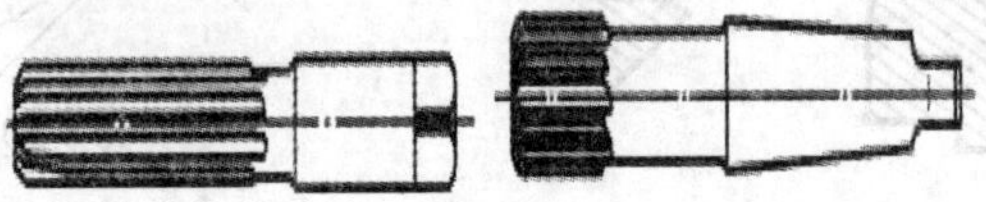
(a)　　(b)

图 1 - 69　整体圆柱铰刀

(a)手用铰刀；(b)机用铰刀

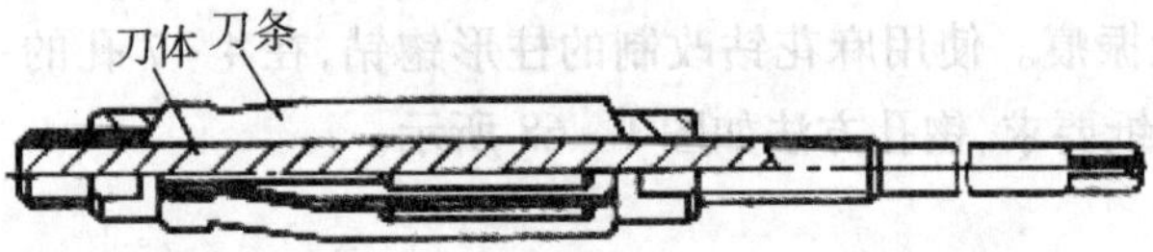

图 1 - 70　可调节式铰刀

图 1 - 71　螺旋槽铰刀

钳工常用的铰刀有整体式圆柱铰刀、手用可调节式圆柱铰刀和整体式圆锥铰刀(见图 1 - 72)。

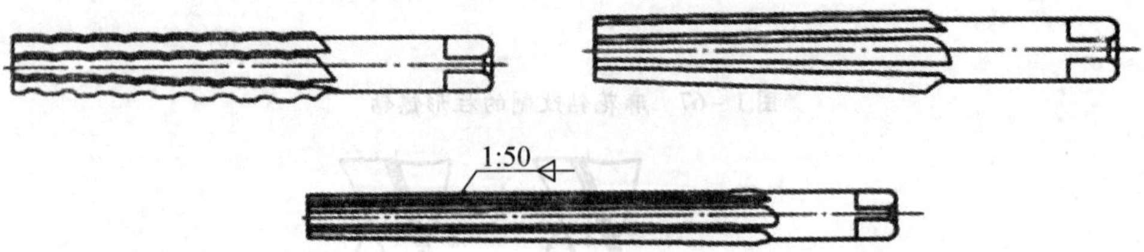

图 1 - 72　整体圆锥铰刀

(2)铰孔前的准备

1)铰刀的研磨。新铰刀直径上留有研磨余量，且棱边的表面粗糙度也较粗，所以公差等级为 IT8 级以上的铰孔，使用前根据工件的扩张量或收缩量对铰刀进行研磨。研磨时用的研磨剂可参考“研磨”部分内容。无论采用哪种研具，研磨方法都相同。研磨时铰刀由机床带动旋转，旋转方向要与铰削方向相反，机床转速一般以 40 ~60 r/min 为宜。研具套在铰刀的工作部分上，研套的尺寸调整到能在铰刀上自由滑动为宜。研磨时，用手握住研具作轴向均匀的往复移动，研磨剂放置要均匀，及时清除铰刀沟槽中的研垢，并重新换上研磨剂再研磨，随时检查铰刀的研磨质量。

为了使铰削获得理想的铰孔质量，还需要及时用油石对铰刀的切削刃和刀面进行研磨。特别是铰刀使用中磨损最严重的地方（切削部分与校准部分的过渡处），需要用油石仔细地将该处的尖角修磨成圆弧形的过渡刃。铰削中，发现铰刀刃口有毛刺或积屑瘤要及时用油石小心地修磨掉。

若铰刀棱边宽度较宽时，可用油石贴着后刀面，并与棱边倾斜1°，沿切削刃垂直方向轻轻推动，将棱边磨出1°左右的小斜面。

2）铰削用量的确定。铰削用量包括铰削余量、机铰时的切削速度和进给量。合理选择铰削用量，对铰孔过程中的摩擦、切削力、切削热、铰孔的质量及铰刀的寿命有直接的影响。

①铰削余量。铰削余量的选择，应考虑到直径大小、材料软硬、尺寸精度、表面粗糙度、铰刀的类型等因素。如果余量太大，不但孔铰不光，且铰刀易磨损；过小，则上道工序残留的变形难以纠正，原有刀痕无法去除，影响铰孔质量。一般铰削余量的选用，可参考表1－11。

表1－11　铰削余量

铰孔直径/mm	<5	5～20	21～32	33～50	52～70
铰削余量/mm	0.1～0.2	0.2～0.3	0.3	0.5	0.8

此外，铰削精度还与上道工序的加工质量有直接的关系，因此还要考虑铰孔的工艺过程。一般铰孔的工艺过程是：钻孔→扩孔→铰孔。对于IT8级以上精度、表面粗糙度R_a1.6 μm的孔，其工艺过程是：钻孔→扩孔→粗铰→精铰。

②机铰时的切削速度和进给量。机铰时的切削速度和进给量要选择适当。过大，铰刀容易磨损，也容易产生积屑瘤而影响加工质量。过小，则切削厚度过小，反而很难切下材料，对加工表面形成挤压，使其产生塑性变形和表面硬化，最后形成刀刃撕去大片切屑，增大了表面粗糙度值，也加速了铰刀的磨损。

当被加工材料为铸铁时，切削速度≤10 mm/min，进给量在0.8 mm/r左右。

当被加工材料为钢时，切削速度≤8 mm/min，进给量在0.4 mm/r左右。

（3）切削液的选用

铰削时的切屑一般都很细碎，容易黏附在刀刃上，甚至夹在孔壁与铰刀校准部分的棱边之间，将已加工的表面拉伤、刮毛，使孔径扩大。另外，铰削时产生热量较大，散热困难，会引起工件和铰刀变形、磨损，影响铰削质量，降低铰刀寿命。为了及时清除切屑和降低切削温度，必须合理使用切削液。切削液的选择见表1－12。

表1－12　铰孔时的切削液选择

工件材料	切削液
钢	（1）10%～20%乳化液； （2）铰孔要求较高时，采用30%菜油加70%肥皂水； （3）铰孔要求更高时，可用菜油、柴油、猪油等

续表

工件材料	切削液
铸铁	(1)不用; (2)煤油,但会引起孔径缩小,最大缩小量达0.02~0.04 mm; (3)3%~5%低浓度的乳化液
铜	5%~8%低浓度的乳化液
铝	煤油、松节油

4. 铰孔方法

(1)手用铰刀铰孔的方法

1)工件要夹正、夹紧,尽可能使被铰孔的轴线处于水平或垂直位置。对薄壁零件夹紧力不要过大,防止将孔夹扁,铰孔后产生变形。

2)手铰过程中,两手用力要平衡、均匀,防止铰刀偏摆,避免孔口处出现喇叭口或孔径扩大。

3)铰削进给时不能猛力压铰杠,应一边旋转,一边轻轻加压,使铰刀缓慢、均匀地进给,保证获得较细的表面粗糙度。

4)铰削过程中,要注意变换铰刀每次停歇的位置,避免在同一处停歇而造成振痕。

5)铰刀不能反转,退出时也要顺转,否则会使切屑卡在孔壁和后刀面之间,将孔壁拉毛,铰刀也容易磨损,甚至崩刃。

6)铰削钢料时,切屑碎末易黏附在刀齿上,应注意经常退刀清除切屑,并添加切削液。

7)铰削过程中,发现铰刀被卡住,不能猛力扳转铰杠,防止铰刀崩刃或折断,而应及时取出铰刀,清除切屑和检查铰刀。继续铰削时要缓慢进给,防止在原处再次被卡住。

(2)机用铰刀的铰削方法

使用机用铰刀铰孔时,除注意手铰时的各项要求外,还应注意以下几点。

1)要选择合适的铰削余量、切削速度和进给量。

2)必须保证钻床主轴、铰刀和工件孔三者之间的同轴度要求。对于高精度孔,必要时要采用浮动铰刀夹头来装夹铰刀。

3)开始铰削时先采用手动进给,正常切削后改用自动进给。

4)铰不通孔时,应经常退刀清除切屑,防止切屑拉伤孔壁;铰通孔时,铰刀校准部分不能全部出头,以免将孔口处刮坏,退刀时困难。

5)在铰削过程中,必须注入足够的切削液,以清除切屑和降低切削温度。

6)铰孔完毕,应先退出铰刀后再停车,否则孔壁会拉出刀痕。

(3)铰孔时的废品分析及铰刀损坏的原因

1)铰刀损坏的原因。铰削时,铰削用量选择不合理、操作不当等都会引起铰刀过早地损坏,具体损坏形式见表1-13。

2)铰孔时常见的废品形式及产生原因。铰孔时,如果铰刀质量不好、铰削用量选择不当、切削液使用不当、操作疏忽等都会产生废品，具体分析见表1-14。

表1-13　铰刀损坏的原因

铰刀损坏形式	损坏原因
过早磨损	(1)切削刃表面粗糙，使耐磨性降低； (2)切削液选择不当； (3)工件材料硬
崩刃	(1)前、后角太大，引起切削刃强度变差； (2)铰刀偏摆过大，造成切削负荷不均匀； (3)铰刀退出时反转，使切屑嵌入切削刃与孔壁之间
折断	(1)铰削用量太大，工件材料硬； (2)铰刀已被卡住，继续用力扳转； (3)进给量太大； (4)两手用力不均或铰刀轴心线与孔轴心线不重合

表1-14　铰孔时常见的废品形式及产生原因

废品形式	产生原因
表面粗糙度达不到要求	(1)铰刀刃口不锋利或有崩刃，铰刀切削部分和校准部分粗糙； (2)切削刃上黏有积屑瘤或容屑槽内切屑黏结过多未清除； (3)铰削余量太大或太小，铰刀退出时反转； (4)切削液不充足或选择不当； (5)手铰时，铰刀旋转不平稳，铰刀偏摆过大
孔径扩大	(1)手铰时，铰刀偏摆过大，机铰时，铰刀轴心线与工件孔的轴心线不重合； (2)铰刀未研磨，直径不符合要求； (3)进给量和铰削余量太大； (4)切削速度太高，使铰刀温度上升，直径增大
孔径缩小	(1)铰刀磨损后，尺寸变小继续使用； (2)铰削余量太大，引起孔弹性复原而使孔径缩小； (3)铰铸铁时加了煤油
孔呈多棱形	(1)铰削余量太大和铰刀切削刃不锋利，使铰刀发生“啃切”产生振动而呈多棱形； (2)钻孔不圆使铰刀发生弹跳； (3)机铰时，钻床主轴振摆太大
孔轴线不直	(1)预钻孔孔壁不直，铰削时未能使原有弯曲度得以纠正； (2)铰刀主偏角太大，导向不良，使铰削方向发生偏歪； (3)手铰时，两手用力不匀

(十二)攻螺纹与套螺纹

在圆柱或圆锥外表面上所形成的螺纹称为外螺纹；在圆柱或圆锥内表面上所形成的螺纹称为内螺纹。

1. 攻螺纹工具

(1)丝锥

丝锥是加工内螺纹的工具,有手用和机用、左旋和右旋、粗牙和细牙之分。手用丝锥一般采用合金工具钢(如 9SiCr)或轴承钢(如 GCr9)制造;机用丝锥通常用高速钢制造。

丝锥构造如图 1－73 所示,由工作部分和柄部组成。工作部分包括切削部分和校准部分。切削部分磨出锥角,使切削负荷分布在几个刀齿上,这样不仅工作省力,丝锥不易崩刃或折断,而且攻螺纹时的导向作用好,也保证了螺孔的质量。

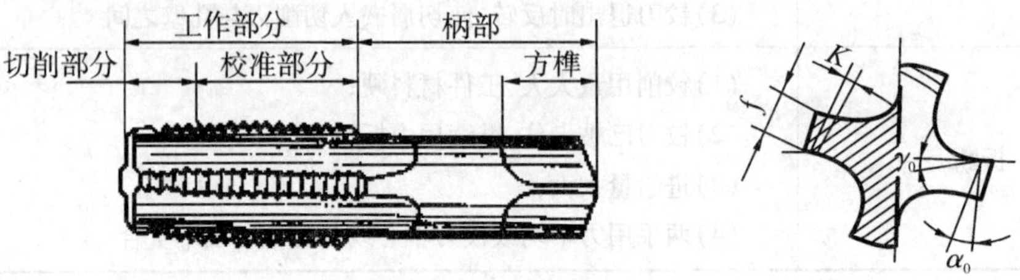

图 1－73　丝锥的结构

校准部分有完整的牙型,用来校准、修光已切出的螺纹,并引导丝锥沿轴向前进。丝锥的柄部有方榫,用以夹持并传递切削转矩。丝锥沿轴向开有几条容屑槽,以容纳切屑,同时形成切削刃和前角 γ_0。

为了减少丝锥的切削力,提高使用寿命,一般将整个切削工作量分配给几支丝锥来承担。通常 M6～M24 的丝锥一套有两支,M6 以下及 M24 以上的丝锥一套有三支。细牙丝锥不论大小,均为二支一套。切削用量的分配有两种形式:锥形分配和柱形分配。一般对于直径小于 M12 的丝锥采用锥形分配,而对于直径较大的丝锥则采用柱形分配。机用丝锥一套也有两支,攻通孔螺纹时,一般都用头锥一次攻出。只有攻不通孔时,才用二锥(精锥)再攻一次,以增加螺纹的有效长度。

(2)铰杠

铰杠是手工攻螺纹时用的一种辅助工具,用来夹持丝锥,分普通铰杠和丁字铰杠两类。如图 1－74(a)所示,普通铰杠又分固定铰杠和活络铰杠两种,固定铰杠的方孔尺寸和柄长符合一定的规格,使丝锥受力不会过大,丝锥不易折断,故操作比较合理,但规格准备要多,一般攻 M5 以下的螺纹,宜采用固定铰杠。活络铰杠可以调节方孔尺寸,故应用范围较广,有 150～600 mm 六种规格,铰杠长度应根据丝锥尺寸的大小选择,以控制一定的攻螺纹扭矩,其适用范围见表 1－15。

表 1－15　活络铰杠的适用范围

活络铰杠规格/mm	150	230	280	380	580	600
适用范围	M5～M8	M8～M12	M12～M14	M14～M16	M16～M22	M24 以上

丁字形铰杠如图 1－74(b)所示,适用于攻制有台阶的侧边螺孔或攻制箱体内部的螺孔。

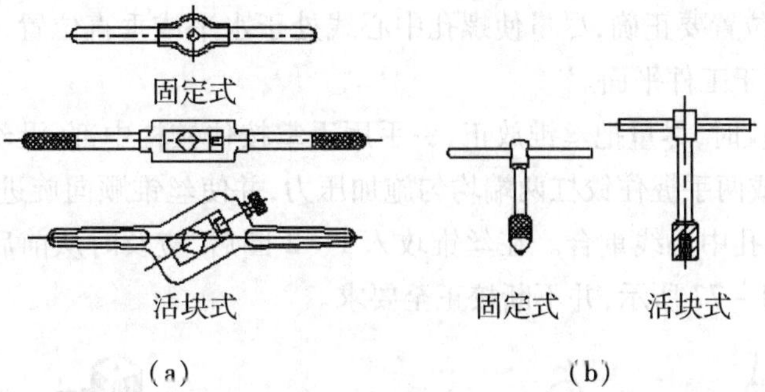

图 1-74　铰杠的种类

(a)普通铰杠;(b)丁字铰杠

2. 攻螺纹前底孔的直径和深度

(1)攻螺纹前底孔直径的确定

攻螺纹时,丝锥切削刃除起切削作用外,还对材料产生挤压。因此被挤压的材料在牙型顶端会凸起一部分,如图 1-75 所示,材料塑性越大,则挤压出的越多。此时,如果丝锥刀齿根部与工件牙型顶端之间没有足够的间隙,丝锥就会被挤压出来的材料轧住,造成崩刃、折断和工件螺纹烂牙。所以攻螺纹时螺纹底孔直径必须大于攻螺纹前的底孔直径。

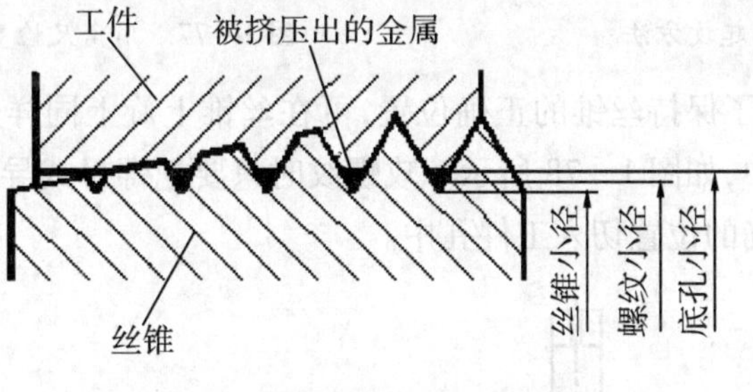

图 1-75　攻螺纹时的挤压现象

螺纹底孔直径的大小,要根据工件材料的塑性和钻孔时的扩张量来考虑,一般按照经验公式来计算。

1)加工钢和塑性较大的材料及扩张量中等的条件下

$$d_o = D - P$$

2)加工铸铁和塑性较小的材料及扩张量较小的条件下

$$d_o = D - (1.05 \sim 1.10)P$$

式中　d_o——螺纹底孔直径;

D——螺纹大径;

P——螺纹螺距。

(2)攻螺纹底孔深度的确定

攻不通孔时,由于丝锥切削部分不能切出完整的牙型,所以钻孔深度要大于所需的螺孔深度。一般要求钻孔深度 = 所需螺孔深度 $+0.7D$。

3. 攻螺纹方法及要领

(1)螺纹底孔的孔口要倒角,通孔两端都要倒角,倒角处直径可略大于螺孔大径,这样可使开始切削时容易切入,并可防止孔口出现挤压出的凸边。

(2)工件装夹位置要正确,尽量使螺孔中心线处于水平或垂直位置,攻螺纹时容易判断丝锥轴线是否垂直于工件平面。

(3)用头攻起攻时,尽量把丝锥放正,一手用手掌按住铰杠中部,沿丝锥轴线加压,另一手配合转动铰杠,或两手握住铰杠两端均匀施加压力,并使丝锥顺向旋进,如图1-76所示,保证丝锥中心线与孔中心线重合。在丝锥攻入1~2圈后,应及时从前后、左右方向用角尺检查垂直度,如图1-77所示,并不断校正至要求。

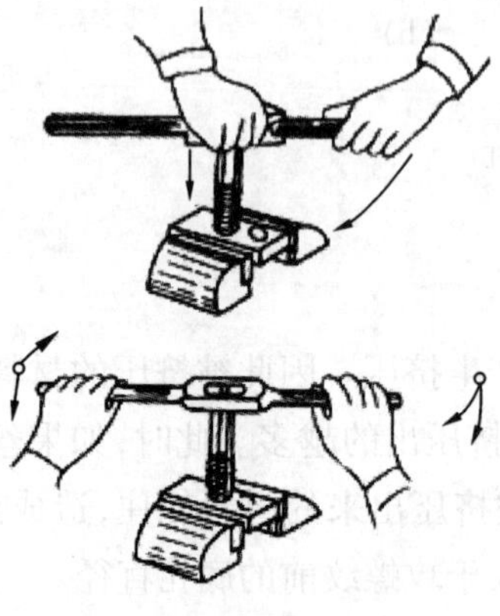

图1-76 起攻方法

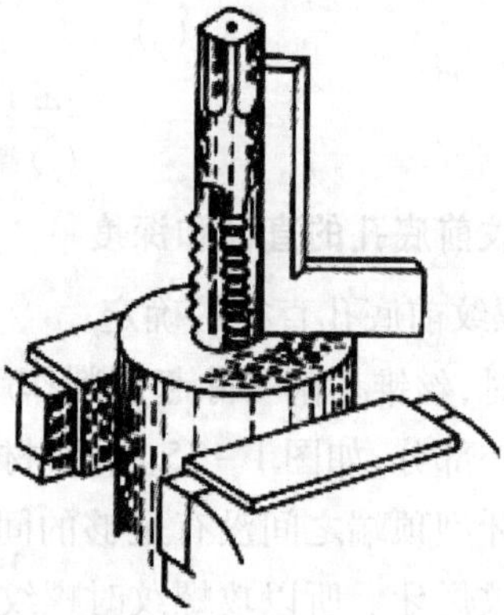

图1-77 用角尺检查丝锥垂直度

开始攻螺纹时,为了保持丝锥的正确位置,可在丝锥上旋上同样规格的光制螺母,或将丝锥放入导向套的孔中,如图1-78所示。攻螺纹时只要把螺母或导向套压紧工件表面上,就能够保证丝锥按正确的位置切入工件孔中。

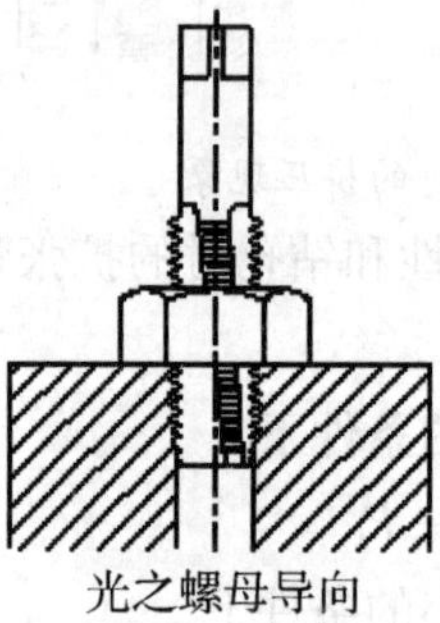

光之螺母导向

导向套导向

图1-78 攻螺纹时的导向工具

(4)切削时,铰杠就不需要再加压力。为避免切屑过长而咬死丝锥,攻螺纹时铰杠每转动1/2~1圈,就应倒转1/2圈,使切屑碎断后容易排出。

(5)攻螺纹时,应按头锥、二锥、三锥的顺序攻至标准尺寸。在较硬材料上攻螺纹时,可轮换各丝锥交替攻下,以减少切削部分负荷,防止丝锥折断。

(6)攻螺纹过程中,调换丝锥时要用手先旋入至不能再旋进时,方可用铰杠转动,以免损坏螺纹和防止乱牙。退出丝锥时,也要避免快速转动铰杠,最好用手旋出,以保证已攻好的螺纹质量不受影响。

(7)攻不通孔时,可在丝锥上做好深度标记,并经常退出丝锥,排除孔中切屑,防止切屑堵塞使丝锥折断或达不到深度要求。当工件不便倒向时,可用弯曲的管子吹去切屑,或用磁铁吸出。

(8)攻塑性或韧性材料时，要加注切削液，以减小切削阻力，减少表面粗糙度值，延长丝锥寿命。一般攻钢料时，使用机油或浓度较大的乳化液，螺纹质量要求高时可用植物油；攻铸铁时可用煤油。

(9)机攻时要保持丝锥与螺孔的同轴度要求。将攻完时，丝锥的校准部分不能全部出头，以免反转退出丝锥时产生乱牙。

(10)机铰时切削速度，一般为6～15 m/min；攻调质钢或硬的钢材为5～10 m/min；攻不锈钢为2～7 m/min；攻铸铁为8～10 m/min。攻同样材料时，丝锥直径小时取较高值，直径大时取较低值。

4. 丝锥的刃磨

当丝锥的切削部分磨损时，可刃磨其后刀面，如图1－79(a)所示。刃磨时注意保持各刃瓣的半锥角φ，以及切削部分长度的准确性和一致性。转动丝锥时要留心，不要使另一刃瓣的刀齿碰擦磨坏。当丝锥校准部分磨损时，可刃磨其前刀面，磨损较少时，可用油石研磨其前刀面；磨损较严重时，可用棱角修圆的片状砂轮刃磨(见图1－79(b))，并控制好一定的前角γ_0。

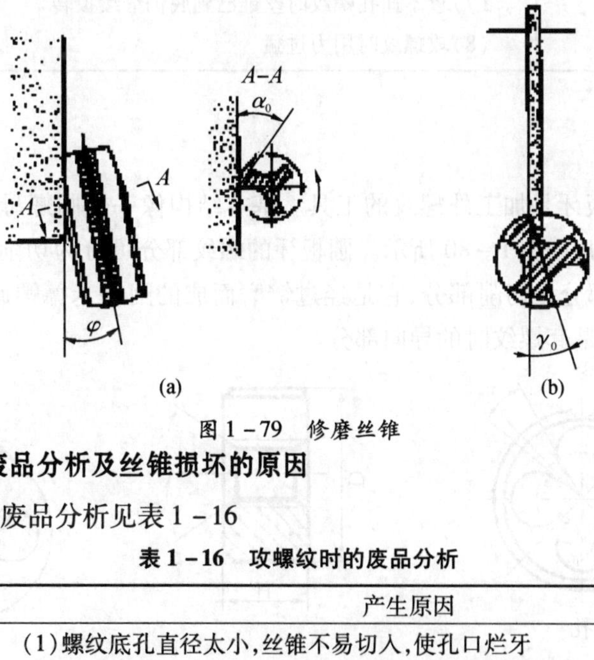

图1－79 修磨丝锥

5. 攻螺纹时的废品分析及丝锥损坏的原因

(1)攻螺纹时的废品分析见表1－16

表1－16 攻螺纹时的废品分析

损坏形式	产生原因
烂牙	(1)螺纹底孔直径太小，丝锥不易切入，使孔口烂牙 (2)换用二锥、三锥时，与已切出的螺纹没有旋合好就强行攻削 (3)对塑性材料未加切削液或丝锥不经常倒转，而把已切出的螺纹啃伤 (4)头锥攻螺纹不正，用二锥、三锥时强行纠正 (5)丝锥磨钝或切削刃有粘屑 (6)丝锥铰杠掌握不稳，攻铝合金等强度较低的材料时，容易被切烂牙
滑牙	(1)攻不通孔时，丝锥已到底仍继续扳转 (2)在强度较低的材料上攻较小螺纹时，丝锥已切出螺纹仍继续加压，或攻完退出时连铰杠转出

续表

损坏形式	产生原因
螺孔攻歪	(1)丝锥位置不正 (2)机攻时丝锥与螺孔轴线不同轴
螺纹牙深不够	(1)攻螺纹前底孔直径太大 (2)丝锥磨损

(2)攻螺纹时丝锥损坏的原因,见表1-17

表1-17 攻螺纹时丝锥损坏的原因

损坏形式	产生原因
丝锥崩牙或折断	(1)工件材料中夹有硬物等杂质 (2)断屑排屑不良,产生切屑堵塞现象 (3)丝锥位置不正,单边受力太大或强行纠正 (4)两手用力不均 (5)丝锥磨钝,切削阻力太大 (6)底孔直径太小 (7)攻不通孔螺纹时丝锥已到底仍继续扳转 (8)攻螺纹时用力过猛

6. 套螺纹

(1)套螺纹工具

1)圆板牙。圆板牙是加工外螺纹的工具。基本结构像一个圆螺母,只是在上面钻几个排屑孔并形成切削刃,如图1-80所示。圆板牙的螺纹部分可分为切削部分和校准部分,两端面磨出主偏角的部分是切削部分,它是经过铲磨而成的阿基米德螺旋面。圆板牙的中间一段是校准部分,也是套螺纹时的导向部分。

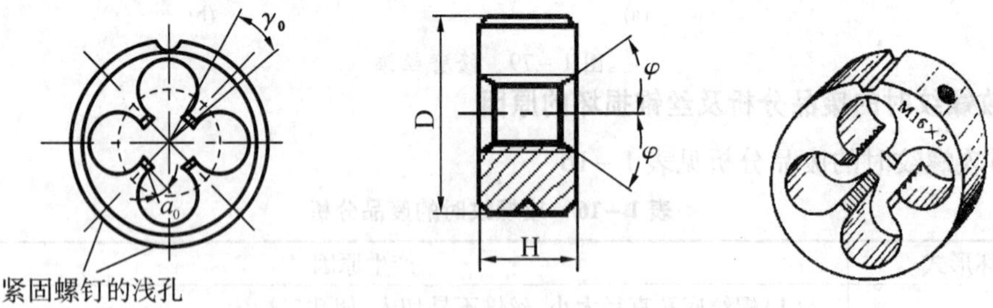

图1-80 板牙的构造

M3.5以上的板牙,外圆上有4个锥坑和一条V形槽。下面两个锥坑的轴线通过板牙中心,用紧定螺钉固定并传递转矩。板牙磨损后,套出的螺纹直径变大时,可用锯片砂轮在V形槽中心割出一条通槽,此时的V形槽就成了调整槽。通过紧定螺钉调节上面的两个锥坑,使板牙尺寸缩小。调节的范围为0.1~0.25 mm,调节时,应使用标准样规或通过试切来确定螺纹尺寸是否合格。当在V形槽开口处旋入螺钉后,可使板牙直径变大。圆板牙的两端是切削部分,一端磨损后可换另一端使用。

2)板牙架。板牙架是装夹板牙的工具。板牙放入相应规格的板牙架孔中,通过紧定螺钉将板牙固定,并传递套螺纹时的切削转矩。

(2)套螺纹前圆杆直径的确定

套螺纹与攻螺纹时的切削过程相同,螺纹牙尖也要被挤高一些,因此,圆杆的直径应比外螺纹的大径稍小些,一般圆杆直径可用下式计算

$$d_o = d - 0.13P$$

式中 d_o——外螺纹大径(mm);

P——螺距。

(3)套螺纹方法及要领

1)为便于切入工件材料,圆杆端部应倒成15°~20°的锥角,锥体的最小直径要小于螺纹小径,避免螺纹端曾出现锋口和卷边。

2)套螺纹时的切削力矩较大,为防止圆杆夹持偏歪或夹出痕迹,一般用厚铜板作衬垫,或用V形钳口夹持,圆杆套螺纹部分伸出尽量短,呈铅垂方向放置。

3)起套方法与攻螺纹起攻方法相似,一手用掌心按住板牙架中心,并沿轴向施加压力,另一手配合作顺向切进。转动要慢,压力要大,并保证板牙端面与圆杆轴线垂直。

4)切入2~3牙后,应检查垂直度误差,发现歪斜及时校正。

5)正常套螺纹时,应停止施加轴向压力,让板牙自然引进,以免损坏螺纹和板牙,并经常反转以断屑。

6)在钢件上套螺纹时要加切削液,以降低螺纹表面粗糙度,延长板牙使用寿命。常用的切削液有乳化液和机油。

(4)套螺纹时的废品分析

套螺纹时由于操作不当会产生弊病,其形式和原因见表1-18。

表1-18 套螺纹时产生废品的原因

废品形式	产生原因
烂牙(乱扣)	(1)圆杆直径太大 (2)板牙磨钝 (3)板牙没有经常倒转,切屑堵塞把螺纹啃坏 (4)铰杆掌握不稳,板牙左右摇摆 (5)板牙歪斜太多而强行修正 (6)板牙切屑刃上黏有切削瘤 (7)没有选用合适的切削液
螺孔攻歪	(1)圆杆端面倒角不好,板牙位置难以放正 (2)两手用力不均匀,铰杠歪斜
螺纹牙深不够	(1)圆杆直径太小 (2)板牙V形槽调节不当,直径太大

(十三)矫正、弯形和铆接

1.矫正

消除材料或制件的弯形、翘曲、凹凸不平等缺陷的加工方法称为矫正。

(1)常用的手工矫正的工具

1)支撑工具。支撑工具是矫正板材和型材的基座,要求表面平整。常用的有平板、铁砧、台虎钳和V形铁等。

2)施力工具。施力工具常用的施力工具有软、硬手锤和压力机等。

①软、硬手锤。矫正一般材料,通常使用钳工手锤和方头手锤;矫正已加工过的表面、薄钢件或有色金属制件,应使用铜锤、木锤、橡皮锤等软手锤,如图1-81(a)所示为木锤矫正板料。

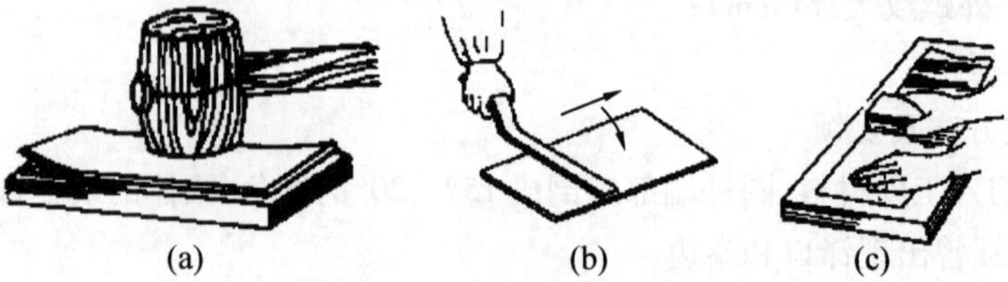

图1-81 手工矫正工具

(a)木锤矫正;(b)抽条矫正;(c)拍板矫正

②抽条和拍板。抽条是采用条状薄板料弯成的简易工具,用于抽打较大面积板料,如图1-81(b)所示。拍板是用质地较硬的檀木制成的专用工具,用于敲打板料,如图1-81(c)所示。

③检验工具。检验工具包括平板、直角尺、直尺和百分表等。

(2)手工矫正的方法

手工矫正是在平板、铁砧或台虎钳上用手锤等工具进行操作的。

1)扭转法。如图1-82所示,扭转法是用来矫正条料扭曲变形的,一般将条料夹持在台虎钳上,用扳手把条料扭转到原来形状。

2)伸张法。如图1-83所示,伸张法是用来矫正各种细长线材的。其方法比较简单,只要将线材一头固定,然后在固定处开始,将弯形线材绕圆木一周,紧捏圆木向后拉,使线材在拉力作用下绕过圆木得到伸长矫直。

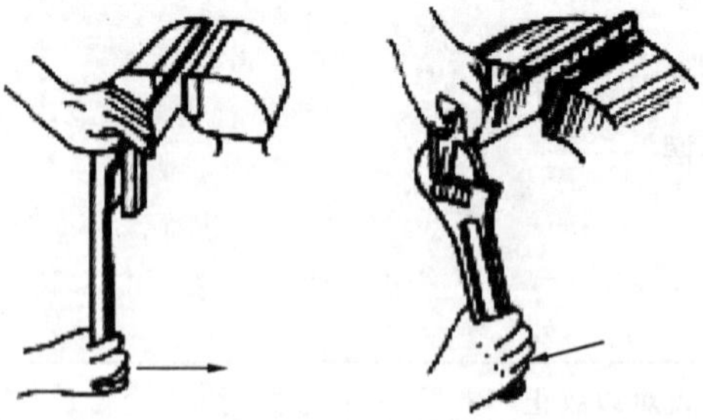

图1-82 扭转法

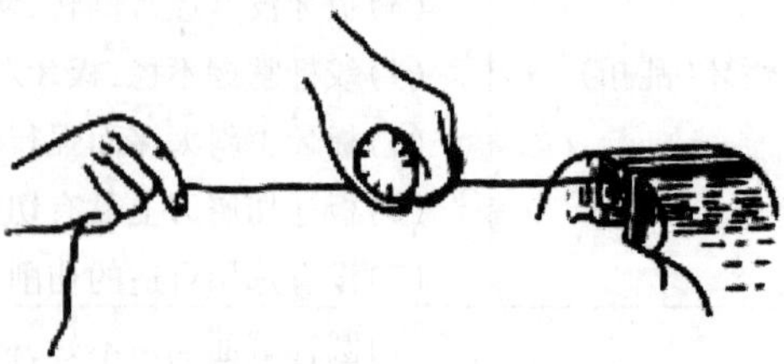

图1-83 伸张法

3)弯形法。如图1-84所示,弯形法是用来矫正各种弯形的棒料和在宽度方向上弯形的条料。一般可用台虎钳在靠近弯形处夹持,用活动扳手把弯形部分扳直,如图1-84(a)所示;或用台虎钳将弯形部分夹持在钳口内,利用台虎钳把它初步压直,如图1-84(b)所示,再放在平板上用手锤矫直,如图1-84(c)所示。直径大的棒料和厚度尺寸大的条料,常采用压力机矫直。

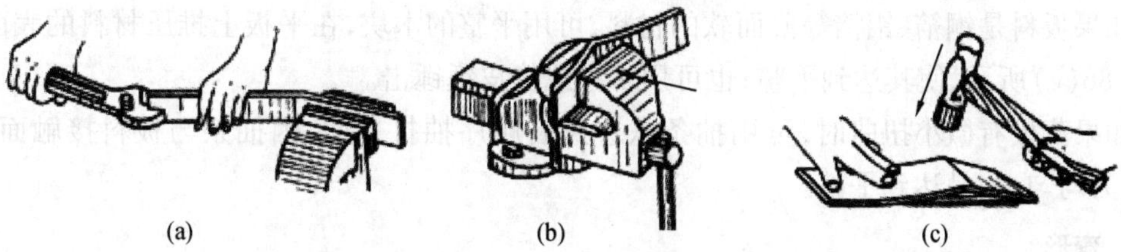

图 1-84 弯形法

4)延展法。延展法是用手锤敲击材料,使它延展伸长达到矫正的目的,所以通常又叫锤击矫正法。图 1-85 所示为宽度方向上弯形的条料,如果利用弯形法矫直,就会发生裂痕或折断,此时可用延展法来矫直,即锤击弯形里边的材料,使里边材料延展伸长而得到矫直。

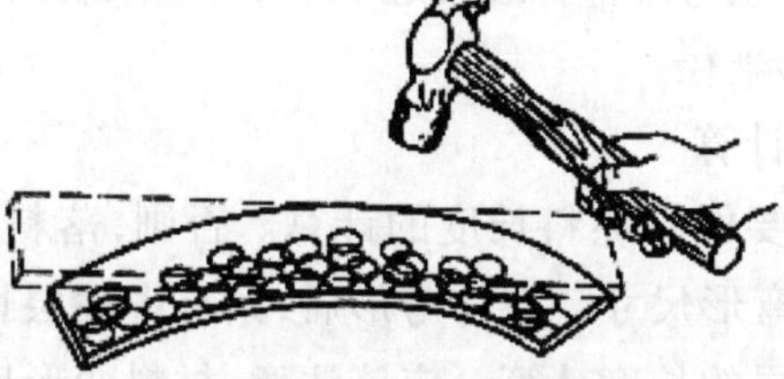

图 1-85 弯形法

2. 薄板变形原因分析及矫正方法

金属薄板最容易产生中部凸凹、边缘呈波浪形,以及翘曲等变形。采用延展法矫正,如图 1-86 所示。

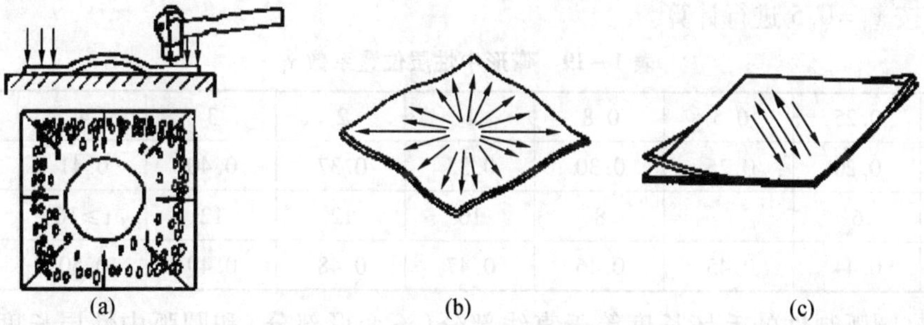

图 1-86 薄板的矫正

薄板中间凸起,是由于变形后中间材料变薄引起的。矫正时可锤击板料边缘,使边缘材料延展变薄,厚度与凸起部位的厚度愈趋近则愈平整。图 1-86(a)中的箭头所示方向,即锤击位置。锤击时,由里向外逐渐由轻到重,由稀到密。如果直接锤击凸起部位,则会使凸起的部位变得更薄,这样不但达不到矫平的目的,反而使凸起更为严重。如果薄板表面有相邻几处凸起,应先在凸起的交界处轻轻锤击,使几处凸起合并成一处,然后再锤击四周而矫平。

如果薄板四周呈波纹状,这说明板料四边变薄而伸长了。如图 1-86(b)所示,锤击点应从中间向四周,按图中箭头所示方向,密度逐渐变稀,力量逐渐减小,经反复多次锤打,使板料达到平整。

如果薄板发生对角翘曲时,就应沿另外没有翘曲的对角线锤击使其延展而矫平,如图 1-86(c)所示。

如果板料是铜箔、铝箔等薄而软的材料，可用平整的木块，在平板上推压材料的表面，如图1－86(c)所示，使其达到平整，也可用木锤或橡皮锤锤击。

如果薄板有微小扭曲时，可用抽条从左到右顺序抽打平面，因抽条与板料接触面积较大，受力均匀，容易达到平整。

3. 弯形

弯形是使材料产生塑性变形，因此只有塑性好的材料才能进行弯形。钢板弯形后外层材料伸长，内层材料缩短，中间有一层材料弯形后长度不变，称为中性层。弯形工件越靠近材料表面金属变形越严重，也就越容易出现拉裂或压裂现象。

相同材料的弯形，工件外层材料变形的大小，决定于工件的弯形半径。弯形半径越小，外层材料变形越大。为了防止弯形件拉裂（或压裂），必须限制工件的最小弯形半径，使它大于导致材料开裂的临界弯形半径。

(1)弯形前落料长度的计算

在对工件进行弯形前，要做好坯料长度的计算。否则，落料长度太长会导致材料的浪费，而落料长度太短又不够弯形尺寸。工件弯形后，只有中性层长度不变，因此计算弯形工件毛坯长度时，可以按中性层的长度计算。应该注意，材料弯形后，中性层一般不在材料正中，而是偏向内层材料一边。经实验证明，中性层的实际位置与材料的弯形半径 r 和材料厚度 t 有关。

表1－19为中性层位置系数 x_0 的数值。从表中 r/t 比值可知，当内弯形半径 $r/t \geqslant 16$ 时，中性层在材料中间（即中性层与几何中心层重合）。在一般情况下，为简化计算，当 $r/t \geqslant 8$ 时，即可按 $x_0 = 0.5$ 进行计算。

表1－19　弯形中性层位置系数 x_0

r/t	0.25	0.5	0.8	1	2	3	4	5
x_0	0.20	0.25	0.30	0.35	0.37	0.40	0.41	0.43
r/t	6	7	8	10	12	12	t≥16	
x_0	0.44	0.45	0.46	0.47	0.48	0.49	0.50	

内边带圆弧制件的毛坯长度等于直线部分（不变形部分）和圆弧中性层长度（弯形部分）之和。圆弧部分中性层长度，可按下列公式计算：

$$A = \pi(r + x_0 t)$$

式中　A——圆弧部分中性层长度，mm。

r——弯形半径，mm。

x_0——中性层位置系数。

t——材料厚度，mm。

α——弯形角，即弯形中心角，单位(°)，如图1－87所示。

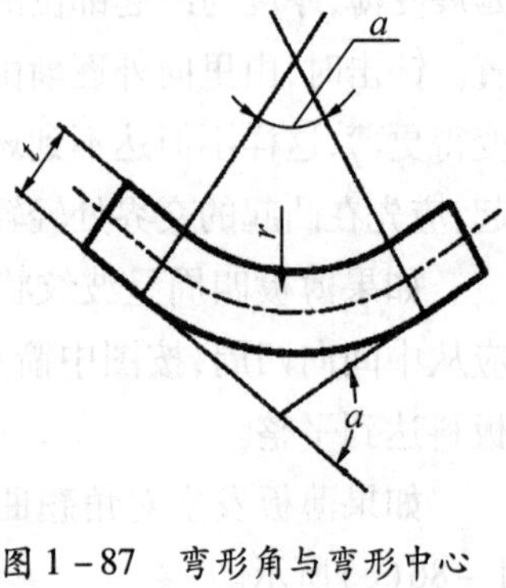

图1－87　弯形角与弯形中心

内边弯形成直角不带圆弧的制件，求毛坯长度时，可按弯形前后毛坯体积不变的原理计算，一般采用经验公式计算，取 $A = 0.5\,t$。上述毛坯长度计算结果，由于材料本身性质的差异和弯形工艺、操作方法的不同,还会与实际弯形工件毛坯长度之间有误差。因此,成批生产时,一定要用试验的方法,反复确定坯料的准确长度,以免造成成批废品。

计算图 1 - 88 所示工件的落料长度。

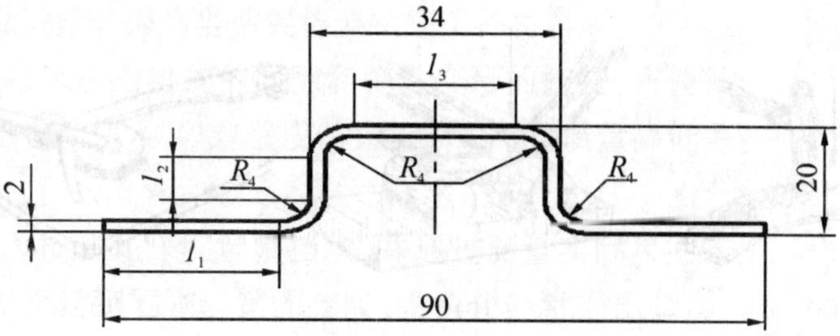

图 1 - 88　工件落料长度计算

解

$$\frac{r}{t}=\frac{4}{2}=2,\text{取 } x_0=0.37$$

$$I_1=24\ \text{mm}\quad I_2=8\ \text{mm}\quad I_3=22\ \text{mm}$$

$$A=\pi(r+x_0t)\frac{\alpha}{180}=$$

$$3.14\times(4+0.37)\times\frac{90}{180}\approx$$

$$7,44\ \text{mm}$$

$$L=4A+2I_1+2I_2+I_3=4\times7.44+2\times24+2\times8+22=115.76(\text{mm})\approx116(\text{mm})$$

(2)弯形方法

弯形方法有冷弯和热弯两种。在常温下进行弯形叫冷弯;对于厚度大于 5 mm 的板料以及直径较大的棒料和管子等,通常要将工件加热后再进行弯形,称为热弯。弯形虽然是塑性变形,但也有弹性变形存在,为抵消材料的弹性变形,弯形过程中应多弯些。

1)板料在厚度方向上的弯形方法。小的工件可在台虎钳上进行,先在弯形的地方划好线,然后夹在台虎钳上,使弯形线和钳口平齐,接近画线处锤击,或用木垫与铁垫垫住再敲击垫块,如图 1 - 89(a)所示。如果台虎钳钳口比工件短时,可用角铁制作的夹具来夹持工件,如图 1 - 89(b)所示。

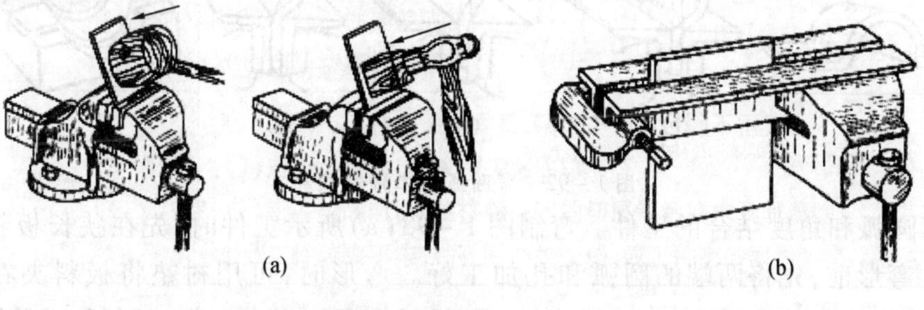

图 1 - 89　板料在厚度方向上弯形

2)板料在宽度方向上的弯形。如图 1 - 90(a)所示,利用金属材料的延伸性能,在弯形的外弯部分进行锤击,使材料向一个方向渐渐延伸,达到弯形的目的。较窄的板料可在 V 形铁或特制弯形模上用锤击法,使工件变形而弯形,如图 1 - 90(b)所示。另外还可在简单的弯形工具上进行弯形,如图 1－90(c)所示。它由底板、转盘和手柄等组成,在两只转盘的圆周上都有按工件厚度车制的槽,固定转盘直径与弯形圆弧一致。使用时,将工件插入两转盘槽内,移动活动转盘使工件达到所要求的弯形形状。

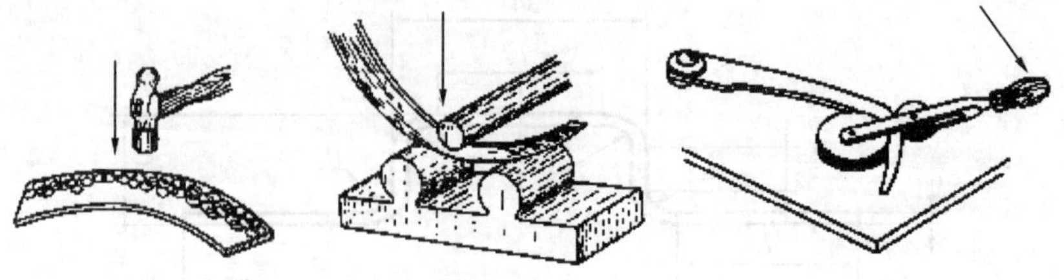

图 1－90　板料在宽度方向上的弯形

(a)锤击延伸部分;(b)在特制的弯模上弯形;(c)在弯形工具上弯形

3)弯多角工件。弯制图 1－91(a)所示多直角工件时,可用木垫或金属垫作辅助工具,其弯形顺序如下:先将板料按画线夹入角铁衬内弯成 *A* 角(见图 1－91(b)),再用衬垫①弯成 *B* 角(见图 1－91(c)),最后用衬②弯成 *C* 角(见图 1－91(d))。

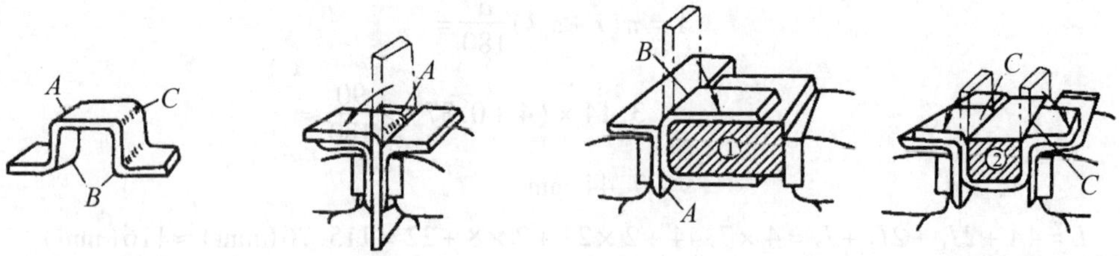

图 1－91　弯多直角工件顺序

4)弯圆弧形工件。弯制图 1－92(a)所示工件时,先在材料上划好弯形线,按线夹在台虎钳的两块角铁衬里,用方头锤子的窄头锤击,按图 1－92(b)(c)(d)三步成形,然后在半圆模上修整圆弧(见图 1－92(e))。

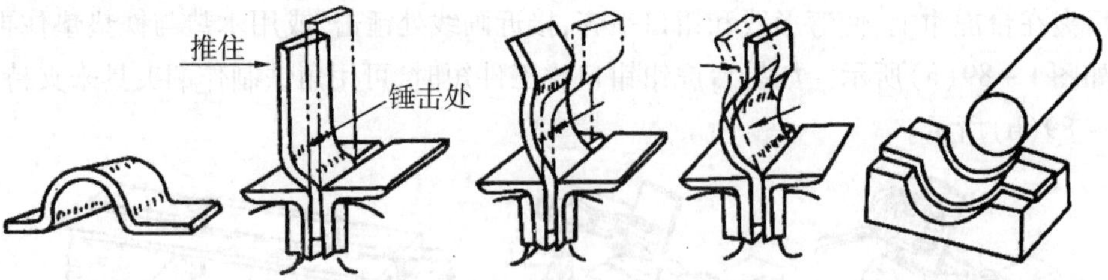

图 1－92　弯圆弧形工件的顺序

5)弯圆弧和角度结合的工件。弯制图 1－93(a)所示工件时,先在狭长板料上划好弯形线。弯形前,先将两端的圆弧和孔加工好。弯形时,可用衬垫将板料夹在台虎钳内,将两端的 1,2 处弯形(见图 1－93(b)),最后在圆钢上弯工件的圆弧 3(见图 1－93(c))。

6)管子弯形。管子直径在 12 mm 以下可以用冷弯方法;直径大于 12 mm 采用热弯方法。管子弯形的临界半径必须是管子直径的 4 倍以上。管子直径在 10 mm 以上时,为防止管子弯瘪，必须在管内灌满、灌实干沙，两端用木塞塞紧。冷弯管子一般在弯管工具上进行，结构如图 1－94 所示。

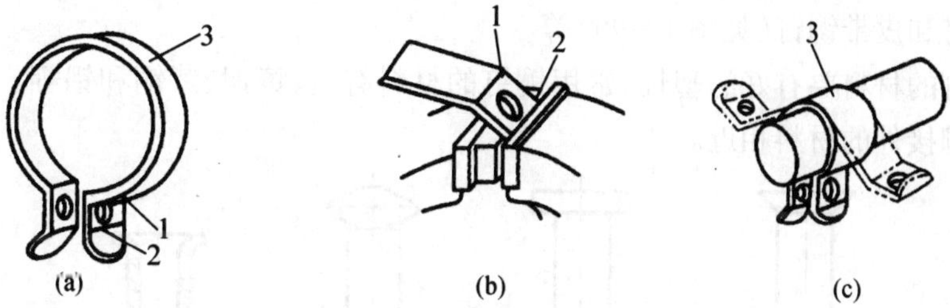

图 1－93　弯圆弧和角度结合工件的顺序

4. 铆接

用铆钉连接两个或两个以上的零件或构件的操作方法，称为铆接。

目前，在很多零件连接中，铆接已被焊接代替，但因铆接具有操作简单、连接可靠、抗振和耐冲击等特点，所以在机器和工具制造等方面仍有较多的使用。

(1)铆接的过程

如图 1－95 所示，铆接的过程是：将铆钉插入被铆接工件的孔内，铆钉头紧贴工件表面，然后将铆钉杆的一端镦粗成为铆合头。

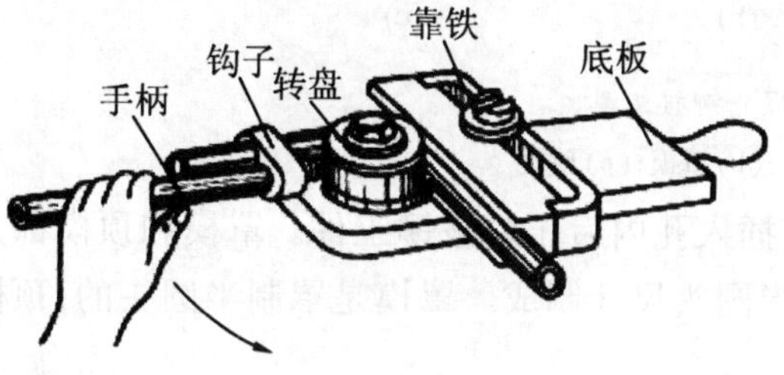

图 1－94　管子弯形

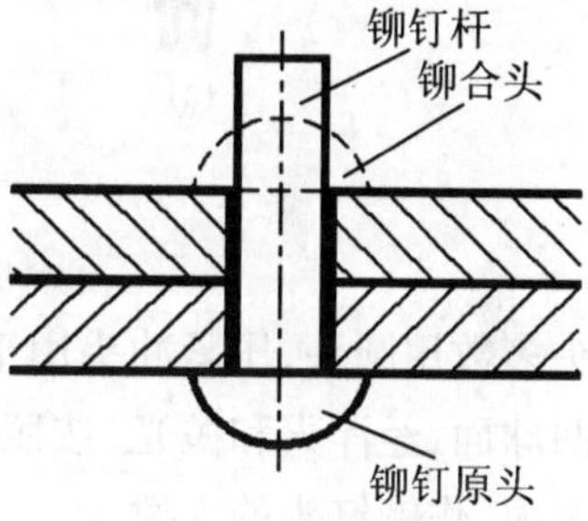

图 1－95　铆接过程

(2)铆接种类

1)按铆接使用要求不同可分为以下两种：

①活动铆接。活动铆接的结合部分可以相互转动，如内外卡钳、划规等。

②固定铆接。固定铆接的结合部分是固定不动的。这种铆接按用途和要求不同，还可分为强固铆接、强密铆接和紧密铆接。

2)按铆接方法不同，铆接还可分为以下三种：

①冷铆。冷铆是指在铆接时，铆钉不需加热，直接镦出铆合头，直径在 8 mm 以下的钢制铆钉都可以用冷铆方法铆接。采用冷铆时铆钉的材料必须具有较高的塑性。

②热铆。热铆是指把整个铆钉加热到一定温度，然后再铆接。因铆钉受热后塑性好，容易成型，而且冷却后铆钉杆收缩，还可加大结合强度。热铆时要把铆钉孔直径放大 0.5 ~ 1 mm，使铆钉在热态时容易插入。直径大于 8 mm 的钢铆钉多用热铆。

③混合铆。混合铆是指在铆接时，只把铆钉的铆合头端部加热。对于细长的铆钉，采用这种方法，可以避免铆接时铆钉杆的弯形。

(3)铆钉种类

铆钉按形状、用途和材料不同可分为半圆头铆钉、沉头铆钉、平头铆钉、半圆沉头铆钉、管头空心铆钉和皮带铆钉(见图1-96)等。

制造铆钉的材料要有好的塑性,常用铆钉的材料有钢、黄铜、紫铜和铝等。选用铆钉材料应尽量和铆接件的材料相近。

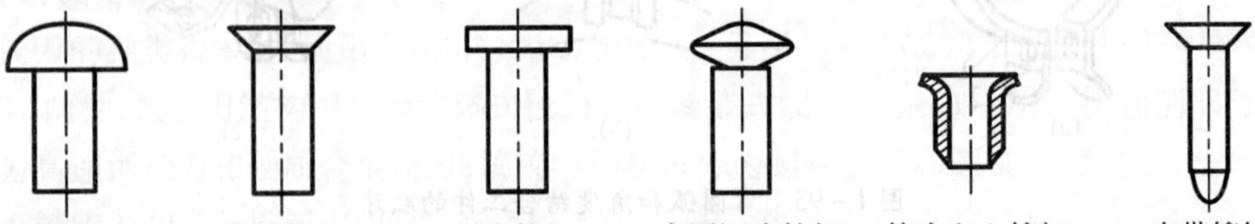

图1-96　铆钉的种类

(4)铆接工具

铆接时所用的主要工具有以下几种:锤子、压紧冲头(见图1-97(a))、罩模(见图1-97(b))和顶模(见图1-97(c))。

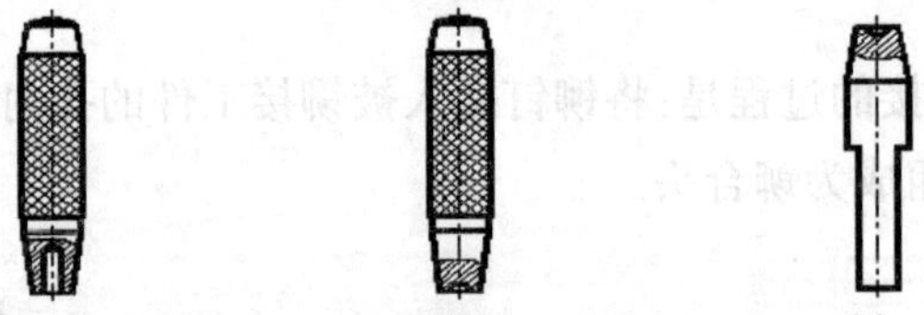

图1-97　铆接工具

(a)压紧冲头;(b)罩模;(c)顶模

锤头多数用圆头,压紧冲头用于当铆钉插入孔内后压紧被铆工件。罩模和顶模都有半圆形的凹球面,经淬火和抛光,按照铆钉的半圆头尺寸制成。罩模是罩制半圆头的;顶模夹在台虎钳内,作铆钉头的支撑。

(5)铆钉长度的确定

为了保证铆接的质量,还要进行铆钉尺寸的计算,如图1-98所示。铆钉在工作中承受剪力,它的直径是由铆接强度决定的,一般采用被连接板厚的1~8倍。标准铆钉的直径可参考有关手册。

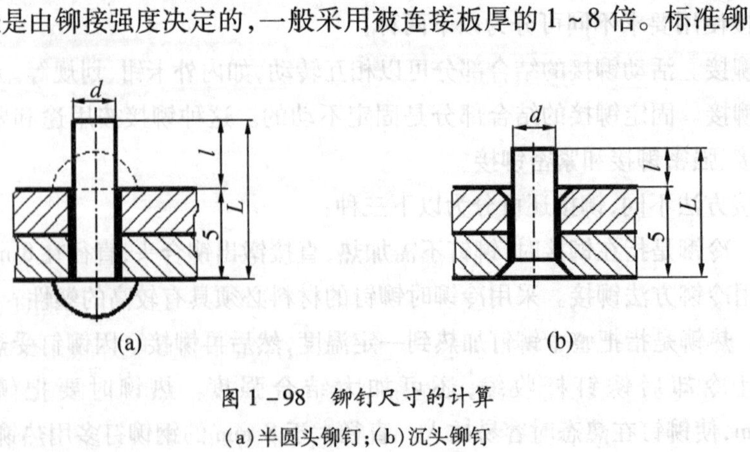

图1-98　铆钉尺寸的计算

(a)半圆头铆钉;(b)沉头铆钉

铆接时铆钉所需长度,除了被铆接件的总厚度(s)外,还要为铆合头留出足够的长度。因此,半圆头铆钉铆合头所需长度,应为圆整后铆钉直径的1.25~1.5倍;沉头铆钉铆合头所需长度应为圆整后铆钉直径的0.8～1.2倍。

(6)半圆头铆钉的铆接方法

把铆合件彼此帖合，按画线钻铰孔、倒角，并去毛刺，然后插入铆钉，把铆钉原头放在顶模，用压紧冲头压紧板料(见图1-99(a))，再用手锤镦粗铆钉伸出部分(见图1-99(b))，并将四周锤打成型(见图1-99(c))，最后用罩模修整(见图1-99(d))。

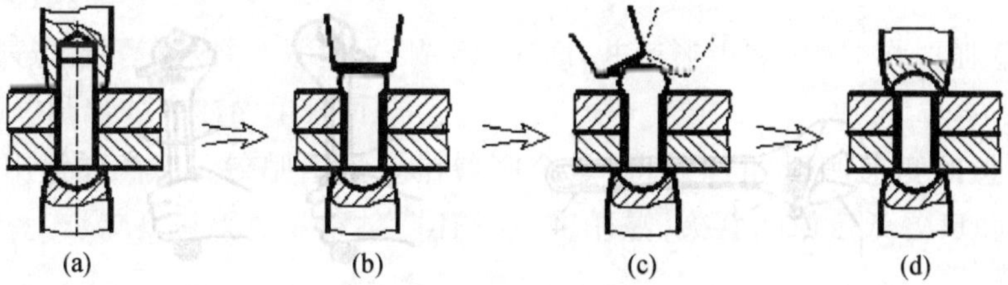

图1-99　半圆头铆接过程

在活动铆接时，要经常检查活动情况，如发现太紧，可把铆钉原头垫在有孔的垫铁上，锤击铆合头，使其活动。

(7)埋头铆钉铆接方法

埋头铆接同半圆头铆接一样，是将几个零件通过铆接连接起来，铆接后铆头不突出于工件表面，故常用于表面要求平整光洁的场合。

1)铆钉长度的确定。埋头铆钉伸出部分长度应为铆钉直径的0.8～1.2倍。

2)铆接过程。将工件彼此帖合→按画线钻孔→孔口锪90°埋头孔→铆钉插入孔内→在正中作两面镦粗→铆一个面→再铆另一个面→锉平高出的部分，如图1-100所示。

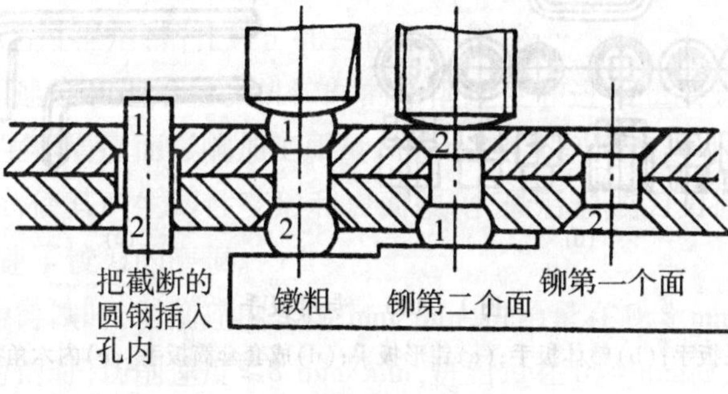

图1-100　埋头铆钉的铆接过程

如果是现成的埋头铆钉铆接，只要将铆合头一端材料经铆打填平埋头座即可。

(十四)装配基础知识

1.装配知识

(1)常用装配工具及使用

1)螺钉旋具。主要用来装拆头部开槽的螺钉，常用螺钉旋具有一字旋具、十字旋具、快速旋具和弯头旋具等，如图1-101所示。

2)扳手。用来装拆六角形、方形螺钉及各种螺母。常用的有通用扳手(活扳手)、专用扳手和特种扳手等，如图1-102～图1-104所示。

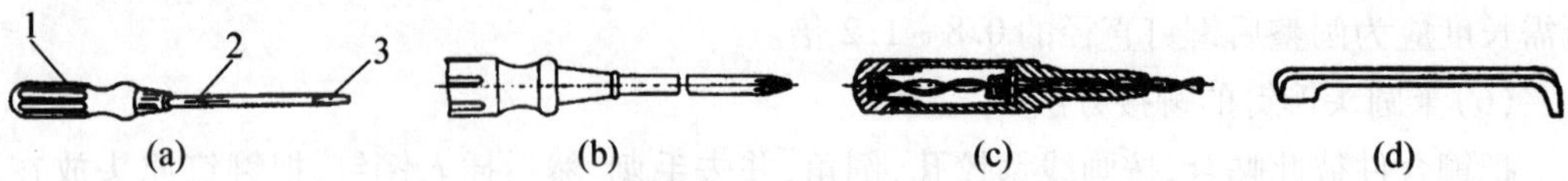

1—把柄;2—刀体;3—刀口

图 1－101　螺钉旋具

(a)一字旋具;(b)十字旋具;(c)快速旋具;(d)弯头旋具

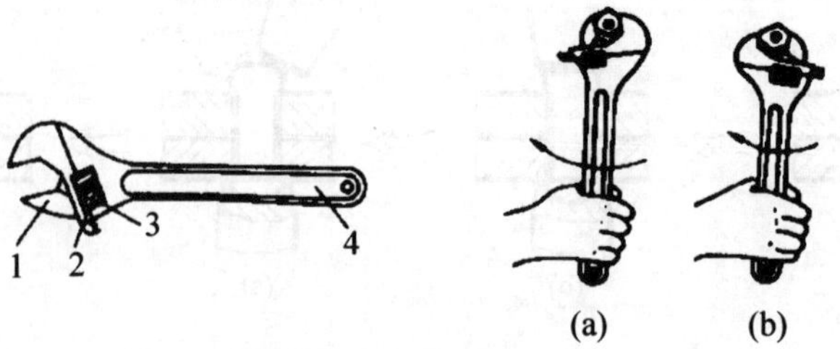

1—活动钳口;2—固定钳口;3—螺杆;4—扳手体

图 1－102　活络扳手及应用

(a)正确;(b)不正确

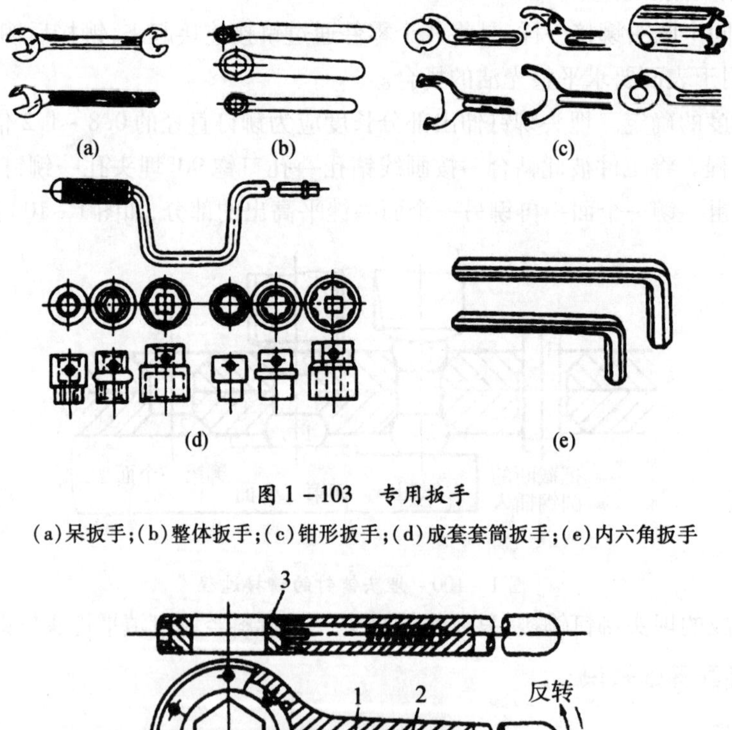

图 1－103　专用扳手

(a)呆扳手;(b)整体扳手;(c)钳形扳手;(d)成套套筒扳手;(e)内六角扳手

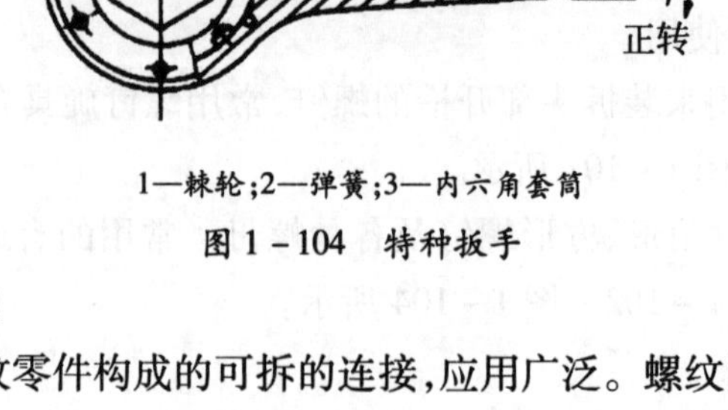

1—棘轮;2—弹簧;3—内六角套筒

图 1－104　特种扳手

(2)固定连接的装配

螺纹连接是利用螺纹零件构成的可拆的连接,应用广泛。螺纹紧固件多为标准件,常用的有螺栓、双头螺柱、螺钉和紧定螺钉等。螺纹连接的主要类型有螺栓连接、双头螺柱连接、螺钉连接和紧定螺检连接等。螺纹连接虽然有多种类型,但其装配要点都是相似的,现以双头螺柱装配为例加以说明。

1)双头螺柱的装配要点:

①应保证双头螺柱和机体螺纹的配合有足够的紧固性,以保证在装拆螺母过程中,双头螺柱不能有任何松动现象,因此,螺柱的紧固端多采用过渡配合(见图1-105(a))、台肩形式(见图1-105(b))或利用最后几圈较浅的螺纹,以达到配合的紧固性。

②装配时必须保证螺柱轴心线与机体表面的垂直。通常用角尺进行检验。若有小偏差可用丝锥校正螺孔。

③装入双头螺柱时,必须用油润滑,以免拧入时发生咬住现象,且今后拆卸更换方便。

④常用的双头螺柱拧紧方法有以下三种:用长螺母拧紧(见图1-106)、用两个螺母拧紧(见图1-107)和用专用工具拧紧。

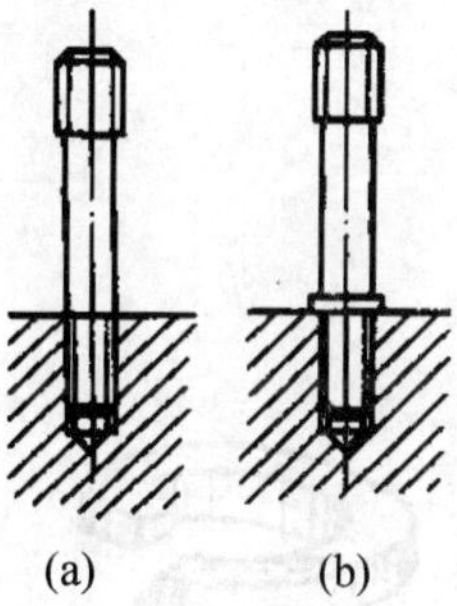

图1-105　双头螺柱的紧固

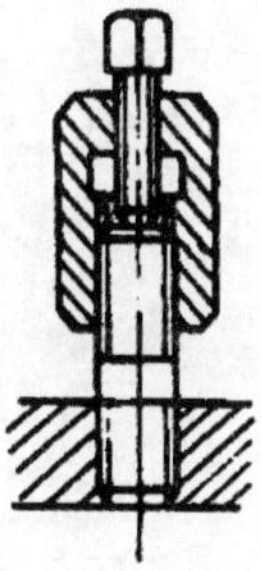

图1-106　长螺母拧紧

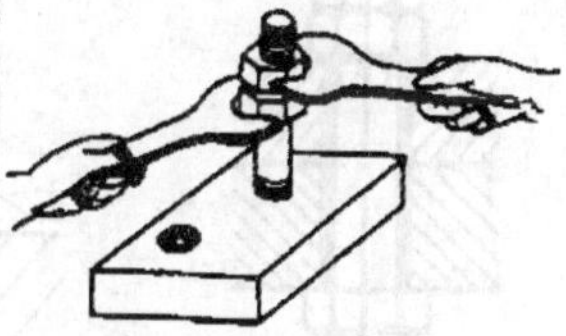

图1-107　双螺母按紧

2)螺母的装配要点:

①螺母与零件贴合面要光洁、平整,接触良好。

②螺母与零件贴合面要保持清洁、螺孔内脏物应清理干净。

③拧紧成组螺母时,须按照一定的顺序进行,并做到分次逐步拧紧(一般分三次拧紧),以防止零件受力不均匀,甚至产生塑性变形。在拧紧长方形布置的成组螺母时,须从中间开始,逐渐向两边对称地扩展;在拧圆形或方形布置的成组螺母时,必须对称地进行,如图1-108所示。

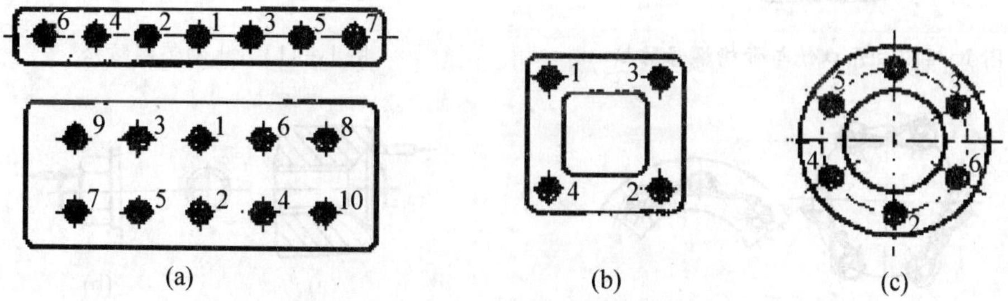

图1-108　按紧成组螺母的顺序

(a)长方形布置;(b)正方形布置;(c)圆形布置

3)螺纹连接的预紧和防松:

①螺纹连接的预紧。绝大多数螺纹连接在装配时需要拧紧,使连接在承受工作载荷之

前，预先受到力的作用，这个预加作用力称为预紧力。预紧的目的是为了增大连接的紧密性和可靠性。此外，适当地提高预紧力，还能提高螺栓的疲劳强度。一般的紧固连接可用普通扳手或电动、风动扳手拧紧，而有控制拧紧力矩要求的螺纹连接，应使用测矩扳手或定力矩扳手等工具拧紧，如图 1－109 所示。

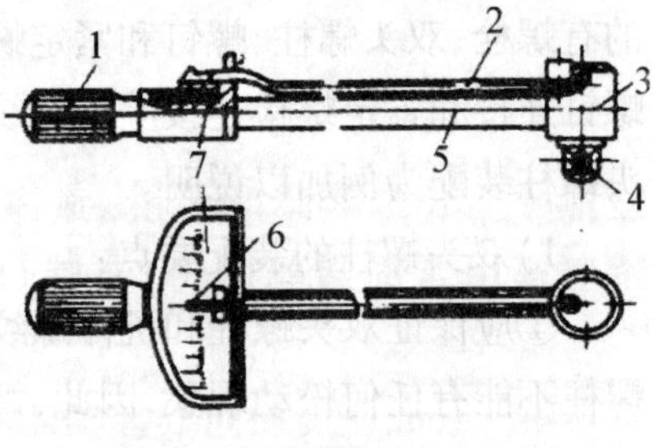

1—手柄；2—长指针；3—柱体；4—钢球；5—弹性体；6—指针头；7—记得度盘

图 1－109　指针式扭力扳手

②螺纹连接的防松。在静载荷下，螺纹连接能满足防松要求。对于在振动、冲击、变载荷或大温度差条件下工作的螺纹连接有可能松动，甚至松脱，必须采用防松装置。防松的方法很多，从机理而言可分为摩擦锁紧（双螺母、弹簧垫圈、金属或尼龙圈锁紧等，如图 1－110，1－111 所示）、直接锁紧（开口销与槽形螺母、止动垫片、串联金属丝缠绕等，如图 1－112～图 1－114 所示）和破坏螺纹副关系锁紧（焊、冲、粘住螺纹副，如图 1－115 所示）等三种。

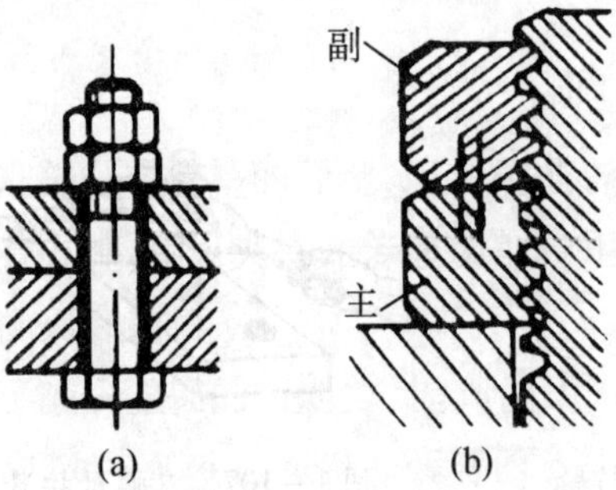

图 1－110　双螺母防松

（a）螺母连接；（b）移动螺母副

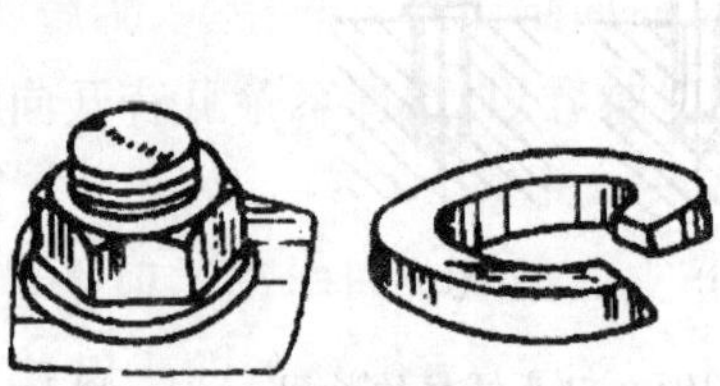
图 1－111　弹簧垫圈防松

图 1－112　开口销与带槽螺母防松

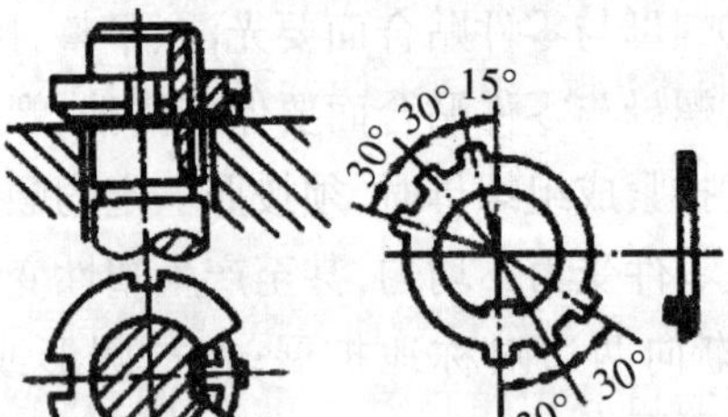

图 1－113　止动垫圈防松

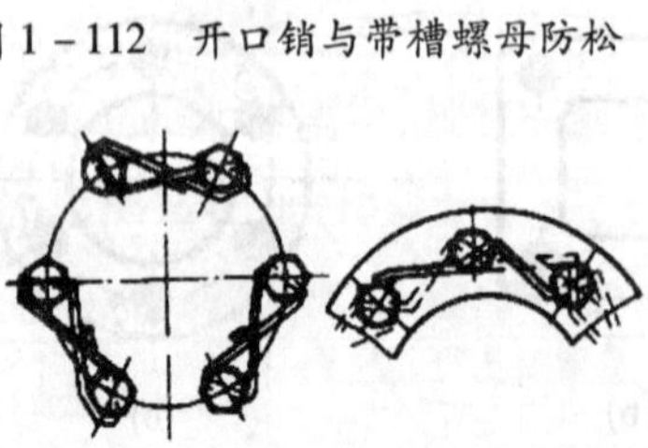
图 1－114　串联钢丝防松

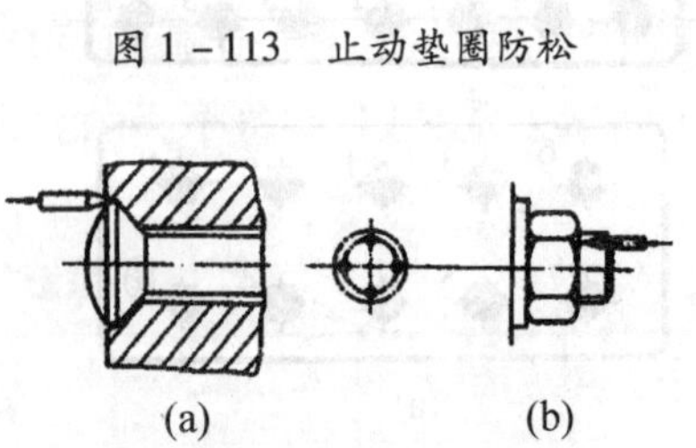

图 1－115　点铆方式防松

（a）在螺钉上点铆；（b）在螺母侧面点铆

2. 键连接的装配工艺

键是用于轴和轮毂零件（齿轮、蜗轮等）实现周向固定以传递转矩的轴毂连接。键连接分为松键连接(平键和半圆键)、紧键连接(斜键)和花键连接三种形式。

(1)松键连接的装配。松键连接用的平键和半圆键均为标准件。普通平键(见图1－116)和半圆键用于静连接,导向平键、滑键用于动连接。

松键连接的装配步骤如下:

1)清理键和键槽的毛刺、检验键的加工精度。

2)检验、修配键与键槽,要求普通平键、半圆键应紧嵌在轴槽中。对于圆头平键应锉配键长度,使键头与轴槽有0.1 mm左右的间隙。

3)清洗键与键槽,在配合面加油,用铜棒或带软垫的台虎钳将键压人键槽中,对于导向平键还需用螺钉固定在轴槽中。

4)按装配要求试配装,并安装套件(齿轮、带轮等),对于方头平键还需用紧定螺钉紧固。

(2)紧键连接的装配。紧键连接又称斜键连接,常用的有楔键(见图1－117)和切向键两种。

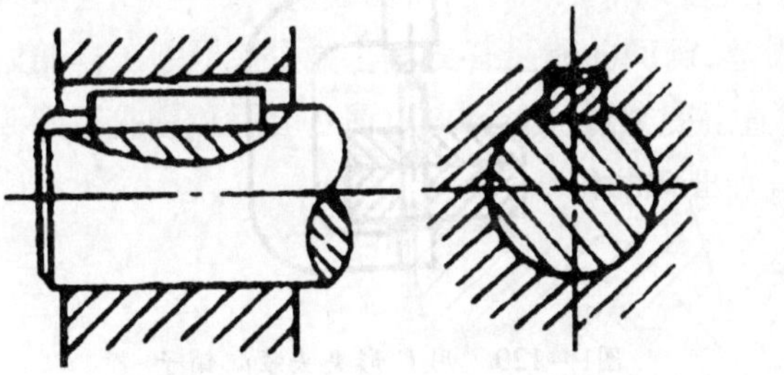

图1－116　普通平键连接

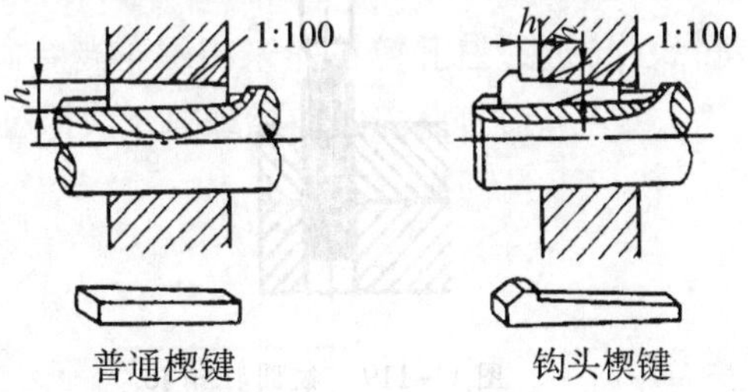

图1－117　楔键连接

紧键连接装配步骤如下:

1)锉配键宽使键与键槽之间保持一定的配合间隙。

2)检查键与键槽的配合,用锉削法或刮削法修整,使键与键槽的上下结合面紧密贴合。

3)装配斜键,清洗各键槽,将键涂油后敲入键槽中。

(3)花键连接的装配。如图1－118所示,花键连接的特点是轴的强度高、传递扭矩大,对中性及导向性好,但制造成本高,多用在机床、汽车和飞机中。按工作方式花键有静连接和动连接两种。按齿型形式花键分矩形、渐开线和三角形三种。

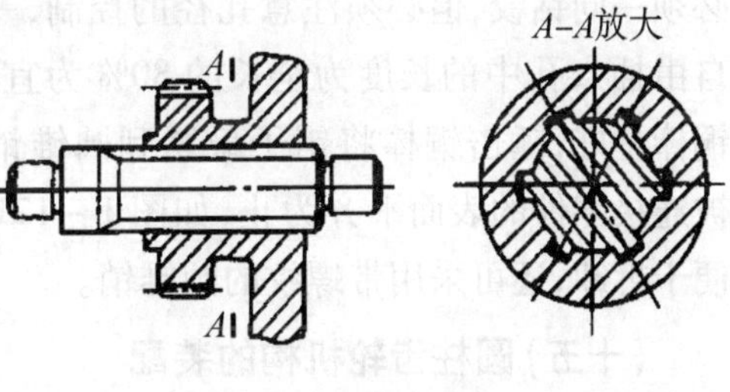

图1－118　花键连接

花键连接装配方法如下:

1)静连接花键装配时,过盈量小的可用铜棒轻轻地打入套件。过盈量较大时,可将套件加热至80～120℃,然后进行装配。套件与花键轴之间一般允许有少量过盈,但不宜过紧,否则将拉伤配合表面。

2)动连接花键装配时,套件与花键轴为间隙配合,因此只要将套件套在花键轴上即可。装配好后,应使套件在轴上能滑动自如,没有阻滞现象;但又不能太松,用手摇动套件不允许有晃动,不能感觉到有任何间隙。装配时,要做到套件在全长上移动时,松紧程度均匀一致。

可用涂色法检查修整配合情况,也可用花键推刀修整花键孔以达到技术要求。

3. **销连接的装配工艺**

销连接的特点是连接可靠,安装、拆卸方便,在各种机械及工具制造中应用广泛。销连接可分为圆柱销连接和圆锥销连接,销钉都已标准化。

(1)圆柱销连接的装配

为了保证销子与销孔的过盈配合,要求两零件的销孔必须同时钻出并经过铰孔,以保证两零件销孔的重合性,如图 1－119 所示。销孔除了保证其尺寸精度外,粗糙度值也应在 3.2 μm以下。装配时在销子表面涂油,用铜棒垫在销钉的端面上,把销钉打入孔中。对于装配精度要求高的定位销,可采用 C 形夹头把销子压入孔中,这样不会使销子变形,也不会使工件移动,如图 1－120 所示。根据连接的工作原理,圆柱销不适用于需多次装拆的连接。

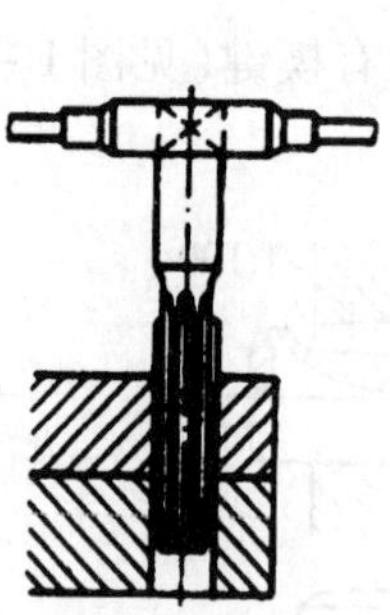

图 1－119 铰圆柱销孔

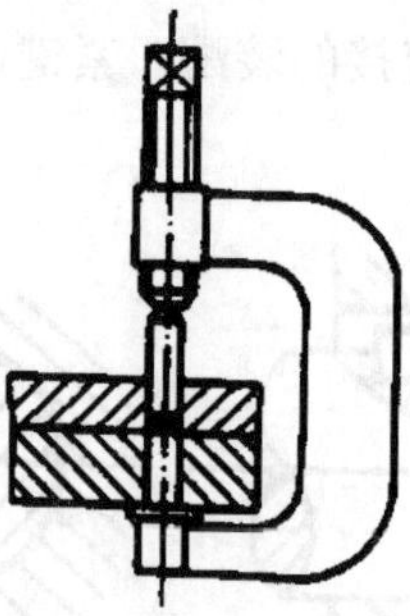

图1－120 用 C 形夹头装配销子

(2)圆锥销连接的装配

圆锥销大部分用作起定位作用的连接。圆锥销具有 1∶50 的锥度。其优点是装拆方便,可在一个孔内装拆多次,而不损坏连接质量。因此多用于要求经常装拆的场合。销孔的要求与圆锥销相同,两零件的销孔必须一同钻铰,但必须注意孔径的控制,一般以销子能自由插入孔中的长度为全长的 80% 为宜。装配时,用铜棒垫好,锤击铜棒将销子敲紧到圆锥销的倒角处与被连接零件的表面平齐为止,如图 1－121 所示。为了便于拆卸,还可采用带螺纹的圆锥销。

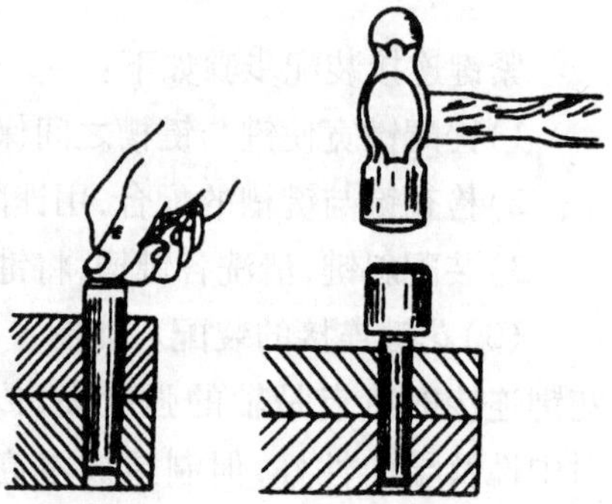

图 1－121 圆柱销的正确装配

(十五)圆柱齿轮机构的装配

1. **装配技术要求**

(1)齿轮孔与轴的配合要适当,满足使用要求。空套齿轮在轴上不得有晃动现象;滑移齿轮不应有咬死或阻滞现象;固定齿轮不得有偏心或歪斜现象。

(2)保证齿轮有准确的安装中心距和适当的齿侧间隙。齿侧间隙指齿轮副非工作表面法线方向距离。侧隙过小,齿轮转动不灵活,热胀时易卡齿,加剧磨损;侧隙过大,则易产生冲击、振动。

(3)保证齿面有一定的接触面积和正确的接触位置。

圆柱齿轮装配一般分两步进行:先把齿轮装在轴上,再把齿轮轴部件装入箱体。

2. 齿轮与轴的装配

齿轮与轴的装配形式有齿轮在轴上空转、齿轮在轴上滑移和齿轮在轴上固定三种形式。齿轮与轴一般采用键连接、齿轮内孔与轴的配合根据工作要求而定。

(1)间隙配合的齿轮能在轴上空转或滑移,装配比较方便。用花键连接时,须选择较松的位置定向装配,装配后齿轮在轴上不得有晃动现象。装配精度主要取决于零件的加工精度。

(2)过渡配合和过盈配合的齿轮,可采用手工工具敲击或在压力机上压配,装配时应注意避免齿轮产生偏心、歪斜、变形和端面未贴紧轴肩等安装误差。

(3)精度要求高的齿轮传动机构,在压配后需检查精度。

1)检查径向圆跳动的方法,如图 1-122 所示,将齿轮轴支撑在两顶尖间或两块等高 V 形铁上,使轴和平板表面平行,将圆柱规放在齿槽内,与轮齿在分度圆处相接触,用百分表测量圆柱规。转动轴每隔 3~4 个齿检测一次,百分表最大读数与最小读数之差,即为齿轮分度圆上的径向圆跳动误差。

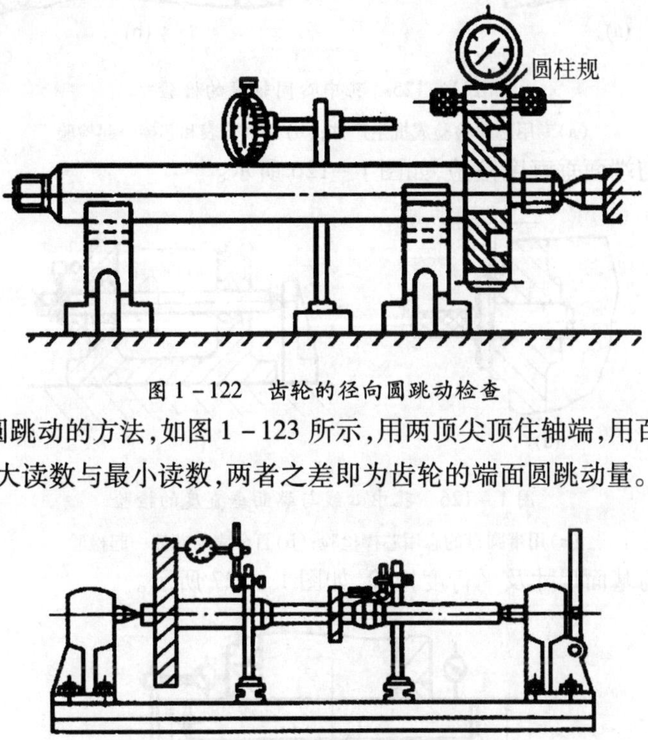

图 1-122　齿轮的径向圆跳动检查

2)检查端面圆跳动的方法,如图 1-123 所示,用两顶尖顶住轴端,用百分表测量齿轮端面,转动轴读出最大读数与最小读数,两者之差即为齿轮的端面圆跳动量。

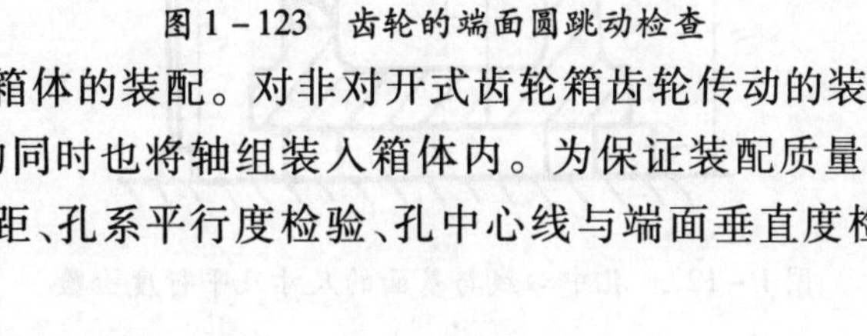

图 1-123　齿轮的端面圆跳动检查

(4)齿轮轴组与箱体的装配。对非对开式齿轮箱齿轮传动的装配是在箱内进行的,即在齿轮装入轴上的同时也将轴组装入箱体内。为保证装配质量,装配前应认真对箱体进行检验,包括孔距、孔系平行度检验、孔中心线与端面垂直度检验和孔中心线同轴度检验等。

1)孔距及孔系平行度检验,如图 1-124 所示。

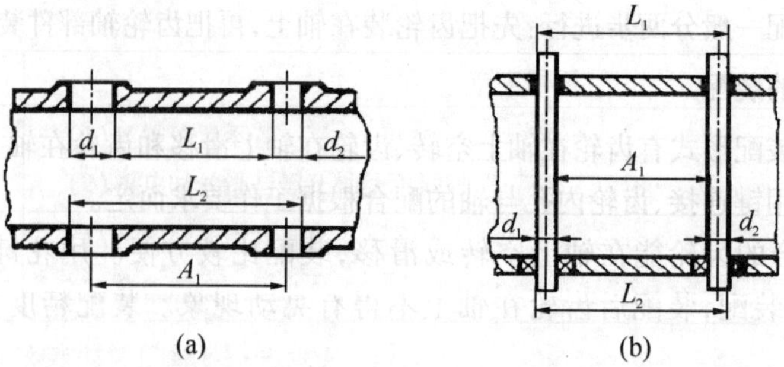

图 1－124　箱体孔距及孔系平行度检验

(a)用游标长尺测量；(b)用千分尺和芯棒测量

2)孔中心同轴度检验，如图 1－125 所示。

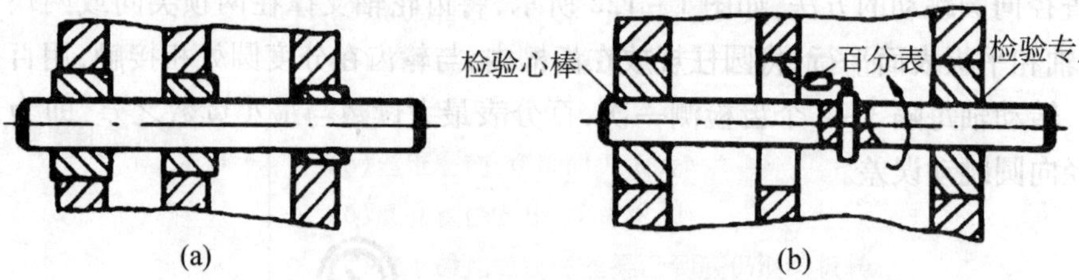

图 1－125　孔中心同轴度的检验

(a)专用芯棒检验成批生产件；(b)用百分表和芯棒一起检验

3)孔中心线与端面垂直度检验，如图 1－126 所示。

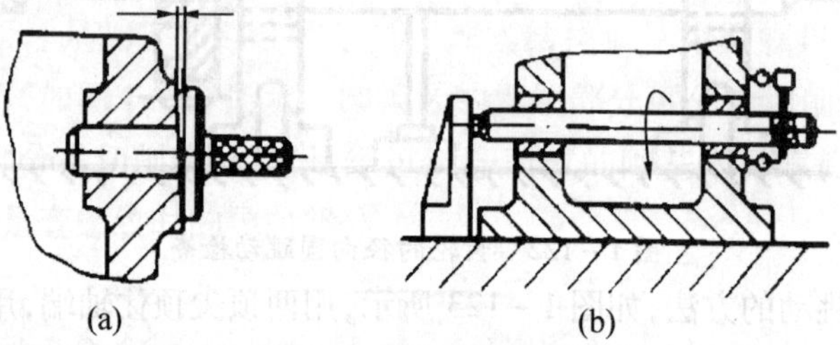

图 1－126　孔中心线与端面垂直度的检验

(a)用带圆盘的志用芯棒检验；(b)百分表与芯棒一起检验

4)孔中心线与基面尺寸及平行度检验，如图 1－127 所示。

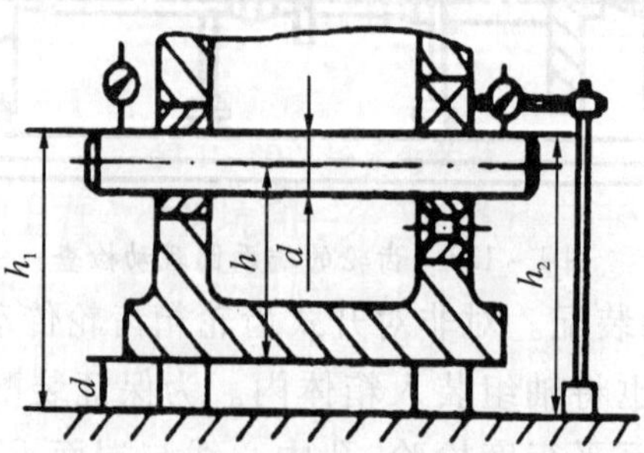

图 1－127　孔中心线与基面的尺寸及平行度检验

3. 圆柱齿轮啮合质量和检验

(1)齿侧间隙的检验

1)压软金属丝法。如图 1－128 所示,在齿面上沿齿宽两端放置两根软铅丝,转动齿轮使铅丝被挤压,测量铅丝最薄处的厚度,即为该啮合齿轮的侧隙。

2)百分表精确测量法,如图 1－129 所示。

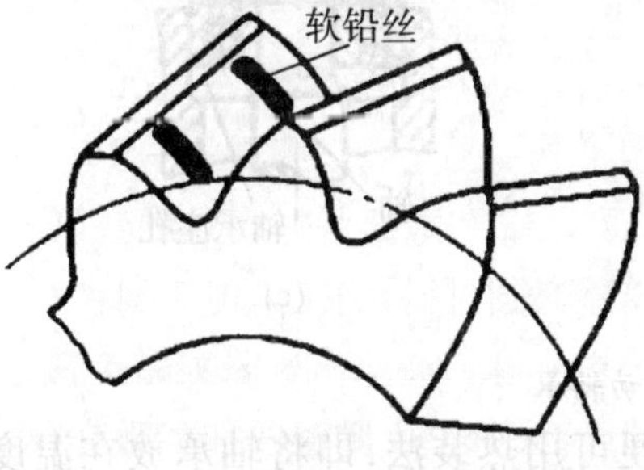

图 1－128　压软金属丝检验齿轮间隙

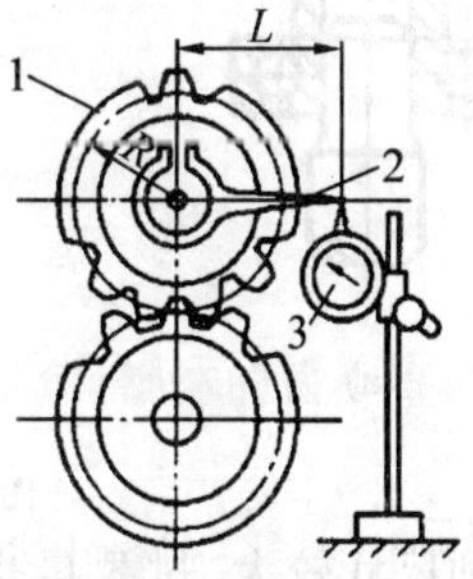

1—齿轮;2—夹紧杆;3—百分表

图 1－129　齿轮侧隙的百分表精确测量法

(2)圆柱齿轮接触精度的检验

接触精度以接触斑点作为指标。对于一般要求的齿轮副,接触斑点的位置应趋近于齿面节圆处上、下对称分布,齿顶和齿宽端棱处不接触。接触面积在高度方向上不少于 30% ~50% ;在宽度方向上不少于 40% ~70% 。任何不正确的接触应进行调整。

(十六)滚动轴承的装配

1. 装配技术要求

保证轴承与轴颈和轴承座孔的正确配合,其径向和轴向间隙应符合要求,旋转灵活,工作温度、温升值各噪声等符合要求。

装配前,先将轴承和相配合的零件用汽油或煤油清洗干净,吹干后在配合表面涂上润滑油。需用润滑的轴承,则在清洗并吹干后要涂上洁净的润滑脂。常用的润滑脂种类有:钙基润滑脂,钠基润滑脂。

2. 轴承的装配方法

滚动轴承的装配方法视轴承尺寸大小和过盈量来选择,一般装配方法有捶击法、用螺旋或杠杆压力机压入法及热装法等。

(1)向心球轴承的装配

向心球轴承常用的装配方法有捶击法和压入法。图 1－130(a)所示为用锤子敲击铜棒将轴承内圈装到轴颈上。图 1－130(b)所示为用锤击法将轴承外圈装入壳体内孔中。

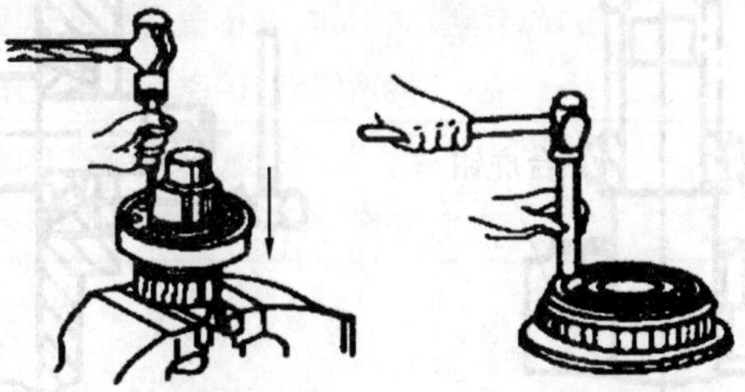

(a)　(b)

图 1－130　锤击法装配滚动轴承

图1－131所示为用压入法装配轴承方法。图1－131(a)所示为将内圈压入轴颈上；图1－131(b)所示为将外圈装入轴承孔内；图1－131(c)所示为将内外圈同时压入孔中。

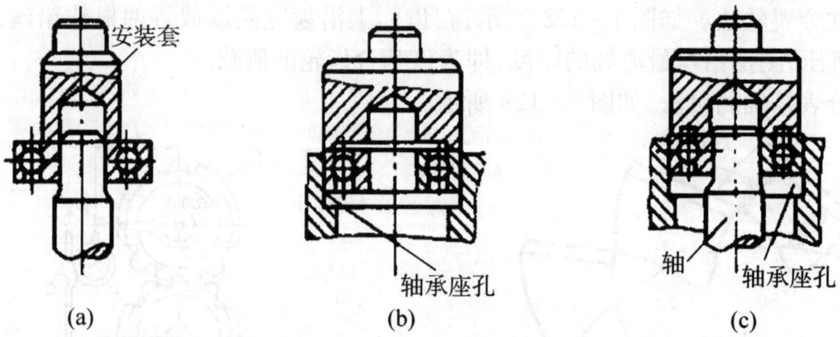

图1－131 压入法装配滚动轴承

如果轴颈尺寸较大、过盈量也较大时，为装配方便可用热装法，即将轴承放在温度为80℃～100℃的油中加热，然后和常温状态的轴配合。

(2)角接触球轴承的装配

因角接触球轴承的内、外圈可以分离，所以可用捶击、压入或热装的方法将内圈装到轴颈上，用捶击法或压入法将外圈装到轴承孔内，然后调整工作游隙。

(3)推力球轴承的装配

装配时，要注意区分紧圈和松圈，紧圈的内孔比松圈小，且加工精度高，必须将紧圈与轴肩靠近，保证与轴一起旋转，松圈则紧靠在轴承座孔的端面上。

如果装反，将使紧圈与轴或轴承座孔端产生剧烈摩擦，造成轴、孔端面和轴承迅速磨损。图1－132所示为推力球轴承的装配形式。

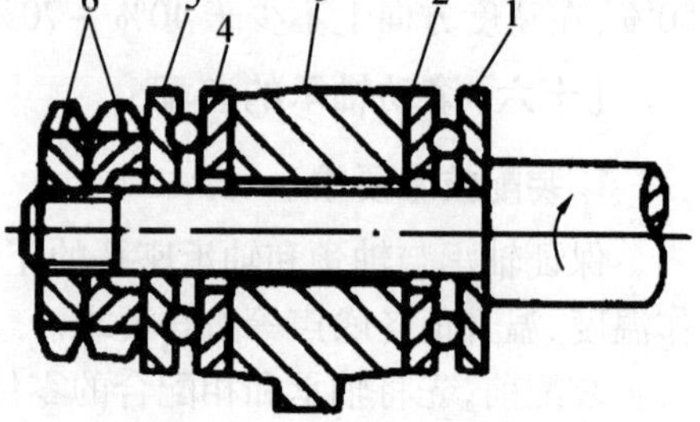

1,5—紧圈;2,4—松圈;3—箱体;6—螺母

图1－132 推力球轴承装配

(4)圆锥滚子轴承的装配

圆锥滚子轴承的内、外圈可以分离。装配时，可分别将内圈装到轴上，外圈装入壳体内。当用锤击法装配时，要将轴承放正放平，对准后，左右对称轻轻敲击，待内圈或外圈装入1/3以上时才可逐渐加大敲击力。如果放得不正或不平时就用力锤击，将会损伤轴颈或壳体孔壁，影响装配质量。圆锥滚子轴承的装配方法，如图1－133所示，(a)图为内圈装配，(b)图为外圈装配。

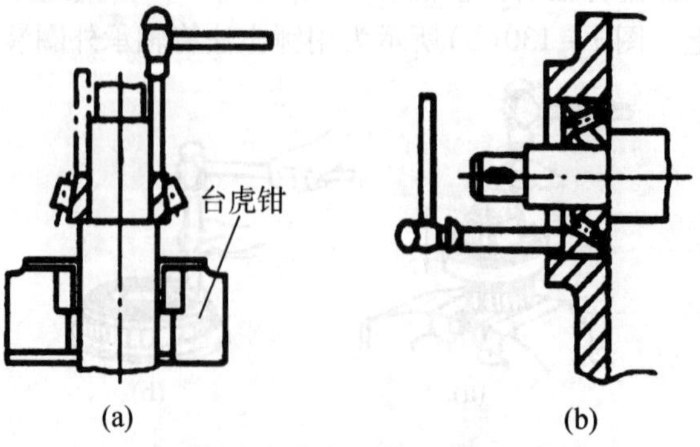

图1－133 圆锥滚子轴承装配

3. 滚动轴承游隙的测量与调整

滚动轴承的游隙分为径向游隙和轴向游隙两类，如图 1-134 所示。它们分别表示将一个圈固定时，另一个圈沿径向或轴向由一个极限位置到另一个极限位置的位移量。

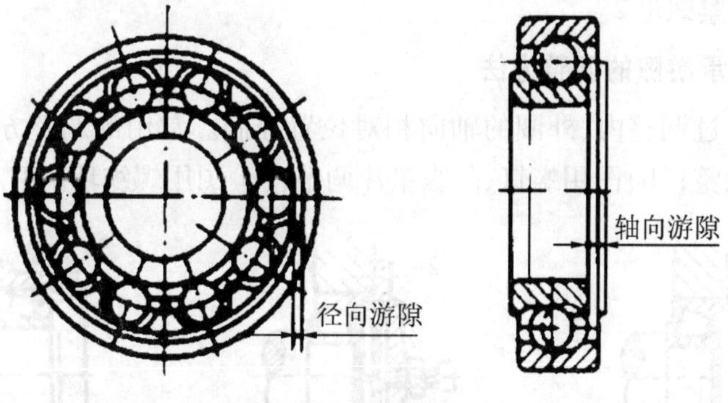

图 1-134 滚动轴承的游隙

(1)滚动轴承游隙的要求和测量

安装轴承时工作游隙不可太大或太小。工作游隙过大，同时承受载荷的滚动体减小，使轴承内载荷不稳定，运转时产生振动，从而降低旋转精度，减少使用寿命；工作游隙过小，摩擦加剧将造成运转温度过高，易产生过热"咬住"现象，甚至损坏轴承。所以安装轴承时，应根据工作精度，使用场合，转速高低，严格控制和调整轴承工作游隙。选用时，一般高速运转的轴承采用较大工作游隙；低速重载荷的轴承，采用较小工作游隙。测量游隙的方法，如图 1-135所示，(a)图为轴向游隙测量；(b)图为径向游隙测量。

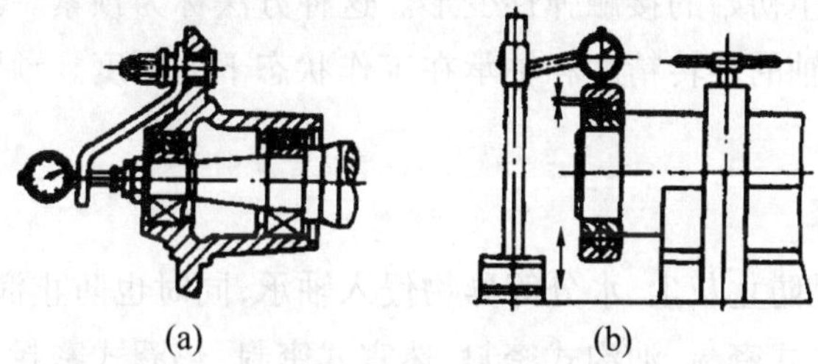

图 1-135 滚动轴承的游隙测量

(2)调整滚动轴承游隙方法

采用调整垫片法和螺钉调整法，如图 1-136 所示。

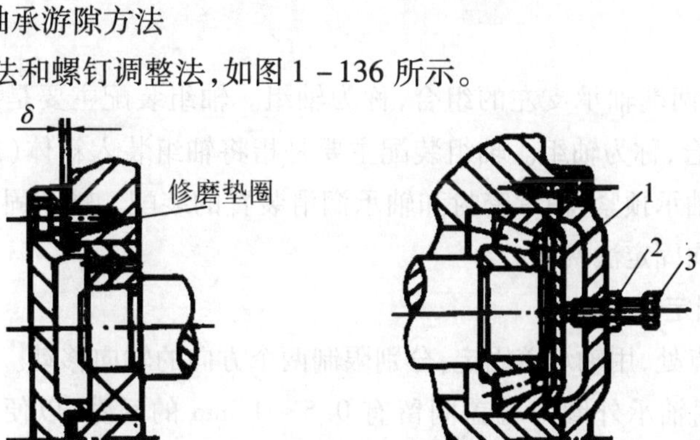

图 1-136 滚动轴承的游隙调整

图1－136(a)所示为垫片调整法。通过调整轴承盖与壳体端面间的垫片厚度δ来调整轴承游隙。

图1－136(b)所示为螺钉调整法。调整的顺序为先松开锁紧螺母2，再调整螺钉3，待游隙调整好后再拧紧螺母2。

4. 圆锥滚子轴承游隙的调整方法

轴承的游隙通过调整内、外圈的轴向相对位置控制。常用的调整方法如图1－137所示，(a)图用垫圈调整；(b)图用螺钉、凸缘垫片调整；(c)图用螺纹环调整。

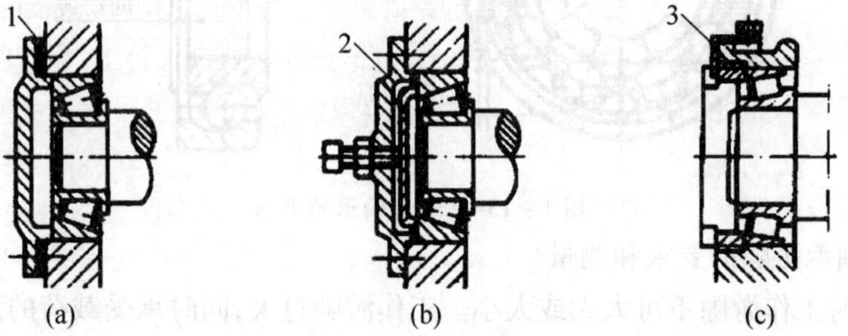

1—垫圈；2—凸缘垫片；3—螺纹环

图1－137　圆锥滚子轴承的间隙调整

5. 滚动轴承的预紧

给轴承内圈或外圈以一定的轴向预负荷，使内、外圈将发生相对的位移以消除内、外圈与滚动体的游隙，并产生初始的接触弹性变形。这种方法称为预紧。预紧后的轴承能控制正确的游隙，从而提高轴的旋转精度和轴承在工作状态下的刚度。预紧分为径向预紧和轴向预紧两类。

6. 密封装置的选择

密封装置的作用是防止灰尘、水分等异物侵入轴承，同时也防止润滑剂从轴承内流出。常见的密封装置有间歇式密封、油沟式密封、迷宫式密封、垫圈式密封、毡封圈密封、径向密封圈密封、弹簧密封圈密封等，根据所安装对象进行正确选择。

7. 轴组的装配

轴、轴上零件与两端轴承支左的组合，称为轴组。轴组装配主要是指将轴组装入箱体(或机架)中座的组合，称为轴组。轴组装配主要是指将轴组装入箱体(或机架)中，进行轴承固定、游隙调整、轴承预紧、轴承密封和轴承润滑装置的装配。轴承固定的方式有两端单向固定法和一端双向固定法两种。

(1)轴承单向固定法

在轴承两端支点处，用轴承盖固定，分别限制两个方向的轴向移动。为避免轴承受热伸长将轴卡死，在右端轴承外圈与端盖间留有0.5～1 mm的间隙，以便游动，如图1－138所示。

(2)轴承一端双向固定法

将右端轴承双向固定，左端轴承可随轴向游动。这种固定方式可以保证工作时不会产生轴向窜动，且轴受热时又能自由地向一端伸长，避免轴被卡死，如图 1－139 所示。

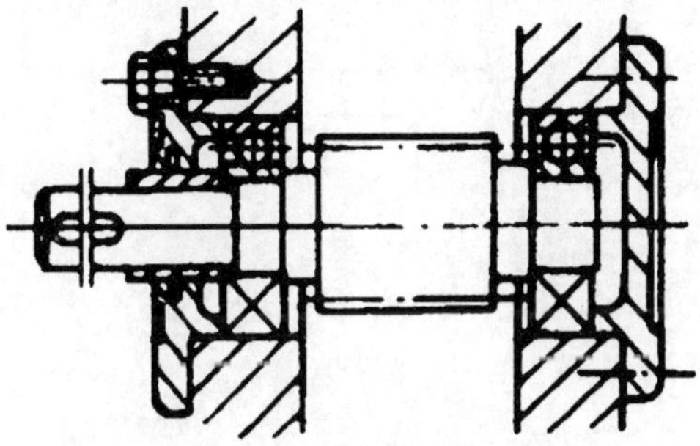

图 1－138 轴承两端单向固定法

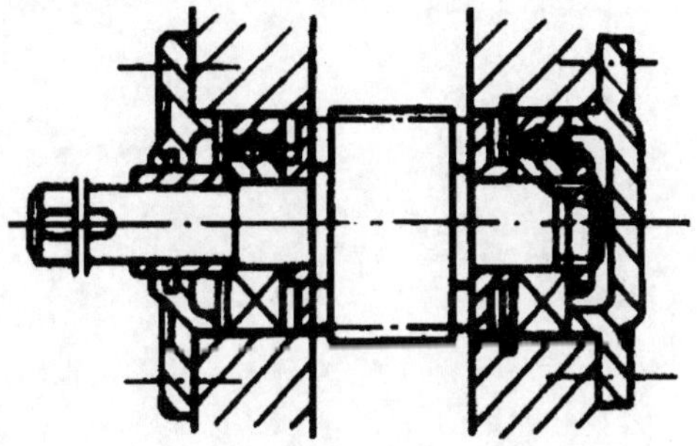

图 1－139 轴承一端双向固定法

(3)轴组装配注意事项

1)为了提高主轴的旋转精度，应采用合理的装配方法。

2)必要时应保持规定的湿度和恒温条件及环境清洁条件，并注意范围内的振源影响。

3)应根据温度、载荷和转速等工作条件的不同，合理选取润滑剂的类型及其型号。

4)应根据结构和润滑剂的类型不同来合理选择密封装置。

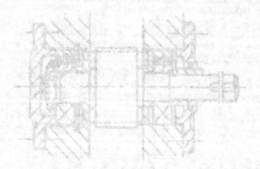

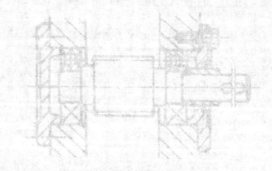

请沿此线剪下 请沿此线剪下 请沿此线剪下

任务实施

资讯单

学习领域	机电设备安装与调试		
学习情境一	自动化生产线供料机构组装与调试	学时	4
资讯方式	学生分组查询资料,找出问题的答案		
资讯问题	1. 什么是自动化生产线? 2. 自动化生产线供料机构的组成。 3. 送料机构的工作流程是什么? 4. 光电传感器的结构及工作原理。 5. 自动化生产线供料单元机械装配图。 6. 自动化生产线供料单元电器装配图。 7. 装配钳工基本操作规程。 8. 什么是钳工画线? 9. 钳工画线是注意什么? 10. 什么是装配钳工? 11. 钳工锯削、钻孔、锉削、铰孔相关知识。 12. 什么是工件定位尺寸、定型尺寸?		
资讯引导	以上资讯问题可查询本书知识链接;也可利用网络环境进行搜索、图书馆查阅相关资料。建议参考以下书籍查询: 1. 王金娟. 机电设备组装与调试技能训练. 北京:机械工业出版社,2010. 2. 郝岷. 自动化生产线. 北京:电力出版社,2012. 3. 田亚娟. 单片机原理与应用. 大连:大连理工大学出版社,2010. 4. 邹益民. 单片机C语言教程. 北京:中国石化出版社,2012. 5. 吕景泉. 自动化生产线安装与调试. 北京:中国铁道出版社,2009. 6. 徐冬元. 钳工工艺与技能训练. 北京:高等教育出版社,2011.		

计划单

<table>
<tr><td>学习领域</td><td colspan="5">机电设备安装与调试</td></tr>
<tr><td>学习情境一</td><td colspan="3">自动化生产线供料机构组装与调试</td><td>学　时</td><td>2</td></tr>
<tr><td>计划方式</td><td colspan="5">分组讨论,制定各组的实施操作计划</td></tr>
<tr><td>序　号</td><td colspan="4">实施步骤</td><td>使用资源</td></tr>
<tr><td>1</td><td colspan="4"></td><td></td></tr>
<tr><td>2</td><td colspan="4"></td><td></td></tr>
<tr><td>3</td><td colspan="4"></td><td></td></tr>
<tr><td>4</td><td colspan="4"></td><td></td></tr>
<tr><td>5</td><td colspan="4"></td><td></td></tr>
<tr><td>制定计划
说明</td><td colspan="5"></td></tr>
<tr><td rowspan="3">计划评价</td><td>班　级</td><td></td><td>第　组</td><td>组长签字</td><td></td></tr>
<tr><td>教师签字</td><td colspan="2"></td><td>日　期</td><td></td></tr>
<tr><td colspan="5">评语:</td></tr>
</table>

请沿此线剪下

请沿此线剪下

请沿此线剪下

请沿此线剪下

请沿此线剪下

决策单

学习领域	机电设备安装与调试						
学习情境一	自动化生产线供料机构组装与调试				学　时	2	
方案讨论							
方案对比	组号	工作流程的正确性	知识运用的科学性	内容的完整性	方案的可行性	人员安排的合理性	综合评价
	1						
	2						
	3						
	4						
	5						
	6						
	7						
	8						
	9						
	10						
方案评价							
班级		组长签字		教师签字		月　日	

请沿此线剪下

实施单

学习领域	机电设备安装与调试		
学习情境一	自动化生产线供料机构组装与调试	学时	10
实施方式	分组实施,按实际的实施情况填写此单		
序号	实施步骤	使用资源	
1			
2			
3			
4			
5			
6			
7			
8			
9			
10			
11			
12			
实施说明:			
班　　级		组长签字	
教师签字		日　　期	

请沿此线剪下

请沿此线剪下

请沿此线剪下
请沿此线剪下

检查单

学习领域	机电设备安装与调试			
学习情境一	自动化生产线供料机构组装与调试		学时	1
序号	检查项目	检查标准	学生自检	教师检查
1	目标认知	工作目标明确,工作计划具体结合实际,具有可操作性		
2	理论知识	工具的使用方法和技巧等基本知识的全面掌握		
3	基本技能	能够运用知识进行完整的方案设计,并顺利完成任务		
4	学习能力	能在教师的指导下自主学习,全面掌握相关知识和技能		
5	工作态度	在完成任务的过程中的参与程度,积极主动地完成任务		
6	团队合作	积极与他人合作,共同完成工作任务		
7	工具运用	熟练利用资料单进行自学,利用网络进行二手资料的查询		
8	任务完成	保质保量,圆满完成工作任务		
9	演示情况	能够按要求进行演示,效果好		
检查评价	班　级		组长签字	
	教师签字		日　期	

请沿此线剪下

评价单

学习领域	机电设备安装与调试				
学习情境一	自动化生产线供料机构组装与调试			学时	1
评价类别	项目	子项目	个人评价	组内互评	教师评价
专业能力（60%）	资讯（10%）	搜集信息（5%）			
		引导问题回答（5%）			
	计划（5%）	计划可执行度（3%）			
		材料工具安排（2%）			
	实施（20%）	安装、调试操作规范（7%）			
		功能实现（7%）			
		安全操作（3%）			
		创意和拓展性（3%）			
	检查（10%）	全面性、准确性（5%）			
		故障分析及解决（5%）			
	过程（5%）	操作过程规范性（3%）			
		工具和仪表使用管理（2%）			
	结果（5%）	结果质量（5%）			
	作业（5%）	作业质量（5%）			
社会能力（20%）	团结协作（10%）	小组成员合作良好（5%）			
		对小组的贡献（5%）			
	敬业精神（10%）	学习纪律性（5%）			
		爱岗敬业、吃苦耐劳精神（5%）			
方法能力（20%）	计划能力（10%）				
	决策能力（10%）				
检查评价	班　　级		姓　　名		日　　期
	教师签字		组长签字		
	学　　号		总　　评		
	评语：				

请沿此线剪下

请沿此线剪下

知识拓展

电梯安装流程及工艺要求

一、开箱验收：按装箱单验收数量、质量和文件等。

二、曳引装置组装

(1)钢丝绳：规格、型号应符合设计要求；安装时，钢丝绳应擦拭干净，严禁有强弯、松股和断丝现象。

(2)曳引机：曳引机在制造厂做过空载、额定载荷试验和动作速度试验，应有产品合格证。

(3)曳引机承重梁：曳引机承重梁安装必须符合设计和施工的规定。

(4)轿箱上方的空程检查：对重将缓冲器完全压缩时，轿箱上方的空程严禁小于下式规定的数值：$h=0.6+0.035\ v$，式中 h 为空程最小高度(m)，v 为电梯额定速度(m/s)。小型杂物电梯的轿箱和对重的空程严禁小于 30 mm。

(5)曳引轮、导向轮检查：曳引轮的垂直度偏差大于或等于 1/2 mm；导向轮端面对导向轮端面的平行偏差严禁大于 1 mm。

(6)限速器检查：限速器绳轮、钢带轮、导向轮安装牢固，转动灵活，其垂直度偏差严禁大于 1/2 mm。

(7)曳引绳张力检查：各绳张力相互差值不大于 10%(合格)，5%(优良)。

(8)制动轮闸瓦调整：制动轮与闸瓦之间的间隙控制在 0.7 mm 以内，且均匀。

(9)曳引钢绳绳头检查：绳股弯曲符合要求，巴氏合金浇灌密实、饱满、平整一致。

三、导轨组装

导轨安装检查，导轨形式、规格必须符合设计要求。检查每根 T 型导轨的直线偏差，导轨导向二侧面的平面度应小于 1/2 mm，全长偏差小于 0.7 mm。导轨安装牢固，相对内表面间距偏差：轿箱，+1，-0；对重，+2，-0；两导轨的相互偏差(全高)：1 mm。当对重(或轿箱)将对缓冲器完全压缩时，对重或轿箱导轨长度必须有不小于 0.1 + 制导行程。导轨垂直度(每 5 m)0.7 mm，接头处允许局部间隙 0.5 mm，允许台阶 0.05 mm，允许修光长度 250 ~ 300 mm。顶端导轨架距导轨顶端的距离小于或等于 500 mm。导轨架安装牢固、位置正确、横竖端正，焊接时，双面焊接、焊逢饱满，焊波均匀。

四、轿箱、层门组装检查

轿箱地坎与各层门地坎间距的偏差均严禁超过 +2 到 -1 mm。开门刀与各层地坎以及各层开门装置的滚轮与轿箱地坎间的间隙必须在 5 ~ 8 mm 范围内。轿箱组装牢固，轿壁接口处平整，开门侧的垂直偏差不大于 1/1 000，轿箱洁净、无损伤。导靴组装必须符合规范要求。层门指示灯盒及召唤盒安装位置正确，其面板与墙面贴实，横竖端正、清洁美观。门扇应与地面垂直。无论层门的门扇与门扇，门扇与门套，还是门扇下端与地坎间隙，对普通层门控制在4～8 mm。对防火层门控制在4～6 mm。门滑轮架上的偏心挡轮与门导轨下端间隙不应大于1/2 mm。门扇平整、洁净、无损坏，启闭对口不平度应不大于1 mm。门缝在整个高度范围内，应不大于2 mm。

五、电气装置安装

电梯的电源线必须单独敷设。电缆规格、电压等级，截面符合设计要求。电气设备和配线的绝缘电阻必须大于0.5 MΩ。控制屏、柜外形尺寸符合设计要求，机房内屏、柜、盘布局合理，横竖端正，符合设计、规范要求，保护接地（接零）系统必须良好。电线管、槽及箱、盒连接处的跨接地线必须紧密、牢固、无遗漏。电梯的随行电缆必须捆扎牢固，排列整齐，无扭曲，其敷设长度必须保证轿箱在极限位置时不受力，不拖地。盘、柜、箱、盒及设备配线，连接牢固，接触良好，包扎紧密，绝缘可靠，标志清楚、绑扎整齐美观。电线管、槽安装牢固、无损伤，布局走向合理、出口准确，槽盖齐全平整，与箱、盒及设备连接正确。电气装置附属构架、电线管、槽等非带电金属部分的防腐处理无遗漏，涂漆均匀一致。

六、安全保护装置

各种安全保护开关固定必须可靠，且不得采取焊接。与机械配合的各安全开关，在下列情况时必须可靠动作，并使电梯立即停止运行。

（1）选层器钢带（钢绳、链条）松弛或张紧轮下落大于50 mm时；

（2）限速器配重轮下落大于50 mm时；

（3）限速器钢绳夹住，轿厢上安全钳拉杆动作时；

（4）电梯超速达到限速器动作速度的95%时；

（5）电梯载重超过额定载重量的10%时；

（6）任一层门、轿门未关闭或锁紧（按下应急按纽时除外）；

（7）轿厢安全窗未正常关闭时。

急停、检修、程序转换等按钮和开关的动作，必须灵活可靠。极限、限位、缓速装置的安装位置、功能必须正确。轿厢自动门的安全触板必须灵活可靠。井道内的对重装置、轿厢地坎及门滑道的端部与井壁的安全距离严禁小于20 mm。曳引绳、运行电缆、补偿链（绳）及其他运动部件在运行中严禁与任何部件碰撞或摩擦。安全钳钳口与导轨顶面间隙不小于3 mm；间隙差值不大于1/2 mm。

根据中华人民共和国电梯标准，必须有的安全部件如下：

（1）断绳开关组件；

（2）轿顶防护栏；

（3）被动门开关组件；

（4）对重防护栏；

（5）缓冲器复位开关（液压缓冲器时）。

七、试运转

运转前要进行全面检查，包括安装质量检查。绝缘电阻测试应合格，并有记录表。接地良好，并有测试数据。电气与机械设备单体检查与调试。加注润滑油或润滑脂。电梯站、井道手动盘车无卡阻。检查电源电压的频率与容量是否符合要求。各系统空载或模拟动作试验应无正常情况。各继电器的工作正常，信号显示清晰。

（一）运行试验必须达到要求

（1）电梯启动、运行和停止，轿厢内无大的震动和冲击，制动器可靠。

（2）运行控制功能达到设计要求；指令、召唤、定向、程序转换、开车、载车、停车、平层等准确无误，声光信号显示清晰、正确。

（3）减速器油的温升不超过60°。且最高温度不超过85°。

（二）超载试验必须达到要求

（1）电梯能安全启动、运行和停止。

（2）曳引机工作正常。安全钳试验：轿厢空载，以检修速度下降使安全钳动作，电梯必须可靠地停止，动作后能恢复。

八、应具备的技术资料

（1）各种产品出厂合格证；

（2）曳引机、导向轮、限速器和制动器安装检查记录；

（3）电梯井道、导轨架和导轨检查记录；

（4）电梯轿厢、层门地坎、厅门门套及导轨、门和门扇安装检查记录；

（5）控制屏、柜、配管、配线、电缆敷设检查和电缆、电气设备绝缘电阻测试、接地电阻测试记录；

（6）安全钳、缓冲器、制动器、终端越位开关、配管、配线安装记录；

（7）电梯绝缘电阻、接地电阻、电梯限位开关调试，电梯曳引检查调试、电梯安全钳、缓冲器调试；电梯空载、满载、超载试运转；电梯平层精度调试检查记录和电梯调整、复检报告单；

（8）各分项工程质量检验评定表。

九、电梯的检测

电梯安装后，由负责电梯安装的企业进行质量自检，合格后，出具电梯产品质量监测报告，交监理和电梯使用单位。使用单位向建设行政主管部门提出验收申请。由建设行政主管部门按照（GB10060—93）组织验收。验收合格后，发给《电梯准用证》，有效期为一年。

思考与练习

1. 自动化生产线供料机构由哪些结构组成？

2. 什么是机械画线？画线应注意些什么？

3. 什么是画线基准？怎样选择画线基准？

4. 简述自动化送料机构的工作流程。
5. 简述送料机构机械构件装配的流程。
6. 简述供料单元设备调试的流程。
7. 简述安装电梯的流程。
8. 钳工主要包括哪些基本操作技能?
9. 锯削管子为什么要用细齿锯条?锯削管子时应注意什么?
10. 在什么情况下螺纹连接需要防松装置?常用的防松方法有哪几种?
11. 什么是分组选择装配法?其特点是什么?
12. 做好装配工作有哪些要求?
13. 提高主轴旋转精度的装配措施有哪些?
14. V 带传动的特点是什么?
15. 为什么不能用一般的方法钻斜孔?钻斜孔可采用哪些方法?
16. 为了使相配零件得到要求的配合精度,其装配方法有哪些?
17. 旋转件产生不平衡量的原因是什么?
18. 机床导轨必须具备哪些基本要求?
19. 编制工艺规程时需要哪些原始资料?
20. 机器启动前,要做好哪些工作?
21. 装配工作对于机械设备性能和质量有哪些影响?
22. 钻孔时选择切削用量的基本原则是什么?
23. 齿轮传动有何特点?
24. 钻直径 3 mm 以下的小孔时,必须掌握哪些要点?
25. 过盈连接的原理是什么?它有哪些特点?

◇学习情境二

自动化生产线搬运机械手安装与调试

任务描述

1)根据设备装配示意图组装搬运机械手;

2)按照设备电路图连接搬运机械手的电气回路;

3)按照设备气动图连接搬运机械手的气动回路;

4)输入设备控制程序,对搬运机械手进行调试,使搬运机械手实现特定功能。

学习目标

☆知识目标:

1)掌握自动化生产线搬运机械手工作流程;

2)掌握自动化生产线搬运机械手机械部件装配;

3)掌握自动化生产线搬运机械手电气回路连接;

4)掌握自动化生产线搬运机械手气动回路连接;

5)掌握自动化生产线搬运机械手 PLC 程序编制;

6)掌握自动化生产线搬运机械手整机调试;

7)对自动化生产线搬运机械手提出创新与改进意见。

☆技能目标:

1)能够识读设备图样及技术文件;

2)能够正确地制定搬运机械手装配流程并组装搬运机械手;

3)对搬运机械手进行静态和动态调试技能;

4)掌握装配钳工、设备安装与调试的操作技能。

学时安排

项目	资讯	计划	决策	实施	检查	评价	总计
学时	4	1	1	8	1	1	16

知识链接

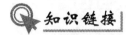

一、自动化生产线搬运机械手组成、安装与调试

(一)识读设备图样及技术文件

1. 装置简介

自动化生产线搬运机械手是一种在程序控制下模仿人手进行自动抓取物料、搬运物料的装置,它通过四个自由度手臂伸缩、手臂旋转、手爪上下、手爪松紧的动作完成物料搬运的工作。搬运机械手结构如图 2.1 所示。

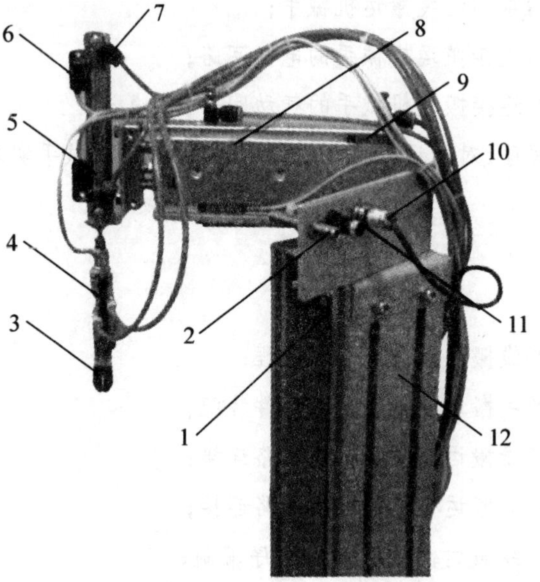

1—摆动气缸;2—非标螺钉;3—气动手爪;4—手爪磁性传感器 Y59BLS;5—提升气缸;6—磁性开关 D－C73;7—节流阀;8—伸缩气缸;9—磁性传感器 D－Z73;10—左右限位传感器;11—缓冲阀;12—安装支架

图 2－1　搬运机械手

各部件工作原理如下:手爪提升气缸:提升气缸采用双向电控气阀控制,实现手臂上下移动。

磁性传感器:用于气缸的位置检测。检测气缸伸出和缩回是否到位,为此在前点和后点上各一个,当检测到气缸准确到位后将给 PLC 发出一个信号;(在应用过程中棕色接 PLC 主机输入端,蓝色接输入的公共端)

手爪:抓取和松开物料由双电控气阀控制,手爪夹紧磁性传感器有信号输出,指示灯亮,在控制过程中不允许两个线圈同时得电。

摆动气缸:机械手臂的正反转,由双电控气阀控制,实现手爪的左右摆动。

接近传感器:机械手臂正转和反转到位后,接近传感器信号输出。(在应用过程中棕色线接直流 24 V 电源"＋"、蓝色线接直流 24 V 电源"－"、黑色线接 PLC 主机的输入端)

伸缩气缸:机械手臂伸出、缩回,由电控气阀控制。气缸上装有两个磁性传感器,检测气缸伸出或缩回位置。

缓冲器:旋转气缸高速正转和反转时,起缓冲减速作用。

(1)复位功能。PLC 上电,机械手手爪放松、手爪上伸、手臂缩回、手臂左旋至左侧限位处停止。

(2)启停控制。机械手复位后,按下启动按钮,机构启动。按下停止按钮,机构执行完当前工作循环后停止。

(3)搬运功能。启动后,若加料站出料口上有物料,气动机械手臂伸出→到位后提升臂伸出,手爪下降→到位后,手爪抓物夹紧 1 s→时间到,提升臂缩回,手抓上升→到位后机械手臂缩回→到位后机械手臂向右旋转→至右侧限位,定时 2 s 后手臂伸出→到位后提升臂伸出,手爪下降→到位后定时 0.5 s,手爪放松、放下物料→手爪放松到位后,提升臂缩回,手抓上升→到位后机械手臂缩回→到位后机械手臂向左旋转至左侧限位处,等待物料开始新的工作循环。搬运机械手工作流程如图 2 - 2 所示。

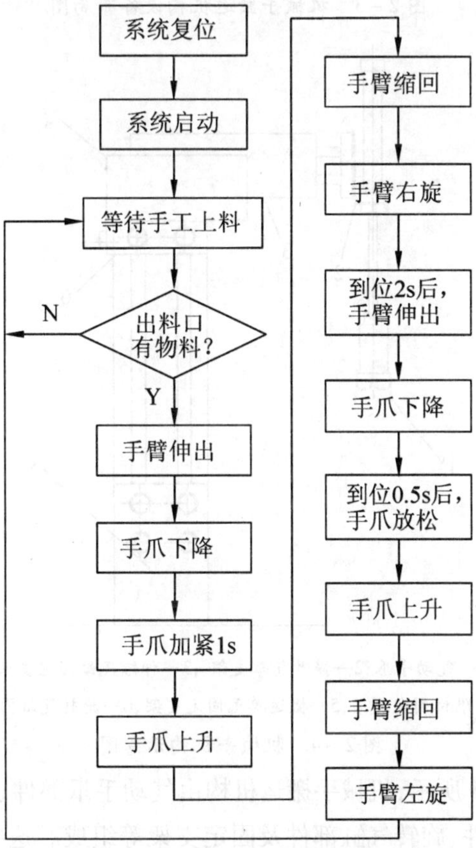

图 2 - 2 机械手搬运机构动作流程图

2. 识读装配示意图

机械手搬运机构的设备布局如图 2 - 3 所示,其功能是准确无误地将加料站出口的物料搬运至物料盘内,这就要求机械手与两者之间衔接紧密,安装尺寸误差要小,且前后配件配合良好。施工前应认真阅读架构示意图,了解各部分组成及其用途。

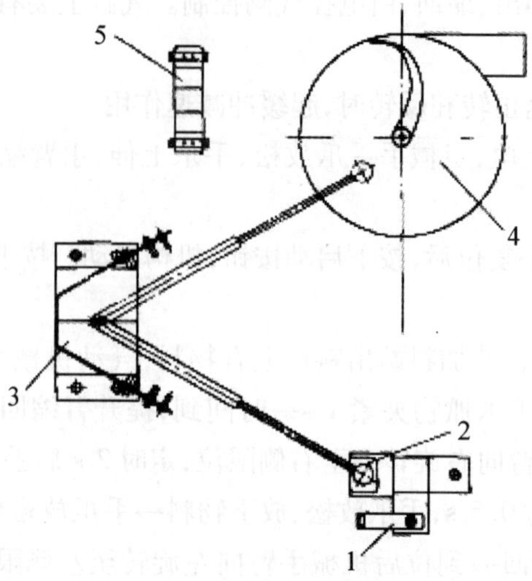

1—物料检测传感器;2—出料口;3—机械手;4—放料转盘;5—电磁阀阀座

图 2-3　机械手搬运机构设备布局图

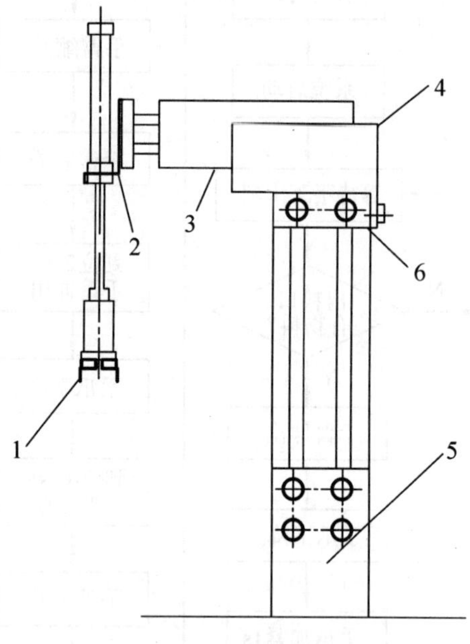

1—气动手爪;2—提升气缸支架 ;3—伸缩气缸固定支架

4—左右限位固定支架;5—搬运单元固定支架;6—旋转气缸固定支架

图 2-4　机械手机构示意图

结构组成。如图 2-4 所示,机械手搬运机构由气动手爪部件、提升气缸部件、手臂伸缩气缸(简称伸缩气 缸)部件、旋转气缸部件及固定支架等组成。这些部件实现了机械手的 4 个自由度的动作:手爪松紧、手爪上下、手臂伸缩和手臂左右旋转。具体表现为手爪气缸张开即机械手松开、手爪气缸夹紧即机械手夹紧;提升气缸伸出即手爪下降、提升气缸缩回即手爪上升;伸缩气缸伸出即手臂前伸、伸缩气缸缩回即手臂后缩;旋转气缸左旋即手臂左旋、旋转气缸右旋即手臂右旋。

为了控制气动回路中的气体流量,在每一个气缸的气管连接处都设有节流阀,以调节机械手各个方向的运动速度。

3. 识读电路图

如图 2－5 所示，机械手搬运机构主要通过 PLC 驱动电磁换向阀来实现其 4 个自由度的动作控制。输入为启停按钮、物料检测光电传感器、旋转限位传感器及各气缸伸缩到位检测传感器，输出为驱动电磁换向阀的线圈。

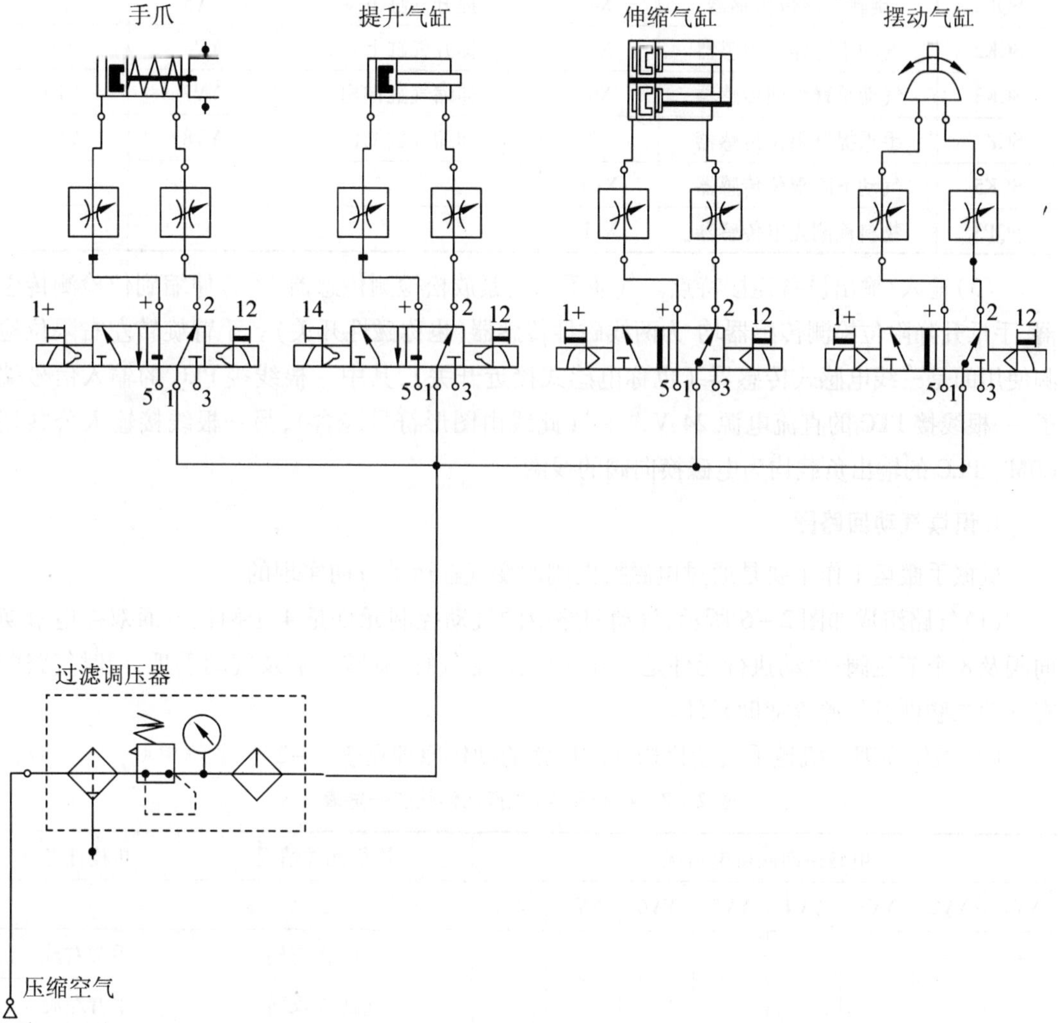

图 2－5　搬运机械手气动原理图

(1) PLC 机型 PLC 机型为三菱 FX_{2N} －48MR。

(2) I/O 点分配。PLC 输入/输出设备及输入/输出点数的分配情况见表 2－1。

表 2－1　PLC 输入/输出设备及 I/O 点数分配表

输入			输出		
元件代号	功能	输入点	元件代号	功能	输出点
SB1	启动按钮	X0	手臂右旋	YV1	Y0
SB2	停止按钮	X1	手臂左旋	YV2	Y2

续表

输入			输出		
元件代号	功能	输入点	元件代号	功能	输出点
SCK1	气动手爪传感器	X2	气动手爪加紧	YV3	Y4
SQP1	旋转左限位传感器	X3	启动手爪松开	YV4	Y5
SQP2	旋转右限位传感器	X4	提升气缸下降	YV5	Y6
SCK2	气动手臂伸出传感器	X5	提升气缸上升	YV6	Y7
SCK3	气动手臂缩回传感器	X6	伸缩气缸伸出	YV7	Y10
SCK4	手爪提升限位传感器	X7	伸缩气缸缩回	YV8	Y11
SCK5	气动下降限位传感器	X10			
SQP3	物料检测光电传感器	X11			

(3)输入/输出设备连接特点。气动手爪夹紧放松检测传感器、手臂伸缩到位检测传感器、手爪升降限位检测传感器均 为两线磁性传感器(也称磁性开关)。手臂旋转左右限位检测使用的是三线电感式传感器（也称电感式接近开关),其中一根线接 PLC 的输入信号端子,一根线接 PLC 的直流电源 24 V“ + ”(此线由图形符号隐含),另一根线接输入公共端 COM。PLC 的输出负载均为电磁换向阀的线圈。

4. 识读气动回路图

机械手搬运工作主要是通过电磁换向阀改变气缸运动方向实现的。

(1)气路组成如图 2 -6 所示,气动回路中的气动控制元件是 4 个两位五通双控电磁换向阀及 8 个节流阀;气动执行元件是提升气缸、伸缩气缸、旋转气缸及气动手爪;同时气路配有气动二联件及气源等辅助元件。

(2)工作原理。机械手搬运机构气动回路的动作原理见表 2 -2。

表 2 -2　控制元件、执行元件状态一览表

电磁换向阀得电情况								执行元件情况	机构任务
YV1	YV2	YV3	YV4	YV5	YV6	YV7	YV8		
+	-							气缸 A 正转	手臂右旋
-	+							气缸 A 反转	手臂左旋
		+	-					气动手爪 B 夹紧	手爪抓料
		-	+					气动手爪 B 放松	手爪放料
				+	-			气缸 C 活塞杆伸出	手爪下降
				-	+			气缸 C 活塞杆缩回	手爪上升
						+	-	气缸 D 活塞杆伸出	手臂伸出
						-	+	气缸 D 活塞杆缩回	手臂缩回

若 YV1 得电、YV2 失电,电磁换向阀 A 口出气、B 口回气,从而控制旋转气缸 A 正转,手臂右旋;若 YV1 失电、YV2 得电,电磁换向阀 A 口回气、B 口出气,从而改变气动回路的气

压方向，旋转气缸 A 反转，手臂左旋。机构的其他气动回路工作原理与之相同。

5. 识读梯形图

机械手搬运机构 PLC 梯形图如图 2－6 所示。

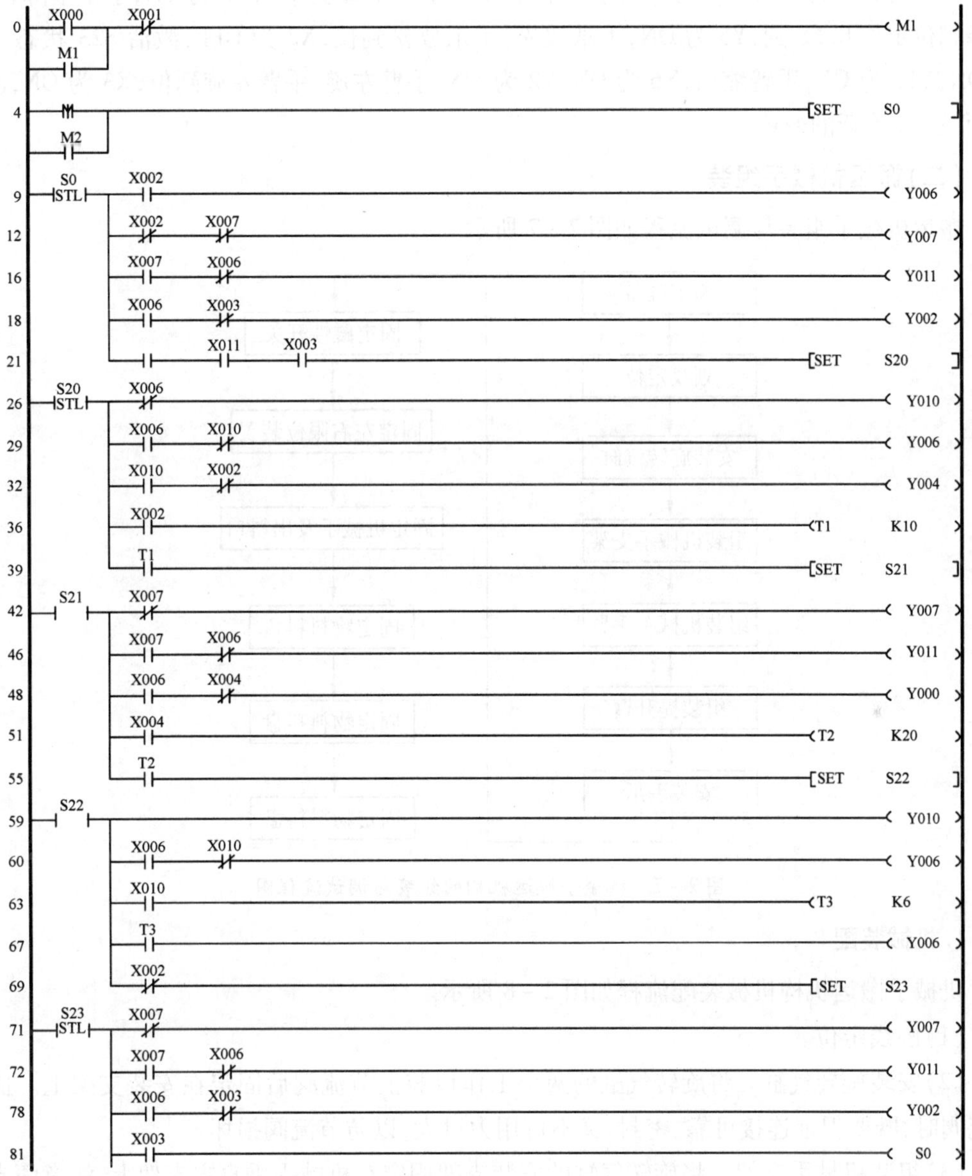

图 2－6 机械手搬运机构 PLC 梯形图

(1)启停控制

1)启停控制。按下启动按钮 SBI，X0 为 ON，启停标志辅助继电器 M1 为 ON，为初状态 S0 向工作状态 S20 转移提供了必要的条件。按下停止按钮 SB2，XI 为 ON，M1 为 OFF，初始状态 S0 向工作状态 S20 转移的条件不成立，PLC 无法从 S0 状态向下执行程序，机构停止工作。机械手搬运机构 PLC 梯形图如图 2－7 所示

2)机械手复位控制。PLC 运行第一个扫描周期，M8002 为 ON，激活 S20，执行机械手复

位程序。

3)物料搬运控制。当物料机构出料口有物料时,X11 为 ON,激活 S20 状态,Y10 为 ON,手臂伸出,X5 为 ON,Y6 为 ON,手爪上升,X7 为 ON,Y4 为 ON,手爪加紧,加紧定位 1S 到,激活 S21 状态,Y7 为 ON,Y11 为 ON,手臂缩回,X6 为 ON,X5 为 ON,Y6 为 ON,手爪下降,手爪下降到位定位 0.5S 到,Y5 为 ON,手爪放松,手爪放松到位,X2 为 OFF,激活 S23 状态,Y17 为 ON,Y11 为 ON,手臂缩回,X6 为 ON,Y2 为 ON,手臂左旋,手臂左旋到位,X3 为 ON,激活 S0 状态,开始新的循环。

(二)搬运机械手组装

搬运机械手组装与调试流程如图 2-7 所示。

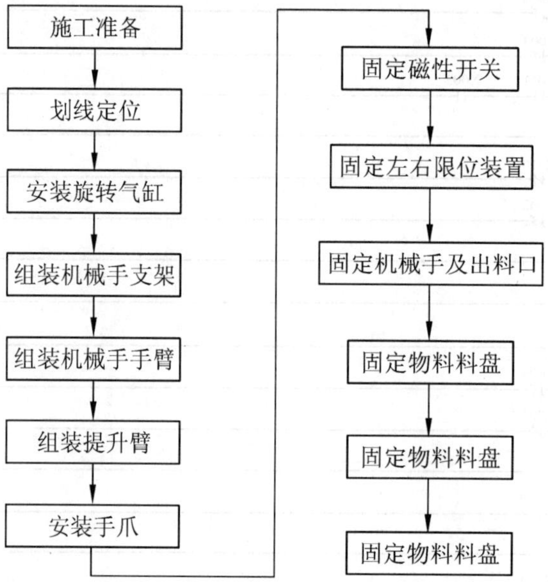

图 2-7 机械手搬运机构的组装与调试流程图

1. 机械装配

机械手搬运机构机械装配流程如图 2-8 所示。

(1)画线定位。

(2)安装旋转气缸。将旋转气缸的两个工作口装上节流阀后固定在安装支架上。固定节流阀时,既要保证连接可靠、密封,又不可用力过大,以防节流阀损坏。

(3)组装机械手支架。将旋转气缸的安装支架固定在机械手垂直主支架上,注意两支架的垂直度、平行度,完成后装上弯脚支架。

(4)组装机械手手臂。提升臂支架固定在伸缩气缸的活塞杆上后,将其固定在手臂支架上。

(5)组装提升臂。将提升气缸装好节流阀后固定在提升臂支架上。

(6)安装手爪。将气动手爪固定在提升气缸的活塞杆上。

(7)固定磁性传感器。将手爪加紧放松传感器、手爪升降限位传感器、手臂伸缩限位传感器固定在其对应的气缸上,固定时用力适中,避免破坏。

(8)固定左右限位装置。将左右限位传感器、缓冲器及定位螺钉在其支架上装好后，将其固定在机械手垂直主支架的顶端。

(9)固定机械手及出料盘。将机械手及加料站出料口固定在定位处。注意需进行机械调整，确保机械手能准确无误地从出料口抓取物料。

(10)固定物料料盘。将物料料盘固定在定位处，并进行机械调整，保证机械手能准确无误地将物料放进料盘中，同时注意让手爪下降的最低点与料盘盘底的距离大于两个物料的高度，避免调试时手爪撞击料盘内的物料。

(11)固定电磁阀阀座。

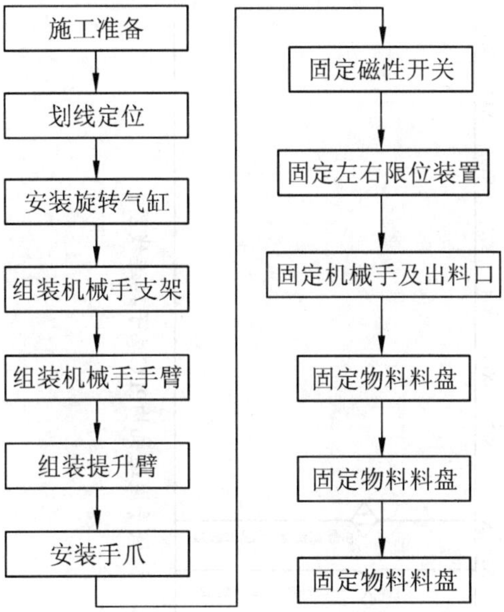

图 2-8 机械手搬运机构机械装配流程图

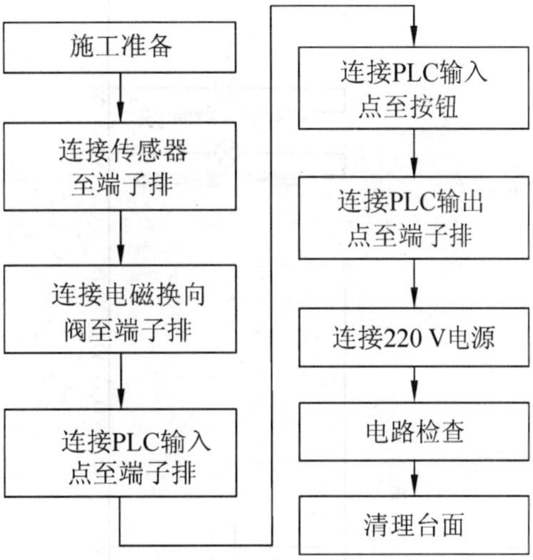

图 2-9 电路连接流程图

2. 电气线路连接

机械手搬运机构电气元件连接流程图如图 2-9 所示。

(1)连接传感器于端子排。连接时注意区分传感器与三线传感器引出线的颜色功能，引出线不可接错。否则会损坏传感器。

(2)连接输出元件至端子排。机械手搬运机构 PLC 的输出元件都为电磁换向阀的线圈，根据电路图将它们的引出线连接至端子排。电磁换向阀线圈有两根引出线，其中红色线接 PLC 的输出信号端子(直流电源 24 V“+”)绿色线接直流电源 24 V“-”)。若连线接反，电磁换向阀的指示灯 LED 不能点亮，但不会影响电磁换向阀动作功能。

(3)连接 PLC 端子至端子排。

(4)连接 PLC 输入信号端子至按钮模块。

(5)连接 PLC 的输出信号端子至端子排。将输出信号端子与对应的端子排连接，同时将 COM1、COM2 和 COM3 短接。

(6)连接电源模块中的单项交流电源至 PLC 模块。机械手搬运机构 PLC 端子接连线如图 2-10 所示。

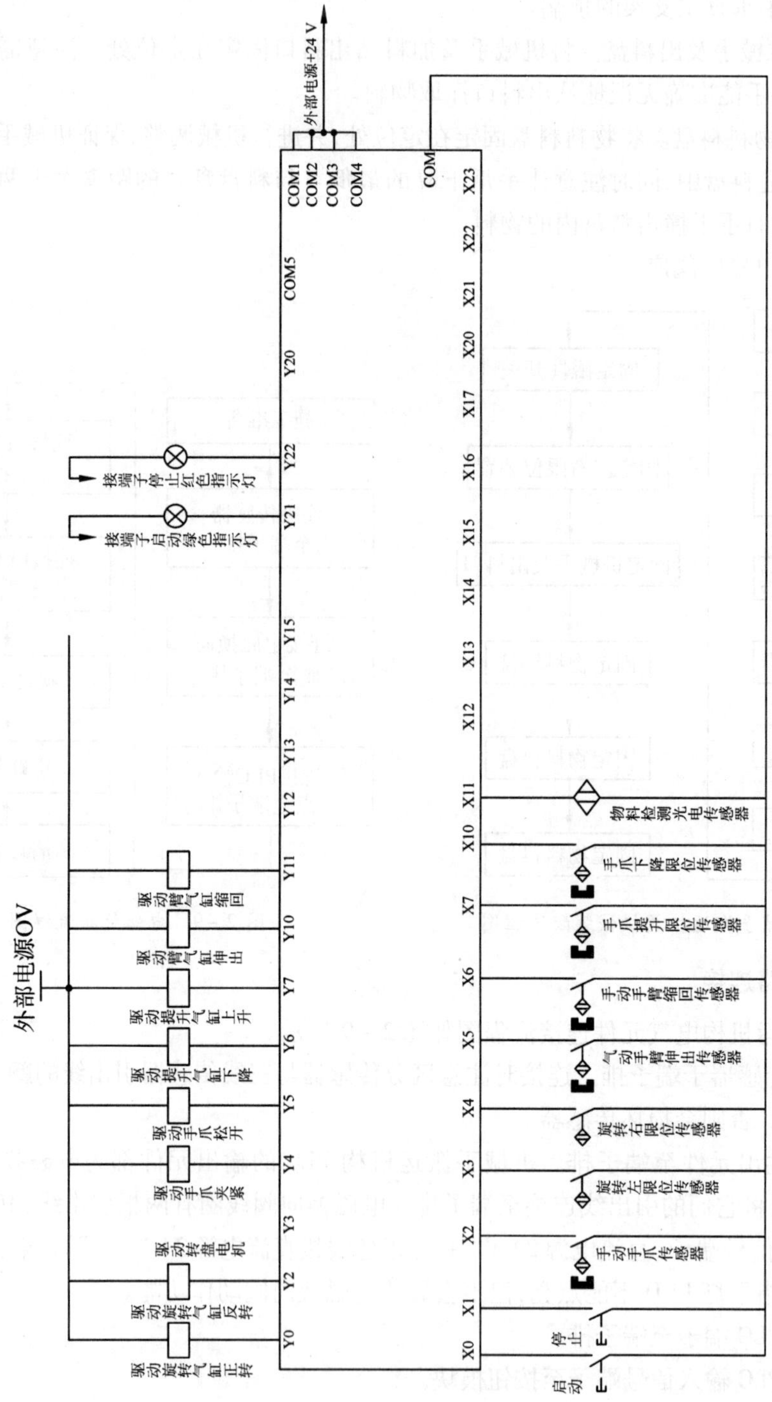

图2-10　机械手搬运机构PLC端子接线图

3. 气动回路连接

(1)气路连接步骤

气动回路的连接方法:快速接头与气管对接。气管插入接头时，应用手掌将气管端部轻轻压入,使气管通过弹簧片和密封圈到达底部,保证气动回路连接可靠、牢固;气管车接头拔出时,应用手将管子向接头里推一下,然后压下接头上的压紧圈再拔出。禁止强行拔出。用软管连接气路时,不允许急剧弯曲,通常弯曲半径应大于其外径的9～10倍。管路走向要合理,尽量平行布置,力求最短,弯曲要少且平缓,避免直角弯曲。

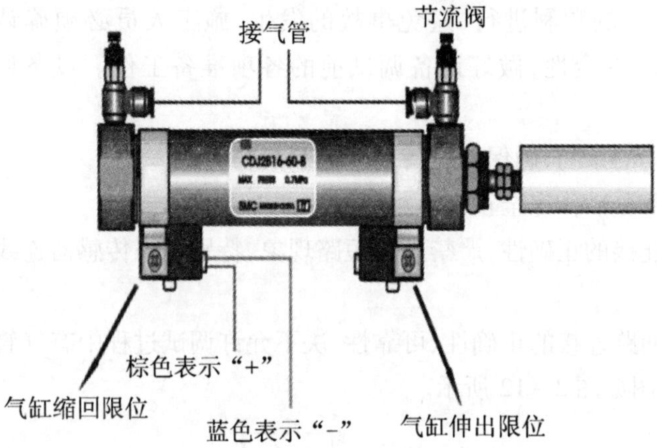

图2－11　气缸示意图

(2)连接气源

用选定的气管连接空压机与气动二联件,再将气动二联件与电磁换向阀相连,剪切气管要垂直切断,尽力使截面平整,并修去切口毛刺。

(3)连接执行元件

根据气路图,将各气缸(见图2－11)与对应的电磁换向阀用气管进行气路连接。

1)手爪气缸的连接。将手爪气缸气腔节流阀的气管接头分别与控制它的电磁换向阀的两个工作口相连。连接时,不可用力过猛,避免损坏气管接头而造成漏气现象;同时保证主路连接牢固,避免软钶脱出引起事故。

2)提升气缸的连接。将提升气缸的气腔节流阀与控制它的电磁换向阀进行气路连接。

3)伸缩气缸的连接。将伸缩气缸的气腔节流阀与控制它的电磁换向阀进行气路连接。

4)旋转气缸的连接。将旋转气缸的气腔节流阀与控制它的电磁换向阀进行气路连接。

(4)固定、整理气管。

以保证机械手正常动作所需气管长度及安全要求为前提,对气管进行扎束固定,要求气管通路美观、紧凑,避免气管吊挂、杂乱、过长或过短等现象。

(5)封闭阀组上的未用电磁换向阀的气路通道。

阀组除了备有机械手机构所需的电磁换向阀外,还剩有未用电磁换向阀,因它们的进气口相通,故必须对本次施工中未用阀的气口进行封闭。

4. 程序输入

(1)启动三菱PLC编程软件,输入梯形图。

(2)启动三菱编程软件。

(3)创建新文件,选择 PLC 类型。

(4)输入程序。

(5)转换梯形图。

(6)保存文件。

(三)搬运机械手机构设备调试

1. 调试前的准备工作

为确保调试工作的顺利进行,避免事故的发生,施工人员必须确认设备机械组装及电路安装的正确性、安全性,做好设备调试前的各项准备工作。设备调试前的准备工作如下:

(1)清扫设备上的杂物,确保无设备之外的金属物。

(2)检查机械部分动作完全正常。

(3)检查电路连接的正确性,严禁出现短路现象,特别加强传感器连线的检查,避免连线错误而烧损传感器。

(4)检查气动回路连接的正确性、可靠性,决不允许调试过程中有气管脱出现象。

设备调试流程图如图 2-12 所示。

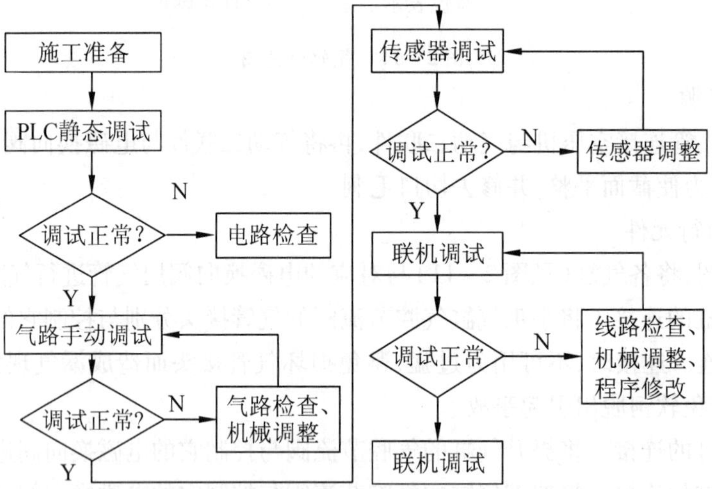

图 2-12 机械手搬运机构调试流程图

2. PLC 静态调试

(1)连接计算机与 PLC。

(2)确认 PLC 的输出负载回路电源处于断开状态,并检查空气压缩机的阀门是否关闭。

(3)合上断路器,给设备供电。

(4)写入程序。运行 PLC,按表 2-4 所示步骤用 PLC 模块上的钮子开关模拟 PLC 输入信号,观察 PLC 的输出指示 LED,将结果记入表 2-4 中。

表 2－4　静态调试情况记录表

步骤	操作任务	观察任务		备注
		正确结果	观察结果	
1	动作 X2 钮子开关上电	Y5 指示 LED 点亮		
2	复位 X2	Y5 指示 LED 熄灭		
3	动作 X7	Y7 指示 LED 熄灭		
4	动作 X6	Y2 指示 LED 点亮		
5	动作 X3	Y2 指示 LED 点亮		
6	动作 X11、按下 SB1	Y6 指示 LED 点亮		
7	动作 X5 复位 X6	Y10 指示 LED 点亮		
8	动作 X10 复位 X7	Y6 指示 LED 点亮		
9	动作 X2	Y7 指示 LED 点亮		
10	动作 X7 复位 X10	Y11 指示 LED 点亮		
11	动作 X6 复位 X5	Y0 指示 LED 点亮		
12	动作 X4 复位 X3	Y5 指示 LED 点亮		
13	2S 后	Y10 指示 LED 点亮		
14	动作 X5 复位 X6	Y6 指示 LED 点亮		
15	动作 X10 复位 X7	Y6 指示 LED 熄灭		
16	0.5 秒后	Y5 指示 LED 点亮		
17	复位 X2	Y7 指示 LED 点亮		
18	动作 X7 复位 X10	Y11 指示 LED 点亮		
19	动作 X6 复位 X5	Y2 指示 LED 点亮		
20	动作 X3 复位 X4	Y2 指示 LED 点亮		
21	一次物料运送结束			
22	重新加料，按下停止按钮 SB2，完成当前工作循环后停止工作			

（5）气动回路手动调试

1）接通空气压缩机电源，启动机器压缩空气，等待气源充足。

2）将气源压力调整到工作范围（0.4～0.5 MPa），打开空气压缩机阀门，旋转气动二联件的调压手柄，将压力调到 0.4～0.5 MPa，然后开启气动二联件上的阀门给机构供气，如图 2－10 所示。

（6）传感器调试

手动调试气缸到位，观察各限位传感器所对应的 PLC 输入指示灯状态是否合理。

3. 联机调试

模拟调试后，接通 PLC 输出负载的电源回路，进行联机调试阶段，要求操作人员认真观察设备的动作情况，若出现问题，应立即解决或切断电源，避免扩大故障范围。若程序有误，可能会是机械手手爪撞击料盘，导致手爪或提升气缸的作用杆损坏。联机调试机构动作情况见表 2－5。

表 2-5　联机调试机构动作情况一览表

步骤	操作过程	设备实现的功能	备注
1	PLC 上电 （出料口无物料）	手爪放松	机构初始复位
		手爪上升	
		手臂缩回	
		手臂左旋	
2	按下启动按钮 SBI 给出料口加物料	手臂伸出	物料搬运
		手爪下降	
		手臂缩回	
3	1 s 后	手爪上升	
		手臂缩回	
		手臂右旋	
4	右旋到位 2 s	手臂伸出	
		手爪下降	
5	下降到位 0.5 s	绿灯闪烁	
		手爪放松	
		手爪上升	
		手臂缩回	
		手臂优选到位后停在初始位置	
6	重新加料，按下停止按钮 SB2，机构完成工作循环后停止工作		

4. 试运行

施工人员操作机械手搬运机构，运行、观察一段时间，确保设备合格、稳定、可靠。

二、液压系统控制元件概述

（一）液压传动的定义

一部完整的机器由原动机部分、传动机构及控制部分、工作机部分（含辅助装置）组成。原动机包括电动机、内燃机等。工作机即完成该机器之工作任务的直接工作部分，如剪床的剪刀、车床的刀架等。由于原动机的功率和转速变化范围有限，为了适应工作机的工作力和工作速度变化范围变化较宽，以及性能的要求，在原动机和工作机之间设置了传动机构，其作用是把原动机输出功率经过变换后传递给工作机。一切机械都有其相应的传动机构借助于它达到对动力的传递和控制的目的。

传动机构通常分为机械传动、电气传动和流体传动机构。

机械传动是通过齿轮、齿条、蜗轮、蜗杆等机件直接把动力传送到执行机构的传递方式。

电气传动是利用电力设备，通过调节电参数来传递或控制动力的传动方式。

流体传动是以流体为工作介质进行能量转换、传递和控制的传动。它包括液压传动、液力传动和气压传动。

液压传动和液力传动均是以液体做为工作介质进行能量传递的传动方式。液压传动主要是利用液体的压力能来传递能量;而液力传动则主要是利用液体的动能来传递能量。

由于液压传动有许多突出的优点,因此被广泛用于机械制造、工程建筑、石油化工等各个工程技术领域。

- 液压传动
  - 液体传动
  - 气压传动
    - 液压传动——利用液体静压力传递动力
    - 液力传动——利用液体静流动动能传递动力
  - 气体传动
    - 气压传动
    - 气力传动

(二)液压传动的特点

液压传动与我们学过的机械传动、电力传动以及后面的气压传动相比具有以下特点:

1. 液压传动的优点

(1)由于液压传动是油管连接,所以借助油管的连接可以方便灵活地布置传动机构,这是比机械传动优越的地方。例如,在井下抽取石油的泵可采用液压传动来驱动,以克服长驱动轴效率低的缺点。由于液压缸的推力很大,又加之极易布置,在挖掘机等重型工程机械上,已基本取代了老式的机械传动,不仅操作方便,而且外形美观大方。

(2)液压传动装置的重量轻、结构紧凑、惯性小。例如,相同功率液压马达的体积为电动机的 12% ~13% 。液压泵和液压马达单位功率的重量指标,目前是发电机和电动机的十分之一,液压泵和液压马达可小至 0.0025 N/W(牛/瓦),发电机和电动机则约为 0.03 N/W。

(3)可在大范围内实现无级调速。借助阀或变量泵、变量马达,可以实现无级调速,调速范围可达 1:2000,并可在液压装置运行的过程中进行调速。

(4)传递运动均匀平稳,负载变化时速度较稳定。正因为此特点,金属切削机床中的磨床传动现在几乎都采用液压传动。

(5)液压装置易于实现过载保护——借助于设置溢流阀等,同时液压件能自行润滑,因此使用寿命长。

(6)液压传动容易实现自动化——借助于各种控制阀,特别是采用液压控制和电气控制结合使用时,能很容易地实现复杂的自动工作循环,而且可以实现遥控。

(7)液压元件已实现了标准化、系列化和通用化,便于设计、制造和推广使用。

2. 液压传动的缺点

(1)液压系统中的漏油等因素,影响运动的平稳性和正确性,使得液压传动不能保证严格的传动比。

(2)液压传动对油温的变化比较敏感,温度变化时,液体粘性变化引起运动特性的变化,使得工作的稳定性受到影响,所以它不宜在温度变化很大的环境条件下工作。

(3)为了减少泄漏,以及为了满足某些性能上的要求,液压元件的配合件制造精度要求较高,加工工艺较复杂。

(4)液压传动要求有单独的能源,不像电源那样使用方便。

(5)液压系统发生故障不易检查和排除。

总之，液压传动的优点是主要的，随着设计制造和使用水平的不断提高，有些缺点正在逐步加以克服。液压传动有着广泛的发展前景。

（三）液压传动系统的组成

1. 液压传动系统的组成

（1）动力元件：液压泵，是系统的能量输入装置。它是把原动机输入的机械能转换为液体的压力能的能量转换装置，其作用是向系统提供压力油。

（2）执行元件：液压缸（用于直线运动）或液压马达（用于旋转运动），它是把液体的压力能转换为机械能的能量转换装置。其作用是在压力油的推动下，输出力和速度（力矩和转速），以驱动运动部件。

（3）控制调节元件：各种控制阀，如压力阀、流量阀、方向阀等，用来控制液压系统所需的压力、流量、和液流的方向等，以保证执行元件实现各种不同的工作要求。

（4）辅助元件：油箱、油管、管接头、滤油器、蓄能器和压力表等，分别起储油、输油、连接、过滤、储存压力和测量压力等作用。

（5）工作介质：传递能量的流体，通常称为液压油。

2. 液压传动系统的职能符号

图2－13所示的液压系统是一种半结构式的工作原理图，它有直观性强、容易理解的优点，当液压系统发生故障时，根据原理图检查十分方便，但图形比较复杂，绘制比较麻烦。我国已经制定了一种用规定的图形符号来表示液压原理图中的各元件和连接管路的国家标准，即《液压系统图图形符号（GB786—76）》。在我国的《液压系统图图形符号》（GB786—76）中，对于这些图形符号有以下几条基本规定。

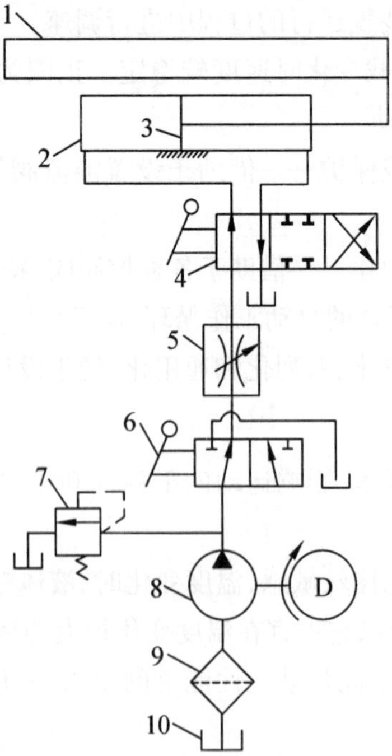

1—工作台；2—液压缸；3—油塞；4—换向阀；5—节流阀；6—开停阀；7—溢流阀；8—液压泵；9—滤油器；10—油箱

图2－13　机床工作台液压系统的图形符号图

(1)元件符号内的油液流动方向用箭头表示,线段两端都有箭头的,表示流动方向可逆。

(2)符号均以元件的静止位置或中间零位置表示,当系统的动作另有说明时,可作例外。

图2-13所示为液压系统根据国标《液压系统图图形符号》GB786—76绘制的工作原理图。使用这些图形符号可使液压系统图简单明了,且便于绘图。

(四)液压传动系统的主要应用

驱动机械运动的机构以及各种传动和操纵装置有多种形式。根据所用的部件和零件,可分为机械的、电气的、气动的、液压的传动装置。经常还将不同的形式组合起来运用——四位一体。由于液压传动具有很多优点,使这种新技术发展得很快。液压传动应用于金属切削机床也不过四五十年的历史。航空工业在1930年以后才开始采用。特别是最近二三十年以来液压技术在各种工业中的应用越来越广泛。

在机床上,液压传动常应用在以下的一些装置中:

(1)进给运动传动装置磨床砂轮架和工作台的进给运动大部分采用液压传动;车床、六角车床、自动车床的刀架或转塔刀架;铣床、刨床、组合机床的工作台等的进给运动也都采用液压传动。这些部件有的要求快速移动,有的要求慢速移动。有的则既要求快速移动,也要求慢速移动;这些运动多半要求有较大的调速范围,要求在工作中无级调速;有的要求持续进给,有的要求间歇进给;有的要求在负载变化下速度恒定,有的要求有良好的换向性能,等等。所有这些要求都是可以用液压传动来实现的。

(2)往复主体运动传动装置龙门刨床的工作台、牛头刨床或插床的滑枕,由于要求做高速往复直线运动,并且要求换向冲击小、换向时间短、能耗低,因此都可以采用液压传动。

(3)仿形装置车床、铣床、刨床上的仿形加工可以采用液压伺服系统来完成。其精度可达0.01~0.02 mm。此外,磨床上的成形砂轮修正装置亦可采用这种系统。

(4)辅助装置机床上的夹紧装置、齿轮箱变速操纵装置、丝杆螺母间隙消除装置、垂直移动部件平衡装置、分度装置、工件和刀具装卸装置、工件输送装置等,采用液压传动后,有利于简化机床结构,提高机床自动化程度。

(5)静压支撑重型机床、高速机床、高精度机床上的轴承、导轨、丝杠螺母机构等处采用液体静压支撑后,可以提高工作平稳性和运动精度。

液压传动在其他机械工业部门的应用情况见表2-6。

表2-6 液压传动在各类机械行业中的应用实例

行业名称	应用场所举例
工程机械	挖掘机、装载机、推土机、压路机、铲运机等
起重运输机械	汽车吊、港口龙门吊、叉车、装卸机械、皮带运输机等
矿山机械	凿岩机、开掘机、开采机、破碎机、提升机、液压支架等
建筑机械	打桩机、液压千斤顶、平地机等
农业机械	联合收割机、拖拉机、农具悬挂系统等

续表

行业名称	应用场所举例
冶金机械	电炉炉顶及电极升降机、轧钢机、压力机等
轻工机械	打包机、注塑机、校直机、橡胶硫化机、造纸机等
汽车工业	自卸式汽车、平板车、高空作业车、汽车中的转向器、减振器等
智能机械	折臂式小汽车装卸器、数字式体育锻炼机、模拟驾驶舱、机器人等

(五)液压油的主要物理性质及选用

液压油是液压传动系统中的传动介质，而且还对液压装置的机构、零件起着润滑、冷却和防锈作用。液压介质的性能对液压系统的工作状态有很大影响，液压传动系统的压力、温度和流速在很大的范围内变化，因此液压油的质量优劣直接影响液压系统的工作性能。故此，合理地选用液压油也是很重要的。

1. 液压油的主要物理性质

液压油的基本性质可由有关资料查到。例如，石油型液压油在150℃时的密度为900 $kg \cdot m^{-3}$左右，体积膨胀系数为$(6.3 \sim 7.8) \times 10^{-4} K^{-1}$等。在液压传动中，液压油的主要物理性质为黏性和可压缩性。

(1)液压油的黏性

液体在外力作用下流动时，由于液体分子间的内聚力而产生一种阻碍液体分子之间进行相对运动的内摩擦力，液体的这种产生内摩擦力的性质称为液体的黏性。由于液体具有黏性，当流体发生剪切变形时，流体内就产生阻滞变形的内摩擦力，由此可见，黏性表征了流体抵抗剪切变形的能力。处于相对静止状态的流体中不存在剪切变形，因而也不存在变形的抵抗，只有当运动流体流层间发生相对运动时，流体对剪切变形的抵抗，也就是黏性才表现出来。黏性所起的作用为阻滞流体内部的相互滑动，在任何情况下它只能延缓滑动的过程而不能消除这种滑动。

(2)液压油液的黏度

黏性的大小可用黏度来衡量，黏度是选择液压用流体的主要指标，是影响流动流体的重要物理性质。

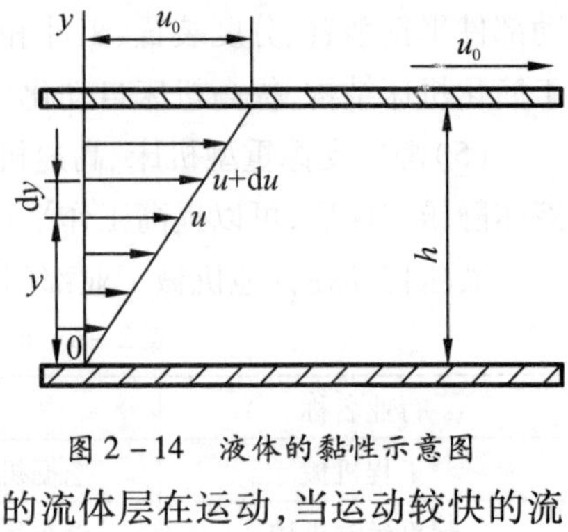

图 2－14　液体的黏性示意图

当液体流动时，由于液体与固体壁面的附着力及流体本身的黏性使流体内各处的速度大小不等，图 2－14 所示以流体沿平行平板间的流动情况为例，设上平板以速度 u_0 向右运动，下平板固定不动。紧贴于上平板上的流体黏附于上平板上，其速度与上平板相同。紧贴于下平板上的流体黏附于下平板其速度为零。中间流体的速度按线性分布。我们把这种流动看成是许多无限薄的流体层在运动，当运动较快的流体层在运动较慢的流体层上滑过时，两层间由于黏性就产生内摩擦力的作用。根据实际测定的数据所知，流体层间的内摩擦力 F 与流体层的接触面积 A 及流体层的相对流速 du 成正比，而与此二流体层间的距离 dz 成反比，即

$$F = \mu A du/dz$$

以 $\tau = F/A$ 表示切应力，则有

$$\tau = \mu du/dz$$

式中　μ 为衡量流体黏性的比例系数，称为黏度或动力黏度；

du/dz 表示流体层间速度差异的程度，称为速度梯度。

上式是液体内摩擦定律的数学表达式。当速度梯度变化时，μ 为不变常数的流体称为牛顿流体，μ 为变数的流体称为非牛顿流体。除高黏性或含有大量特种添加剂的液体外，一般的液压用流体均可看作是牛顿流体。

流体的黏度通常有三种不同的测试单位。

（1）黏度 μ

黏度又称动力黏度，它直接表示流体的黏性即内摩擦力的大小。动力黏度 μ 在物理意义上讲，是当速度梯度 $du/dz = 1$ 时，单位面积上的内摩擦力的大小，即

$$\mu = \frac{\tau}{du/dz}$$

动力黏度的国际（SI）计量单位为牛顿·秒/米²，符号为 $N \cdot s/m^2$，或为帕·秒，符号为 $Pa \cdot s$。

（2）运动黏度 ν

运动黏度是动力黏度 μ 与密度 ρ 的比值：

$$\nu = \mu/\rho$$

式中，μ 为液体的动力黏度，m^2/s；ρ 为液体的密度，kg/m^3。

运动黏度的 SI 单位为米²/秒，m^2/s。非法定计量单位还可用 CGS 制单位：斯（托克斯），St 斯的单位太大，应用不便，常用 1% 斯，即 1 厘斯来表示，符号为 cSt，故

$$1\ cSt = 10^{-2} St = 10^{-6}\ m^2/s$$

运动黏度 ν 没有什么明确的物理意义，它不能像 μ 一样直接表示流体的黏性大小，但对 ρ 值相近的流体，例如各种矿物油系液压油之间，还是可用来大致比较它们的黏性。由于在理论分析和计算中常常碰到动力黏度与密度的比值，为方便起见才采用运动黏度这个单位来代替 μ/ρ。它之所以被称为运动黏度，是因为在它的量纲中只有运动学的要素长度和时间因次的缘故。机械油的牌号上所标明的号数就是表明以厘斯为单位的，在温度 50℃时运动黏度 ν 的平均值。例如 10 号机械油指明该油在 50℃时其运动黏度 ν 的平均值是 10 cSt。蒸馏水在 20.2℃时的运动黏度 ν 恰好等于 1 cSt，所以从机械油的牌号即可知道该油的运动黏度。例如 20 号油说明该油的运动黏度约为水的运动黏度的 20 倍，30 号油的运动黏度约为水的运动黏度的 30 倍，如此类推。动力黏度和运动黏度是理论分析和推导中经常使用的黏度单位。它们都难以直接测量，因此，工程上采用另一种可用仪器直接测量的黏度单位，即相对黏度。

（3）相对黏度

相对黏度是以相对于蒸馏水的黏性的大小来表示该液体的黏性的。相对黏度又称条件黏度。各国采用的相对黏度单位有所不同。有的用赛氏黏度，有的用雷氏黏度，我国采用恩氏黏度。恩氏黏度的测定方法如下：测定 200 cm^3 某一温度的被测液体在自重作用下流过直径 2.8 mm 小孔所需的时间 t_A，然后测出同体积的蒸馏水在 20℃时流过同一孔所需时间

t_B(t_B=50~52 s)，t_A与t_B的比值即为流体的恩氏黏度值。恩氏黏度用符号°E表示。被测液体温度t℃时的恩氏黏度用符号°E_t表示。

$$E_t = t_A / t_B$$

工业上一般以20℃，50℃和100℃作为测定恩氏黏度的标准温度，并相应地以符号°E_{20}，°E_{50}和°E_{100}来表示。

知道恩氏黏度以后，利用下列的经验公式，将恩氏黏度换算成运动黏度。

$$\nu = 7.31°E - 6.31°E \times 10^{-6}$$

为了使液体介质得到所需要的黏度，可以采用两种不同黏度的液体按一定比例混合，混合后的黏度可按下列经验公式计算。

$$°E = [a°E_1 + b°E_2 - c(°E_1 - °E_2)]/100$$

式中　°E——混合液体的恩氏黏度；

°E_1，°E_2——分别为用于混合的两种油液的恩氏黏度，°E_1>°E_2；

a，b——分别为用于混合的两种液体°E_1，°E_2各占的百分数，$a+b=100$；

c——与a，b有关的实验系数，见2-7表。

表2-7　系数c的值

a/(%)	10	20	30	40	50	60	70	80	90
b/(%)	90	80	70	60	50	40	30	20	10
c	6.7	13.1	17.9	22.1	25.5	27.9	28.2	25	17

(4)压力对黏度的影响

在一般情况下，压力对黏度的影响比较小，在工程中当压力低于5 MPa时，黏度值的变化很小，可以不考虑。当液体所受的压力加大时，分子之间的距离缩小，内聚力增大，其黏度也随之增大。因此，在压力很高以及压力变化很大的情况下，黏度值的变化就不能忽视。在工程实际应用中，当液体压力在低于50 MPa的情况下，可用下式计算其黏度：

$$\nu_p = \nu_0(1 + \alpha_p)$$

式中　ν_p——压力在p(Pa)时的运动黏度；

ν_0——绝对压力为1atm(1atm=1.01325×10^5Pa)时的运动黏度；

p——压力(Pa)；

α——决定于油的黏度及油温的系数，一般取$\alpha=(0.002 \sim 0.004) \times 10^{-5}$，1/Pa。

(5)温度对黏度的影响

液压油黏度对温度的变化是十分敏感的，当温度升高时，其分子之间的内聚力减小，黏度就随之降低。不同种类的液压油，它的黏度随温度变化的规律也不同。我国常用黏温图表示油液黏度随温度变化的关系。对于一般常用的液压油，当运动黏度不超过76 mm²/s，温度在30~150℃范围内时，可用下述近似公式计算其温度为t℃的运动黏度：

$$\nu_t = \nu_{50}(50/t)^n$$

式中　ν_t——温度在t℃时油的运动黏度；

ν_{50}——温度为50℃时油的运动黏度；

n——黏温指数，随油的黏度而变化。

(6)液压油黏度和温度的关系

液压油黏度对温度的变化十分敏感,温度上升,黏度下降,液压系统的泄露增加,影响液压系统的可靠性。由此可见,温度对黏度的影响必须引起重视,一般液压系统温度最好控制在30~60℃之间。

(7)液压油的可压缩性

液体受压力作用发生体积变化的性质称为液体的可压缩性,对于一般中、低压液压系统,其压缩性很小,对系统的影响可以忽略不计。对于压力变化很大的高压系统中,就要考虑液体的可压缩性的影响,当液压系统中混入空气时,其压缩性将显著增加,并严重影响液压系统的工作性能,故一定要把液压系统中的空气降低到最底限度。

2. 液压油的选用

正确合理地选择液压油,对于液压系统适应各种工作环境、延长系统和元件的寿命、提高系统的可靠性等都有重要的影响。液压油的种类很多,主要有石油型、合成型和乳化型三类。

石油型液压油以机油为原料,精炼后按需要加入添加剂而成。这类液压油润滑性能和防锈性能好,黏度等级范围宽。目前90%的液压系统采用石油型液压油作为工作介质。但它抗燃性较差。在高温、易燃、易爆的工作场合,为了安全起见,液压系统应该使用合成型和乳化型。

(1)石油基液压油。这种液压油是以石油的精炼物为基础,加入各种为改进性能的添加剂而成。添加剂有抗氧添加剂、油性添加剂、抗磨添加剂等。不同工作条件要求具有不同性能的液压油,不同品种的液压油是由于精制程度不同和加入不同的添加剂而成。

(2)成添加剂磷酸脂液压油是难燃液压油之一。它的使用范围宽,可达-54~135℃。抗燃性好,氧化安定性和润滑性都很好。缺点是与多种密封材料的相容性很差,有一定的毒性。

(3)乙二醇液压油。这种液体由水、乙二醇和添加剂组成,而蒸馏水占35%~55%,因而抗燃性好。这种液体的凝固点低,达-50℃,黏度指数高(130~170),为牛顿流体。缺点是能使油漆涂料变软,但对一般密封材料无影响。

(4)乳化液乳化液属抗燃液压油,它由水、基础油和各种添加剂组成。分水包油乳化液和油包水乳化液,前者含水量达90%~95%,后者含水量达40%。

选用液压油时,可根据液压元件生产厂样本和说明书所推荐的品种号数来选用液压油,或者根据液压系统的工作压力、工作温度、液压元件种类及经济性等因素全面考虑,一般是先确定适用的黏度范围,再选择合适的液压油品种。同时还要考虑液压系统工作条件的特殊要求,如在寒冷地区工作的系统则要求油的黏度指数高、低温流动性好、凝固点低;伺服系统则要求油质纯、压缩性小;高压系统则要求油液抗磨性好。在选用液压油时,黏度是一个重要的参数。黏度的高低将影响运动部件的润滑、缝隙的泄漏以及流动时的压力损失、系统的发热温升等。所以,在环境温度较高,工作压力高或运动速度较低时,为减少泄漏,应选用黏度较高的液压油,否则相反。

液压油的牌号(即数字)表示在40℃下油液运动黏度的平均值(单位为cSt)。原名内为过去的牌号，其中的数字表示在50℃时油液运动黏度的平均值。

但是总的来说，应尽量选用较好的液压油，虽然初始成本要高些，但由于优质油使用寿命长，对元件损害小，所以从整个使用周期看，其经济性要比选用劣质油好些。一般而言，常见的液压油品版主要有以下几种（见表2－8）。

表2－8　常见液压油系列品种

种类	牌号		原名	用途
	油名	代号		
普通液压油	N32 号液压油 N68G 号液压油	YA－N32 YA－N68	20 号精密机床液压油 40 号导轨液压油	用于环境温度0～45℃工作的各类液压泵的中、低压液压系统
抗磨液压油	N32 号抗磨液压油 N150 号抗磨液压油 N168K 号抗磨液压油	YA－N32 YA－N150 YA－N168 K	20 号抗磨液压油 80 号抗磨液压油 40 号抗磨液压油	用于环境温度－10～40℃工作的高压柱塞泵或其他泵的中、高压系统
低温液压油	N15 号低温液压油 N46D 号低温液压油	YA－N15 YA－N46 D	低凝液压油 工程 液压油	用于环境温度－20℃至高于40℃工作的各类高压油泵系统
高黏度指数液压油	N32H 号高黏度指数液压油	YD－N32 D		用于温度变化不大且对黏温性能要求更高的液压系统

3. 液压油的合理使用

(1) 液压系统首次使用液压油前，必须彻底清洗，油液必须过滤。

(2) 对油液定期检查，并建立定期换油制度。

(3) 不同牌号的液压油未经有关部门同意不能混用。

(4) 液压系统密封一定良好。

4. 液压油的污染与防护

液压油是否清洁，不仅影响液压系统的工作性能和液压元件的使用寿命，而且直接关系到液压系统是否能正常工作。液压系统多数故障与液压油受到污染有关，因此控制液压油的污染是十分重要的。

液压油被污染的原因主要有以下几个方面：

(1) 液压系统的管道及液压元件内的型砂、切屑、磨料、焊渣、锈片、灰尘等污垢在系统使用前冲洗时未被洗干净，在液压系统工作时，这些污垢就进入到液压油里。

(2) 外界的灰尘、砂粒等，在液压系统工作过程中通过往复伸缩的活塞杆，流回油箱的漏油等进入液压油里。另外在检修时，稍不注意也会使灰尘、棉绒等进入液压油里。

(3) 液压系统本身也不断地产生污垢，而直接进入液压油里，如金属和密封材料的磨损颗粒，过滤材料脱落的颗粒或纤维及油液因油温升高氧化变质而生成的胶状物等。

5. 油液污染的危害

液压油污染严重时，直接影响液压系统的工作性能，使液压系统经常发生故障，使液压元件寿命缩短。造成这些危害的原因主要是污垢中的颗粒。对于液压元件来说,由于这些固体颗粒进入到元件里,会使元件的滑动部分磨损加剧,并可能堵塞液压元件里的节流孔、阻尼孔,或使阀芯卡死,从而造成液压系统的故障。水分和空气的混入使液压油的润滑能力降低并使它加速氧化变质,产生气蚀,使液压元件加速腐蚀,使液压系统出现振动、爬行等。

6. 防止污染的措施

造成液压油污染的原因多而复杂,液压油自身又在不断地产生脏物,因此要彻底解决液压油的污染问题是很困难的。为了延长液压元件的寿命,保证液压系统可靠地工作,将液压油的污染度控制在某一限度以内是较为切实可行的办法。对液压油的污染控制工作主要是从两个方面着手:一是防止污染物侵入液压系统;二是把已经侵入的污染物从系统中清除出去。污染控制要贯穿于整个液压装置的设计、制造、安装、使用、维护和修理等各个阶段。

为防止油液污染,在实际工作中应采取如下措施:

(1)使液压油在使用前保持清洁。液压油在运输和保管过程中都会受到外界污染,新买来的液压油看上去很清洁,其实很"脏",必须将其静放数天后经过滤加入液压系统中使用。

(2)使液压系统在装配后、运转前保持清洁。液压元件在加工和装配过程中必须清洗干净,液压系统在装配后、运转前应彻底进行清洗,最好用系统工作中使用的油液清洗,清洗时油箱除通气孔(加防尘罩)外必须全部密封,密封件不可有飞边、毛刺。

(3)使液压油在工作中保持清洁。液压油在工作过程中会受到环境污染,因此应尽量防止工作中空气和水分的侵入,为完全消除水、气和污染物的侵入,采用密封油箱,通气孔上加空气滤清器,防止尘土、磨料和冷却液侵入,经常检查并定期更换密封件和蓄能器中的胶囊。

(4)采用合适的滤油器。这是控制液压油污染的重要手段。应根据设备的要求,在液压系统中选用不同的过滤方式,不同的精度和不同的结构的滤油器,并要定期检查和清洗滤油器和油箱。

(5)定期更换液压油。更换新油前,油箱必须先清洗一次,系统较脏时,可用煤油清洗,排尽后注入新油。

(6)控制液压油的工作温度。液压油的工作温度过高对液压装置不利,液压油本身也会加速化变质,产生各种生成物,缩短它的使用期限,一般液压系统的工作温度最好控制在65℃以下,机床液压系统则应控制在55℃以下。

三、液压元件基本知识

(一)液压泵和液压马达

液压泵是将原动机输入的机械能转换成为压力能的能量转换装置。液压马达是将液体的压力能转换成为机械能的能量转换装置。从工作原理上讲两者是可逆的,结构上也基本相同。

1. 液压泵

动力元件起着向系统提供动力源的作用,是系统不可缺少的核心元件。液压系统是以液压作为向系统提供一定的流量和压力的动力元件,液压泵将原动机输出的机械能转换为工作液体的压力能,是一种能量转换装置。液压泵是液压系统的动力元件,其作用是将原动机的机械能转换成液体的压力能，指液压系统中的油泵，它向整个液压系统提供动力。液压泵的结构形式一般有齿轮泵、叶片泵和柱塞泵。

影响液压泵的使用寿命因素很多，除了泵自身设计、制造因素外和一些与泵使用相关元的选用、试车运行过程中的操作等也有关。

液压泵的工作原理是运动带来泵腔容积的变化，从而压缩流体使流体具有压力能。其必须具备的条件是泵腔有密封容积变化。

(1)液压泵的工作原理

容积式液压泵的共性工作条件是：有容积可变化的密封工作容积，有与变化相协调的配流机构；工作原理是当容积增大时吸油，当容积减小时排油。

不同的液压泵，密封工作容积的构成方式不同，容积变化的过程不同，配流机构的形式不同。外啮合齿轮泵的工作密闭容积由泵体、前后盖板与齿轮组成，啮合线将齿轮分为吸油腔和排油腔两个部分，工作时，轮齿进入啮合的一侧容积减小排油，轮齿脱开啮合的一侧容积增大吸油，啮合线自动形成配流过程；叶片泵是由定子、转子、叶片、配流盘等组成若干个密封密闭工作容积，转子旋转时叶片紧贴在钉子内表面滑动，同时可以在转子的叶片槽内往复移动，当叶片外伸时吸油，叶片内缩时压油，由配流盘上的配流窗完成配流；柱塞泵的密闭工作容积是由柱塞与缸体孔配流盘(轴)组成，当柱塞在缸体孔内作往复运动时，柱塞向外伸出时柱塞底部容积增大吸油，柱塞向里缩回则柱塞底部容积减小排油，轴向柱塞泵由配流盘上的配流窗完成配流，径向柱塞泵由配流轴完成配流。

液压泵的密闭工作容积变化方式是难点之一，需要特别注意。齿轮泵靠轮齿的啮合与脱开实现整体容积变化；叶片泵的叶片外伸依靠叶片根部的液压作用力及作用在叶片上的离心力，内缩依靠定子内表面的约束；单作用叶片泵密闭容积大小变化是因为定子相对于转子存在偏心，叶片外伸完全依靠离心力的作用，内缩也靠定子内表面的约束；柱塞泵的柱塞在缸体孔内作往复运动时，轴向柱塞泵由斜盘与柱塞底部的弹簧(或顶部的滑履)共同作用实现，径向柱塞泵则是由定子与压环共同作用来完成。

(2)液压泵的特点

1)具有若干个密封且又可以周期性变化的空间。泵的输出流量与此空间的容积变化量和单位时间内的变化次数成正比，与其他因素无关。

2)油箱内液体的绝对压力必须恒等于或大于大气压力。这是容积式液压泵能吸入油液的外部条件。因此为保证液压泵能正常吸油，油箱必须与大气相通，或采用密闭的充亚油箱。

3)具有相应的配流机构。将吸液箱和排液箱隔开，保证液压泵有规律地连续吸排液体。吸油时，阀5关闭，6开启；压油时，阀5开启，6关闭。常用的容积式泵有：齿轮泵、叶片泵、柱塞泵(径向，轴向)、螺杆泵等。液压泵的基础标准：压力分级：0~25(低)，25~80(中)，80~160(中高)，160~320(高压)，>320(超高压)；流量分级：4，6，10，16，25，40，63，100，250。

(3)液压泵的性能参数

液压泵的主要参数有压力、排量、流量、功率和效率等。

1)工作压力p。液压泵压力有工作压力、额定压力、最高允许压力和吸入压力等。用p

表示,单位为 MPa。

工作压力是指液压泵实际工作时的输出压力。工作压力的大小取决于负载和管路的压力损失,随着外负的变化而变化,和液压泵的流量无关。

2)液压泵的额定压力 p_n。液压泵的额定压力指液压泵在正常工作条件下,按试验标准规定的连续运转最高巧力。液压泵的实际工作压力要小于额定压力,如果工作压力大于额定压力时,液压泵就过载。

3)最高允许压力 p_{max}。最高允许压力是指液压泵按试验标准规定的,允许短时间超过额定压力运行的最大压力值。

吸入压力是指液压泵进口处的压力。为了保证液压泵正常工作而不产生气穴,应限制液压泵的吸油高度,即最低吸入压力必须大于相应的空气分离压力。

4)排量。排量是指液压泵每转一周,由其密封容积几何尺寸变化计算而得排出的液体体积。排量用 V 表示,其单位为 L/r。排量可调节的液压泵为变量泵,排量不可调节的液压泵为定量泵。

5)流量。液压泵的流量是指在单位时间内排出的液体体积,有理论流量、实际流量和额定流量之分。用 q 表示,单位为 L/min。

①理论流量 q_1。理论流量是指在不考虑液压泵的泄漏流量的情况下,在单位时间内所排出的液体的体积。如果液压泵的排量为 V,其主轴转速为 n,则该液压泵的理论流量为

$$q_1 = Vn$$

②实际流量 q_p。实际流量是指液压泵在工作时,考虑液压泵泄漏而输出的流量。它等于理论流量减去泄漏流量 Δq,即

$$qp = q_1 - \Delta q$$

③额定流量 q_n。额定流量是指液压泵在正常工作条件下,试验标准规定(如在额定压力和额定转速下)必须保证的流量。实际流量和额定流量都小于理论流量。

6)功率。液压泵是通过电动机带动,输入的是转矩 T 和转速 n;即输入能量为机械能。液压泵的功率有输入功率、理论输出功率和实际输出功率。用 P 表示,单位是 W 或 kW。

①输入功率 P_1。指作用在液压泵主轴上的机械功率,当输入转矩为 Ti,角速度为 ω 时,$P_1 = Ti\omega$

②理论输出功率 P_t。液压泵的输出能量为液压能,表现为压力 p 和流量 q。当不考虑液压泵的容积损失时,其输出液体所具有的液压功率为

$$P = pq$$

③实际输出功率 P_0。实际输出功率是指当考虑液压泵的容积损失时,液压泵实际输出的液压功率。如果用驱动液压泵的实际转矩 T_1 代替理论转矩 T_t,则可得到液压泵的实际输出功率为 $P_0 = 2\pi n T_1$;用液压泵的实际流量 q_p 代替理论流量 Q_1,可得到液压泵的实际输出功率为 $P_0 = pq_p$。

7)效率。液压泵的效率有容积效率、机械效率和总效率,用^表示。

液压泵存在的能量损失有三种,即容积损失、摩擦损失和压力损失,分别用容积效率、机械效率和液压效率表示,其中压力损失很小,可以忽略不计。

①容积损失。容积损失是指液压泵在流量上的损失,液压泵的实际输出流量总是小于

其理论流量，其主要原因是由于液压泵内部高压腔的泄漏、油液的压缩以及在吸油过程中由于吸油阻力太大、油液黏度大以及液压泵的转速高等原因而导致油液不能全部充满密封工作腔。液压泵的容积损失用容积效率来表示，它等于液压泵的实际输出流量 q 与其理论流量。

②机械损失。机械损失是指液压泵在转矩上的损失。它大等于液压泵的理论转矩 T_t 与实际输入转矩 T 之比。

(4)液压泵的分类

按流量是否可调节可分为变量泵和定量泵。

输出流量可以根据需要来调节的称为变量泵，流量不能调节的称为定量泵。

按液压系统中常用的泵结构分为齿轮泵、叶片泵和柱塞泵 3 种。

齿轮泵：体积较小，结构较简单，对油的清洁度要求不严，价格较便宜；但泵轴受不平衡力，磨损严重，泄漏较大。

叶片泵：分为双作用叶片泵和单作用叶片泵。这种泵流量均匀、运转平稳、噪音小、作压力和容积效率比齿轮泵高、结构比齿轮泵复杂。

柱塞泵：容积效率高、泄漏小、可在高压下工作、大多用於大功率液压系统；但结构复杂，材料和加工精度要求高、价格贵、对油的清洁度要求高。

一般在齿轮泵和叶片泵不能满足要求时才用柱塞泵。还有一些其他形式的液压泵，如螺杆泵等，但应用不如上述 3 种普遍。

(5)液压泵的组成

1)联轴器。

①联轴器的选用。液压泵传动轴不能承受径向力和轴向力，因此不允许在轴端直接安装带轮、齿轮、链轮，通常用联轴器连接驱动轴和泵传动轴。如因制造原因，泵与联轴器同轴度超标，装配时又存在偏差，则随着泵的转速提高离心力加大联轴器变形，变形大又使离心力加大。造成恶性循环，其结果产生振动噪声，从而影响泵的使用寿命。此外，还有如联轴器柱销松动未及时紧固、橡胶圈磨损未及时更换等影响因素。

②联轴器的装配要求。刚性联轴器两轴的同轴度误差≤0.05 mm；

弹性联轴器两轴的同轴度误差≤0.1 mm；

两轴的角度误差 $<1°$；

驱动轴与泵端应保持 5 ~ 10 mm 距离。

2)液压油箱。

①液压油箱的选用。液压油箱在液压系统中的主要作用为储油、散热、分离油中所含空气及消除泡沫。选用油箱首先要考虑其容量，一般移动式设备取泵最大流量的 2 ~ 3 倍，固定式设备取 3 ~ 4 倍；其次考虑油箱油位，当系统全部液压油缸伸出后油箱油面不得低于最低油位，当油缸回缩以后油面不得高于最高油位；最后考虑油箱结构，传统油箱内的隔板并不能起沉淀脏物的作用，应沿油箱纵轴线安装一个垂直隔板。此隔板一端和油箱端板之间留有空位使隔板两边空间连通，液压泵的进出油口布置在不连通的一端隔板两侧，使进油和回油之间的距离最远，液压油箱多起一些散热作用。

②液压油箱的安装。按照安装位置的不同可分为上置式、侧置式和下置式。

上置式油箱把液压泵等装置安装在有较好刚度的上盖板上，其结构紧凑、应用最广。此外还可在油箱外壳上铸出散热翅片，加强散热效果，即提高了液压泵的使用寿命。

侧置式油箱是把液压泵等装置安装在油箱旁边，占地面积虽大，但安装与维修都很方便，通常在系统流量和油箱容量较大时采用，尤其是当一个油箱给多台液压泵供油时使用。因侧置式油箱油位高于液压泵吸油口，故具有较好的吸油效果。

下置式油箱是把液压泵置于油箱底下，不仅便于安装和维修，而且液压泵吸入能力大为改善。

2. 常用液压泵的工作原理

齿轮泵（定量泵）。齿轮泵按结构分为外啮合和内啮合两种，外啮合应用更为广泛。

（1）齿轮泵

1）齿轮泵的工作原理简介。齿轮泵的概念是很简单的，即它的最基本形式就是两个尺寸相同的齿轮在一个紧密配合的壳体内相互啮合旋转，这个壳体的内部类似“8”字形，两个齿轮装在里面，齿轮的外径及两侧与壳体紧密配合。来自于挤出机的物料在吸入口进入两个齿轮中间，并充满这一空间，随着齿的旋转沿壳体运动，最后在两齿啮合时排出。

在术语上讲，齿轮泵也叫正排量装置，即像一个缸筒内的活塞，当一个齿进入另一个齿的流体空间时，液体就被机械性地挤排出来。因为液体是不可压缩的，所以液体和齿就不能在同一时间占据同一空间，这样，液体就被排除了。由于齿的不断啮合，这一现象就在连续发生，因而也就在泵的出口提供了一个连续排除量，泵每转一转，排出的量是一样的。随着驱动轴不间断地旋转，泵也就不间断地排出流体。泵的流量直接与泵的转速有关。

实际上，在泵内有很少量的流体损失，这使泵的运行效率不能达到100%，因为这些流体被用来润滑轴承及齿轮两侧，而泵体也绝不可能无间隙配合，故不能使流体100%地从出口排出，所以少量的流体损失是必然的。然而泵还是可以良好地运行，对大多数挤出物料来说，仍可以达到93%～98%的效率。

对于黏度或密度在工艺中有变化的流体，这种泵不会受到太多影响。如果有一个阻尼器，比如在排出口侧放一个滤网或一个限制器，泵则会推动流体通过它们。如果这个阻尼器在工作中变化，亦即如果滤网变脏、堵塞了，或限制器的背压升高了，则泵仍将保持恒定的流量，直至达到装置中最弱的部件的机械极限（通常装有一个扭矩限制器）。

对于一台泵的转速，实际上是有限制的，这主要取决于工艺流体，如果传送的是油类，泵则能以很高的速度转动，但当流体是一种高黏度的聚合物熔体时，这种限制就会大幅度降低。

推动高黏流体进入吸入口一侧的两齿空间是非常重要的，如果这一空间没有填充满，则泵就不能排出准确的流量，所以 pv 值（压力×流速）也是另外一个限制因素，而且是一个工艺变量。由于这些限制，齿轮泵制造商将提供一系列产品，即不同的规格及排量（每转一周所排出的量）。这些泵将与具体的应用工艺相配合，以使系统能力及价格达到最优。

PEP－Ⅱ泵的齿轮与轴共为一体，采用通体淬硬工艺，可获得更长的工作寿命。“D”型轴承结合了强制润滑机理，使聚合物经轴承表面，并返回到泵的进口侧，以确保旋转轴的有效润滑。这一特性减少了聚合物滞留并降解的可能性。精密加工的泵体可使“D”型轴承与齿轮轴精确配合,确保齿轮轴不偏心,以防齿轮磨损。Parkool 密封结构与聚四氟唇型密封共同构成水冷密封。这种密封实际上并不接触轴的表面,它的密封原理是将聚合物冷却到半熔融状态而形成自密封。也可以采用 Rheoseal 密封,它在轴封内表上加工有反向螺旋槽,可使聚合物被反压回到进口。为便于安装,制造商设计了一个环形螺栓安装面,以使与其他设备的法兰安装相配合,这使得筒形法兰的制造更容易。

PEP－Ⅱ齿轮泵带有与泵的规格相匹配的加热元件,可供用户选配,这可保证快速加温和热量控制。与泵体内加热方式不同,这些元件的损坏只限于一个板子上,与整个泵无关。

齿轮泵由一个独立的电机驱动,可有效地阻断上游的压力脉动及流量波动。在齿轮泵出口处的压力脉动可以控制在1%以内。在挤出生产线上采用一台齿轮泵,可以提高流量输出速度,减少物料在挤出机内的剪切及驻留时间,降低挤塑温度及压力脉动以提高生产率及产品质量。

2)齿轮泵运行维护。

①启动前检查全部管路法兰,接头的密封性。

②盘动联轴器,无摩擦及碰撞声音。

③首次启动应向泵内注入输送液体。

④启动前应全开吸入和排出管路中的阀门,严禁闭阀启动。

⑤验证电机转动方向后,启动电机。

⑥关闭电动机。

⑦关闭泵的进、出口阀门。

3)齿轮泵常见故障及维修方法。

①故障现象:泵不能排料

故障原因:a. 旋转方向相反;b. 吸入或排出阀关闭; c. 入口无料或压力过低; d. 黏度过高,泵无法咬料对策: a. 确认旋转方向; b. 确认阀门是否关闭; c. 检查阀门和压力表; d. 检查液体黏度,以低速运转时按转速比例的流量是否出现,若有流量,则流入不足。

②故障现象:泵流量不足。

故障原因:a. 吸入或排出阀关闭; b. 入口压力低; c. 出口管线堵塞; d. 填料箱泄漏;e. 转速过低。

对策:a. 确认阀门是否关闭;b. 检查阀门是否打开;c. 确认排出量是否正常; d. 紧固;e. 大量泄露漏影响生产时,应停止运转,拆卸检查;f. 检查泵轴实际转速。

③故障现象:声音异常。

故障原因:a. 联轴节偏心大或润滑不良;b. 电动机故障;c. 减速机异常;d. 轴封处安装不良;e. 轴变形或磨损。

对策:a. 找正或充填润滑脂; b. 检查电动机; c. 检查轴承和齿轮; d. 检查轴封。

④故障现象:电流过大。

故障原因:a. 出口压力过高; b. 熔体黏度过大;c. 轴封装配不良; d. 轴或轴承磨损; e. 电动机故障。

对策:a. 检查下游设备及管线;b. 检验黏度; c. 检查轴封,适当调整; d. 停车后检查,用手盘车是否过重; e. 检查电动机。

⑤故障现象:泵突然停止。

故障原因:a. 停电; b. 电机过载保护; c. 联轴器损坏;d. 出口压力过高,联锁反应;e. 泵内咬入异常; f. 轴与轴承黏着卡死。

对策:a. 检查电源;b. 检查电动机;c. 打开安全罩,盘车检查;d. 检查仪表联锁系统;e. 停车后,正反转盘车确认; f. 盘车确认。

(2)叶片泵

1)叶片泵的原理。叶片泵的结构较齿轮泵复杂,但其工作压力较高,且流量脉动小,工作平稳,噪声较小,寿命较长,所以被广泛应用于专业机床、自动线等中低压液压系统中。叶片泵分单作用叶片泵(变量泵,最大工作压力为7.0 MPa)和双作用叶片泵(定量泵,最大工作压力为7.0 MPa)。

2)叶片泵的分类。根据类型的不同,叶片泵分为两种。

①专门指容积泵中的滑片泵。

②指动力式泵的三泵(离心泵、混流泵、轴流泵)或其他特殊的泵。

3)单作用叶片泵。定子具有圆柱形内表面,定子和转子间有偏心距 e,叶片装在转子槽中,并可在槽内动,当转子回转时,由于离心力的作用,使叶片紧靠在定子内壁,这样在定子、转子、叶片和两侧配油盘间就形成若干个密封的工作区间,当转子按图示的方向回转时,在图的右部,叶片逐渐伸出,叶片间的工作空间逐渐增大,从吸油口吸油,这就是吸油腔。在图的左部,叶片被定子内壁逐渐压进槽内,工作空间逐渐减小,将油液从压油口压出,这就是压油腔。在吸油腔和压油腔间有一段封油区,把吸油腔和压油腔隔开,叶片泵转子每转一周,每个工作空间完成一次吸油和压油,故称单作用叶片泵。

4)双作用叶片泵。双作用叶片泵由定子、转子、叶片和配油盘等组成。转子和定子中心重合,定子内表面近似为椭圆柱形,该椭圆形由两段长半径圆弧、两段短半径圆弧和四段过渡曲线所组成。当转子转动时,叶片在离心力和(建压后)根部压力油的作用下,在转子槽内向外移动而压向定子内表面,由叶片、定子的内表面、转子的外表面和两侧配油盘间就形成若干个密封空间,当转子按图示方向顺时针旋转时,处在小圆弧上的密封空间经过渡曲线而运动到大圆弧的过程中,叶片外伸,密封空间的容积增大,要吸入油液;再从大圆弧经过渡曲线运动到小圆弧的过程中,叶片被定于内壁逐渐压过槽内,密封空间容积变小,将油液从压油口压出。因而,转子每转一周,每个工作空间要完成两次吸油和压油,称之为双作用叶片泵。这种叶片泵由于有两个吸油腔和两个压油腔,并且各自的中心夹角是对称的,作用在转子上的油液压力相互平衡.因此双作用叶片泵又称为卸荷式叶片泵,为了要使径向力完全平衡,密封空间数(即叶片数)应当是双数。

5)限压式变量叶片泵。限压式变量叶片泵是单作用叶片泵。根据前面介绍的单作用叶片泵的工作原理,改变定子和转子间的偏心距 e,就能改变泵的输出流量,限压式变量叶片泵能借助输出压力大小自动改变偏心距 e 的大小来改变输出流量。当压力低于某一可调节的限定压力时,泵的输出流量最大;当压力高于限定压力时,随着压力的增加,泵的输出流量线性地减少。

6)容积泵中的滑片泵的注意事项。叶片泵的管理要点除需防干转和过载、防吸入空气和吸入真空度过大外,还应注意:

①泵转向改变，则其吸排方向也改变。叶片泵都有规定的转向，不允许反。因为转子叶槽有倾斜，叶片有倒角，叶片底部与排油腔通，配油盘上的节流槽和吸、排口是按既定转向设计。可逆转的叶片泵必须专门设计。

②叶片泵装配，配油盘与定子用定位销正确定位，叶片、转子、配油盘都不得装反，定子内表面吸入区部分最易磨损，必要时可将其翻转安装，以使原吸入区变为排出区而继续使用。

③拆装，注意工作表面清洁，工作时油液应很好过滤。

④叶片在叶槽中的间隙太大会使漏泄增加，太小则叶片不能自由伸缩，会导致工作失常。

⑤叶片泵的轴向间隙对 ηv 影响很大。小型泵为 0.015 ~ 0.03 mm ；中型泵为0.02 ~ 0.045 mm。

⑥油液的温度和黏度。温度一般不宜超过55℃，黏度要求在17 ~ 37 mm^2/s 之间。黏度太大则吸油困难；黏度太小则漏泄严重。

(3)柱塞泵

1)结构和原理。轴向柱塞泵是将多个柱塞轴向配置在一个共同缸体的圆周上，并使柱塞中心线和缸体中心线平行的一种泵，轴向柱塞泵有两种形式，直轴式(斜盘式)和斜轴式(摆缸式)。

2)柱塞泵特点。

①柱塞和缸体配合间隙容易控制，密封性好，容积斜率高0.93 -0.95。

②采用滑履与回程盘装置，避免球的头接触。

③高压泵，结构复杂，价格贵，使用环境要求高。

④柱塞数通常为7,9,11个，单数，减小脉动。

⑤排量取决于泵的斜盘倾角 γ。

3)机械维护。采用补油泵供油的柱塞泵，使用3 000 h后，操作人员每日需对柱塞泵检查1 ~2次，检查液压泵运转声响是否正常。如发现液压缸速度下降或闷车时，就应该对补油泵解体检查，检查叶轮边沿是否有刮伤现象，内齿轮泵间隙是否过大。对于自吸油型柱塞泵，液压油箱内的油液不得低于油标下限，要保持足够数量的液压油。液压油的清洁度越高，液压泵的使用寿命越长。

柱塞泵最重要的部件是轴承，如果轴承出现游隙，则不能保证液压泵内部三对磨擦副的正常间隙，同时也会破坏各磨擦副的静液压支撑油膜厚度，降低柱塞泵轴承的使用寿命。据液压泵制造厂提供的资料，轴承的平均使用寿命为10 000 h，超过此值就需要更换新口。拆卸下来的轴承，没有专业检测仪器是无法检测出轴承的游隙的，只能采用目测，如发现滚柱表面有划痕或变色，就必须更换。

在更换轴承时，应注意原轴承的英文字母和型号，柱塞泵轴承大都采用大载荷容量轴承，最好购买原厂家，原规格的产品，如果更换另一种品牌，应请教对轴承有经验的人员查表对换，目的是保持轴承的精度等级和载荷容量。

柱塞泵使用寿命的长短，与平时的维护保养，液压油的数量和质量，油液清洁度等有关。避免油液中的颗粒对柱塞泵磨擦副造成磨损等，也是延长柱塞泵寿命的有效途径。在维修中更换零件应尽量使用原厂生产的零件,这些零件有时比其他仿造的零件价格要贵,但质量及稳定性要好,如果购买售价便宜的仿造零件,短期内似乎是节省了费用,但由此带来了隐患,也可能对柱塞泵的使用造成更大的危害。配流盘有平面配流和球面配流两种形式。球面配流的磨擦副,在缸体配流面划痕比较浅时,通过研磨手段修复;缸体配流面沟槽较深时,应先采用"表面工程技术"手段填平沟槽后,再进行研磨,不可盲目研磨,以防铜层变薄或漏油出钢基。

3. 液压泵的噪声

(1)产生噪声的原因

1)泵的流量脉动和压力脉动造成泵构件的振动。

2)吸油腔突然和压油腔相通或压油腔突然和吸油腔相通,产生流量和压力突变,产生噪声。

3) 空穴现象。

4) 泵内流道截面突然扩大、收缩、急转弯等。

5) 机械原因,如转动部分不平衡等。

(2) 降低噪声的措施

1)消除泵内部油液压力的急剧变化。

2)在泵的出口装置消声器,以吸收泵流量和压力脉动。

3)装在油箱上的泵应使用橡胶垫减振。

4)压油管上一段用高压软管,对泵和管路的连接进行隔振。

5)防止空穴现象,采用直径较大的吸油管,防止油液中混入空气等。

4. 液压泵的选用

原则:根据主机工况、功率大小和系统对工作性能的要求,首先确定液压泵的类型,然后按系统所要求的压力、流量大小确定规格型号。

一般在机床液压系统中采用双作用叶片泵和限压式变量叶片泵;在筑路机械、港口机械中采用齿轮泵;负载大、功率大的场合选用柱塞泵。

5. 液压马达

液压马达是执行元件,其作用是将系统的压力能转换为连续回转运动的机械能,结构上与液压泵基本相同,个别的泵可以作马达用,一般还是不能互换的。液压马达按其结构分为齿轮式、叶片式和柱塞式;按其排量是否可调节分为变量式和定量式,变量液压马达又分为单向变量和双向变量式。液压马达和液压泵从工作原理上是可逆的。

(1)液压马达的特点及分类

从能量转换的观点来看,液压泵与液压马达是可逆工作的液压元件,向任何一种液压泵输入工作液体,都可使其变成液压马达工况;反之,当液压马达的主轴由外力矩驱动旋转时,也可变为液压泵工况。因为它们具有同样的基本结构要素——密闭而又可以周期变化的容积和相应的配油机构。

但是,由于液压马达和液压泵的工作条件不同,对它们的性能要求也不一样,所以同类型的液压马达和液压泵之间,仍存在许多差别。首先液压马达应能够正、反转,因而要求其内部结构对称;液压马达的转速范围需要足够大,特别对它的最低稳定转速有一定的要求。因此,它通常都采用滚动轴承或静压滑动轴承;其次液压马达由于在输入压力油条件下工作,因而不必具备自吸能力,但需要一定的初始密封性,才能提供必要的启动转矩。由于存在着这些差别,使得液压马达和液压泵在结构上比较相似,但不能可逆工作。

液压马达按其结构类型来分可以分为齿轮式、叶片式、柱塞式和其他形式。按液压马达的额定转速分为高速和低速两大类。额定转速高于500 r/min的属于高速液压马达,额定转速低于500 r/min的属于低速液压马达。高速液压马达的基本形式有齿轮式、螺杆式、叶片式和轴向柱塞式等。它们的主要特点是转速较高、转动惯量小,便于启动和制动,调节(调速及换向)灵敏度高。通常高速液压马达输出转矩不大(仅数十N·m到数百N·m),所以又称为高速小转矩液压马达。低速液压马达的基本形式是径向柱塞式,此外在轴向柱塞式、叶片式和齿轮式中也有低速的结构形式,低速液压马达的主要特点是排量大、体积大转速低(有时可达每分钟几转甚至零点几转),因此可直接与工作机构连接,不需要减速装置,使传动机构大为简化,通常低速液压马达输出转矩较大(可达数千N·m到数万N·m),所以又称为低速大转矩液压马达。

(2)液压马达的工作原理

1)叶片式液压马达。由于压力油作用,受力不平衡使转子产生转矩。叶片式液压马达的输出转矩与液压马达的排量和液压马达进出油口之间的压力差有关,其转速由输入液压马达的流量大小来决定。

由于液压马达一般都要求能正反转,所以叶片式液压马达的叶片要径向放置。为了使叶片根部始终通有压力油,在回、压油腔通入叶片根部的通路上应设置单向阀,为了确保叶片式液压马达在压力油通人后能正常启动,必须使叶片顶部和定子内表面紧密接触,以保证良好的密封,因此在叶片根部应设置预紧弹簧。

叶片式液压马达体积小,转动惯量小,动作灵敏,可适用于换向频率较高的场合,但泄漏量较大,低速工作时不稳定。因此叶片式液压马达一般用于转速高、转矩小和动作要求灵敏的场合。

2)轴向柱塞马达。轴向柱塞泵除阀式配流外,其他形式原则上都可以作为液压马达用,即轴向柱塞泵和轴向柱塞马达是可逆的。轴向柱塞马达的工作原理即,配油盘和斜盘固定不动,马达轴与缸体相连接一起旋转。当压力油经配油盘的窗口进入缸体的柱塞孔时,柱塞在压力油作用下外伸,紧贴斜盘,斜盘对柱塞产生一个法向反力p,此力可分解为轴向分力及和垂直分力凡。凡与柱塞上液压力相平衡,而凡则使柱塞对缸体中心产生一个转矩,带动马达轴逆时针方向旋转。轴向柱塞马达产生的瞬时总转矩是脉动的。若改变马达压力油输入方向,则马达轴按顺时针方向旋转。斜盘倾角α的改变、即排量的变化,不仅影响马达的转矩,而且影响它的转速和转向。斜盘倾角越大,产生转矩越大,转速越低。

3)齿轮液压马达。齿轮马达在结构上为了适应正反转要求,进出油口相等、具有对称性、有单独外泄油口将轴承部分的泄漏油引出壳体外;为了减少启动摩擦力矩,采用滚动轴承;为了减少转矩脉动齿轮液压马达的齿数比泵的齿数要多。

齿轮液压马达由于密封性差,容租效率较低,输入油压力不能过高,不能产生较大转矩。并且瞬间转速和转矩随着啮合点的位置变化而变化,因此齿轮液压马达仅适合于高速小转矩的场合。一般用于工程机械、农业机械以及对转矩均匀性要求不高的机械设备上。

(3)液压马达的基本参数和基本性能

1)液压马达的排量、排量和转矩的关系。液压马达在工作中输出的转矩大小是由负载转矩所决定的。但是,推动同样大小的负载,工作容腔大的马达的压力要低于工作容腔小的马达的压力,所以说工作容腔的大小是液压马达工作能力的重要标志。

液压马达工作容腔大小的表示方法和液压泵相同,也用排量 V 表示。液压马达的排量是个重要的参数。根据排量的大小,可以计算在给定压力下液压马达所能输出的转矩的大小,也可以计算在给定的负载转矩下马达的工作压力的大小。

2)液压马达的机械效率和启动机械效率。由于液压马达内部不可避免地存在各种摩擦,实际输出的转矩总要比理论转矩小,在同样的压力下,液压马达由静止到开始转动的启动状态的输出转矩要比运转中的转矩小,这给液压马达带载启动造成了困难,所以启动性能对液压马达是很重要的。启动转矩降低的原因是在静止状态下的摩擦因数最大,在摩擦表面出现相对滑动后摩擦因数明显减小,这是机械摩擦的一般性质。对液压马达来说,更为主要的是静止状态润滑油膜被挤掉,基本上变成了干摩擦。且马达开始运动,随着润滑油膜的建立,摩擦阻力立即下降,并随滑动速度增大和油膜变厚而减少。

3)液压马达的转速和低速稳定性。液压马达的转速取决于供液的流量 q 和液压马达本身的排量 V。由于液压马达内部有泄漏,并不是所有进入马达的液体都推动液压马达做功,一小部分液体因泄漏损失掉了,所以马达的实际转速要比理想情况低一些。

在工程实际中,液压马达的转速和液压泵的转速一样,其计量单位多用 r/min(转/分)表示。

当液压马达工作转速过低时,往往保持不了均匀的速度,进入时、动时停的不稳定状态,这就是所谓爬行现象。若要求高速液压马达不超过 10 r/min 低速大一转矩液压马达不超过 3 r/min的速度工作,并不是所有的液压马达都能满足要求的。

一般地说,低速大-转矩液压马达的低速稳定性要比高速马达为好。低速大转矩马达的排量大,因而尺寸大,即便是在低转速下工作摩擦副的滑动速度也不致过低,加之马达排量大,泄漏的影响相对变小,马达本身的转动惯量大,所以容易得到较好的低速稳定性。

(二)液压缸

液压缸又称为油缸,它是液压系统中的一种执行元件,其功能就是将液压能转变成直线往复的机械运动,液压缸输入的是流量和压力输出的是速度和推力。常用液压缸有活塞式、柱塞式。

1. 液压缸的类型和特点

液压缸按结构特点的不同可分为活塞缸、柱塞缸,用以实现直线运动,输出推力和速度。

液压缸按其作用方式不同,可分为单作用式和双作用式两种。单作用式液压缸中液压力只能使活塞(或柱塞)单方向运动,反方向运动必须靠外力(如弹簧力或自重等)实现;双作用式液压缸可由液压力实现两个方向的运动。

2. 常用的液压缸

活塞式液压缸 活塞式液压缸根据其使用要求不同可分为双杆式和单杆式两种。

(1)双杆式活塞缸

活塞两端都有一根直径相等的活塞杆伸出的液压缸称为双杆式活塞缸,它一般由缸体、缸盖、活塞、活塞杆和密封件等零件构成。根据安装方式不同可分为缸筒固定式和活塞杆固定式两种。

由于双杆活塞缸两端的活塞杆直径通常是相等的,因此它左、右两腔的有效面积也相等,当分别向左、右腔输入相同压力和相同流量的油液时,液压缸左、右两个方向的推力和速度相等。当活塞的直径为 D,活塞杆的直径为 d,液压缸进、出油腔的压力为 p_1 和 p_2,输入流量为 q 时,双杆活塞缸的推力 F 和速度 v 分别为

$$F = A(p_1 - p_2) = \pi(D^2 - d^2)(p_1 - p_2)/4 \tag{2-1}$$

$$v = q/A = 4q/\pi(D^2 - d^2) \tag{2-2}$$

式中,A 这活塞的有效工作面积。

双杆活塞缸在工作时,设计成一个活塞杆是受力的,而另一个活塞杆不受力,因此这种液压缸的活塞杆可以做得细些。

(2)单杆式活塞缸

单杆式活塞只有一端带活塞杆,单杆液压缸也有缸体固定和活塞杆固定两种形式,但它们的工作台移动范围都是活塞有效行程的两倍。由于液压缸两腔的有效工作面积不等,因此它在两个方向上的输出推力和速度也不等,其值分别为

$$F_1 = (p_1A_1 - p_2A_2) = \pi[(p_1 - p_2)D^2 + p_2d^2]/4 \tag{2-3}$$

$$F_2 = (p_1A_2 - p_2A_1) = \pi[(p_1 - p_2)D^2 - p_1d^2]/4 \tag{2-4}$$

$$v_1 = q/A_1 = 4q/\pi D^2 \tag{2-5}$$

$$v_2 = q/A_2 = 4q/\pi(D^2 - d^2) \tag{2-6}$$

由于 $A_1 > A_2$,所以 $F_1 > F_2$,$v_1 < v_2$。如把两个方向上的输出速度 v_2 和 v_1 的比值称为速度比,记作 λ_v,则 $\lambda_v = v_2/v_1 = 1/[1-(d/D)/2]$。因此,$d = D\sqrt{(\lambda_v - 1)/\lambda_v}$在已知 D 和 λ_v 时,可确定 d 值。

(3)差动油缸

单杆活塞缸在其左、右两腔都接通高压油时称为"差动连接",如图 2-15 所示。差动连接缸左右两腔的油液压力相同,但是由于左腔(无杆腔)的有效面积大于右腔(有杆腔)的有效面积,故活塞向右运动,同时使右腔中排出的油液(流量为 q')也进入左腔,加大了流入左腔的流量($q+q'$),从而也加快了活塞移动的速度。实际上活塞在运动时,由于差动连接时两腔间的管路中有压力损失,所以右腔中油液的压力稍大于左腔油液压力,而这个差值一般都较小,可以忽略不计,则差动连接时活塞推力 F_3 和运动速度 v_3 为

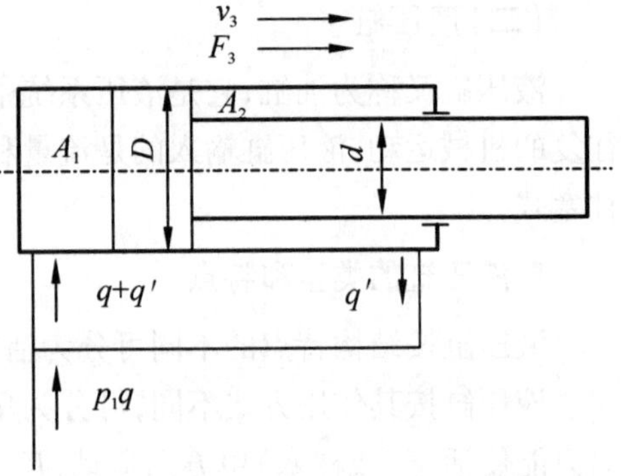

图 2-15 差动缸示意图

$$F_3 = p_1(A_1 - A_2) = p_1\pi d^2/4$$

进入无杆腔的流量

$$q_1 = v_3 \frac{\pi D^2}{4} = q + v_3 \frac{\pi(D^2 - d^2)}{4}$$

$$v_3 = 4q/\pi d^2$$

差动连接时液压缸的推力比非差动连接时小，速度比非差动连接时大，正好利用这一点，可使在不加大油源流量的情况下得到较快的运动速度，这种连接方式被广泛应用于组合机床的液压动力系统和其他机械设备的快速运动中。当要求机床往返快速相等时，则由式(4－7)和式(4－8)可得

$$\frac{4q}{\pi}(D^2 - d^2) = \frac{4q}{\pi d^2} \quad 即 \quad D = \sqrt{2}d$$

把单杆活塞缸实现差动连接，并按 $D = \sqrt{2}d$ 设计缸径和杆径的油缸称之为差动液压缸。

(4)柱塞缸

实现一个方向的液压传动，反向运动要靠外力。若需要实现双向运动，则必须成对使用。这种液压缸中的柱塞和缸筒不接触，运动时由缸盖上的导向套来导向，因此缸筒的内壁不需精加工，它特别适用于行程较长的场合。

柱塞缸输出的推力和速度分别为

$$F = pA = p\pi d^2/4$$

$$v_i = q/A = q/\pi d^2$$

(5)其他液压缸

1)增压液压缸。增压液压缸又称增压器，它利用活塞和柱塞有效面积的不同使液压系统中的局部区域获得高压。它有单作用和双作用两种形式，单作用增压缸的工作原理如图2－16(a)所示，当输入活塞缸的液体压力为 p_1，活塞直径为 D，柱塞直径为 d 时，柱塞缸中输出的液体压力为高压，其值为

$$p_2 = p_1(D/d)^2 = Kp_1 \tag{2-12}$$

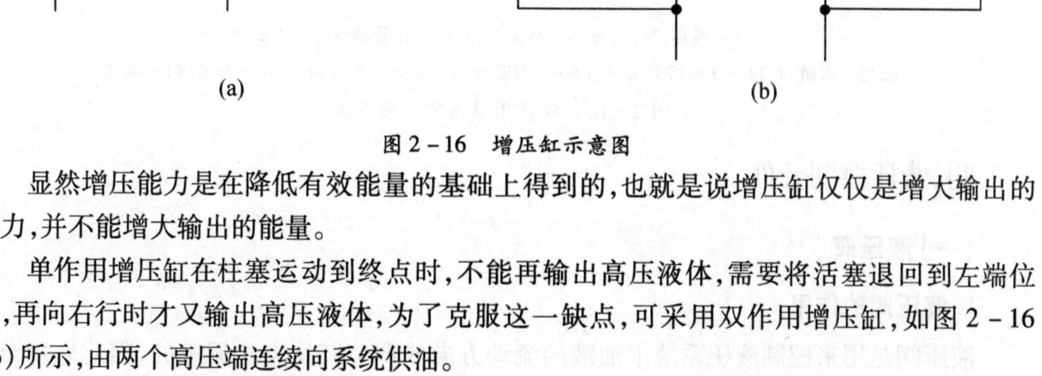

图2－16　增压缸示意图

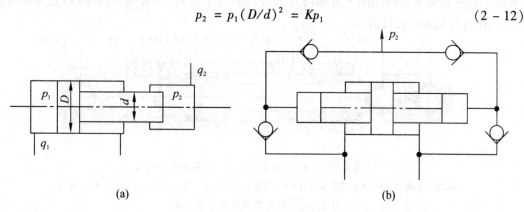

显然增压能力是在降低有效能量的基础上得到的，也就是说增压缸仅仅是增大输出的压力，并不能增大输出的能量。

单作用增压缸在柱塞运动到终点时，不能再输出高压液体，需要将活塞退回到左端位置，再向右行时才又输出高压液体，为了克服这一缺点，可采用双作用增压缸，如图2－16(b)所示，由两个高压端连续向系统供油。

2)伸缩缸。伸缩缸由两个或多个活塞缸套装而成，前一级活塞缸的活塞杆内孔是后一

级活塞缸的缸筒，伸出时可获得很长的工作行程，缩回时可保持很小的结构尺寸，伸缩缸被广泛用于起重运输车辆上。

伸缩缸的外伸动作是逐级进行的。首先是最大直径的缸筒以最低的油液压力开始外伸，当到达行程终点后，稍小直径的缸筒开始外伸，直径最小的末级最后伸出。随着工作级数变大，外伸缸筒直径越来越小，工作油液压力随之升高，工作速度变快。其值为

$$F_i = p_1 \frac{\pi}{4} D_i^2 \qquad (2-13)$$

$$v_1 = 4q/\pi D_i^2 \qquad (2-14)$$

式中，i 指第 i 级活塞缸。

3）齿轮缸。它由两个柱塞缸和一套齿条传动装置组成，如图 2－17 所示。柱塞的移动经齿轮齿条传动装置变成齿轮的传动，用于实现工作部件的往复摆动或间歇进给运动。

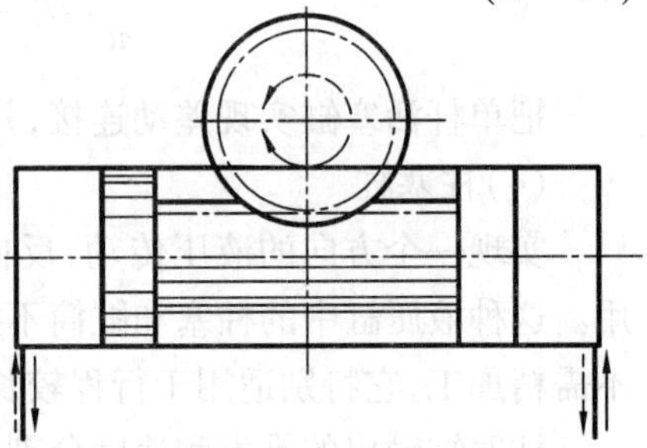

图 2－17　齿轮缸示意图

3. 液压缸的典型结构和组成

图 2－18 所示的是一个较常用的双作用单活塞杆液压缸。它是由缸底 20、缸筒 10、缸盖兼导向套 9、活塞 11 和活塞杆 18 组成。缸筒一端与缸底焊接，另一端缸盖（导向套）与缸筒用卡键 6、套 5 和弹簧挡圈 4 固定，以便拆装检修，两端设有油口 A 和 B。活塞 11 与活塞杆 18 利用卡键 15、卡键帽 16 和弹簧挡圈 17 连在一起。活塞与缸孔的密封采用的是一对 Y 形聚氨酯密封圈 12，由于活塞与缸孔有一定间隙，采用由尼龙 1010 制成的耐磨环（又叫支撑环）13 定心导向。杆 18 和活塞 11 的内孔由密封圈 14 密封。较长的导向套 9 则可保证活塞杆不偏离中心，导向套外径由 O 形圈 7 密封，而其内孔则由 Y 形密封圈 8 和防尘圈 3 分别防止油外漏和灰尘带入缸内。缸与杆端销孔与外界连接，销孔内有尼龙衬套抗磨。

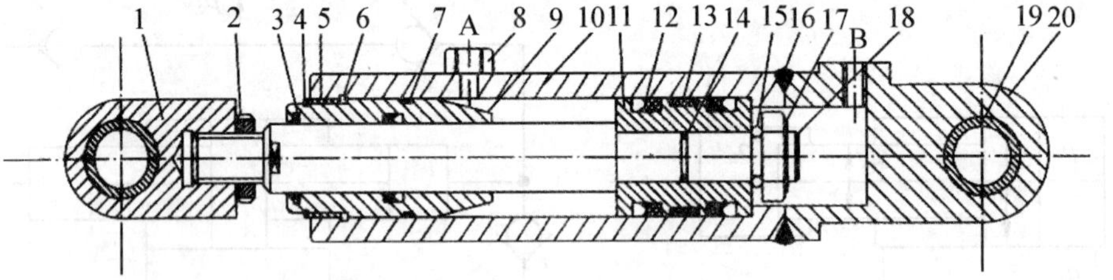

1—耳环；2—螺母；3—防尘圈；4，17—弹簧挡圈；5—套；
6，15—卡键；7，14—O 形密封圈；8，12—Y 形密封圈；9—缸盖兼导向套；10—缸筒；11—活塞

图 2－18　双作用单活塞杆液压缸

四、液压控制元件

（一）液压阀

1. 液压阀的作用

液压阀是用来控制液压系统中油液的流动方向或调节其压力和流量的，因此它可分为方向阀、压力阀和流量阀三大类。一个形状相同的阀，可以因为作用机制的不同，而具有不

同的功能。压力阀和流量阀利用通流截面的节流作用控制着系统的压力和流量，而方向阀则利用通流通道的更换控制着油液的流动方向。这就是说，尽管液压阀存在着各种各样不同的类型，它们之间还是保持着一些基本共同之点的。例如：

（1）在结构上，所有的阀都有阀体、阀芯（转阀或滑阀）和驱使阀芯动作的元、部件（如弹簧、电磁铁）组成。

（2）在工作原理上，所有阀的开口大小，阀进、出口间压差以及流过阀的流量之间的关系都符合孔口流量公式，仅是各种阀控制的参数各不相同而已。

2. 液压阀的分类

液压阀可按不同的特征进行分类，见表2－9。

表2－9 液压阀的分类

分类方法	种类	详细分类
按机能分类	压力控制阀	溢流阀、顺序阀、卸荷阀、平衡阀、减压阀、比例压力控制阀、缓冲阀、仪表截止阀、限压切断阀、压力继电器
	流量控制阀	节流阀、单向节流阀、调速阀、分流阀、集流阀、比例流量控制阀
	方向控制阀	单向阀、液控单向阀、换向阀、行程减速阀、充液阀、梭阀、比例方向阀
按结构分类	滑阀	圆柱滑阀、旋转阀、平板滑阀
	座阀	椎阀、球阀、喷嘴挡板阀
	射流管阀	射流阀
按操作方法分类	手动阀	手把及手轮、踏板、杠杆
	机动阀	挡块及碰块、弹簧、液压、气动
	电动阀	电磁铁控制、伺服电动机和步进电动机控制
按连接方式分类	管式连接	螺纹式连接、法兰式连接
	板式及叠加式连接	单层连接板式、双层连接板式、整体连接板式、叠加阀
	插装式连接	螺纹式插装（二、三、四通插装阀）、法兰式插装（二通插装阀）
按其他方式分类	开关或定值控制阀	压力控制阀、流量控制阀、方向控制阀
按控制方式分类	电液比例阀	电液比例压力阀、电源比例流量阀、电液比例换向阀、电流比例复合阀、电流比例多路阀三级电液流量伺服
	伺服阀	单、两级（喷嘴挡板式、动圈式）电液流量伺服阀、三级电液流量伺服
	数字控制阀	数字控制压力控制流量阀与方向阀

3. 对液压阀的基本要求

（1）动作灵敏，使用可靠，工作时冲击和振动小。

（2）油液流过的压力损失小。

（3）密封性能好。

（4）结构紧凑，安装、调整、使用、维护方便，通用性大。

(二)单向阀

1. 结构及分类

(1)功用:使液体只能单向通过。

(2)性能要求:压力损失小,反向截止密封性好。

(3)分类:普通单向阀,液控单向阀。

(4)结构:由阀体、阀芯和复位弹簧等组成。

(5)职能符号:

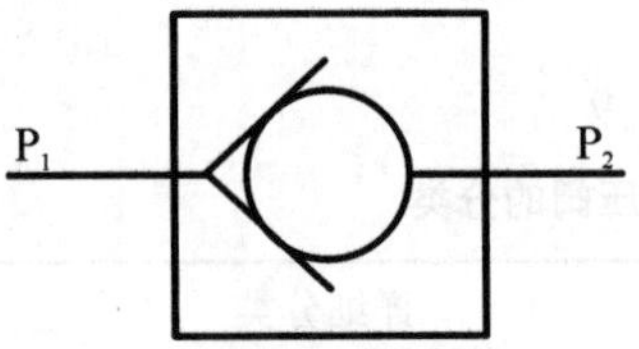

单向阀职能符号

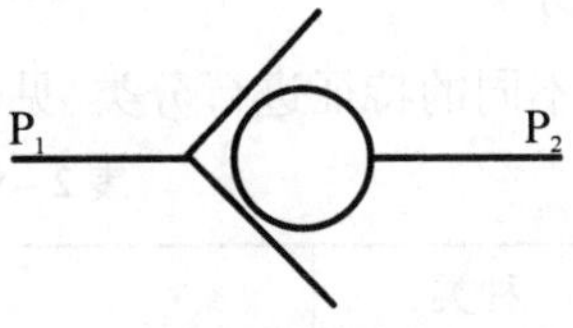

单向阀职能符号

(6)性能参数:

开启压力:0.035 ~0.05 MPa;

压力损失:Δp <0.1 ~0.3 MPa;

作背压阀时,其背压力为0.2 ~0.6 MPa 调节。

2. 普通单向阀

图2-19 所示为一种管式普通单向阀的结构,压力油从阀体左端的通口流入时克服弹簧作用在阀芯上的力,使阀芯向右移动,打开阀口,并通过阀芯上的径向孔 a、轴向孔 b 从网体右端的通口流出;但是压力油从阀体右端的通口流入时,液压力和弹簧力一起使阀芯压紧在阀座上,使阀口关闭,油液无法通过。

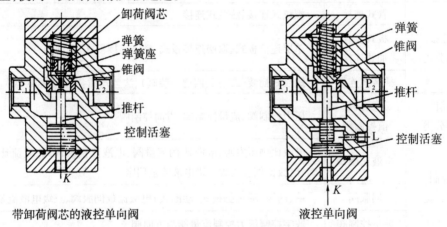

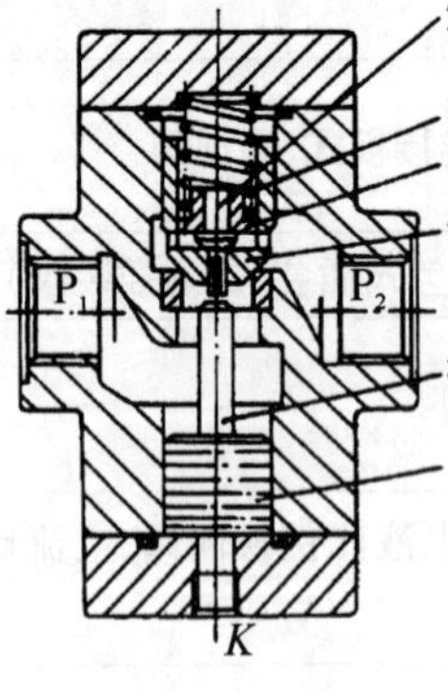

带卸荷阀芯的液控单向阀

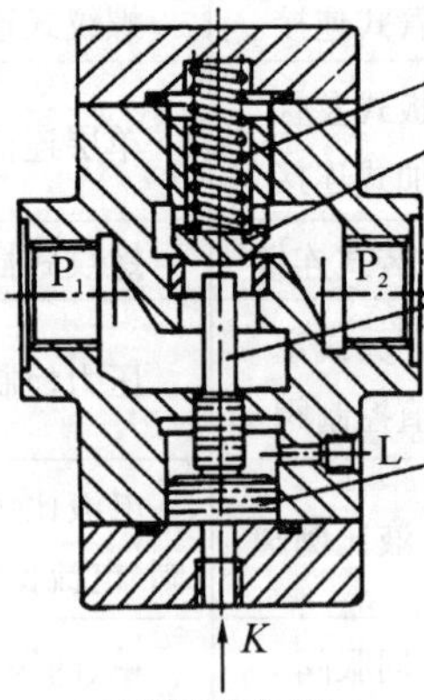

液控单向阀

图 2-19 液控单向阀结构示意图

一般单向阀的开启压力在0.035 ~0.05 MPa,作背压阀使用时,更换刚度较大的弹簧,使开启压力达到0.2 ~0.6 MPa。

3. 液控单向阀

(1)结构:由阀体、阀芯、控制活塞、顶杆和复位弹簧等组成。

(2)性能参数:

控制压力：$p_k \approx (30\% \sim 40\%)p$，$p$ 为主油路压力。

(三)换向阀

1. 功用

利用阀芯对阀体的相对运动，使油路接通、关断或变换油流的方向，从而实现液压执行元件及其驱动机构的启动、停止或变换运动方向。

2. 性能要求

压力损失小；断开时，泄漏小；阀芯换位时，操纵力小和换位平稳。

3. 分类

换向阀分类见表 2－10。

表 2－10　换向阀分类表

分类方式	类形式与代号
按阀的运动方式分	滑动(称滑阀)、旋转(称转阀)、提动(称截止阀)
按阀的操纵方式分	手动(S)、行程(C)(亦称机动)、电动交流电磁(D)、直流电磁(E)、液动(Y)、电液动〔交流电磁(DY)、直流电磁(EY)〕
按阀的工作位置数分	二位、三位等
按阀的通道数分	二通、三通、四通、五通等
按阀的安装方式分	管式(省略代号)、板式(B)、法兰式(F)等

滑阀是通过阀芯在阀体内轴向移动来实现油路启、闭和换向的方向阀，它由主体和操纵定位机构两部分组成。

(1)主体部分

1)结构：由阀体和滑动阀芯组成，见图 2－20。

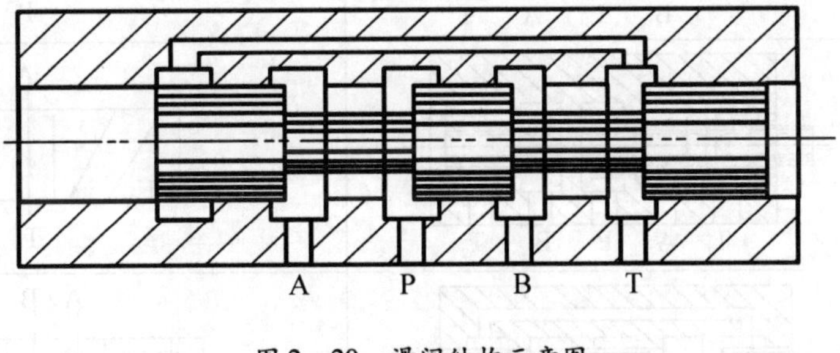

图 2－20　滑阀结构示意图

根据进、出油口，见图 2－21 的数目可分为二通、三通、四通、五通等。阀芯带凸肩的圆柱体，按阀芯的可变位置可分为二位、三位和多位。

2)工作原理与职能符号(见表 2－11)。换向阀都有两个或两个以上的工作位置，其中有一个常态位，即阀芯未受到操纵它的外部作用时所处的位置，这是阀的原始位置。绘制液压系统图时，油路一般应连接在换向阀的常态位上。

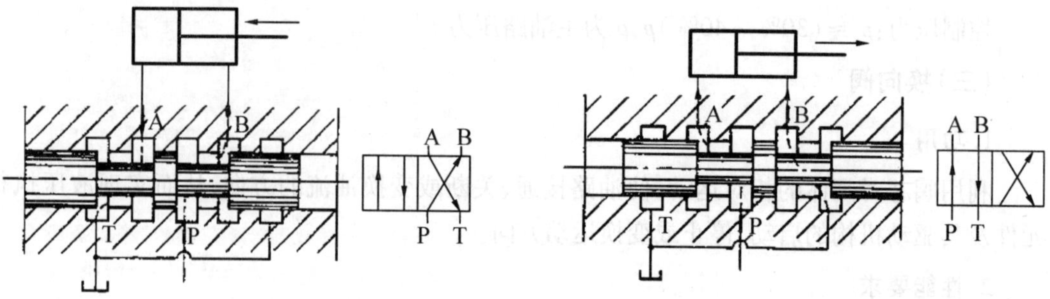

(a) (b)

图 2－21　滑阀换向原理示意图

P—进油口(压力油口、与油泵连接);*A*,*B*—工作油口(与执行元件连接);*T*—回油口(与油箱连接)

表 2－11　滑阀式换向阀主体部分的结构原理与职能符号

名称	结构原理图	职能符号
二位二通阀	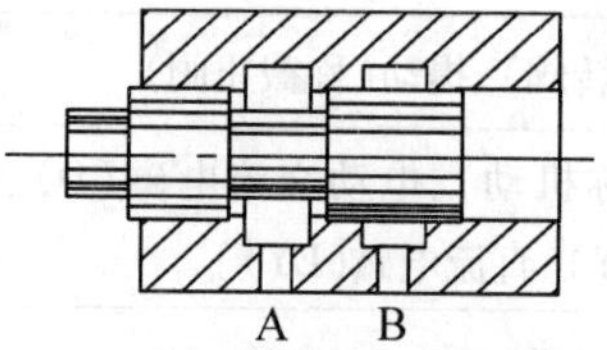	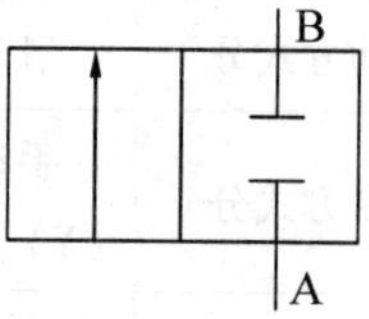
二位三通阀	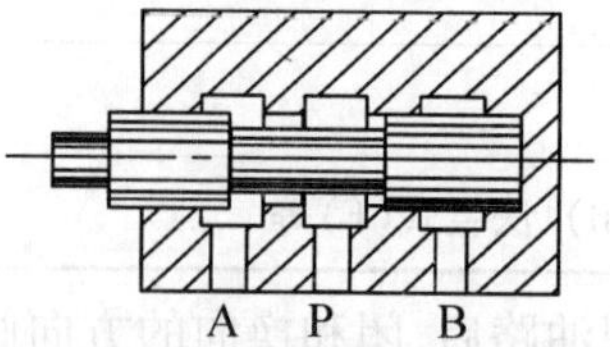	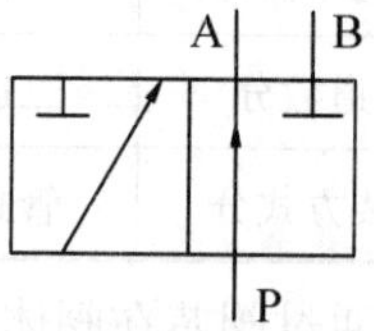
二位四通阀	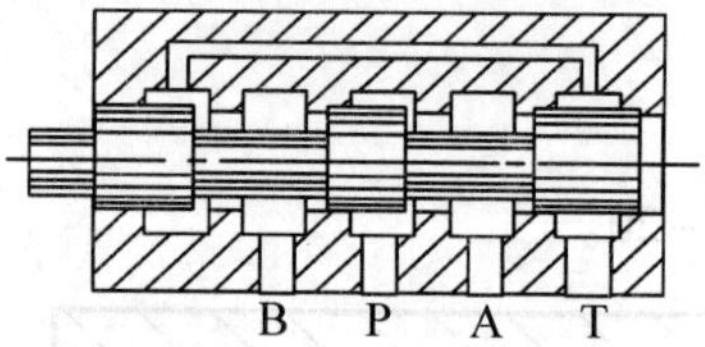	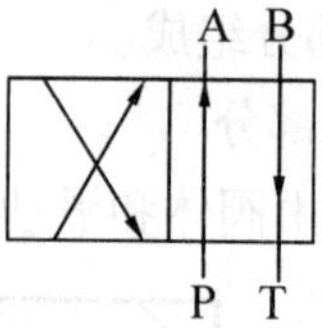
二位五通阀	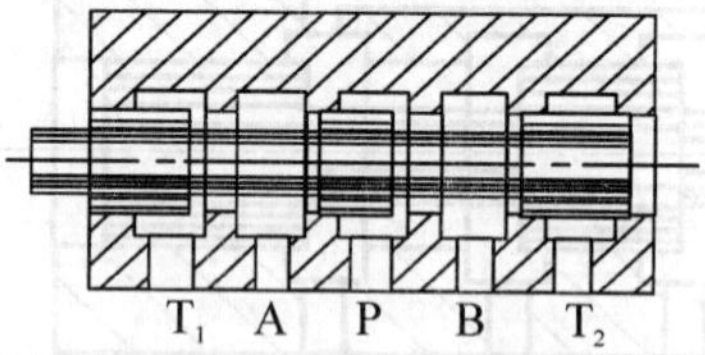	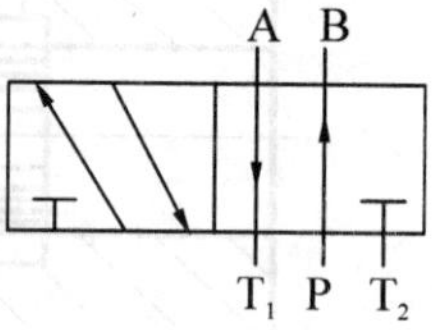
三位四通阀	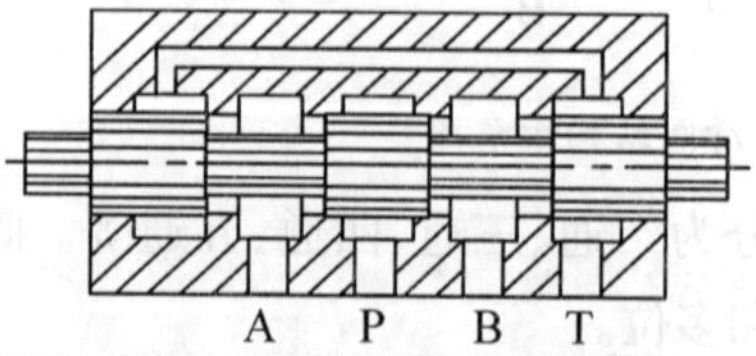	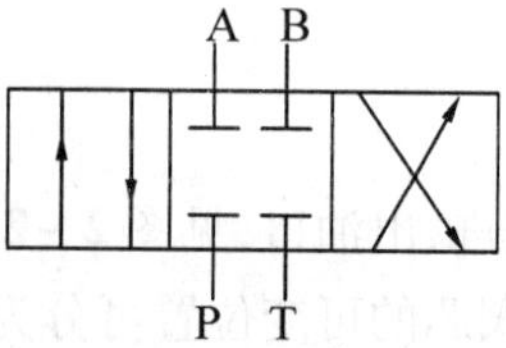
三位五通阀	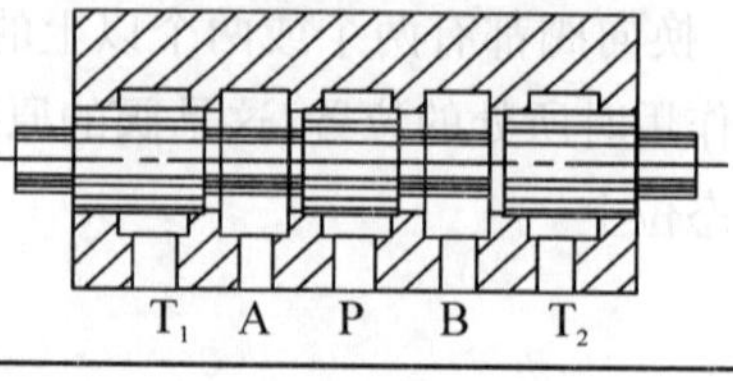	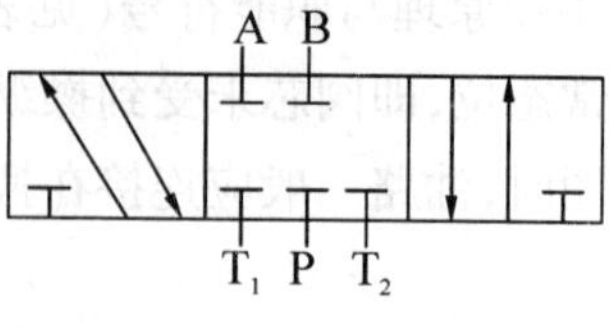

3)滑阀机能(见表2-12)。在常态位置(原始位置)上各油口的连通方式就是这个阀的滑阀机能。由于滑阀机能主要是针对三位换向阀,而三位阀的常态位往往是其中间位置,因此也称为滑阀的中位滑阀机能。采用不同滑阀机能的换向阀,会影响到阀在常态位时执行元件的工作状态:如停止还是运动,前进还是后退,快速还是慢速,卸荷还是保压等等。

表2-12 三位四通换向阀中位滑阀机能

机能代号	结构原理图	中位图形符号	机能特点和作用
O	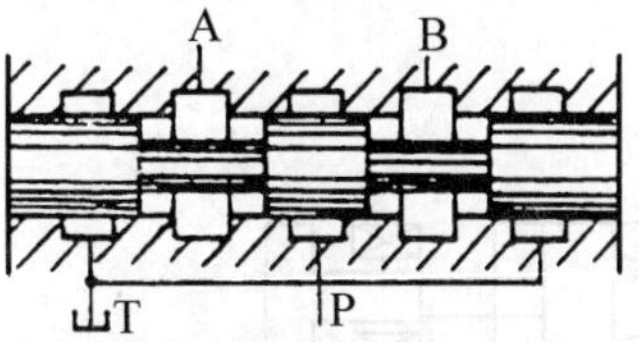	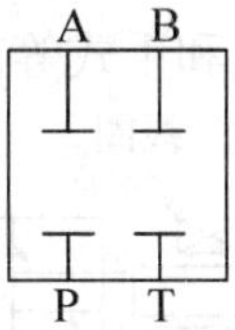	泵不能卸荷;系统能保压;换向冲击大;换向精度好;启动平稳;液压缸能停止;但不能浮动
H	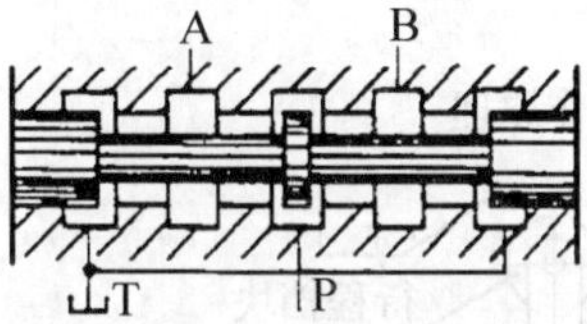	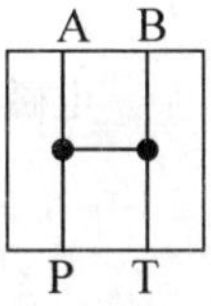	泵能卸荷;系统不能保压;换向冲击小;换向精度差;启动平稳性差;立式缸不能停止;卧式缸能停止;缸能浮动
P	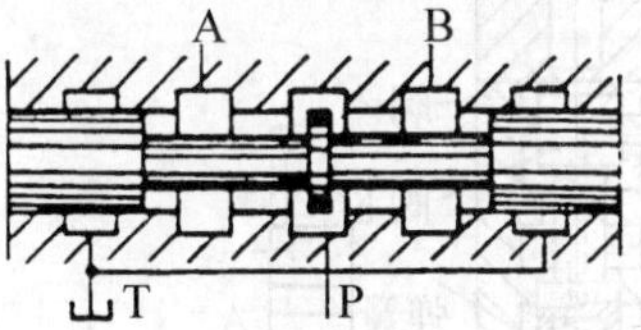	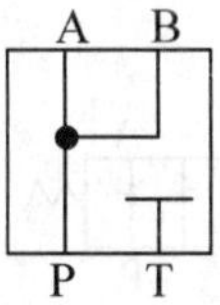	泵不能卸荷;系统能保压;换向冲击较大;换向精度较好;启动平稳性好;单杆式缸不能停止而形成差动;双杆式缸能停止,且缸能浮动
Y	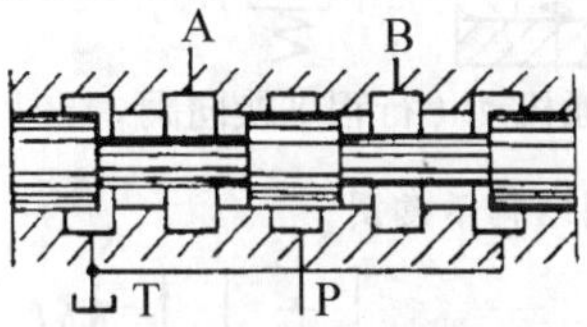	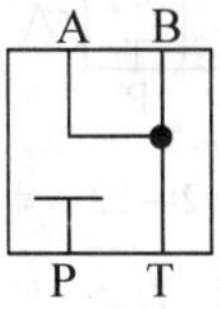	泵不能卸荷;系统能保压;换向冲击小;换向精度差;启动平稳性差;立式缸不能停止;卧式缸能停止;缸能浮动
K	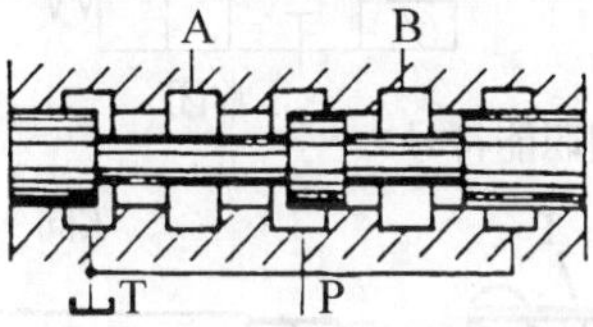	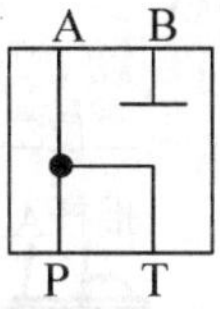	泵能卸荷;系统不能保压;换向冲击较大;换向精度较差;启动平稳性较差;缸能停止;缸不能浮动
M	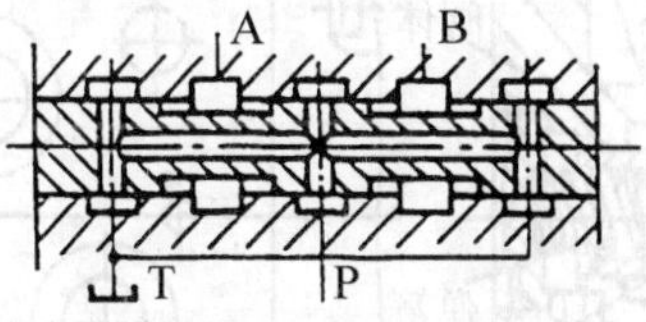	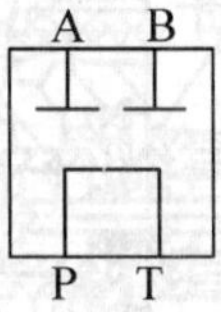	泵能卸荷;系统不能保压;换向冲击大;换向精度好;启动平稳性好;缸能停止;缸不能浮动
X	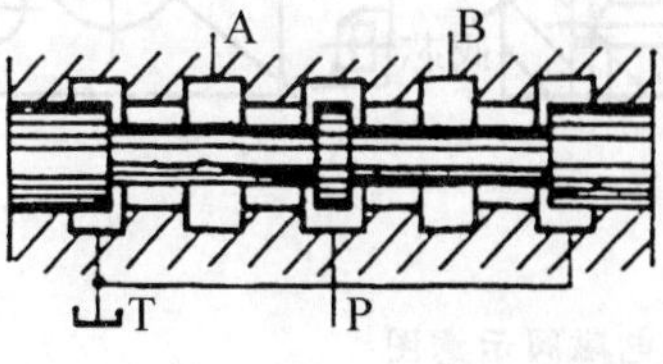		泵卸荷时有一定压力;换向冲击小;换向精度差;启动平稳性较差;立式缸不能停止;卧式缸能停止;缸浮动有一定阻力

(2)操纵定位机构

1)手动换向阀。利用手动杠杆来改变阀芯位置实现换向。分弹簧自动复位和弹簧钢珠定位两种。

2)机动(行程)换向阀。机动换向阀又称行程阀,主要用来控制机械运动部件的行程,借助于安装在工作台上的档铁或凸轮迫使阀芯运动,从而控制液流方向。

3)电磁换向阀(见图2-22和图2-23)。电磁换向阀是借助于电磁铁吸力推动阀芯动作以实现液流通、断或改变流向的阀类。电磁阀操纵方便,布置灵活,易于实现动作转换的自动化,因此应用最为广泛。按电磁铁所用电源不同可分为交流电磁铁和直流电磁铁式;按电磁铁是否浸在油里又分为湿式和干式等。

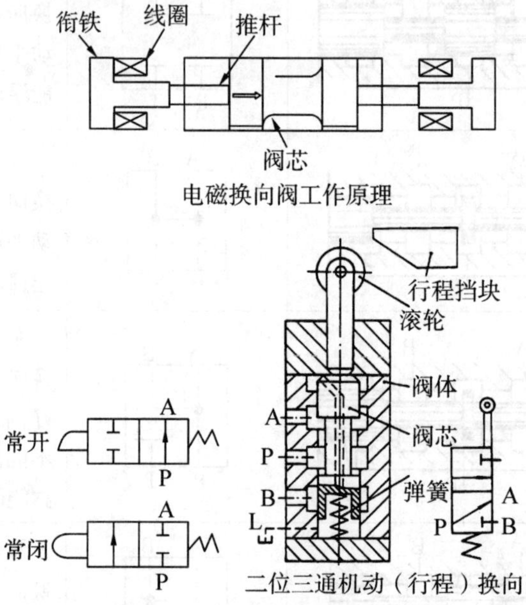

图2-22　电磁换向阀结构示意图

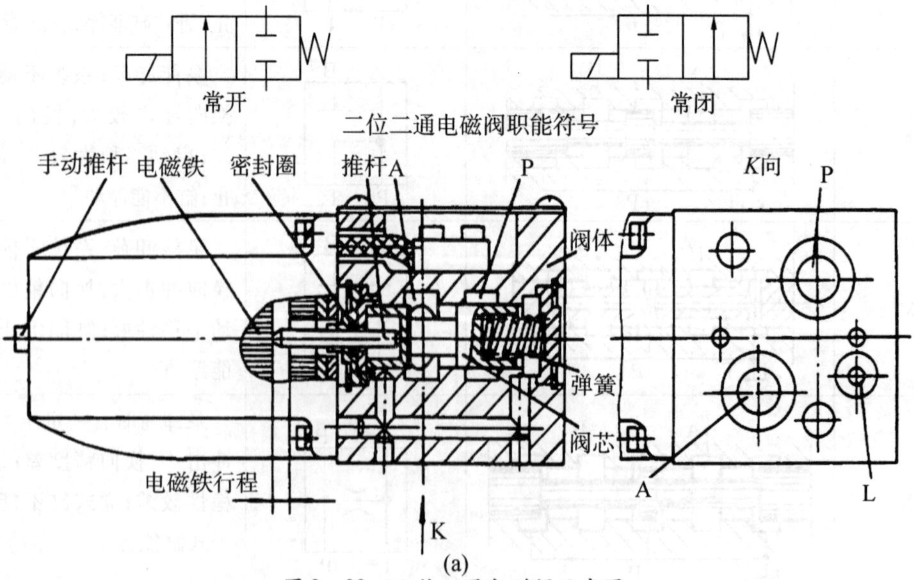

图2-23　三位四通电磁阀示意图

(a)二位二通电磁阀

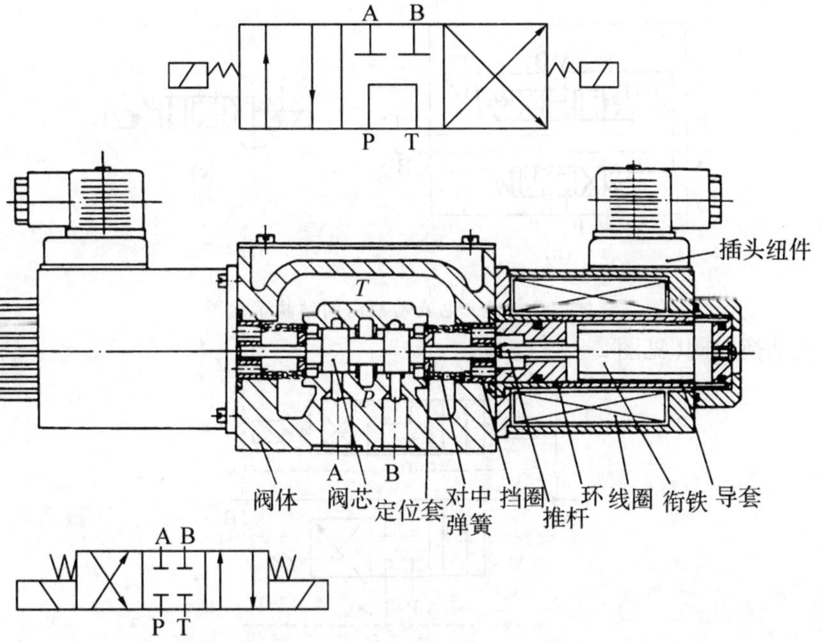

续图 2-23　三位四通电磁阀示意图

(b)三位四通电磁阀

4)液动换向阀(见图 2-24)。液动换向阀利用控制油路的压力油来推动阀芯实现换向,它适用于流量较大的阀。

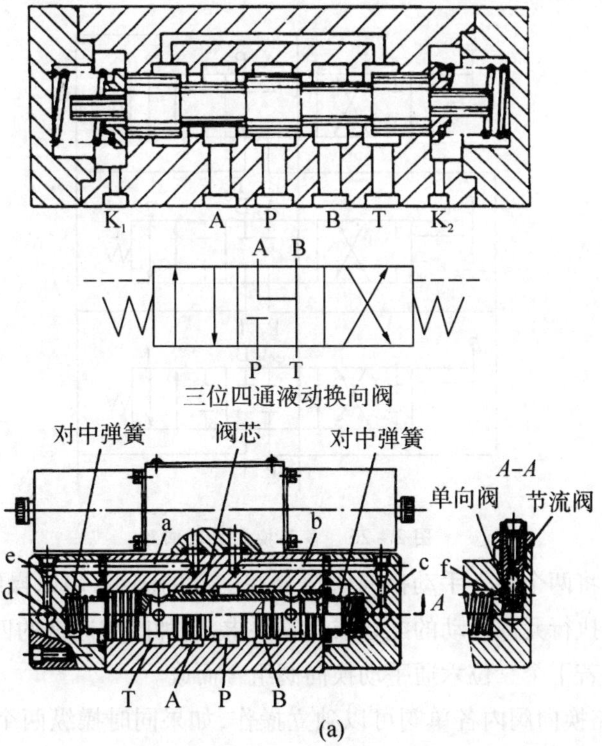

图 2-24　电液动换向阀结构示意图

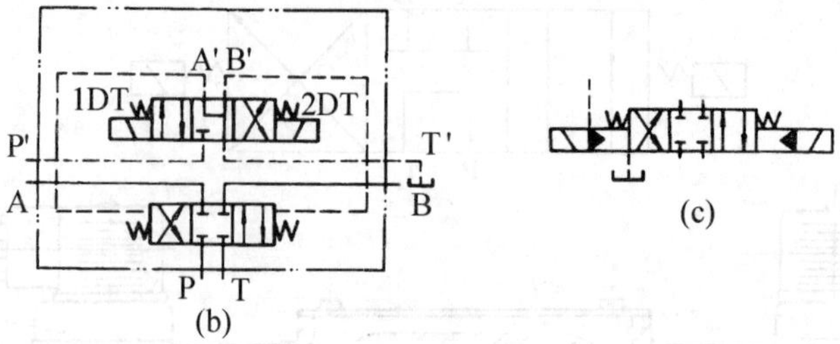

续图 2-24 电液动换向阀结构示意图

5)电液动换向阀(见图 2-25)。

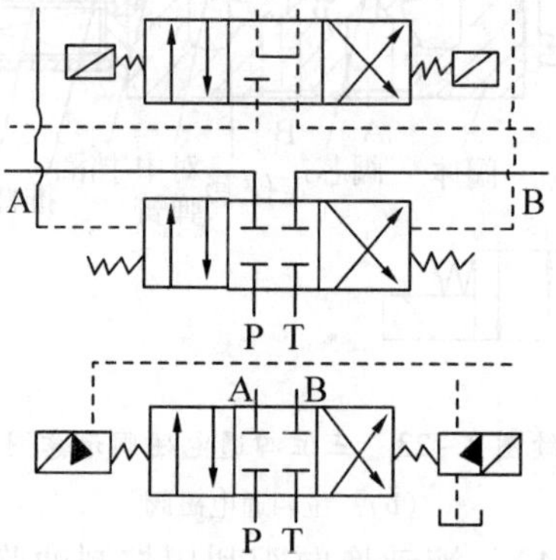

图 2-25 电液动换向阀职能符号

6)多路换向阀(见图 2-26)。

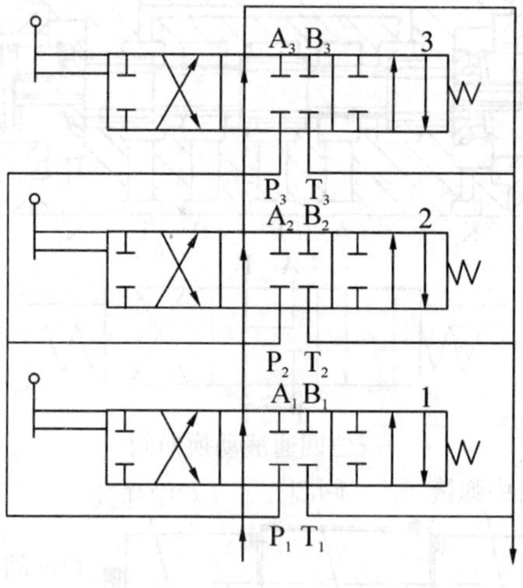

图 2-26 多路换向并联回路

多路换向阀是将两个以上手动换向阀组合在一起的阀组,用以操纵多个执行元件的运动。为了适应多个执行元件运动的配合或互锁要求,这种阀比通常的四通阀增加两个油口,所以多路阀往往由若干个三位六通手动换向阀组合而成。

并联油路:多路换向阀内各单阀可以独立操作,如果同时操纵两个或两个以上的阀时,负载轻的先动作,此时分配到各执行元件的油液仅为泵流量的一部分。

串联油路:各单阀之间的进油路串联,上游换向阀的工作回油为下游换向阀的进油。该油路可以实现两个或两个以上工作机构的同步动作，泵的出口压力等于各工作机构负载压力的总和。

串并联油路：各单阀之间的进油路串联，回油路并联，操纵上游阀时下游阀不能工作。但上游阀在微调范围内操纵时，下游阀尚能控制该路工作机构的动作。

4. 换向阀的性能和特点

(1) 滑阀的中位机能

各种操纵方式的三位四通和三位五通式换向滑阀，阀芯在中间位置时，各油口的连通情况称为换向阀的位机能。其常用的有 O 型、H 型、P 型、K 型、M 型等。

分析和选择三位换向阀的中位机能时，通常考虑：

1) 系统保压 P 口堵塞时，系统保压，液压泵用于多缸系统。

2) 系统卸荷 P 口通畅地与 T 口相通，系统卸荷。

3) 换向平稳与精度 A，B 两口堵塞，换向过程中易产生冲击，换向不平稳，但精度高；A，B 口都通 T 口，换向平稳，但精度低。

4) 启动平稳性阀在中位时，液压缸某腔通油箱，启动时无足够的油液起缓冲，启动不平稳。

5) 液压缸浮动和在任意位置上停止。

(2) 滑阀的液动力

由液流的动量定律可知，油液通过换向阀时作用在阀芯上的液动力有稳态液动力和瞬态液动力两种。

1) 稳态液动力：阀芯移动完毕，开口固定后，液流流过阀口时因动量变化而作用在阀芯上有使阀口关小的趋势的力，与阀的流量有关。

2) 瞬态液动力：滑阀在移动过程中，阀腔液流因加速或减速而作用在阀芯上的力，与移动速度有关。

3) 液压卡紧现象。卡紧原因有脏物进入缝隙；温度升高，阀芯膨胀；但主要原因是滑阀副几何形状和同心度变化引起的径向不平衡力的作用，其主要包括：

①阀芯和阀体间无几何形状误差，轴心线平行但不重合。

②阀芯因加工误差而带有倒锥，轴心线平行但不重合。

③阀芯表面有局部突起。

4) 减小径向不平衡力措施：

①提高制造和装配精度。

②阀芯上开环形均压槽。

(四) 压力控制阀

在液压传动系统中，控制油液压力高低的液压阀称之为压力控制阀，简称压力阀。这类阀的共同点是利用作用在阀芯上的液压力和弹簧力相平衡的原理工作的。

功用：控制液压系统的压力或利用压力变化作为信号来控制其他元件动作。

类型：溢流阀、减压阀、顺序阀和压力继电器等。

1. 溢流阀

(1)功用

溢流阀的主要作用是对液压系统定压或进行安全保护。

定压溢流:当液压系统的压力达到或超过调定压力值时,阀口自动开启(或自动调整开口大小),以实现油液溢流,使压力保持恒定。

保护系统不过载:在液压系统正常工作时溢流阀处于关闭状态,只有在系统压力大于调定压力时溢流阀才打开,使系统压力不再增加。

(2)液压系统对溢流阀的性能要求

1)定压精度高。

2)灵敏度要高。

3)工作要平稳且无振动和噪声。

4)当阀关闭时密封要好,泄漏要小。

(3)结构与工作原理

1)直动式。直动式溢流阀(见图2-27)是依靠系统中的压力油直接作用在阀芯上与弹簧力等相平衡,以控制阀芯的启闭动作,溢流阀是利用被控压力作为信号来改变弹簧的压缩量,从而改变阀口的通流面积和系统的溢流量来达到定压目的的。当系统压力升高时,阀芯上升,阀口通流面积增加,溢流量增大,进而使系统压力下降。溢流阀内部通过阀芯的平衡和运动构成的这种负反馈作用是其定压作用的基本原理,也是所有定压阀的基本工作原理。

①结构:由调压螺帽、调压弹簧、阀芯与阀体组成。

②工作原理:

设:阀芯底部承压面积为A,作用在阀芯上的液压力为pA,调压弹簧力为F_s,弹簧刚度为k,弹簧预压缩量为x_0,若忽略阀芯的自重和摩擦力,则阀芯的力平衡方程为

$$F_s = kx_0 = pA$$

当进口压力p较小,即$pA < F_s$时,阀芯在弹簧力作用下处于最下端位置,阀口关闭,油液不能经溢流阀流回油箱。当压力随外载增加而上升,推动阀芯上移,移动量为阀口搭接量h_0时,阀口处于临界状态,此时弹簧压缩量为$x_0 + h_0$,其油压称为开启压力p_0,其值为

$$p_0 = \frac{F_s}{A} = \frac{k(x_0 + h_0)}{A}$$

当压力继续上升到$pA > F_s$时,阀口开启,多余的油液经阀开口(溢流口)h流回油箱。当溢流口的开度经过一个过渡过程后,便稳定在某一开度h,使作用在阀芯底部的液压力pA与此开度下的弹簧力F_s相平衡,进口压力p便保持在某一定值,即

$$p = \frac{F_s}{A} = \frac{k(x_0 + h_0 + h)}{A}$$

③特点:若p较大,F也较大,调节困难,而且当溢流量变化时,所调节的压力p的变化就较大。仅用于低压。

2)先导式。先导式溢流阀工作原理及结构图如图2-28所示。

①结构:由主阀(主阀体、主阀芯、主弹簧)和先导阀(先导阀体、锥阀芯、调压螺帽、调压弹簧)组成。

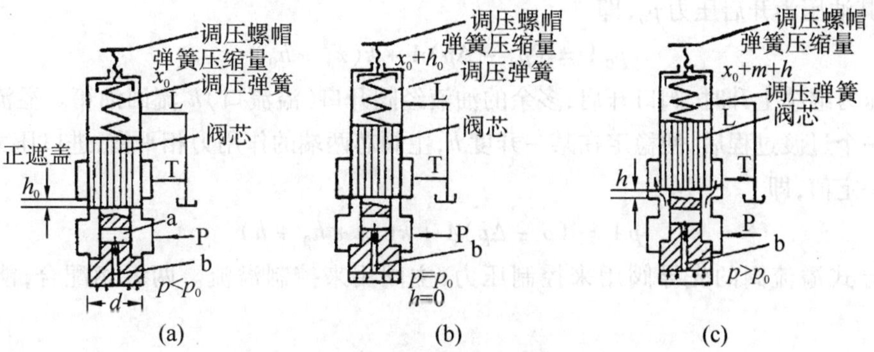

直动式溢流阀的工作原理

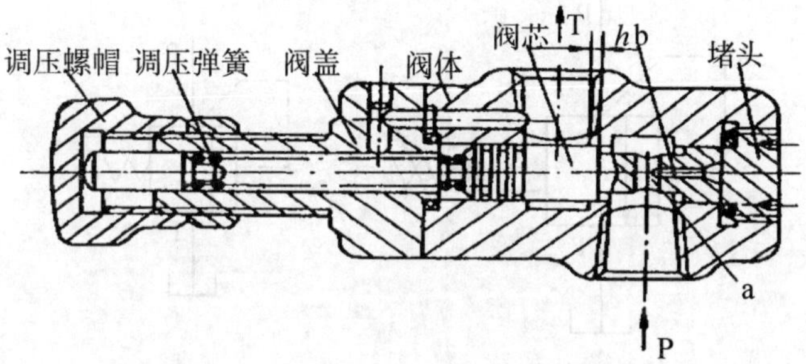

图 2－27　直动式溢流阀工作原理及结构图

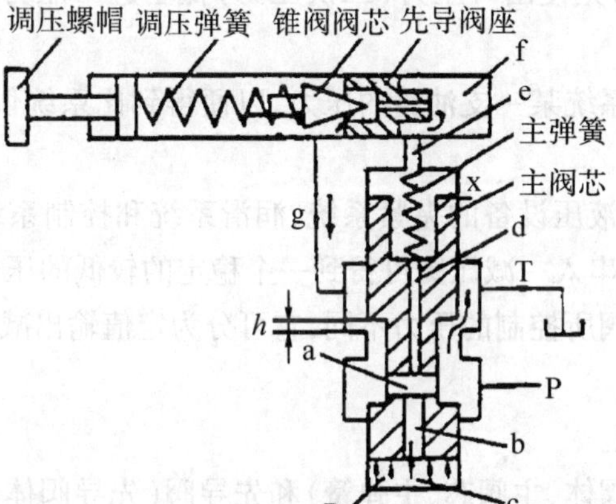

图 2－28　先导式溢流阀工作原理及结构图

②工作原理：

设：主阀芯底部承压面积为 A，主弹簧力为 F_s，主弹簧刚度为 k，主弹簧预压缩量为 x_0，锥阀阀芯承压面积为 A'，调压弹簧力为 F'_s。

当 p 较小时，$pA' < F'_s$，先导阀关闭，在主阀芯两端有

$$pA = pA + F_s$$

主阀处于最下端位置，阀口关闭。

如果 p 增大，$pA' > F'_s$ 时，先导阀打开，此时主阀两端有

$$pA > (p - \Delta p)A + F_s$$

主阀芯上移，移动量为阀口搭接量 h_0 时，阀口处于临界状态，此时主弹簧压缩量为

x_0+h_0,其油压为开启压力 p_0,即

$$p_0A=(p_0-\Delta p)A+k(x_0+h_0)$$

当压力继续上升时,阀口开启,多余的油液经阀开口(溢流口)h 流回油箱。溢流口的开度经过一个过渡过程后,便稳定在某一开度 h,主阀芯两端的作用力相平衡,进口压力 p 便保持在某一定值,即

$$pA=(p-\Delta p)A+k(x_0+h_0+h)$$

先导式溢流阀的先导阀用来控制压力;主阀用来控制溢流。两者相配合,能使性能改善。

职能符号为:

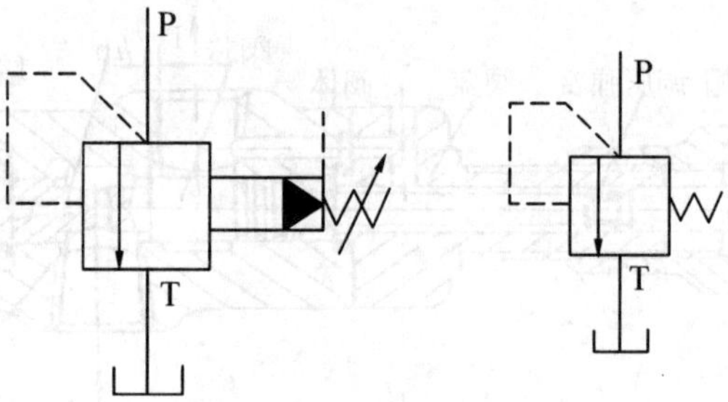

2. 减压阀

减压阀(见图 2-29)是使出口压力(二次压力)低于进口压力(一次压力)的一种压力控制阀。

(1)功用:降低液压系统某一支油路的压力,以便得到比系统供油压力较低的稳定压力(出口压力低于进口压力)。

用途:减压阀在各种液压设备的夹紧系统、润滑系统和控制系统中应用较多。此外,当油压不稳定时,在回路中串入一减压阀可得到一个稳定的较低的压力。

(2)类型:根据减压阀所控制的压力不同,它可分为定值输出减压阀、定差减压阀和定比减压阀。

(3)结构与工作原理。

1)结构:由主阀(主阀体、主阀芯、主弹簧)和先导阀(先导阀体、锥阀芯、调压螺帽、调压弹簧组成。

2)工作原理:阀不工作时,阀芯在弹簧作用下处于最下端位置,阀的进、出油口是相通的,亦即阀是常开。

(4)将先导式减压阀和先导式溢流阀进行比较,它们之间有如下几点不同之处:

1)减压阀保持出口压力基本不变,而溢流阀保持进口处压力基本不变。

2)在不工作时,减压阀进、出油口互通,而溢流阀进出油口不通。

3)为保证减压阀出口压力调定值恒定,它的导阀弹簧腔需通过泄油口单独外接油箱;而溢流阀的出口是通油箱的,所以它的导阀的弹簧腔和泄漏油可通过阀体上的通道和出油口相通,不必单独外接油箱。

设:主阀芯底部承压面积为 A,主弹簧力为 F_s,主弹簧刚度为 k,主弹簧预压缩量为 x_0,锥阀阀芯承压面积为 A',调压弹簧力为 F_s'。

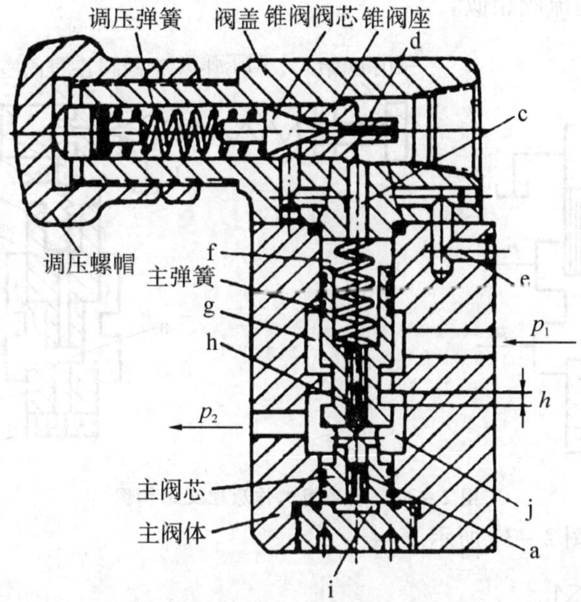

图 2－29 减压阀工作原理及结构图

当负载较小时，$p_2A'<F'_s$，先导阀关闭，在主阀芯两端有

$$p_2A = p_1A + F_s$$

主阀处于最下端位置，阀口全开。

当负载增大，$p_2A'>F'_s$ 时，先导阀打开，此时主阀两端有

$$p_2A > (p_2 - \Delta p')A + F_s$$

主阀芯上移，阀口减小，油液流经阀口 h 时的压力损失 Δp 增大，出口压力 p_2 降低，直至达到新的平衡，阀口 h 则保持一定开度，这时主阀芯的力平衡方程式为

$$p_2A = (p_2 - \Delta p)A + F_s$$

(5)工作特性。理想的减压阀在进口压力、流量发生变化或出口负载增加，其出口压力总是恒定不变。当减压阀的出油口不输出油液时，它的出口压力基本上仍能保持恒定，此时有少量的油液通过减压阀阀口经先导阀和泄油管流回油箱，保持该阀处于工作状态。

3. 顺序阀

顺序阀(见图 2－30)用来控制液压系统中各执行元件动作的先后顺序。依控制压力的不同，顺序阀又可分为内控式和外控式两种。前者用阀的进油口压力控制阀芯的启闭，后者用外来的控制压力油控制阀芯的启闭(液控顺序阀)。顺序阀也有直动式和先导式两种，前者一般用于低压系统，后者用于中高压系统。由下图可见，顺序阀和溢流阀的结构基本相似，不同的只是顺序阀的出油口通向系统的另一压力油路，而溢流阀的出油口通油箱。此外，由于顺序阀的进、出油口均为压力油，所以它的泄油口 L 必须单独外接油箱。

(1)功用：控制液压系统中各执行元件的先后顺序动作。

(2)类型：直控顺序阀(直动式和先导式)、液控顺序阀。

(3)结构与工作原理：

直控顺序阀:与溢流阀相似。

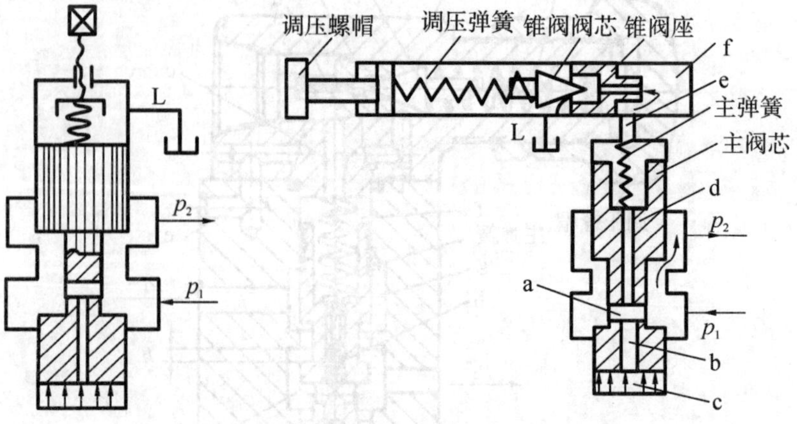

图 2－30　顺序阀工作原理及结构图

液控顺序阀: 如图 2－31 所示。

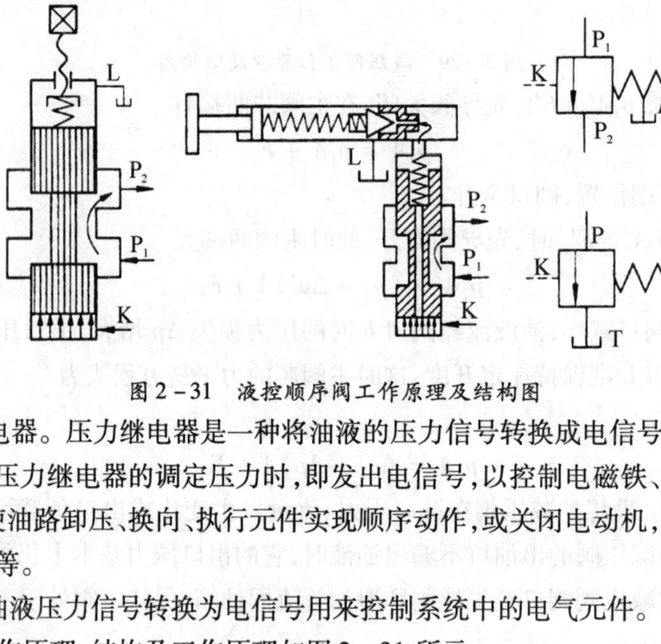

图 2－31　液控顺序阀工作原理及结构图

(4)压力继电器。压力继电器是一种将油液的压力信号转换成电信号的电液控制元件,当油液压力达到压力继电器的调定压力时,即发出电信号,以控制电磁铁、电磁离合器、继电器等元件动作,使油路卸压、换向、执行元件实现顺序动作,或关闭电动机,使系统停止工作,起安全保护作用等。

1)功用:将油液压力信号转换为电信号用来控制系统中的电气元件。

2)结构与工作原理:结构及工作原理如图 2－31 所示。

(五)流量控制阀

液压系统中执行元件运动速度的大小,由输入执行元件的油液流量的大小来确定。流量控制阀就是依靠改变阀口通流面积(节流口局部阻力)的大小或通流通道的长短来控制流量的控制阀。常用的流量控制阀有普通节流阀、压力补偿和温度补偿调速阀、溢流节流阀和分流集流阀等。

(1)功用:调节液压系统中流量的大小,以调节执行元件的运动速度。节流阀的节流口通常有三种基本形式:薄壁小孔、细长小孔和厚壁小孔。为保证流量稳定、节流口的形式以薄壁小孔较为理想。节流阀是一种可以在较大范围内以改变液阻来调节流量的元件。因此可以通过调节节流阀的液阻,来改变进入液压缸的流量,从而调节液压缸的运动速度。

(2)液压传动系统对流量控制阀的主要要求：

1)较大的流量调节范围,且流量调节要均匀。

2)当阀前、后压力差发生变化时,通过阀的流量变化要小,以保证负载运动的稳定。

3)油温变化对通过阀的流量影响要小。

4)液流通过全开阀时的压力损失要小。

5)当阀口关闭时,阀的泄漏量要小。

6)类型:节流阀、调速阀等。

7)要求:流量调节范围大;前后压差变化时,通过的流量变化要小;温度变化时流量变化要小;不易堵塞等。

五、辅助装置

液压系统中的辅助元件是指除液压动力元件、执行元件、控制元件之外的其他组成元件,它们是组成液压传动系统必不可少的一部分,对系统的性能、效率、温升、噪声和寿命的影响极大。这些元件主要包括蓄能器、过滤器、油箱、管件和密封件等。

(一)过滤器

在液压系统故障中,近80%是由于油液污染引起,故在液压系统中必须使用过滤器。过滤器的功用是清除油液中的各种杂质,以免其划伤、磨损、甚至卡死有相对运动的零件,或堵塞零件上的小孔及缝隙,影响系统的正常工作,降低液压元件的寿命,甚至造成液压系统的故障。用过滤器对油液进行过滤是十分重要的。

1. 选用过滤器的基本要求

(1)应有适当的过滤精度

过滤精度是指过滤器滤除杂质颗粒直径 d 的公称尺寸(单位 μm)。过滤器按过滤精度不同可分为四个等级:粗过滤器($d \geqslant 100$ μm);普通过滤器($d \geqslant 10 \sim 100$ μm);精密过滤器($d \geqslant 5 \sim 10$ μm);特精过滤器($d \geqslant 1 \sim 5$ μm)。不同的液压系统有不同的过滤精度要求,可参照表2-12选择。

表2-12　各种液压系统的过滤精度

系统类别	润滑系统	传动系统			伺服系统
工作压力 p/MPa	0~2.5	<14	14~32	>32	≤21
精度 d/μm	≤100	25~30	≤25	≤10	≤5

研究表明,由于液压元件相对运动表面间隙较小,如果采用高精度过滤器有效地控制1~5 μm的污染颗粒,液压泵、液压马达、各种液压阀及液压油的使用寿命均可大大延长,液压故障亦会明显减少。

(2)过滤器的通流量与压力损失

选用的过滤器通流量过小时,会导致清洗或更换周期太短,也会增加压力损失。其通流量过大,虽然会减少压力损失,但体积会加大从而影响液压系统元件的布置。一般所选过滤器的通流量应是实际流量的2~3倍。

(3)过滤器的类型及其特点

过滤器类型按滤芯材料和结构形式的不同,过滤器可分为网式、线隙式、纸芯式、烧结式过滤器及磁性过滤器等。

1)网式过滤器。在塑料或金属筒形骨架上包着一层或两层铜丝网,过滤精度由网孔大小和层数决定。这种过滤器的特点是:结构简单,通流能力大,清洗方便,压力损失小(一般小于0.025 MPa),缺点是过滤精度低(一般过滤精度为0.08~0.18 mm)。

网式过滤器一般装在液压系统的吸油管路入口处,避免吸入较大的杂质,以保护液压泵。

2)线隙式过滤器。线隙式过滤器的滤芯通常用铜丝、铝丝或不锈钢丝缠绕在骨架上而成,利用线丝之间形成的缝隙滤除杂质。

过滤器的过滤元件是边长为0.50±0.02 mm的等边三角形不锈钢丝,它绕在铝制骨架上,形成0.08~0.12 mm的过滤缝隙。滤芯两端盖上铝制前端盘与端盘,并装在由前座、后座和四根螺钉及两根管套构成的框架中。与前端盘用圆柱销连接的小轴从前座伸出。转动小轴,滤芯随之转动。在滤芯顺时针转动时,装在其外面框架螺钉上的簧片与刮板即可清除阻在滤芯上的脏物。

线隙式滤油器过滤精度一般为0.03~0.1 mm。承压较高,可用于排油管路上,若用于吸油油管路上,应使实际流量为其通流量的2/3~1/2,以防过流压力损失太大。

3)纸芯过滤器。纸芯是以酚醛树脂或纯木浆制成,以纸中微孔对油液进行过滤。为增加通流面积,将滤纸和同尺寸的钢丝网迭放,按W形反复折叠形成桶状滤芯,这样即可以减少其外形尺寸,又增加其强度。

2.过滤器的选用及其使用位置

(1)过滤器的选用

过滤器应满足系统(或回路)的使用要求、空间要求和经济性。选用时应注意以下几点:

1)应满足系统的过滤精度要求。

2)应满足系统的流量要求,能在较长的时间内保持足够的通液能力。

3)工作可靠,满足承压要求。

4)滤芯抗腐蚀性能好,能在规定的温度下长期工作。

5)滤芯清洗,更换简便。

(2)过滤器的使用位置

过滤器在液压系统中安装的位置,通常有以下几种情况:

1)安装在泵的吸油管路上。这种安装位置主要是保护泵不致吸入较大的颗粒杂质.但由于一般泵的吸油口不允许有较大阻力,因此只能安装压力损失较小的粗级或普通精度等级的过滤器。

2)安装在泵的压油管路上。这种安装位置主要用来保护除泵以外的其他液压元件。油与过滤器在高压下工作时,滤芯及壳体应能承受油路上的工作压力和冲击压力。为防止过滤器堵塞而使液压泵过载或引起滤芯破裂,可以并联安全阀和设堵塞发讯装置。

3)安装在回油路上。这种安装位置适用于液压执行元件在脏湿环境下工作的系统,可在油液流入油箱以前滤去污染物。由于回油路压力低,可采用强度较低的精过滤器。

4)装在系统的分支油路上。当泵流量较大时,若仍采用上述各种油路过滤杂质,则要求过滤器的通流面积大,使得过滤器的体积较大。为此,在相当于总流量20%~30%左右的支路上安装一小规格过滤器对油液进行过滤,不会在主油路上造成压力损失,但不能保证杂质进入系统。

5)单独过滤系统。这种设置方式是用一个液压泵和过滤器组成一个独立于液压系统之外的过滤回路,它可以经常清除系统中的杂质,定时运行对油箱的油液进行过滤。

为了获得较好的过滤效果,在液压系统中往往综合运用上述几种安装方法。安装过滤器时应当注意,一般过滤器都只能单向使用(滤芯的外围进油,中心出油),进出油口不能反接,以利于滤芯清洗和安全。因此,过滤器不要安装在液流方向可能变换的油路上。必要时可增设过滤器和单向阀,以保证双向过滤。目前双向过滤器也已问世。

(二)冷却器

1.冷却器的作用

油液的工作温度一般保持在30~50℃时比较理想,最高不超过70℃,否则不仅会使油液黏度降低,增加泄漏,而且可能加速油液变质。当油液依靠油箱冷却后,而油温仍超过70℃时,就需采用冷却器。冷却器类型:按冷却介质分,有风冷、水冷和氨冷等不同的形式。

2.冷却器的类型特点

煤矿机械设备多使用水冷却器,按冷却器结构特点可分为蛇形管冷却器、多管式冷却器、翅片式冷却器等。

3.冷却器的种类

1)风扇冷却器。风冷是使用风扇产生的高速气流,通过散热器将油箱的热量带走,从而降低油温。这种冷却方法结构简单,但是冷却效果差。

2)蛇形管水冷却器。在油箱内敷设蛇形管通入循环水的蛇形管冷却器。蛇形管一般使用壁厚1.15 mm、外径15~25 mm的紫铜管盘旋制成。采用这种冷却方法结构简单,但由于油箱中油液只能自己对流冷却,所以效果较差。

3)多管水冷却器。多管水冷却器是一种强制对流的冷却器,在使用时应使液流方向与水流方向相反,这样可提高冷却效果。

(三)油箱和蓄能器

1.油箱

(1)功用和结构

1)功用油箱的功用主要是储存油液,此外还起着散发油液中热量(在周围环境温度较低的情况下则是保持油液中热量)、释出混在油液中的气体、沉淀油液中污物等作用。

2)结构液压系统中的油箱有整体式和分离式两种。整体式油箱利用主机的内腔作为油箱,这种油箱结构紧凑,各处漏油易于回收,但增加了设计和制造的复杂性,维修不便,散热条件不好,且会使主机产生热变形。分离式油箱单独设置,与主机分开,减少了油箱发热和液压振源对主机工作精度的影响,因此得到了普遍的采用,特别在精密机械上。

(2)设计时的注意事项

1)油箱的有效容积(油面高度为油箱高度80%时的容积)应根据液压系统发热、散热平衡的原则来计算,这项计算在系统负载较大、长期连续工作时是必不可少的。但对于一般情况来说,油箱的有效容积可以按液压泵的额定流量 q_p(L/min)估计出来。例如,适用于机床或其他一些固定式机械的估算式为:$V=kq_p$,V 为油箱的有效容积(L);k 为与系统压力有关的经验数字。低压系统 $k=2\sim4$,中压系统 $k=5\sim7$,高压系统 $k=10\sim12$。

2)吸油管和回油管应尽量相距远些,两管之间要用隔板隔开,以增加油液循环距离,使油液有足够的时间分离气泡,沉淀杂质,消散热量。隔板高度最好为箱内油面高度的3/4。吸油管入口处要装粗滤油器。粗滤油器与回油管管端在油面最低时仍应浸没在油中,防止吸油时卷吸空气或回油冲入油箱时搅动油面而混入气泡。回油管管端宜斜切45°,以增大出油口截面积,减慢出口处油流速度,此外,应使回油管斜切口面对箱壁,以利油液散热。当回油管排回的油量很大时,宜使它出口处高出油面,向一个带孔或不带孔的斜槽(倾角为5°~15°)排油,使油流散开,一方面减慢流速,另一方面排走油液中空气。减慢回油流速、减少它的冲击搅拌作用,也可以采取让它通过扩散室的办法来达到。泄油管管端亦可斜切并面壁,但不可没入油中。管端与箱底、箱壁间距离均不宜小于管径的3倍。粗滤油器距箱底不应小于20 mm。

3)为了防止油液污染,油箱上各盖板、管口处都要妥善密封。注油器上要加滤油网。防止油箱出现负压而设置的通气孔上须装空气滤清器。空气滤清器的容量至少应为液压泵额定流量的2倍。油箱内回油集中部分及清污口附近宜装设一些磁性块,以去除油液中的铁屑和带磁性颗粒。

4)为了易于散热和便于对油箱进行搬移及维护保养,按GB3766—83规定,箱底离地至少应在150 mm以上。箱底应适当倾斜,在最低部位处设置堵塞或放油阀,以便排放污油。按照GB3766—83规定,箱体上注油口的近旁必须设置液位计。滤油器的安装位置应便于装拆。箱内各处应便于清洗。

5)油箱中如要安装热交换器,必须考虑好它的安装位置,以及测温、控制等措施。

6)分离式油箱一般用2.5~4 mm钢板焊成。箱壁愈薄,散热愈快,建议100 L容量的油箱箱壁厚度取1.5 mm,400 L以下的取3 mm,400 L以上的取6 mm,箱底厚度大于箱壁,箱盖厚度应为箱壁的4倍。大尺寸油箱要加焊角板、筋条,以增加刚性。当液压泵及其驱动电机和其他液压件都要装在油箱上时,油箱顶盖要相应地加厚。

7)油箱内壁应涂上耐油防锈的涂料。外壁如涂上一层极薄的黑漆(不超过0.025 mm厚度),会有很好的辐射冷却效果。铸造的油箱内壁一般只进行喷砂处理,不涂漆。

2.蓄能器

蓄能器是一种储存压力液体的液压元件。当系统需要时,蓄能器可以将所存的压力液体释放出来,输送到系统中去工作;而当系统中工作液体过剩时,这些多余的液体,又会克服蓄能器中加载装置的作用力,进入蓄能器而储存起来。

根据加载方式的不同,有重力加载式(亦称重锤式)、弹簧加载式(亦称弹簧式)和气体加载式三类。以气体加载式应用最广,常用的有活塞式和气囊式两种蓄能器。

六、液压控制基本回路

任何复杂的液压系统，都是由一些基本回路组成的。所谓基本回路，就是由液压元件组成，用来完成特定功能的典型回路。常用基本回路按功能分为方向控制回路、压力控制回路和速度控制回路。熟悉和掌握这些基本回路的结构原理和性能，对于分析液压系统是非常必要的。本节重点介绍常用液压基本回路的类型、作用、工作原理和特点

(一)压力控制回路

压力控制回路是用压力阀来控制和调节液压系统主油路或某一支路的压力，以满足执行元件速度换接回路所需的力或力矩的要求。利用压力控制回路可实现对系统进行调压(稳压)、减压、增压、卸荷、保压与平衡等各种控制。

1. 调压及限压回路

当液压系统工作时，液压泵应向系统提供所需压力的液压油，同时，又能节省能源，减少油液发热，提高执行元件运动的平稳性。因此，应设置调压或限压回路。当液压泵一直工作在系统的调定压力时，就要通过溢流阀调节并稳定液压泵的工作压力。在变量泵系统中或旁路节流调速系统中用溢流阀(当安全阀用)限制系统的最高安全压力。当系统在不同的工作时间内需要有不同的工作压力，可采用二级或多级调压回路。

2. 减压回路

当泵的输出压力是高压而局部回路或支路要求低压时，可以采用减压回路，如机床液压系统中的定位、夹紧、回路分度以及液压元件的控制油路等，它们往往要求比主油路较低的压力。减压回路较为简单，一般是在所需低压的支路上串接减压阀。采用减压回路虽能方便地获得某支路稳定的低压，但压力油经减压阀口时要产生压力损失，这是它的缺点。

最常见的减压回路为通过定值减压阀与主油路相连，如图 2-32(a)所示。回路中的单向阀为主油路压力降低(低于减压阀调整压力)时防止油液倒流，起短时保压作用，减压回路中也可以采用类似两级或多级调压的方法获得两级或多级减压。图 2-32(b)所示为利用先导型减压阀 1 的远控口接一远控溢流阀 2，则可由阀 1、阀 2 各调得一种低压。但要注意，阀 2 的调定压力值一定要低于阀 1 的调定减压值。

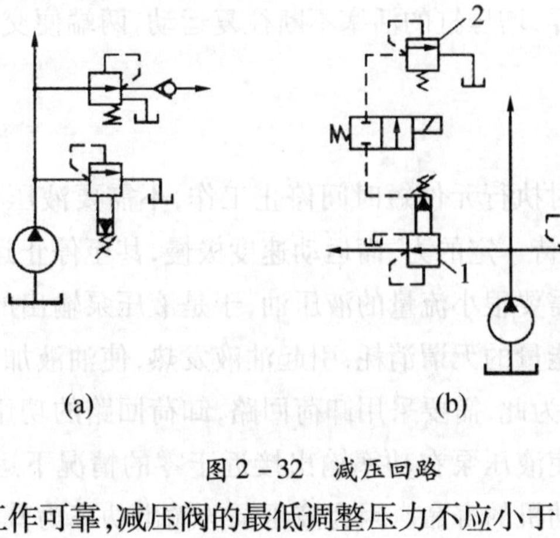

图 2-32 减压回路

为了使减压回路工作可靠，减压阀的最低调整压力不应小于 0.5 MPa，最高调整压力至少

应比系统压力小0.5 MPa。当减压回路中的执行元件需要调速时,调速元件应放在减压阀的后面,以避免减压阀泄漏(指由减压阀泄油口流回油箱的油液)对执行元件的速度产生影响。

3. 增压回路

如果系统或系统的某一支油路需要压力较高但流量又不大的压力油,而采用高压泵又不经济,或者根本就没有必要增设高压力的液压泵时,就常采用增压回路,这样不仅易于选择液压泵,而且系统工作较可靠,噪声小。增压回路中提高压力的主要元件是增压缸或增压器。

(1)单作用增压缸的增压回路

如图2-33(a)所示为利用增压缸的单作用增压回路,当系统在图示位置工作时,系统的供油压力p_1进入增压缸的大活塞腔,此时在小活塞腔即可得到所需的较高压力p_2;当二位四通电磁换向阀右位接入系统时,增压缸返回,辅助油箱中的油液经单向阀补入小活塞。因而该回路只能间歇增压,所以称之为单作用增压回路。

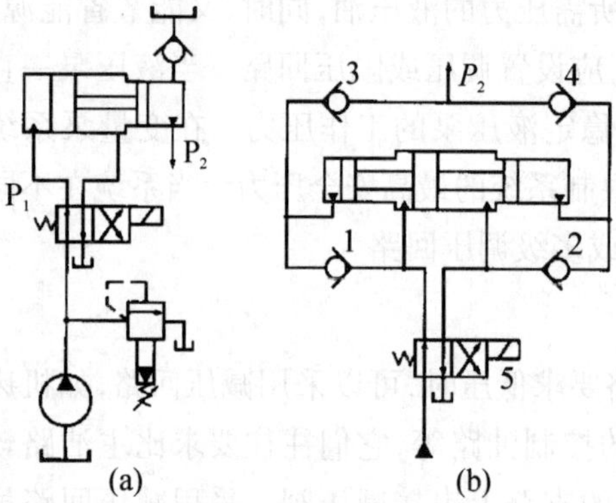

图2-33　增压回路

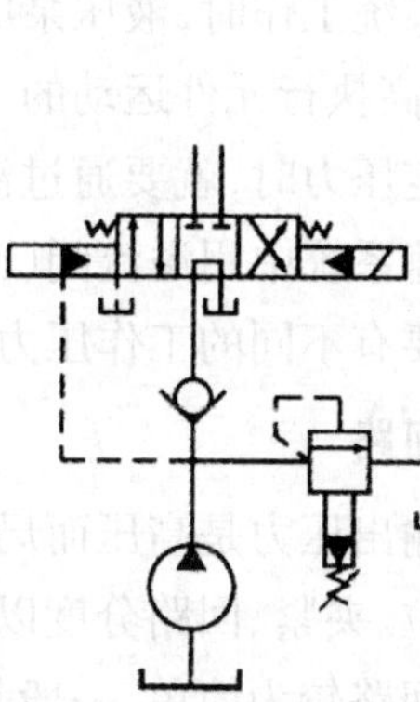

图2-34　M型中位机能卸荷回路

(2)双作用增压缸的增压回路

如图4-33(b)所示的采用双作用增压缸的增压回路,能连续输出高压油,在图示位置,液压泵输出的压力油经换向阀5和单向阀1进入增压缸左端大、小活塞腔,右端大活塞腔的回油通油箱,右端小活塞腔增压后的高压油经单向阀4输出,此时单向阀2,3被关闭。当增压缸活塞移到右端时,换向阀得电换向,增压缸活塞向左移动。同理,左端小活塞腔输出的高压油经单向阀3输出,这样,增压缸的活塞不断往复运动,两端便交替输出高压油,从而实现了连续增压。

4. 卸荷回路

在液压系统工作中,有时执行元件短时间停止工作,不需要液压系统传递能量,或者执行元件在某段工作时间内保持一定的力,而运动速度极慢,甚至停止运动,在这种情况下,不需要液压泵输出油液,或只需要很小流量的液压油,于是液压泵输出的压力油全部或绝大部分从溢流阀流回油箱,造成能量的无谓消耗,引起油液发热,使油液加快变质,而且还影响液压系统的性能及泵的寿命。为此,需要采用卸荷回路,卸荷回路的功用是指在液压泵驱动电动机不频繁启闭的情况下,使液压泵在功率输出接近于零的情况下运转,以减少功率损耗,降低系统发热,延长泵和电动机的寿命。因为液压泵的输出功率为其流量和压力的乘积,因而，两者任一近似为零，功率损耗即近似为零。因此液压泵的卸荷有流量卸荷和压力卸荷两种，前者主要是使用变量泵，使变量泵仅为补偿泄漏而以最小流量运转，此方法比较简单，但泵仍处在高压状态下运行，磨损比较严重；压力卸荷的方法是使泵在接近零压下运转。如图4－34所示即为常用的M型中位机能卸荷回路。

5. 保压回路

在液压系统中，常要求液压执行机构在一定的行程位置上停止运动或在有微小的位移下稳定地维持住一定的压力，这就要采用保压回路。最简单的保压回路是密封性能较好的液控单向阀的回路，但是，阀类元件处的泄漏使得这种回路的保压时间不能维持太久。常用的保压回路有以下几种：

（1）利用液压泵的保压回路

利用液压泵的保压回路也就是在保压过程中，液压泵仍以较高的压力（保压所需压力）工作，此时，若采用定量泵则压力油几乎全经溢流阀流回油箱，系统功率损失大，易发热，故只在小功率的系统且保压时间较短的场合下才使用；若采用变量泵，在保压时泵的压力较高，但输出流量几乎等于零，因而，液压系统的功率损失小，这种保压方法能随泄漏量的变化而自动调整输出流量，因而其效率也较高。

（2）利用蓄能器的保压回路

当主换向阀在左位工作时，液压缸向前运动且压紧工件，进油路压力升高至调定值，压力继电器动作使二通阀通电，泵即卸荷，单向阀自动关闭，液压缸则由蓄能器保压。缸压不足时，压力继电器复位使泵重新工作。保压时间的长短取决于蓄能器容量，调节压力继电器的工作区间即可调节缸中压力的最大值和最小值。

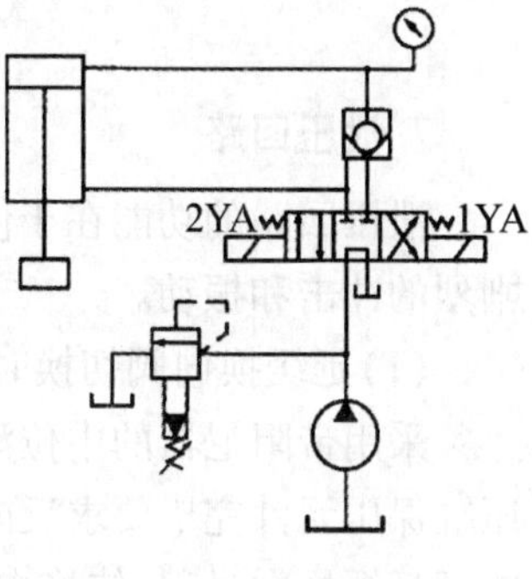

图2－35 自动补油的保压回路

（3）自动补油保压回路

图2－35所示为采用液控单向阀和电接触式压力表的自动补油式保压回路，其工作原理为：当1YA得电，换向阀右位接入回路，液压缸上腔压力上升至电接触式压力表的上限值时，上触点接电，使电磁铁1YA失电，换向阀处于中位，液压泵卸荷，液压缸由液控单向阀保压。当液压缸上腔压力下降到预定下限值时，电接触式压力表又发出信号，使1YA得电，液压泵再次向系统供油，使压力上升。当压力达到上限值时，上触点又发出信号，使1YA失电。因此，这一回路能自动地使液压缸补充压力油，使其压力能长期保持在一定范围内。

6. 平衡回路

平衡回路的功用在于防止垂直或倾斜放置的液压缸和与之相连的工作部件因自重而自行下落。图2－36（a）所示为采用单向顺序阀的平衡回路，当1YA得电后活塞下行时，回油路上就存在着一定的背压；只要将这个背压调得能支撑住活塞和与之相连的工作部件自重，活塞就可以平稳地下落。当换向阀处于中位时，活塞就停止运动，不再继续下移。这种回路当活塞向下快速运动时功率损失大，锁住时活塞和与之相连的工作部件会因单向顺序阀和换向阀的泄漏而缓慢下落，因此它只适用于工作部件重量不大、活塞锁住时定位要求不高的场合。图2－36（b）为采用液控顺序阀的平衡回路。当活塞下行时，控制压力油打开液控顺序阀，背压消失，因而回路效率较高；当停止工作时，液控顺序阀关闭以防止活塞和工作部件因自重而下降。这种平衡回路的优点是只有上腔进油时活塞才下行，比较安全可靠；缺点是，活塞下行时平稳性较差。这是因为活塞下行时，液压缸上腔油压降低，将使液控顺序阀关闭。当顺序阀关闭时，因活塞停止下行，使液压缸上腔油压升高，又打开液控顺序阀。因此液控顺序阀始终工作于启闭的过渡状态，因而影响工作的平稳性。这种回路适用于运动部件重量不很大、停留时间较短的液压系统中。

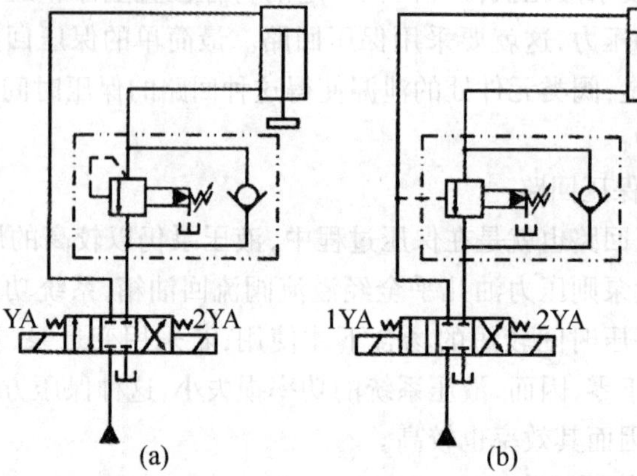

图 2－36　采用顺序阀平衡回路

7. 泄压回路

泄压回路的功能在于使执行元件高压舱中的压力缓慢地释放，以避免泄压过快而引起剧烈的冲击和振动。

(1)延缓换向阀切换时间的泄压回路

采用带阻尼器的中位滑阀机能为 H 型或 Y 型的电液换向阀控制液压缸的换向。当液压缸保压元件完毕要求反向回程时，由于阻尼器的作用，换向阀延缓换向过程，使换向阀在中位停留时液压缸高压腔通油箱泄压后再换向回程。这种回路适用于压力不太高。油液的压缩量较小的系统。

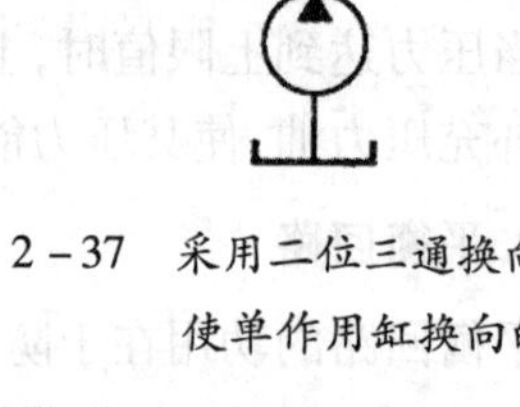

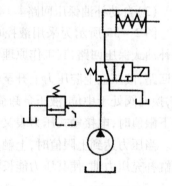

图 2－37　采用二位三通换向阀使单作用缸换向的回路

在采用辅助泵的保压回路中，亦是延缓换向阀 2 的切换时间，在液压缸泄压后再开始反向回路。换向阀 2 停在中位，主阀 1 卸载，二位二通阀 8 断电，辅助泵 5 也通过溢流阀 7 卸载，于是液压缸上腔压力流通过节流阀 6 和溢流阀 7 回油箱而泄压。节流阀 6 在泄压时起缓冲作用。泄压时间由时间继电器控制，经过一定时间延迟，换向阀 2 才动作，活塞在实现回程。

(2)用顺序阀控制的泄压回路

回路采用带卸载泵心的液控单向阀实现保压和泄压，泄压压力和回程压力均由顺序阀控制。保压完毕后手动换向阀 3 左位接入回路，此时液压缸上腔压力油没有泄压，压力油将顺序阀 5 打开，泵 1 进入液压缸下腔的油液经顺序阀 5 和节流阀 6 回油箱，由于节流阀的作用，回油压力虽不足以使活塞回程，但能顶开液控单向阀 4 的泄压阀心，使缸上腔泄压。当上腔压力降低至低于顺序 5 的调定压力，顺序阀 5 关闭，切断了泵的低压循环，泵 1 压力上升，顶开也控单向阀4的主阀心，使活塞回程。

(二)速度控制回路

速度控制同路是调节和变换执行元件运动速度的基本回路。按被控制执行元件的运动状态、运动方式以及调节方法，速度控制回路有调速、制动、限速和同步回路、快速回路等

1.调速回路

调速回路的功用是调节执行元件的工作速度。液压传动系统中速度控制回路包括调节液压执行元件的速度的调速回路、使之获得快速运动的快速回路、快速运动和工作进给速度以及工作进给速度之间的速度换接回路。调速是为了满足液压执行元件对工作速度的要求，在不考虑液压油的压缩性和泄漏的情况下，液压缸的运动速度为

$$v = \frac{q}{A}$$

液压马达的转速为

$$n = \frac{q}{V_m}$$

由以上两式可知，改变输入液压执行元件的流量 q 或改变液压缸的有效面积 A（或液压马达的排量 V_m）均可以达到改变速度的目的。但改变液压缸工作面积的方法在实际中是不现实的，因此，只能用改变进入液压执行元件的流量或用改变变量液压马达排量的方法来调速。为了改变进入液压执行元件的流量，可采用变量液压泵来供油，也可采用定量泵和流量控制阀，以改变通过流量阀流量的方法。用定量泵和流量回阀来调速时，称为节流拥速；用改变变量泵或变量液压马达的排量调速时，称为容积调速；用变量泵和流量阀来达到调速目的时，则称为容积节流调速。

(1)节流调速回路

节流调速回路的工作原理是通过改变回路中流量控制元件(节流阀和调速阀)通流截面面积的大小来控制流入执行元件或自执行元件流出的流量，以调节其运动速度。根根流量阀在回路中的位置不同，分为进油节流调速、回油节流调速和旁路节流调速三种回路。前两种回路称为定压式节流调速回路，后一种由于回路的供油压力随负载的变化而变化又称为变压式节流调速回路。

1)进油节流调速回路

①速度负载特性。缸稳定工作时有

$$p_1A_1 = F + p_2A_2$$

式中　p_1——进油腔压力；

p_2——出油腔压力，

$p_2=0$；

F——液压缸的负载；

A_1——液压缸无杆腔面积；

A_2——液压缸有杆腔面积；

A_T——节流阀通流面积。

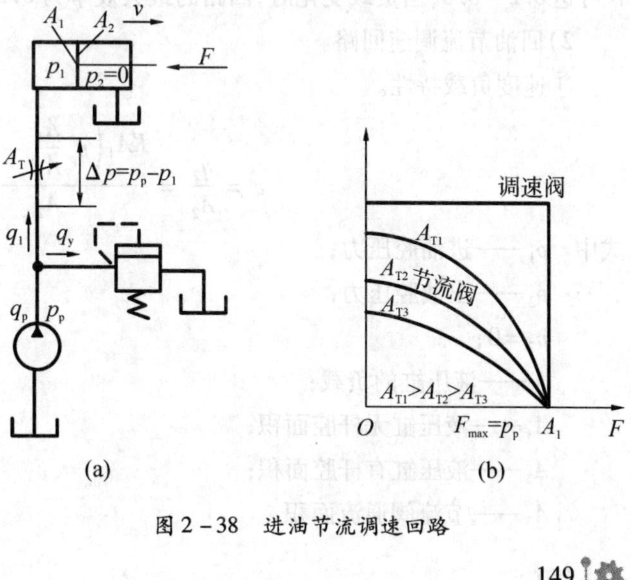

图2-38　进油节流调速回路

故

$$p_1 = \frac{F}{A_1}$$

节流阀两端的压差为

$$\Delta p = p_p - p_1$$

节流阀进入液压缸的流量为

$$q_1 = KA_2\Delta p^m = KA_p\left(p_p - \frac{F}{A_1}\right)^m$$

液压缸的运动速度为

$$v = \frac{q}{A} = \frac{KA_T}{A_1}\left(p_p - \frac{F}{A_1}\right)^M$$

这种回路的调速范围较大，当 A_T 调定后，速度随负载的增大而减小，故负载特性软。适用于低速轻载场合。

②最大承载能力。

$$F_{max} = p_p A_1$$

③功率和效率。在节流阀进油节流调速回路中，液压泵的输出功率为 $P_p = p_p q_p =$ 常量，而液压缸的输出功率为 $p_1 = Fv = F\frac{q_1}{A_1} = p_1 q_1$，所以该回路的功率损失为

$$\Delta p = p_p - p_1 = p_p q_p - p_1 q_1 = p_p(q_1 + q_y) - (p_p - \Delta p)q_1 = p_p q_y + \Delta p q_1$$

式中，q_y 为通过溢流阀的溢流量，$q_y = q_p - q_1$ 由上式可以看出，功率损失由两部分组成，即溢流损失功率和节流损失功率。

④回路效率为

$$\eta_c = \frac{p_1}{p_p} = \frac{Fv}{p_p q_p} = \frac{p_1 q_1}{p_p q_p}$$

由于存在两部分的功率损失，故这种调速回路的效率较低。当负载恒定或变化很小时，η 可达 0.2～0.6；当负载变化时，回路的最大效率为 0.385。

2）回油节流调速回路。

①速度负载特性。

$$v = \frac{q_2}{A_2} = \frac{KA_T\left(p_p\frac{A_1}{A_2} - \frac{F}{A_2}\right)^m}{A_2}$$

式中 p_1——进油腔压力；
p_2——出油腔压力，
$p_2 = 0$；
F——液压缸的负载；
A_1——液压缸无杆腔面积；
A_2——液压缸有杆腔面积；
A_T——节流阀通流面积。

比较上式可以发现，回油路节流调速和进油路节流调速的速度负载特性以及速度刚性基本相同，若液压缸两腔有效面积相同（双出杆液压缸），那么两种节流调速回路的速度负载特性和速度刚度就完全一样。因此对进油路节流调速回路的一些分析对回油路节流调速回路完全适用。

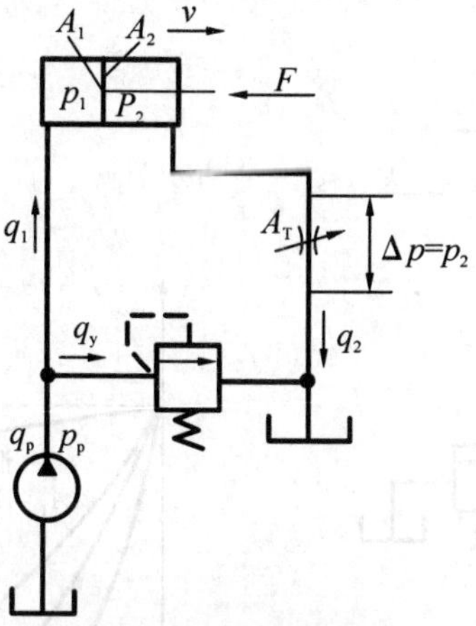

图 2-39　回油节流调速回路

②最大承载能力。回油路节流调速的最大承载能力与进油路节流调速相同，即

$$F_{max} = p_p A_1$$

③功率和效率。

$$\Delta p = p_p - p_1 = p_p q_p - p_p q_1 + p_2 q_2 = p_p(q_p - q_1) + p_2 q_2 = p_p q_y + \Delta p q_2$$

④回路效率。液压泵的输出功率与进油路节流调速相同，即 $p_p = p_p q_p$ = 常量，液压缸的输出功率为

$$P_1 = Fv = (p_p A_1 - p_2 A_2) = p_p q_1 - p_2 q_2$$

回路的功率损失为

$$\eta_c = \frac{Fv}{p_p q_p} = \frac{p_p q_1 - p_2 q_2}{p_p q_p} = \frac{(p_p - p_2 \frac{A_2}{A_1}) q_1}{p_p q_p}$$

因此可以认为，进油节流调速回路的效率和回油节流调速回路的效率相同。但是，应当指出，在回油节流调速回路中，液压缸工作腔和回油腔的压力都比进油节流调速回路高，特别是在负载变化大，尤其是当 $F=0$ 时，回油腔的背压有可能比液压泵的供油压力还要高，这样会使节流功率损失大大提高，且加大泄漏，因而其效率实际上比进油调速回路要低。

3）旁油路节流调速回路。

图 2-40（a）所示为采用节流阀的旁路节流调速回路，节流阀调节了液压泵溢回油箱的流量，从而控制了进入液压缸的流量，调节节流阀的通流面积，即可实现调速，由于溢流已由节流阀承担，故溢流阀实际上是安全阀，常态时关闭，过载时打开，其调定压力为最大工作压力的 1.1～1.2 倍，故液压泵工作过程中的压力完全取决于负载而不恒定，所以这种调速方式又称变压式节流调速。

①速度负载特性。

$$v = \frac{q_1}{A_1} = \frac{q_t - k_1\left(\frac{F}{A_1}\right) - KA_T\left(\frac{F}{A_1}\right)^m}{A_1}$$

②最大承载能力。由图2－40(b)可知，速度负载特性曲线在横坐标上并不汇交，其最大承载能力随节流阀通流面积A_T的增加而减小，即旁路节流调速回路的低速承载能力很差，调速范围也小。

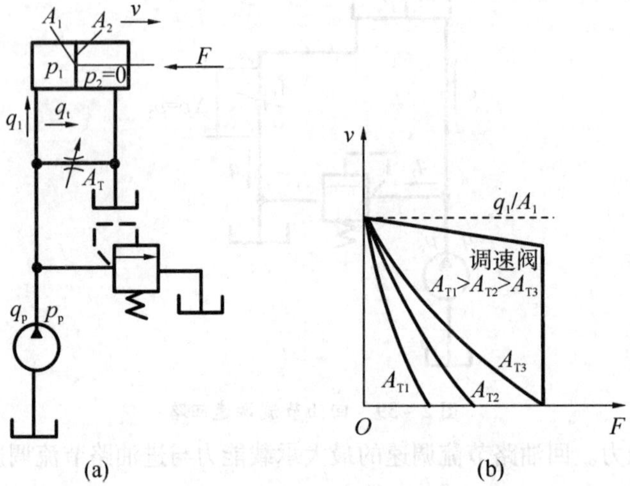

图2－40　旁路节流调速回路

③功率和效率。旁路节流调速回路只有节流损失而无溢流损失，泵的输出压力随负载而变化，即节流损失和输入功率随负载而变化，所以比前两种调速回路效率高。

旁油路节流调速回路负载特性很软，低速承载能力又差，故其应用比前两种回路少，只用于高速、重载，对速度平稳性要求不高的较大功率系统中，如牛头刨床主运动系统、输送机械液压系统等。

4)采用调速阀的节流调速回路。使用节流阀的节流调速回路，速度负载特性都比较"软"，变载荷下的运动平稳性都比较差，为了克服这个缺点，回路中的节流阀可用调速阀来代替，由于调速阀本身能在负载变化的条件下保证节流阀进出油口间的压差基本不变，因而使用调速阀后，节流调速回路的速度负载特性将得到改善。调速阀的工作压差一般最小须0.5 MPa，高压调速阀需1.0 MPa左右。

2. 容积调速回路

容积调速回路是用改变泵或马达的排量来实现调速的。主要优点是没有节流损失和回流损失，因而效率高，油液温升小，适用于高速、大功率调速系统。缺点是变量泵和变量马达的结构较复杂，成本较高。

根据油路的循环方式，容积调速回路可以分为开式回路或闭式回路。在开式回路中液压泵从油箱吸油，液压执行元件的回油直接回油箱，这种回路结构简单，油液在油箱中能得到充分冷却，但油箱体积较大，空气和脏物易进入回路。在闭式回路中，执行元件的回油直接与泵的吸油腔相连，结构紧凑，只需很小的补油箱，空气和脏物不易进入回路，但油液的冷却条件差，先附设辅助泵补油、冷却和换油。补油泵的流量一般为主泵流量的10% ~15%。

容积调速回路通常有三种基本形式:变量泵和定量液压执行元件组成的容积调速回路;定量泵和变量马达组成的容积调速回路;变量泵和变量马达组成的容积调速回路。

3. 容积节流调速回路

容积节流调速回路的工作原理是采用压力补偿型变量泵供油,用流量控制阀调定进入液压缸或由液压缸流出的流量来调节液压缸的运动速度,并使变量泵的输油量自动地与液压缸所需的流量相适应,这种调速回路没有溢流损失,效率较高,速度稳定性也比单纯的容积调速回路好,常用在速度范围大,中小功率的场合,例如组合机床的进给系统等。

(三)快速运动回路

快速运动回路又称增速回路,其功用在于使液压执行元件获得所需的高速,以提高系统的工作效率或充分利用功率。

1. 液压缸差动连接回路

如图 2-41(a)所示回路是利用二位三通换向阀实现的液压缸差动连接回路,这种连接方式,可在不增加液压泵流量的情况下提高液压执行元件的运动速度,但是,泵的流量和由杆腔排出的流量合在一起流过的阀和管路应按合成流量来选择,否则会使压力损失过大,泵的供油压力过大,致使泵的部分压力油从溢流阀溢回油箱而达不到差动快进的目的。

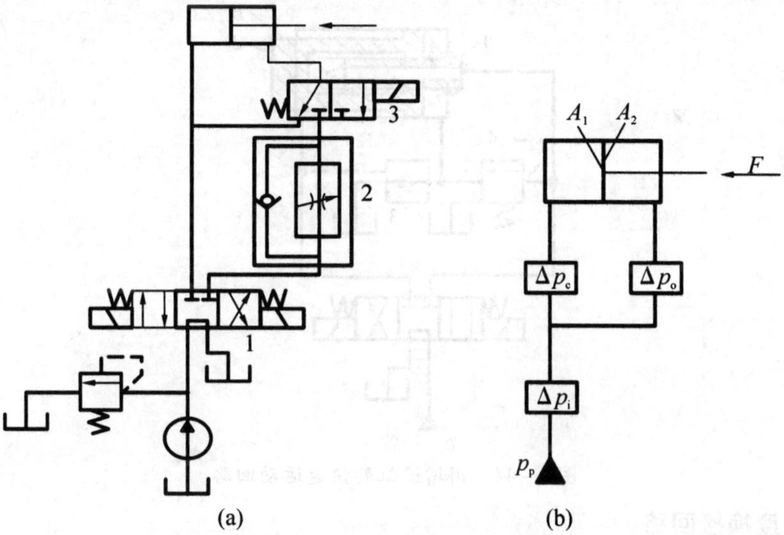

图 2-41 液压缸差动连接回路

2. 采用蓄能器的快速运动回路

图 2-42 所示为采用蓄能器的快速运动回路,采用蓄能器的目的是可以用流量较小的液压泵。

3. 双泵供油回路

图 2-43 所示为双泵供油快速运动回路,图中 1 为大流量泵,用以实现快速运动;2 为小流量泵,用以实现工作进给。

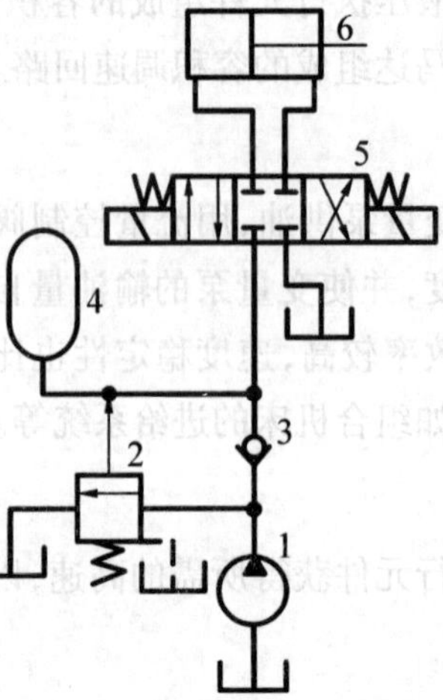

图 2-42 采用蓄能器的快速运动回路

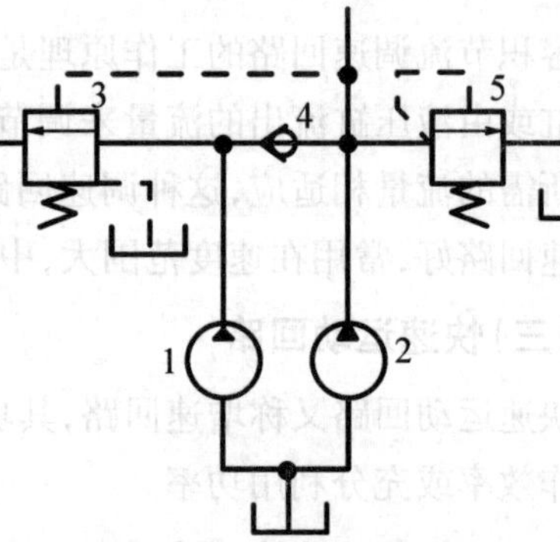

图 2-43 双泵供油回路

这种双泵供油回路的优点是功率损耗小,系统效率高,应用较为普遍,但系统也稍复杂一些。

4. 用增速缸的快速运动回路

图 2-44 所示为采用增速缸的快速运动回路,这种回路常被用于液压机的系统中。

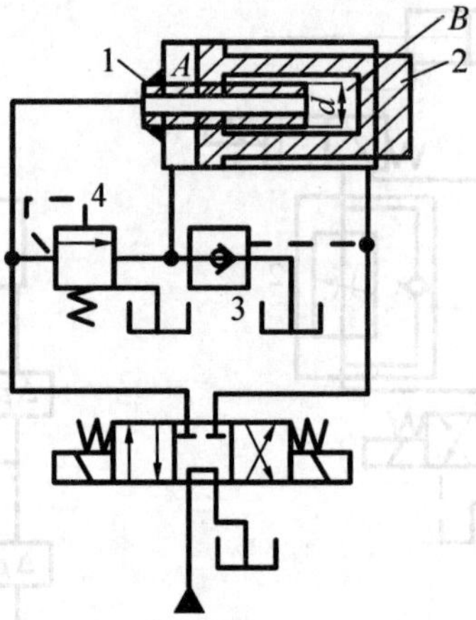

图 2-44 用增速缸的快速运动回路

(四)速度换接回路

速度换接回路的功能是使液压执行机构在一个工作循环中从一种运动速度变换到另一种运动速度,因而这个转换不仅包括液压执行元件快速到慢速的换接,而且也包括两个慢速之间的换接。实现这些功能的回路应该具有较高的速度换接平稳性。

1. 快速与慢速的换接回路

图 2-45 所示为用行程阀来实现快慢速换接的回路。

这种回路的快慢速换接过程比较平稳,换接点的位置比较准确。缺点是行程阀的安装位置不能任意布置,管路连接较为复杂。若将行程阀改为电磁阀,安装连接比较方便,但速度换接的平稳住、可靠性以及换向精度都较差。

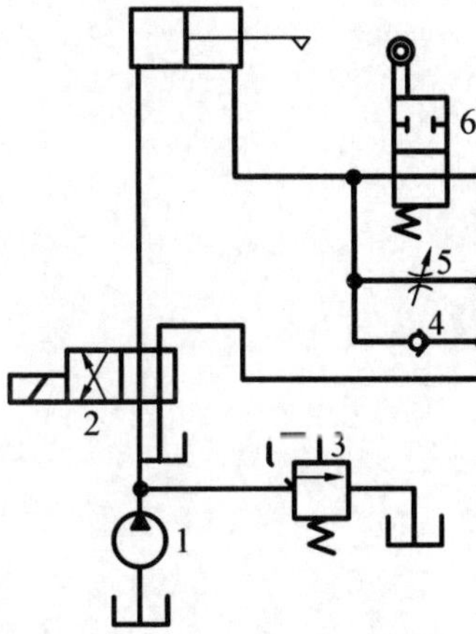

图 2－45 用行程阀的速度换接回路

2. 两种慢速的换接回路

图 2－46 所示为用两个调速阀来实现不同工进速度的换接回路。图 2－46(a)中的两个调速阀并联，由换向阀实现换接。这种回路不宜用于在工作过程中的速度换接，只可用在速度预选的场合。图 2－46(b)所示为两调速阀串联的速度换接回路。

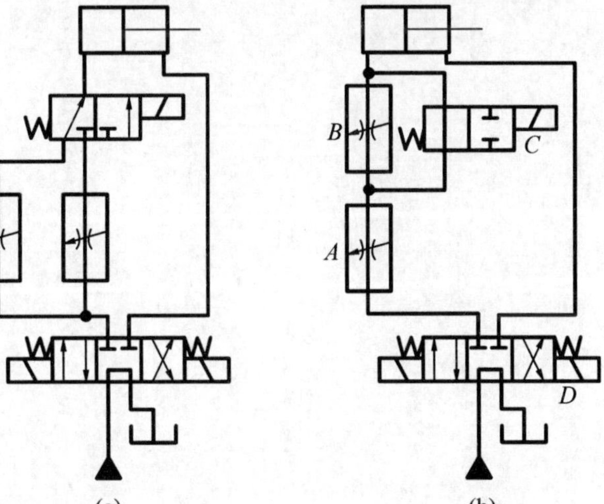

图 2－46 用两个调速阀的速度换接回路

(五)方向控制回路

在液压系统中，方向控制回路是用来控制液压系统各油路中液流的接通、切断或变向，从而使各执行元件按需要相应地实现启动、停止(锁紧)及换向等一系列动作。方向控制回路有换向回路、锁紧回路和缓冲回路等。

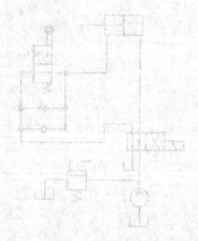

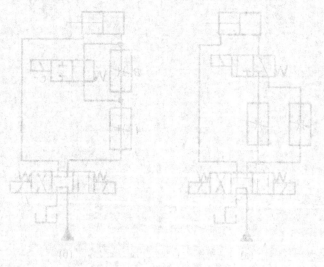

任务实施

资讯单

学习领域	机电设备安装与调试		
学习情境二	自动化生产线搬运机械手组装与调试	学时	4
资讯方式	学生分组查询资料，找出问题的答案		
资讯问题	1. 什么是自动化生产线？ 2. 自动化生产线搬运机构的组成。 3. 自动化生产线搬运机构的工作流程是什么？ 4. 光电传感器的结构及工作原理。 5. 自动化生产线搬运单元机械装配图。 6. 自动化生产线搬运单元电器装配图。 7. PLC 编程方法与梯形图相关知识。 8. 液压传动系统的动力元件有哪些？ 9. 液压传动系统的执行元件有哪些？ 10. 液压传动换向回路、调速回路、调压回路的区别。 11. 液压传动的优缺点有哪些？ 12. 组装液压元件时注意事项有哪些？ 13. 正确掌握液压控制阀的职能符号。		
资讯引导	以上资讯问题可查询本书知识链接；也可利用网络环境进行搜索、图书馆查阅相关资料。建议参考以下书籍查询： 1. 王金娟. 机电设备组装与调试技能训练. 北京：机械工业出版社，2010. 2. 郝岷. 自动化生产线. 北京：中国电力出版社，2012. 3. 田亚娟. 单片机原理与应用. 大连：大连理工大学出版社，2010 4. 邹益民. 单片机 C 语言教程. 北京：中国石化出版社，2012. 5. 吕景泉. 自动化生产线安装与调试. 北京：中国铁道出版社，2009. 6. 朱兴才. 液压传动与控制. 重庆：重庆大学出版社，2012.		

计划单

<table>
<tr><td>学习领域</td><td colspan="5">机电设备安装与调试</td></tr>
<tr><td>学习情境二</td><td colspan="3">自动化生产线搬运机械手组装与调试</td><td>学　时</td><td>1</td></tr>
<tr><td>计划方式</td><td colspan="5">分组讨论，制定各组的实施操作计划</td></tr>
<tr><td>序　号</td><td colspan="4">实施步骤</td><td>使用资源</td></tr>
<tr><td>1</td><td colspan="4"></td><td></td></tr>
<tr><td>2</td><td colspan="4"></td><td></td></tr>
<tr><td>3</td><td colspan="4"></td><td></td></tr>
<tr><td>4</td><td colspan="4"></td><td></td></tr>
<tr><td>5</td><td colspan="4"></td><td></td></tr>
<tr><td>制定计划
说明</td><td colspan="5"></td></tr>
<tr><td rowspan="3">计划评价</td><td>班　级</td><td></td><td>第　组</td><td>组长签字</td><td></td></tr>
<tr><td>教师签字</td><td colspan="2"></td><td>日　期</td><td></td></tr>
<tr><td colspan="5">评语：</td></tr>
</table>

请沿此线剪下

请沿此线剪下

请沿此线剪下

决 策 单

<table>
<tr><td>学习领域</td><td colspan="7">机电设备安装与调试</td></tr>
<tr><td>学习情境二</td><td colspan="4">自动化生产线搬运机械手组装与调试</td><td>学 时</td><td colspan="2">1</td></tr>
<tr><td colspan="8">方案讨论</td></tr>
<tr><td rowspan="6">方案对比</td><td>组号</td><td>工作流程的正确性</td><td>知识运用的科学性</td><td>内容的完整性</td><td>方案的可行性</td><td>人员安排的合理性</td><td>综合评价</td></tr>
<tr><td>1</td><td></td><td></td><td></td><td></td><td></td><td></td></tr>
<tr><td>2</td><td></td><td></td><td></td><td></td><td></td><td></td></tr>
<tr><td>3</td><td></td><td></td><td></td><td></td><td></td><td></td></tr>
<tr><td>4</td><td></td><td></td><td></td><td></td><td></td><td></td></tr>
<tr><td>5</td><td></td><td></td><td></td><td></td><td></td><td></td></tr>
<tr><td>方案评价</td><td colspan="7"></td></tr>
<tr><td>班级</td><td></td><td>组长签字</td><td></td><td>教师签字</td><td></td><td colspan="2">月 日</td></tr>
</table>

请沿此线剪下

请沿此线剪下

请沿此线剪下
请沿此线剪下

实施单

学习领域	机电设备安装与调试		
学习情境二	自动化生产线搬运机械手组装与调试	学时	8
实施方式	分组实施，按实际的实施情况填写此单		
序号	实施步骤	使用资源	
1			
2			
3			
4			
5			
6			
7			
8			

实施说明：

班　　级		组长签字	
教师签字		日　　期	

请沿此线剪下
请沿此线剪下

检查单

学习领域	机电设备安装与调试			
学习情境二	自动化生产线搬运机械手组装与调试		学时	1
序号	检查项目	检查标准	学生自检	教师检查
1	目标认知	工作目标明确,工作计划具体结合实际,具有可操作性		
2	理论知识	工具的使用方法和技巧等基本知识的全面掌握		
3	基本技能	能够运用知识进行完整的方案设计,并顺利完成任务		
4	学习能力	能在教师的指导下自主学习,全面掌握相关知识和技能		
5	工作态度	在完成任务的过程中的参与程度,积极主动地完成任务		
6	团队合作	积极与他人合作,共同完成工作任务		
7	工具运用	熟练利用资料单进行自学,利用网络进行二手资料的查询		
8	任务完成	保质保量,圆满完成工作任务		
9	演示情况	能够按要求进行演示,效果好		
检查评价	班　　级		组长签字	
	教师签字		日　　期	

请沿此线剪下

评价单(一)

表一:"机电设备安装与调试"课程考评表(学生自评表)

评价要点	评价标准			
	优	良	中	差
设备安装于调试步骤是否正确合理(20)				
制定的项目工作方案是否及时,完成质量如何(20)				
项目工作方案是否完善,完善情况如何(10)				
项目实施过程中的原始记录是否符合要求(10)				
有关分析任务的实施报告是否符合要求(10)				
设备安装与调试后是否满足技术要求(10)				
课堂汇报是否流利、有见解(10)				
归档文件的条理性、整齐性、美观性(10)				
总 计				

请沿此线剪下

请沿此线剪下

评 价 单(二)

表二:"机电设备安装与调试"课程考评表(学生互评表)

<table>
<tr><th rowspan="2">评价要点</th><th colspan="4">评价标准</th></tr>
<tr><th>优 8 ~ 10</th><th>良 6 ~ 8</th><th>中 4 ~ 6</th><th>差 2 ~ 4</th></tr>
<tr><td>1. 学习态度是否主动,是否能按时保质的完成教师布置的预习任务(10)</td><td></td><td></td><td></td><td></td></tr>
<tr><td>2. 是否完整地记录研讨活动的过程,收集的有关的资料是否有针对性(10)</td><td></td><td></td><td></td><td></td></tr>
<tr><td>3. 能否根据学习资料对项目进行合理分析,对所制定的方案进行可行性分析(10)</td><td></td><td></td><td></td><td></td></tr>
<tr><td>4. 是否能够完全领会教师的授课内容,并迅速的掌握技能(10)</td><td></td><td></td><td></td><td></td></tr>
<tr><td>5. 是否积极参与各种讨论与演讲,并能清晰的表达自己的观点(10)</td><td></td><td></td><td></td><td></td></tr>
<tr><td>6. 能否按照设计方案独立或合作完成电路设计(10)</td><td></td><td></td><td></td><td></td></tr>
<tr><td>7. 对设计装接过程中出现的问题能否主动思考,并使用现有知识进行解决(10)</td><td></td><td></td><td></td><td></td></tr>
<tr><td>8. 通过设备安装、调试是否达到要求能力目标(10)</td><td></td><td></td><td></td><td></td></tr>
<tr><td>9. 是否确立了安全、与团队合作精神(10)</td><td></td><td></td><td></td><td></td></tr>
<tr><td>10. 工作过程中是否保持整有序、规范的工作环境(10)</td><td></td><td></td><td></td><td></td></tr>
<tr><td>总 评</td><td colspan="4"></td></tr>
</table>

知识拓展

加工中心的调试与验收

一、加工中心的调试

机床调试的目的是考核机床安装是否稳固，各传动、操纵、控制等系统是否正常和灵敏可靠。

加工中心调试试运行工作骤：

(1)按说明书的要求给各个润滑点加油，给液压油箱灌入合乎要求的液压油，接通气源。

(2)通电，各部件分别供电或各部件一次通电试验后，再全面供电。观察各部件有无报警、手动各部件观察是否正常，各安全装置是否起作用。即使机床的各个环节都能操作和运动起来。

(3)灌浆，机床初步运转后，粗调机床的几何精度，调整经过拆装的主要运动部件和主机的相对位置。将机械手、刀库、交换工作台、位置找正等。这些工作做好后，即可用快干水泥灌死主机和各附件的地脚螺栓，将各地脚螺栓预留孔灌平。

(4)调试，准备好各种检测工具，如精密水平仪、标准方尺、平行方管等。

(5)精调机床的水平，使机床的几何精度达到允许误差的范围内，采用多点垫支撑，在自由状态下将床身调成水平，保证床身调整后的稳定性。

(6)用手动操纵方式调整机械手相对于主轴的位置，使用调整心棒。安装最大重量刀柄时，要进行多次刀库到主轴位置的自动交换，做到准确无误，不撞击。

(7)将工作台运动到交换位置，调整托盘站与交换工作台的相对位置，达到工作台自动交换动作平稳，并安装工作台最大负载，进行多次交换。

(8)检查数控系统和可编程控制器 PLC 装置的设定参数是否符合随机资料中的规定数据，然后试验各主要操作功能、安全措施、常用指令的执行情况等。

(9)检查附件的工作状况，如机床的照明、冷却防护罩、各种护板等。

一台加工中心安装调试完毕后，由于其功能繁多，在安装后，可在一定负载下经过长时间的自动运行，比较全面地检查机床的功能是否齐全和稳定。运行的时间可每天 8 h 连续运行 2～3 天或每 24 h 连续运行 1～2 天。连续运行可运用考机程序。

二、加工中心的验收

加工中心的验收是一项复杂的检测技术工作。它包括对机床的机、电、液、气各部分的综合性能检测及机床静、动态精度的检测。在我国有专门的机构，即国家机床产品质量检测中心。用户的验收工作可依照该机构的验收方法进行，也可请上述机构进行验收。主要集中在两个方面：

1. 加工中心几何精度检查

加工中心的几何精度是组装后几何形状误差，其检查内容如下：

(1)工作台的平面度；

(2)各坐标方向移动的相互垂直度；

(3)X 轴方向移动对工作台面的平行度；

(4)Y 轴方向移动对工作台面的平行度；

(5)X 轴方向移动对工作台上下型槽侧面的平行度；

(6)主轴的轴向窜动；

(7)主轴孔的径向跳动；

(8)主轴箱沿 Z 坐标方向移动对主轴轴心线的平行度；

(9)主轴回转轴心线对工作台面的垂直度；

(10)主轴箱在 Z 坐标方向移动的直线度。

常用的检测工具有精密水平仪、直角尺、精密方箱、平尺、平行光管、千分表或测微仪、高精度主轴心棒及刚性好的千分表杆。每项几何精度按照加工中心的验收条件的规定进行检测。注意：检测工具的等级必须比所测的几何精度高一等级。同时，必须在机床稍有预热的状态下进行，在机床通电后，主轴按中等转速回转 15 min 以后再进行检验。

2. 机床性能验收

根据《金属切削机床实验规范总则》规定的试验项目如下：

试验项目：可靠性、空运转振动、热变形、静刚度、抗振性切削、噪声、激振、定位精度、主轴回转精度、直线运动不均匀性、加工精度。

对机床做全面性能试验必须采用高精度的检测仪器。在具体的机床验收时，各验收内容可按照机床厂标准和行业标准进行。

三、加工中心操作要点

作为一个熟练的操作人员，必须在了解加工零件的要求、工艺路线、机床特性后，方可操纵机床完成各项加工任务。因此，整理几项操作要点供参考：

为了简化定位与安装，夹具的每个定位面相对加工中心的加工原点，都应有精确的坐标尺寸。为保证零件安装方位与编程中所选定的工件坐标系及机床坐标系方向一致性，及定向安装。能经短时间的拆卸，改成适合新工件的夹具。由于加工中心的辅助时间已经压缩得很短，配套夹具的装卸不能占用太多时间。

夹具应具有尽可能少的元件和较高的刚度。夹具要尽量敞开，夹紧元件的空间位置能低则低，安装夹具不能和工步刀具轨迹发生干涉。保证在主轴的行程范围内使工件的加工内容全部完成。对于有交互工作台的加工中心，由于工作台的移动、上托、下托和旋转等动作，夹具设计必须防止夹具和机床的空间干涉。尽量在一次装夹中完成所有的加工内容。当非要更换夹紧点时，要特别注意不能因更换夹紧点而破坏定位精度，必要时在工艺文件中说明。夹具底面与工作台的接触，夹具的底面平面度必须保证在 0.01 ~0.02 mm 以内，表面粗糙度不大于 $R_a3.2\ \mu m$。

四、加工中心的生产管理技术

加工中心的使用是一项具有一定规模的复杂的技术工程。它涉及到生产管理、技术管理、人才培训等一系列工作。各项工作都应遵行一定的原则运行。这个原则就是充分发挥加工中心效益的保证系统。因此,重视使用技术是一方面,重视管理技术又是必不可少的另一方面。

我国各机械制造厂中已把加工中心作为高效率自动化装备,作为重点设备。但在设备管理上却参差不齐。在加工中心的管理上,必须提倡加工中心的生产特点和它所需配合的各环节的生产节拍。不能将普通机床的管理方法移到数控机床上,在管理上应注意以下几点:

充分发挥机床的全部功能。在机床投入使用时,为了充分发挥机床具有的全部功能,应必须认真阅读使用说明书,深刻理解机床的各种功能及其能力。根据本厂加工零件的性质,合理安排加工的对象、工序,选择相应的配套件和附件。对易损件安排好备件。

设置数控工段将数控机床集中在一个专门的部门,工艺技术准备、生产管理准备由工厂技术部门统一进行。生产车间设有专门的技术人员。避免单台数控机床分散在各车间,只加工少量关键零件,造成大量生产时间闲置的局面。设置专门的工段,便于维修的管理。

合理安排生产节拍、技术准备周期在向加工中心安排生产任务时,应先将工艺部门的工艺文件、加工工序、工具卡片准备齐全,再送加工零件到加工位置上。以免操作者停机去找工具、修改程序、组装夹具而造成长时间停机。

选择合适的规章制度如数控机床管理制度、安全操作规程、数控机床使用规定、数控机床保养、点检制度等。同时,要及时向制造和设计部门反馈信息。

重视技术队伍的建设对一台包括多种技术成果的复杂设备,完全掌握使用需要一个训练有素的技术班子,包括工艺、操作、机电维修等,人员的培养要有一个过程,领导管理设备的部门对此要有全面认识。

五、加工中心工装夹具的应用

在多品种小批量的生产过程中,工件的安装、拆卸和清洗、托板的自动交换、切屑的排出等在整个制造过程中是频繁发生的。为了提高加工中心的加工效率,在加工设备上搞高速化和高性能化是一方面,缩短安装时间,降低消耗是另一个重要方面。夹具在制造厂来说属于工装部分,它是保证零件准确定位、有效加工的必要手段。对于加工中心来说,要求夹具定位精度高、、装卸方便,适于粗加工、精加工和各种多工序复合加工的形式。

国内加工中心的使用尚处于初期阶段,夹具设计采用手工设计方式较多,备有 CAD/CAM 系统的还较少。下面仅就加工中心常见的装夹定位的使用方式作一介绍。

1. 加工中心加工定位基准的选择

在确定工艺方案之前,合理地选择定位基准对保证加工中心的加工精度,提高加工中心的应用效率有着决定性的意义。在选择定位基准时要全面考虑各个工位的加工情况,达到所选基准应能保证工件定位准确,装卸方便、迅速,夹紧可靠,且夹具结构简单;所选定的基准与加工部位的各个尺寸计算简单;保证各项加工精度。

2. 确定零件夹具

在加工中心上,夹具的任务不仅是夹紧工件,而且还要以各个方向的定位面为参考基准,确定工件编程的原点。加工中心的高柔性要求其夹具比普通机床结构更紧凑、简单,夹紧动作更迅速、准确,尽量减少辅助时间。在加工机床上,要想合理应用好夹具,首先要对加工中心的加工特点有比较深刻的理解和掌握,同时还要考虑加工零件的精度、批量大小、制造周期和制造成本。

根据加工中心机床特点和加工需要,目前常用的夹具类型有专用夹具、组合夹具、可调夹具和成组夹具。一般的选择顺序是单件生产中尽量用虎钳、压板螺钉等通用夹具,批量生产时优先考虑组合夹具,其次考虑可调夹具,最后选用专用夹具和成组夹具。在选择时要综合考虑各种因素,选择最经济的、最合理的夹具形式。

六、加工中心机械加工中获得工件尺寸精度的方法

机械加工中获得工件尺寸精度的方法,主要有以下几种。

1. 试切法

即先试切出很小部分加工表面,测量试切所得的尺寸,按照加工要求适当调刀具切削刃相对工件的位置,再试切,再测量,如此经过两三次试切和测量,当被加工尺寸达到要求后,再切削整个待加工表面。试切法通过"试切-测量-调整-再试切",反复进行直到达到要求的尺寸精度为止。例如,箱体孔系的试镗加工。试切法达到的精度可能很高,它不需要复杂的装置,但这种方法费时(需作多次调整、试切、测量、计算),效率低,依赖工人的技术水平和计量器具的精度,质量不稳定,所以只用于单件小批生产。作为试切法的一种类型——配作,它是以已加工件为基准,加工与其相配的另一工件,或将两个(或两个以上)工件组合在一起进行加工的方法。配作中最终被加工尺寸达到的要求是以与已加工件的配合要求为准的。

2. 调整法

预先用样件或标准件调整好机床、夹具、刀具和工件的准确相对位置,用以保证工件的尺寸精度。因为尺寸事先调整到位,所以加工时,不用再试切,尺寸自动获得,并在一批零件加工过程中保持不变,这就是调整法。例如,采用铣床夹具时,刀具的位置靠对刀块确定。调整法的实质是利用机床上的定程装置或对刀装置或预先整好的刀架,使刀具相对于机床或夹具达到一定的位置精度,然后加工一批工件。在机床上按照刻度盘进刀然后切削,也是调整法的一种。这种方法需要先按试切法决定刻度盘上的刻度。大批量生产中,多用定程挡块、样件、样板等对刀装置进行调整。调整法比试切法的加工精度稳定性好,有较高的生产率,对机床操作工的要求不高,但对机床调整工的要求高,常用于成批生产和大量生产。

3. 定尺寸法

用刀具的相应尺寸来保证工件被加工部位尺寸的方法称为定尺寸法。它是利用标准尺寸的刀具加工,加工面的尺寸由刀具尺寸决定。即用具有一定的尺寸精度的刀具(如铰刀、扩孔钻、钻头等)来保证工件被加工部位(如孔)的精度。定尺寸法操作方便,生产率较高,加工精度比较稳定,几乎与工人的技术水平无关,生产率较高,在各种类型的生产中广泛应用。例如钻孔、铰孔等。

4. 主动测量法

在加工过程中,边加工边测量加工尺寸,并将所测结果与设计要求的尺寸比较后,或使机床继续工作,或使机床停止工作,这就是主动测量法。目前,主动测量中的数值已可用数字显示。主动测量法把测量装置加入工艺系统(即机床、刀具、夹具和工件组成的统一体)中,成为其第五个因素。主动测量法质量稳定、生产率高,是发展方向。

5. 自动控制法

这种方法是由测量装置、进给装置和控制系统等组成。它是把测量、进给装置和控制系统组成一个自动加工系统,加工过程依靠系统自动完成。尺寸测量、刀具补偿调整和切削加工以及机床停车等一系列工作自动完成,自动达到所要求的尺寸精度。例如在数控机床上加工时,零件就是通过程序的各种指令控制加工顺序和加工精度。自动控制的具体方法有以下两种。

(1)自动测量

即机床上有自动测量工件尺寸的装置,在工件达到要求的尺寸时,测量装置即发出指令使机床自动退刀并停止工作。

(2)数字控制

即机床中有控制刀架或工作台精确移动的伺服电动机、滚动丝杠螺母副及整套数字控制装置,尺寸的获得(刀架的移动或工作台的移动)由预先编制好的程序通过计算机数字控制装置自动控制。初期的自动控制法是利用主动测量和机械或液压等控制系统完成的。目前已广泛采用按加工要求预先编排的程序,由控制系统发出指令进行工作的程序控制机床(简称程控机床)或由控制系统发出数字信息指令进行工作的数字控制机床(简称数控机床),以及能适应加工过程中加工条件的变化,自动调整加工用量,按规定条件实现加工过程最佳化的适应控制机床进行自动控制加工。自动控制法加工的质量稳定、生产率高、加工柔性好、能适应多品种生产,是目前机械制造的发展方向和计算机辅助制造(CAM)的基础。

思考与练习

一、填空题

1. 液压传动利用液体的__________来传递能量;而液力传动利用液体的__________来传递能量。

2. 对液压油来说,压力增大,黏度__________;温度升高,黏度__________。

3. 32 号液压油是指这种油在 40℃时的__________黏度平均值为 32 mm^2/s。

4. 齿轮泵按照啮合形式可分为__________式和__________式两种。

5. 液压泵按结构的不同可分为__________式、__________式和__________式三种。

6. 油液体积能否调节可分为__________式和__________两种。

7. 流量控制阀中的调速阀是由__________阀和__________阀联而成。

8. 理想液体是没有__________和不可__________的假想液体。

9. 液压阀按用途分为__________控制阀、__________控制阀和__________控制阀。

10. 液压缸按结构特点可分为__________式、__________式和__________式三大类。

11. 柱塞泵按柱塞排列方向不同分为__________和__________两类。

12. 绝对压力是以__________为基准进行度量,相对压力是以__________为基准进行度量的。

13. 液压执行元件的运动速度取决于__________,液压系统的压力大小取决于__________,这是液压系统的工作特性。

14. 外啮合齿轮泵中,最为严重的泄漏途径是__________。

15. 液压泵的容积效率是该泵__________流量与__________流量的比值。

16. 液压马达把__________转换成__________,输出的主要参数是__________和__________。

17. 液压控制回路分为__________、__________和__________三大类。

18. 在减压回路中可使用__________来防止主油路压力低于支路时油液倒流。

19. 旁路节流调速回路只有节流功率损失,而无__________功率损失。

20. 液压缸是将__________能转变为__________能的液压执行元件,能够用来实现__________运动。

21. 液压泵是一种能量转换装置,它将__________能转换为液体的__________能,是液压传动系统中的__________元件。

22. 伯努利方程是以液体流动过程中的流动参数来表示__________的一种数学表达式,即为能量方程。

23. 液力传动是主要利用液体__________能的传动;液压传动是主要利用液体__________能的传动。

24. 液压传动系统由__________、__________、__________、__________和__________五部分组成。

25. 某压力容器表压力为0.3 MPa,则压力容器的绝对压力为__________ MPa。(大气压力为0.1 MPa)

26. 马达是__________元件,输入的是压力油,输出的是__________和__________。

27. 液体黏度随温度的升高而__________,随压力的增大而__________。

28. 液压泵的理论流量__________实际流量(大于、小于、等于)。

29. 调速阀可使速度稳定,是因为其节流阀前后的压力差__________。

30. 液压系统由__________元件、__________元件、__________元件、__________元件和__________元件五部分组成。

31. 节流阀通常采用__________小孔;其原因是通过它的流量与__________无关,使流量受油温的变化较小。

32. 和齿轮泵相比,柱塞泵的容积效率较__________,输出功率__________,抗污染能力__________。

二、选择题

1. 流量连续性方程是(　　)在流体力学中的表达形式,而伯努利方程是(　　)在流体力学中的表达形式。

A. 能量守恒定律　　B. 动量定理　　C. 质量守恒定律　　D. 其他

2. 液压系统的最大工作压力为10 MPa,安全阀的调定压力应为(　　)

A. 等于10 MPa　　B. 小于10 MPa　　C. 大于10 MPa

3. (　　)叶片泵运转时,存在不平衡的径向力;(　　)叶片泵运转时,不平衡径向力相抵消,受力情况较好。

A. 单作用　　B. 双作用

4. 外啮合齿轮泵吸油口比压油口做得大,其主要原因是(　　)。

A. 防止困油　　B. 增加吸油能力

C. 减少泄露　　D. 减少径向不平衡力

5. (　　)在常态时,阀口是常开的,进、出油口相通;(　　)、(　　)在常态状态时,阀口是常闭的,进、出油口不通。

A. 溢流阀　　B. 减压阀　　C. 顺序阀

6. 在先导式减压阀工作时,先导阀的作用主要是(　　),而主阀的作用主要作用是(　　)。

A. 减压　　B. 增压　　C. 调压

7. 一支密闭的玻璃管中存在着真空度,下面说法是正确的是(　　)

A. 管内的绝对压力比大气压力大

B. 管内的绝对压力比大气压力小

C. 管内的相对压力为正值

D. 管内的相对压力等于零

8. 如果液体流动是连续的,那么在液体通过任一截面时,以下说法正确的是(　　)

A. 没有空隙　　B. 没有泄漏

C. 流量是相等的　　D. 上述说法都是正确的

9. 在同一管道中,分别用$Re_{紊流}$、$Re_{临界}$、$Re_{层流}$表示紊流、临界、层流时的雷诺数,那么三者的关系是(　　)

A. $Re_{紊流} < Re_{临界} < Re_{层流}$　　B. $Re_{紊流} = Re_{临界} = Re_{层流}$

C. $Re_{紊流} > Re_{临界} > Re_{层流}$　　D. $Re_{临界} < Re_{层流} < Re_{紊流}$

10. 双作用式叶片泵的转子每转一转,吸油、压油各(　　)次。

A. 1　　B. 2　　C. 3　　D. 4

11. 变量轴向柱塞泵排量的改变是通过调整斜盘(　　)的大小来实现的。

A. 角度　　B. 方向　　C. A和B都不是

12. 液压泵的理论流量(　　)实际流量。

A. 大于　　B. 小于　　C. 相等

13. 减压阀控制的是(　　)处的压力。

A. 进油口　　B. 出油口　　C. A和B都不是

14. 在液体流动中,因某点处的压力低于空气分离压而产生大量气泡的现象,称为(　　)。

A. 层流　　B. 液压冲击　　C. 空穴现象　　D. 紊流

15. 当系统的流量减小时,油缸的运动速度就(　　)。

A. 变快　　B. 变慢　　C. 没有变化

16. 液压泵或液压马达的排量决定于(　　)。

A. 流量变化　　B. 压力变化

C. 转速变化　　D. 结构尺寸

17. 解决齿轮泵困油现象的最常用方法是:

A. 减少转速　　B. 开卸荷槽

C. 加大吸油口　　D. 降低气体温度

18. CB－B 型齿轮泵中泄漏的途径有有三条,其中(　　)对容积效率影响最大。

A. 齿轮端面间隙　　B. 齿顶间隙

C. 齿顶间隙　　D. A＋B＋C

19. 斜盘式轴向柱塞泵改变流量是靠改变(　　)。

A. 转速　　B. 油缸体摆角

C 浮动环偏心距　　D. 斜盘倾角

20. 能实现差动连接的油缸是(　　)

A. 双活塞杆液压缸　　B. 单活塞杆液压缸

C. 柱塞式液压缸　　D. A＋B＋C

21. 液压系统的油箱内隔板(　　)。

A. 应高出油面　　B. 约为油面高度的 1/2

C. 约为油面高度的 3/4　　D. 可以不设

22. 下列基本回路中,不属于容积调速回路的是(　　)。

A. 变量泵和定量马达调速回路　　B. 定量泵和定量马达调速回路

C. 定量泵和变量马达调速回路　　D. 变量泵和变量马达调速回路

23. 与节流阀相比较,调速阀的显著特点是(　　)。

A. 调节范围大　　B. 结构简单,成本低

C. 流量稳定性好　　D. 最小压差的限制较小

三、简答题

1. 自动化搬运机构由哪几部分组成?
2. 简述搬运机构组装与调试的步骤。
3. 简述搬运机构工作流程。
4. 简述加工中心调试与验收的项目。
5. 简述加工中心操作要点。

◇学习情境三

自动化生产线物料传送及分拣机构的组装与调试

任务描述

1)根据设备装配示意图组装物料传输及分拣机构；

2)按照设备电路图连接物料传送及分拣的电气回路；

3)按照设备气动回路图连接物料传送及分拣机构的气动回路；

4)输入设备控制程序,正确使用变频器参数,调试物料传送及分拣机构实现功能。

学习目标

☆知识目标:

1)掌握自动化生产线物料传送及分拣工作流程；

2)掌握自动化生产线物料传送及分拣机构机械部件装配；

3)掌握自动化生产线物料传送及分拣电器回路连接；

4)掌握自动化生产线物料传送及分拣气动回路连接；

5)掌握自动化生产线物料传送及分拣机构 PLC 程序编制及变频器参数设定及输入；

6)掌握自动化生产线物料传送及分拣机构整机调试；

7)对自动化生产线传送及分拣机构提出创新与改进意见技能目标。

☆技能目标:

1)能够识读设备图样及技术文件；

2)能够正确地执行传送及分拣机构装配步骤；

3)掌握装配钳工画线技术；

4)掌握气动元件的装配与气动管路连接技术；

5)掌握 PLC 程序编制及变频器参数设定技术技能；

6)掌握机电设备安装与调试操作规程。

学时安排

项目	资讯	计划	决策	实施	检查	评价	总计
学时	10	2	2	12	1	1	28

知识链接

一、物料传送及分拣机构结构组成、组装与调试

(一)识读设备图样及技术文件

1.装置简介

物料传送及分拣机构如图 3－1 所示。物料传送及分拣机构主要实现对入料口落下的物料进行传送,并按物料性质进行分类存放的功能。其工作流程如图 3－2 所示。

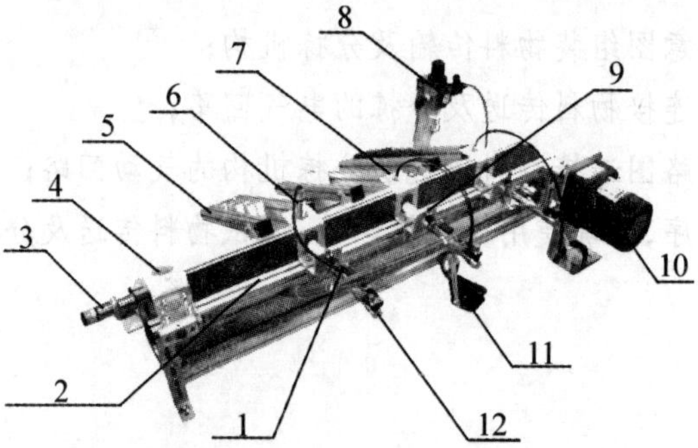

1—磁性开关 D－C73;2—传送分拣机构;3—落料口传感器;4—落料口;5—料槽;6—电感式传感器;7—光纤传感器;8—过滤调压阀;9—节流阀;10—三相异步电机;11—光纤放大器;12—推料气缸

图 3－1 传送与分拣机构示意图

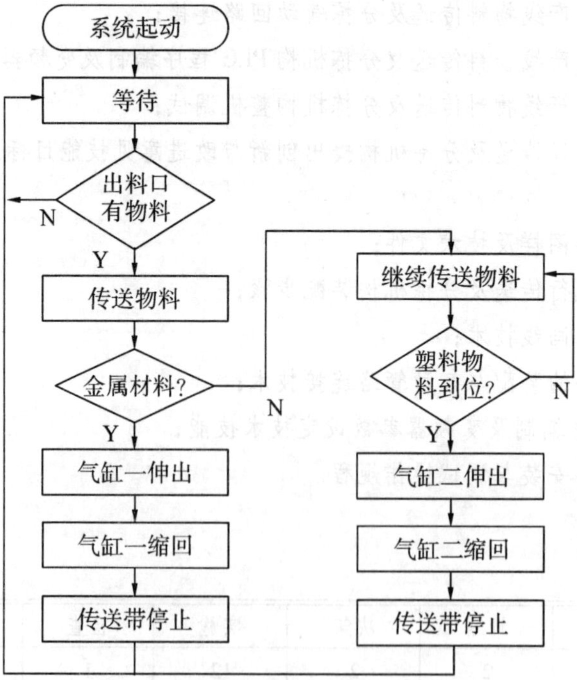

图 3－2 物料传送及分拣机构动作流程图

(1)起停控制

按下启动按钮,机构开始工作。按下停止按钮,机构完成当前工作循环后停止。

(2)传送功能

当传送带落料口的光电传感器检测到物料时,变频器启动,驱动三相异步电动机以频率 30 Hz 正转运行,传送带开始自左向右输送物料,分拣完毕,传送带停止 运转。

(3)分拣功能

1)分拣金属物料。当启动推料一传感器检测到金属物料时,推料一气缸(简称气缸一)动作,活塞杆伸出将它推入料槽一内。当推料一气缸伸出限位传感器检测到活寒杆伸出到位后,活塞杆缩回;缩回限位传感器检测气缸缩回到位后,传送带停止运行。

2)分拣白色塑料物料。当启动推料二传感器检测到白色塑料物料时,推料二气缸(简称气缸二)动作,活寒杆伸出,将它推人料槽二内。当推料二气缸伸出限位传感器检测到活塞杆伸出到位后,活塞杆缩回;缩回限位传感器检测到气缸缩回到位后,传送带停止运行。传送及分拣机构动作流程如图 3－2 所示。

2. 识读装配示意图

物料传送及分拣机构的设备布局图见图。如图 3－3 所示,它主要由两部分组成:传送装置和分拣装置,两者配合,平稳传送、迅速分拣。物料传送及分拣机构由落料口、直线带传送线(简称传送线)、料槽、推料气缸、三项异步电动机、电磁换向阀及物料检测传感器等组成,其中落料口起物料入料、定位用,当固定在气左侧的光电传感器检测到物料时,便给 PLC 发给传送到启动信号,由此控制三相异步电动机驱动传送到传送物料。

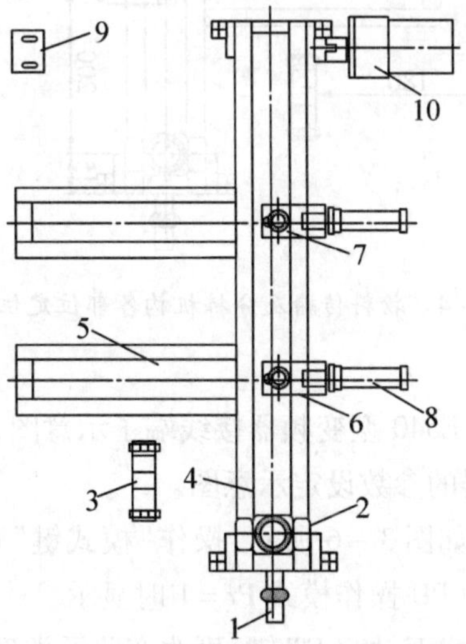

1—落料口检测光电传感器;2—落料口;3—电磁阀阀组;4—传输线;5—料槽;
6—电感式传感器;7—光纤传感器(白);8—推料气缸;9—气动二联件;10—三项异步电动机

图 3－3　物料传送及分拣机构设备布局图

推料一传感器为电感式传感器,用来检测判别金属物料,并启动气缸一动作。推料二传感器为光纤传感器,调节其放大器的颜色灵敏度,可检测到白色塑料物料,并启动气缸二动作。电感式接近传感器的检测距离为 3 ~5 mm。

(1)机构组成及作用

落料口传感器:检测是否有物料到传送带上,并给 PLC 一个输入信号。

落料孔:物料落料位置定位。

料槽:放置物料。

电感式传感器:检测金属材料,检测距离为 3 ~5 mm。

光纤传感器:用于检测不同颜色的物料,可通过调节光纤放大器来区分不同颜色的灵敏度。

三相异步电机:驱动传送带转动,由变频器控制。

推料气缸:将物料推入料槽,由电控气阀控制。

(2)尺寸分析物料传输及分拣机构各部位定位尺寸如图 3 -4 所示

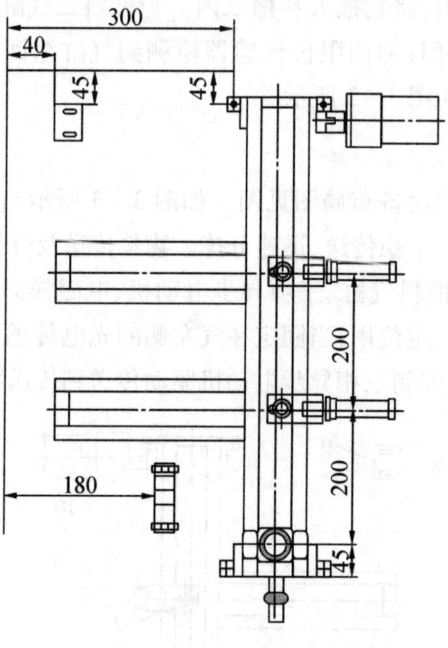

图 3 -4　物料传输及分拣机构各部位定位尺寸

3. 变频器参数设定

图 3 -5 所示为三菱 FR - E540 型变频器接线端子示意图,图 3 -6 所示为变频器操作面板说明,图 3 -7 所示为变频器的参数设定示意图。

(1)改变监示显示模式。如图 3 -6 所示,操作"模式键"可改变监示显示模式,图中的频率设定模式仅在操作模式为 PU 操作模式 Pr =1 时显示。

(2)改变监示。在监示模式下,按 SET 键,可改变监示类型。

(3)参数设定。在参数设定模式下,将外部操作模式"2"变更为 PU 操作模式"1",用翻页键,可改变参数及参数设定值,用 SET 键写入更新都设定值。设定参数时,必须注意两点:第一,除一部分参数外,参数的设定仅在 PU 操作模式 Pr =1 时可以实施。第二,写入更新参数设定值时,按下 SET 键的时间必须在 1.5 s 以上。

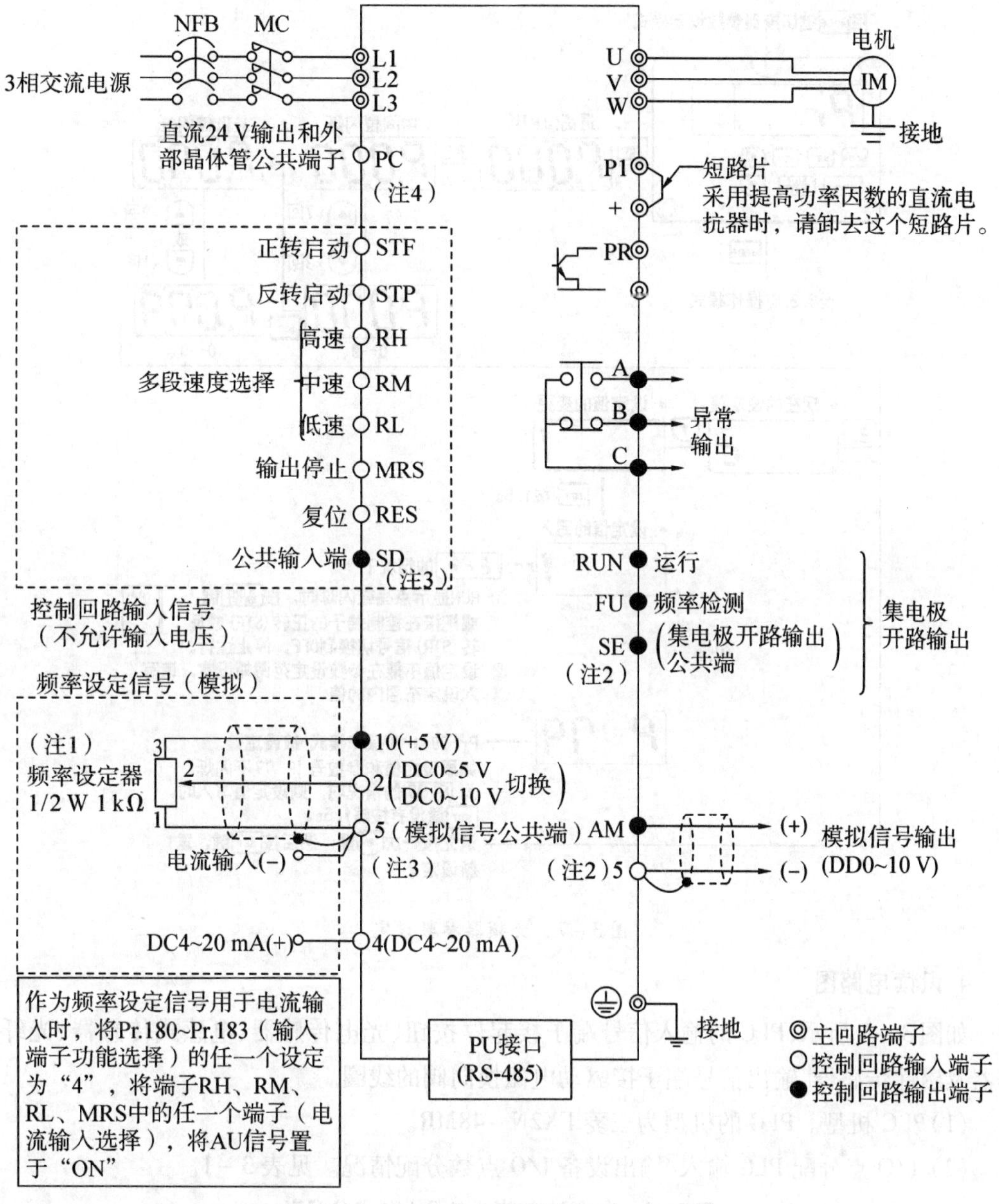

图 3－5　三菱变频器接线端子示意图

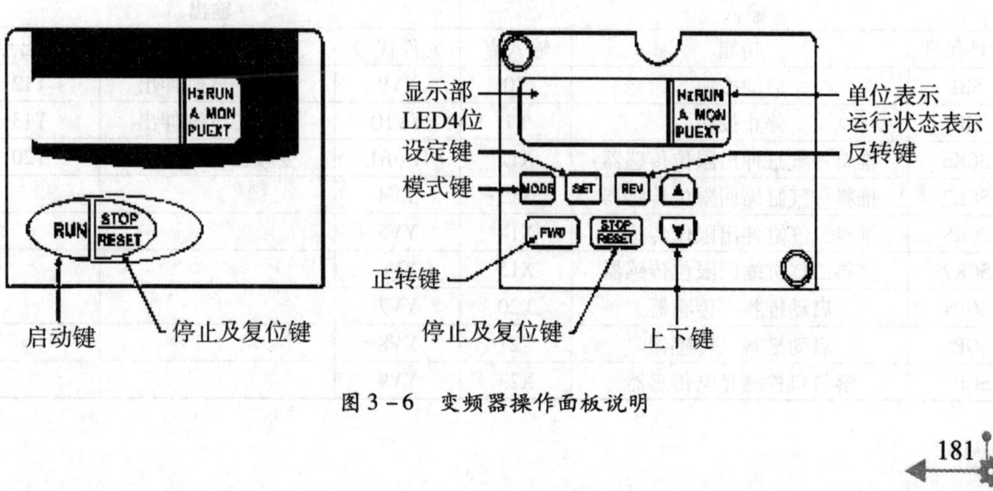

图 3－6　变频器操作面板说明

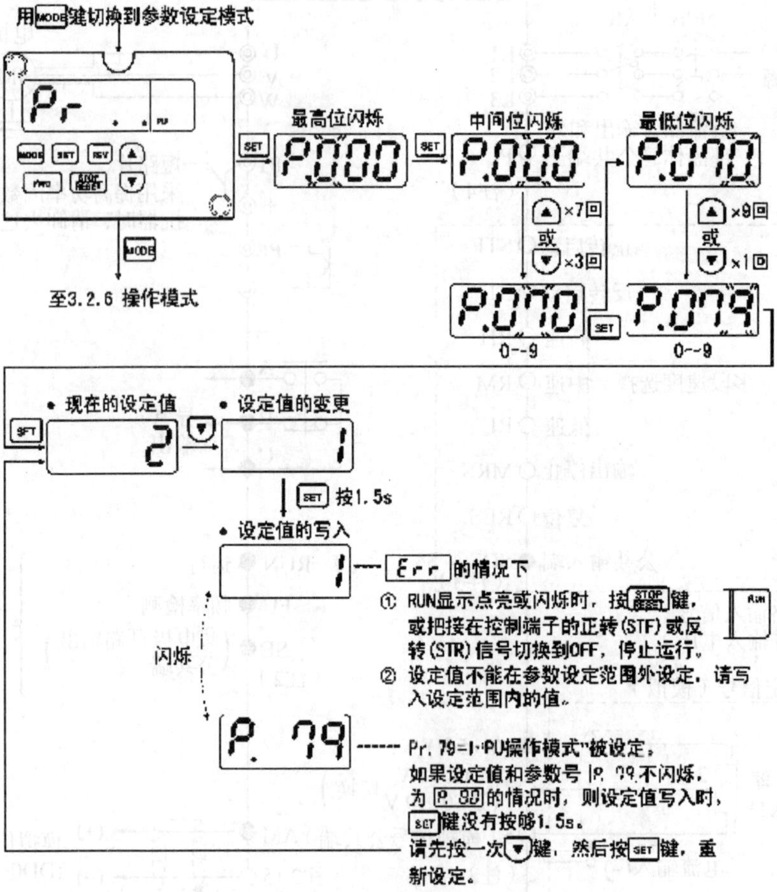

图 3－7　变频器参数设定

4. 识读电路图

如图 3－8 所示，PLC 的输入信号端子接起停按钮、光电传感器、电感式传感器、光纤传感器及磁性传感器，输出信号端子接驱动电磁换向阀的线圈。

(1) PLC 机型。PLC 的机型为三菱 FX2N－48MR。

(2) I/O 点分配 PLC 输入/输出设备 I/O 点数分配情况。见表 3－1。

表 3－1　电输入/输出设备及 I/O 点分配表

输入			输出		
元件代号	功能	输入点	元件代号	功能	输出点
SB1	启动按钮	X0	YV9	推料一气缸伸出	Y12
SB2	停止按钮	X1	YV10	推料二气缸伸出	Y13
SCK6	推料一气缸伸出限位传感器	X12	STF(RL)	变频器低速正传	Y20
SCK7	推料一气缸缩回限位传感器	X13	YV4		
SCK8	推料二气缸伸出限位传感器	X14	YV5		
SCK9	推料二气缸缩回限位传感器	X15	YV6		
SQP4	启动推料一传感器	X20	YV7		
SQP5	启动推料二传感器	X21	YV8		
SQP7	落料口检测光电传感器	X23	YV9		

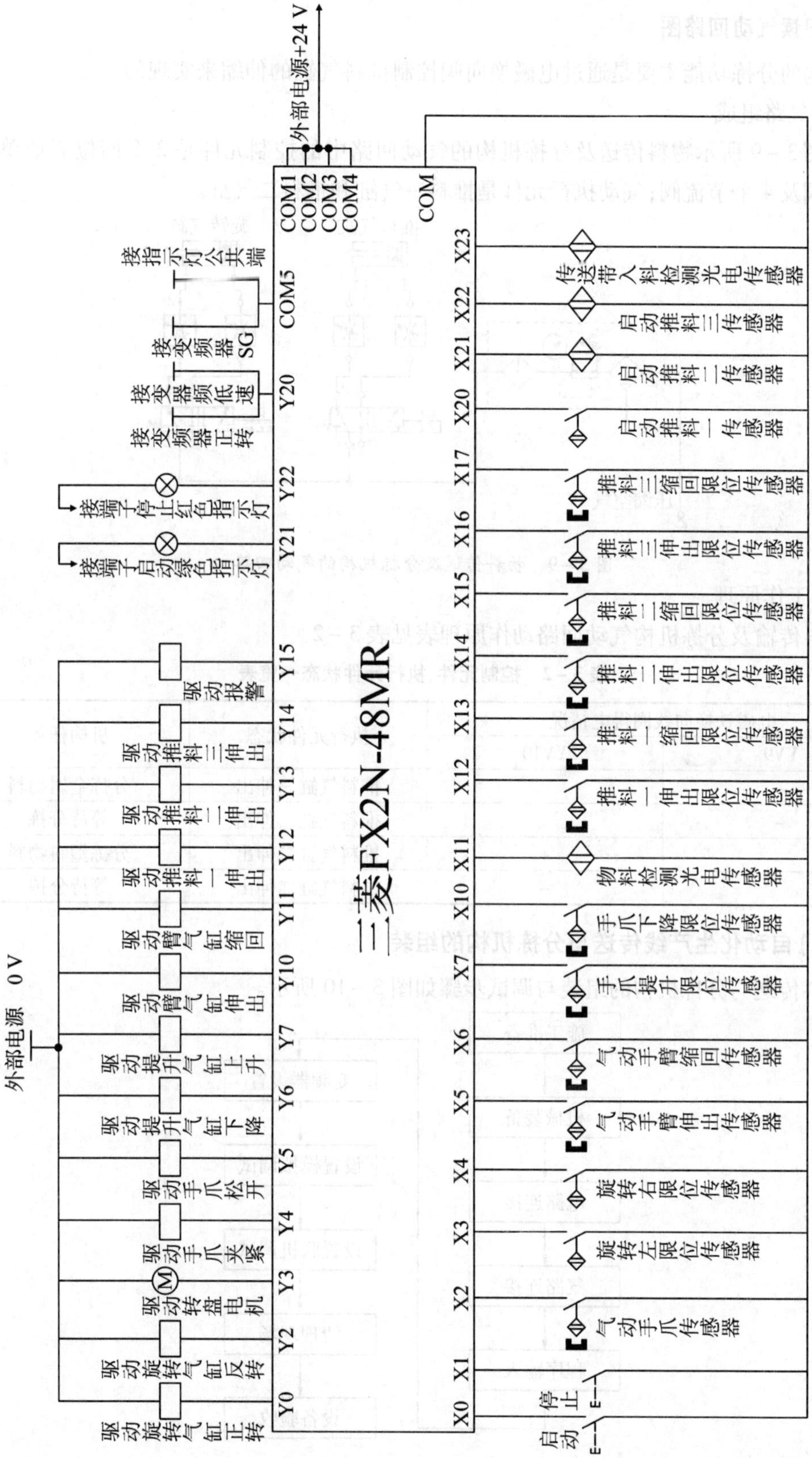

图3-8　物料传输与分拣机构电路图

5. 识读气动回路图

机构的分拣功能主要是通过电磁换向阀控制推料气缸的伸缩来实现的。

(1)气路组成

如图 3 -9 所示物料传送及分拣机构的气动回路中的控制元件是 2 个两位五通单控电磁换向阀及 4 个节流阀;气动执行元件是推料一气缸和推料二气缸。

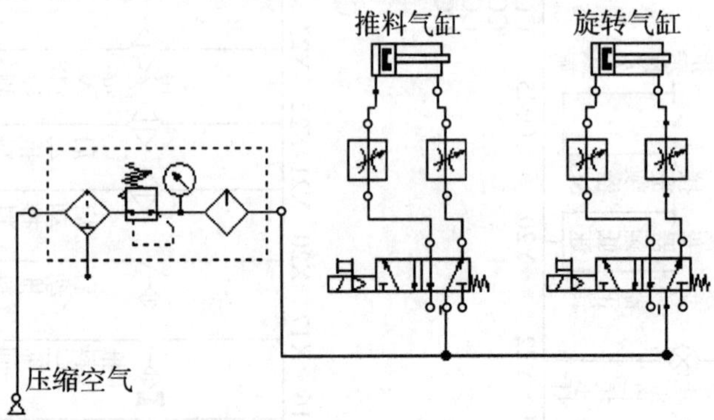

图 3 -9 物料传送及分拣机构的气动回路

(2)工作原理

物料传输及分拣机构气动回路动作原理表见表 3 -2。

表 3 -2 控制元件、执行元件状态一览表

电磁铁换向线圈得电情况		执行元件状态	机构任务
YV9	YV10		
+		推料气缸一伸出	分拣金属物料
-		推料气缸一伸出	等待分拣
	+	推料气缸二伸出	分拣塑料物料
	-	推料气缸二伸出	等待分拣

(二)自动化生产线传送与分拣机构的组装

物料传送与分拣机构的组装与调试步骤如图 3 -10 所示。

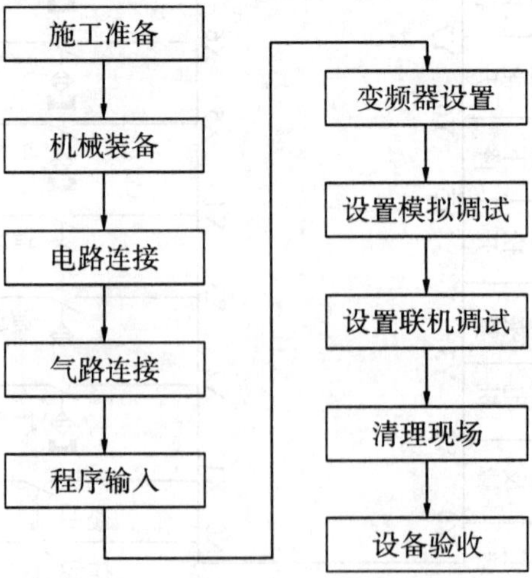

图 3 -10 物料传送及分拣机构的组装与调试流程图

1. 施工准备

检查物料传送及分拣机构的配件是否齐全，并归类放置，其部件清单见表3－3。

表3－3 材料清单

序号	名称	型号规格	数量	单位	备注
1	传送线套件	50X700	1	套	
2	推料气缸套件	CDJ2KB10－60－B	2		
3	料槽套件		2		
4	电动机及安装套件	380 V25W	1	套	
5	落料口		1	只	
6	电感式传感器及其套件	NSN4－2M60－EO－AM	1	套	
7	光电传感器及支架	GO12－MDNA－A	1	套	
8	光纤传感器及支架	E3X－NA11	1	套	
9	磁性传感器	D－C73	1	套	
10	PLC模块	YL050FX2N－48MR	1	块	
11	按钮模块	YL157	1	块	
12	变频器模块	E50、0.75KW	1	块	
13	气源模块	YL046	1	块	
14	螺钉	M4	若干		
15	垫片	4	若干		
班级			组长签字		

2. 机械装配

根据机械装配图及装配定位尺寸要求，组装物料传送及分拣机构的机械零部件。物料传送及分拣机构机械装配参考流程如图3－11所示。

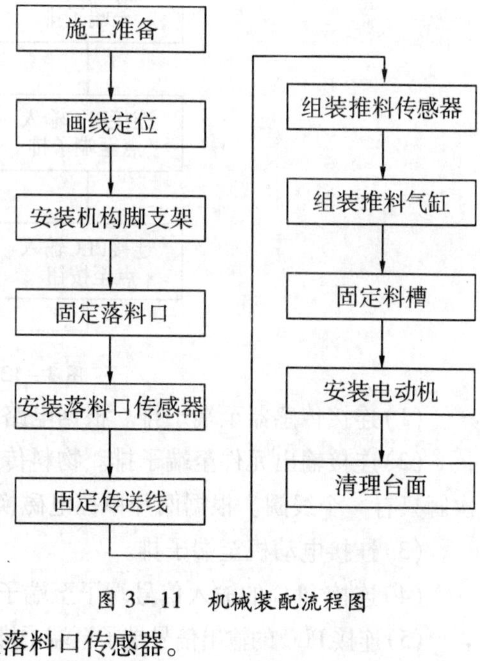

图3－11 机械装配流程图

（1）画线定位。根据物料传送及分拣机构装配示意图对机构支架、三项异步电动机和电磁换向阀固定尺寸进行画线定位。

（2）安装机构脚支架。固定传输线的四只脚支架。

（3）固定落料口。根据装配示意图固定落料口。固定时应注意不可将传感器左右颠倒，否则将无法安装三相异步电动机。落料口的位置相对于传送线的左侧需存有一定距离，以此保证物料与传送带接触面积过小出现倾斜、翻滚后漏落现象。

（4）安装落料口传感器。根据装配示意图安装落料口传感器。

（5）固定传送线。将传输线固定在定位处。

（6）组装启动推料传感器。将气动推料传感器在其支架上转好后，再根据装配示意图将支架固定在传送线上。

(7)组装推料气缸在推料气缸上固定磁性传感器,装好支架后固定在传送线上。

(8)固定料槽根据装配示意图将料槽一和料槽二固定在传送线上,并调整它与其对应的推料气缸,使二者保持统一中心线,确保推料准确。

(9)安装三相异步电动机。三相异步电动机装好支架、柔性联轴器后,将其支架固定在定位处。固定前应调整好电动机的高度、垂直度,使电动机与传送带同轴。完成后,使旋电动机,观察两者连接、运转是否可靠。

(10)固定电磁阀阀座。将电磁阀法座固定在定位处。

3. 电路连接

按照电气接线图要求连接物料传送及分拣机构的电气回路。物料传送及分拣机构的电路连接的流程如图 3-12 所示。

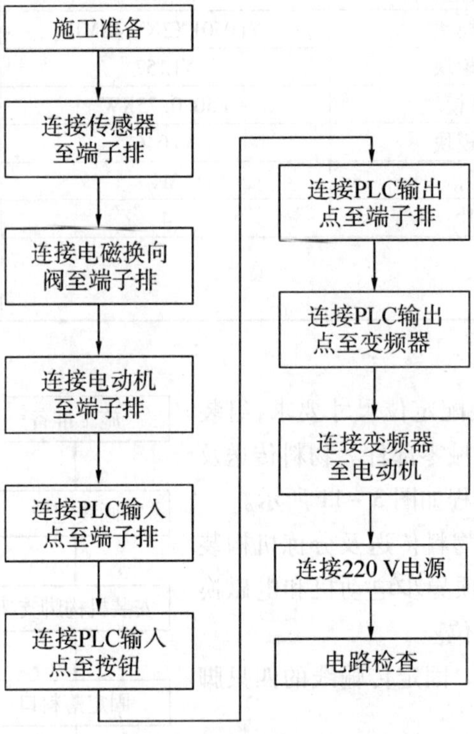

图 3-12 电路连接流程图

(1)连接传感器至端子排。根据电路图将传感器的引出线连接至端子排。

(2)连接输出元件至端子排。物料传送与分拣机构使用的是阀组中的单控电磁换向阀,次阀只有一个线圈。根据两片单控电磁换向阀的线圈按端子分布图接至端子排。

(3)连接电动机至端子排。

(4)连接 PLC 的输入信号端子至端子排。

(5)连接 PLC 的输出信号端子至端子排(负载电源暂不连接,待 PLC 模拟调试成功后连接)。

(6)连接 PLC 的输入信号端子至按钮模块。

(7)连接 PLC 的输出信号端子至变频器。

(8)连接变频器至电动机。将变频器的主回路输出端子 U,V,W,PE 与三相异步电动机相连。接线时严禁将变频器的主回路输出端子 U,V,W 与电源输入端子 L1,L2,L3 错接,否则会烧毁变频器。

(9)将电源模块中的单项交流电源引至 PLC 模块。

(10)将电源模块中的三相交流电源和接地线引至变频器的主回路输入端子 L1,L2,L3,PE。

(11)电路检查。

4. 气动回路连接

(1)连接气源。

(2)连接执行元件。

(3)整理、固定气管。

(4)封闭阀组上未用的电磁换向阀的气路通道。

5. 程序输入

(1)启动三菱 PLC 编程软件。

(2)创建新文件,选择 PLC。

(3)输入程序。

(4)转换梯形图。

(5)保存文件。

6. 变频器参数设定

变频器设置参数见表 3－4。

表 3－4　三菱变频器参数设置

序号	参数代号	参数值	说明
1	P4	35	高速
2	P5	20	中速
3	P6	11	低速
4	P7	5	加速时间
5	P8	5	减速时间
6	P14	0	
7	P79	2	电动机控制模式
8	P80	默认	电动机的额定功率
9	P82	默认	电动机的额定电流
10	P83	默认	电动机的额定电压
11	P84	默认	电动机的额定频率

(三)物料传送机分拣设备调试

设备调试前按照要求清理设备、检查机械装配、电路连接、气路连接等情况,确认其安全性、正确性。在此基础上确定调试流程,分拣及传输机构调试流程如图 3－13 所示。

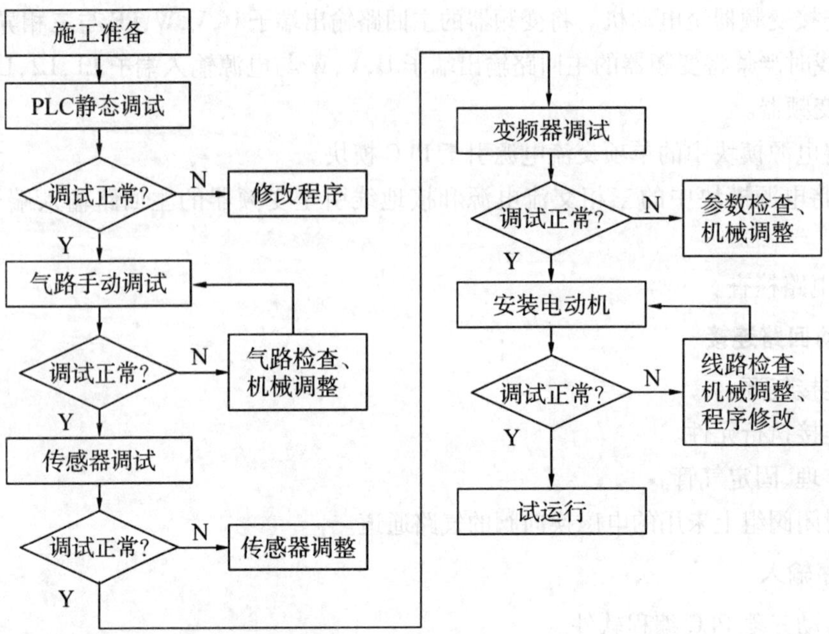

图 3－13　设备调试流程图

1. 物料传送及分拣机构静态调试

静态调试流程如图 3－14 所示。静态调试观察情况及记录见表 3－5。

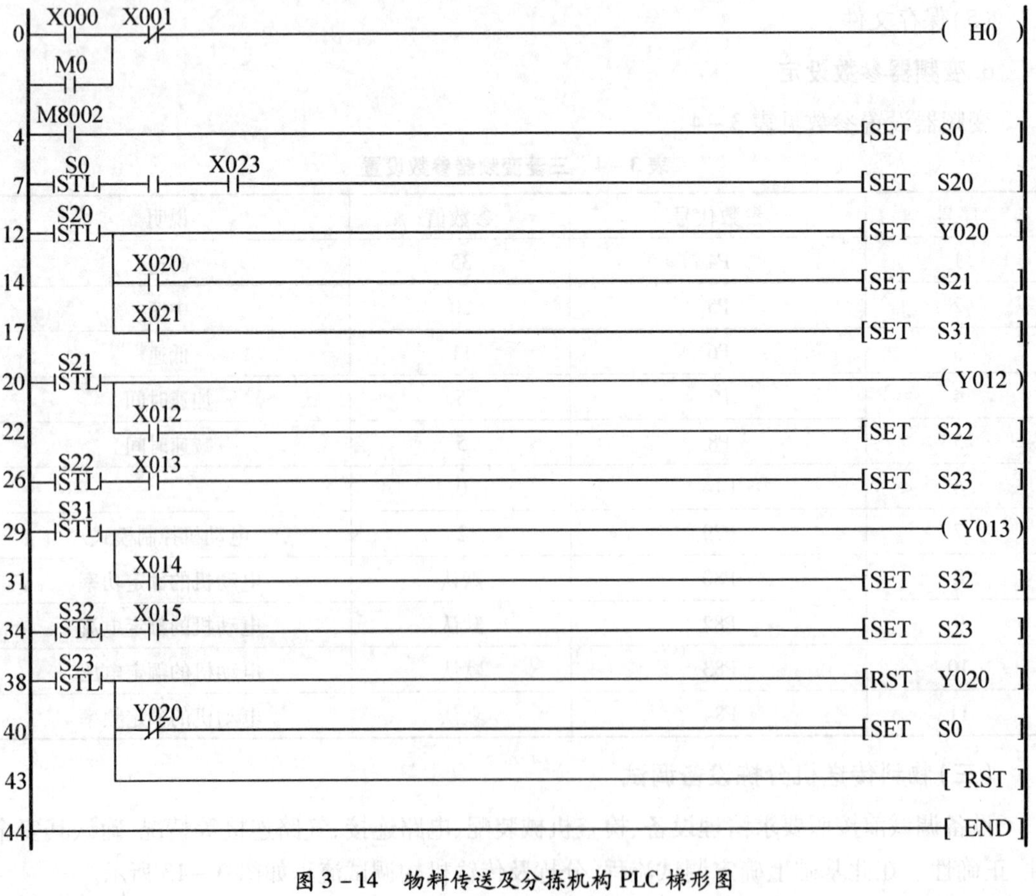

图 3－14　物料传送及分拣机构 PLC 梯形图

表3-5 静态调试情况记载表

步骤	操作任务	观察结果		备注
		正确结果	观察结果	
1	按下启动按钮 SB1,动作 X23 钮子开关后复位	Y20 指示 LED 点亮		启动后,有物料,传输带运转
2	动作 X20 钮子开关后复位	Y12 指示 LED 熄灭		检测到金属物料,气缸一伸出,分拣至金属料槽
3	动作 X12 钮了开关	Y12 指示 LED 熄灭		伸出到位后,气缸一缩回
4	复位 X12 钮子开关,动作位 X13 钮子开关	Y20 指示 LED 点亮		缩回到位后,传输带停止
5	动作 X23 钮子开关后复位	Y20 指示 LED 点亮		有物料,传输带运转
6	动作 X21 钮子开关后复位	Y13 指示 LED 点亮		检测到塑料物料,气缸二伸出,分拣至塑料料槽
7	动作 X14 钮子开关	Y13 指示 LED 点亮		伸出到位后,气缸二缩回
8	复位 X14 钮子开关,动作 X15 钮子开关	Y20 指示 LED 熄灭		缩回到位后,传输带停止
9	动作 X23 钮子开关后复位	Y20 指示 LED 点亮		有物料,传输带运转
10	按下停止按钮	传输带不能停止,必须执行当前工作循环后才能停止		

(1)连接 PLC 与计算机。

(2)确认 PLC 的输出负载回路电源处于断开状态,并检查空气压缩机的阀门是否关闭。

(3)合上断路器,给设备供电。

(4)写入程序。

(5)运行 PLC,用 PLC 模块上的钮子开关模拟 PLC 输入信号,观察 PLC 的输出指示 LED。

(6)将 PLC 的 RUN/STOP 开关置 STOP 位置。

(7)复位 PLC 模块上的钮子开关。

(8)气动回路手动调试。

(9)传感器调试。放入金属物料和白色塑料物料,调整光电传感器光线漫反射灵敏度及光纤放大器的颜色灵敏度至运行准确。

(10)变频器调试。闭合变频器模块上的 STF、RL 钮子开关,电动机运转,传送带自左向右运行。如电动机反转,须关闭电源后对调输入三相电源 U、V、W 中的任意两项,改变电动机电源相序后重新调试。调试时注意观察变频器的运行频率是否与要求值相符。

2. 联机调试

模拟调试正常后,接通 PLC 输出负载,便可联机调试。调试时要求操作人员认真观察设备运行情况,如出现问题,应立即解决或切断电源,避免扩大故障范围。联机调试结果见

表3-6。

表3-6 联机调试结果一览表

步骤	操作过程	设备实现的功能	备注
1	按下启动按钮 SB1	机构启动	
2	落料口放入金属物料	传输带运转	
3	物料传送至金属传感器	气缸一伸出,分拣至金属料槽	
4	气缸一伸出到位后	气缸一缩回,传输带停转	
5	落料口放入塑料物料	传输带运转	
6	物料传送至光纤传感器	气缸二伸出,分拣至塑料料槽	
7	气缸二伸出到位后	气缸二缩回,传输带停转	
8	重新加料,按下停止按钮 SB2,机构完成当前工作循环后停止工作		

二、可编程控制器

(一) PLC 简介

1. PLC 定义

可编程控制器(Programmble Controller)简称 PC 或 PLC。它是在电器控制技术和计算机技术的基础上开发出来的,并逐渐发展成为以微处理器为核心,把自动化技术、计算机技术、通信技术融为一体的新型工业控制装置。目前,PLC 已被广泛应用于各种生产机械和生产过程的自动控制中,成为一种最重要、最普及、应用场合最多的工业控制装置,被公认为现代工业自动化的三大支柱(PLC、机器人、CAD/CAM)之一。

国际电工委员会(IEC)于 1987 年颁布了可编程控制器标准草案第三稿。在草案中对可编程控制器定义如下:“可编程控制器是一种数字运算操作的电子系统,专为在工业环境下应用而设计。它采用可编程序的存储器,用来在其内部存储执行逻辑运算、顺序控制、定时、计数和算术运算等操作的指令,并通过数字式和模拟式的输入和输出,控制各种类型的机械或生产过程。可编程控制器及其有关外围设备,都应按易于与工业系统联成一个整体,易于扩充其功能的原则设计”。

2. PLC 的产生与发展

在可编程控制器出现前,在工业电气控制领域中,继电器控制占主导地位,应用广泛。但是电器控制系统存在体积大、可靠性低、查找和排除故障困难等缺点,特别是其接线复杂、不易更改,对生产工艺变化的适应性差。

1968 年美国通用汽车公司(G.M)为了适应汽车型号的不断更新,生产工艺不断变化的需要,实现小批量、多品种生产,希望能有一种新型工业控制器,它能做到尽可能减少重新设计和更换电器控制系统及接线,以降低成本,缩短周期。于是就设想将计算机功能强大、灵活、通用性好等优点与电器控制系统简单易懂、价格便宜等优点结合起来,制成一种通用控制装置,而且这种装置采用面向控制过程、面向问题的“自然语言”进行编程,使不熟悉计算机的人也能很快掌握使用。

1969年美国数字设备公司(DEC)根据美国通用汽车公司的这种要求,研制成功了世界上第一台可编程控制器,并在通用汽车公司的自动装配线上试用,取得很好的效果。从此这项技术迅速发展起来。

早期的可编程控制器仅有逻辑运算、定时、计数等顺序控制功能,只是用来取代传统的继电器控制,通常称为可编程逻辑控制器(Programmable Logic Controller)。随着微电子技术和计算机技术的发展,20世纪70年代中期微处理器技术应用到PLC中,使PLC不仅具有逻辑控制功能,还增加了算术运算、数据传送和数据处理等功能。

20世纪80年代以后,随着大规模、超大规模集成电路等微电子技术的迅速发展,16位和32位微处理器应用于PLC中,使PLC得到迅速发展。PLC不仅控制功能增强,同时可靠性提高,功耗、体积减小,成本降低,编程和故障检测更加灵活方便,而且具有通信和联网、数据处理和图象显示等功能,使PLC真正成为具有逻辑控制、过程控制、运动控制、数据处理、联网通信等功能的名符其实的多功能控制器。

自从第一台PLC出现以后,日本、德国、法国等也相继开始研制PLC,并得到了迅速的发展。目前,世界上有200多家PLC厂商,400多品种的PLC产品,按地域可分成美国、欧洲、和日本等三个流派产品,各流派PLC产品都各具特色,如日本主要发展中小型PLC,其小型PLC性能先进,结构紧凑,价格便宜,在世界市场上占用重要地位。著名的PLC生产厂家主要有美国的A—B(Allen—Bradly)公司、GE(General Electric)公司,日本的三菱电机(Mitsubishi Electric)公司、欧姆龙(OMRON)公司,德国的AEG公司、西门子(Siemens)公司,法国的TE(Telemecanique)公司等。

我国的PLC研制、生产和应用也发展很快,尤其在应用方面更为突出。在20世纪70年代末和80年代初,我国随国外成套设备、专用设备引进了不少国外的PLC。此后,在传统设备改造和新设备设计中,PLC的应用逐年增多,并取得显著的经济效益,PLC在我国的应用越来越广泛,对提高我国工业自动化水平起到了巨大的作用。目前,我国不少科研单位和工厂在研制和生产PLC,如辽宁无线电二厂、无锡华光电子公司、上海香岛电机制造公司、厦门A—B公司等。

从近年的统计数据看,在世界范围内PLC产品的产量、销量、用量高居工业控制装置榜首,而且市场需求量一直以每年15%的比率上升。PLC已成为工业自动化控制领域中占主导地位的通用工业控制装置。

3. PLC未来展望

21世纪,PLC会有更大的发展。从技术上看,计算机技术的新成果会更多地应用于可编程控制器的设计和制造上,会有运算速度更快、存储容量更大、智能更强的品种出现;从产品规模上看,会进一步向超小型及超大型方向发展;从产品的配套性上看,产品的品种会更丰富、规格更齐全,完美的人机界面、完备的通信设备会更好地适应各种工业控制场合的需求;从市场上看,各国各自生产多品种产品的情况会随着国际竞争的加剧而打破,会出现少数几个品牌垄断国际市场的局面,会出现国际通用的编程语言;从网络的发展情况来看,可编程控制器和其他工业控制计算机组网构成大型的控制系统是可编程控制器技术的发展方向。目前的计算机集散控制系统DCS(Distributed Control System)中已有大量的可编程控制器应用。伴随着计算机网络的发展,可编程控制器作为自动化控制网络和国际通用网络的重要组成部分,将在工业及工业以外的众多领域发挥越来越大的作用。

当代 PLC 技术的发展动向,美国通用汽车以用户身份提出新一代控制器应具备十大条件,这十大条件是:

(1)编程方便,可在现场修改程序;

(2)维修方便,最好是插件式;

(3)可靠性高于继电器控制柜;

(4)体积小于继电器控制柜;

(5)可将数据直接送入管理计算机;

(6)在成本上可与继电器控制竞争;

(7)输入可以是交流 115 V;

(8)输出为交流 115 V/2 A 以上,能直接驱动电磁阀;

(9)在扩展时,原有系统只要很小变更;

(10)用户程序存储容量至少能扩展到 4 KB。

4. PLC 的特点

PLC 技术之所以高速发展,除了工业自动化的客观需要外,主要是因为它具有许多独特的优点。它较好地解决了工业领域中普遍关心的可靠、安全、灵活、方便、经济等问题。主要有以下特点:

(1)可靠性高、抗干扰能力强

传统的继电器控制系统中使用了大量的中间继电器、时间继电器。由于触点接触不良,容易出现故障。PLC 用软件代替大量的中间继电器和时间继电器,仅剩下与输入和输出有关的少量硬件,接线可减少到继电器控制系统的 1/10 ~ 1/100,因触点接触不良造成的故障大为减少。

高可靠性是电气控制设备的关键性能。PLC 由于采用现代大规模集成电路技术,采用严格的生产工艺制造,内部电路采取了先进的抗干扰技术,具有很高的可靠性。例如三菱公司生产的 F 系列 PLC 平均无故障时间高达 30 万小时。一些使用冗余 CPU 的 PLC 的平均无故障工作时间则更长。从 PLC 的机外电路来说,使用 PLC 构成控制系统,和同等规模的继电接触器系统相比,电气接线及开关接点已减少到数百甚至数千分之一,故障也就大大降低。此外,PLC 带有硬件故障自我检测功能,出现故障时可及时发出警报信息。在应用软件中,应用者还可以编入外围器件的故障自诊断程序,使系统中除 PLC 以外的电路及设备也获得故障自诊断保护。可靠性高、抗干扰能力强是 PLC 最重要的特点之一。PLC 的平均无故障时间可达数十万个小时,之所以有这么高的可靠性,是由于它采用了一系列的硬件和软件的抗干扰措施:

硬件方面:I/O 通道采用光电隔离,有效地抑制了外部干扰源对 PLC 的影响;对供电电源及线路采用多种形式的滤波,从而消除或抑制了高频干扰;对 CPU 等重要部件采用良好的导电、导磁材料进行屏蔽,以减少空间电磁干扰;对有些模块设置了联锁保护、自诊断电路等。

软件方面:PLC 采用扫描工作方式,减少了由于外界环境干扰引起故障;在 PLC 系统程序中设有故障检测和自诊断程序,能对系统硬件电路等故障实现检测和判断;当由外界干扰引起故障时,能立即将当前重要信息加以封存,禁止任何不稳定的读写操作,一旦外界环境正常后,便可恢复到故障发生前的状态,继续原来的工作。

(2)编程简单、使用方便

目前,大多数 PLC 采用的编程语言是梯形图语言,它是一种面向生产、面向用户的编程语言。梯形图与电器控制线路图相似,形象、直观,不需要掌握计算机知识,很容易让广大工程技术人员掌握。当生产流程需要改变时,可以现场改变程序,使用方便、灵活。同时,PLC 编程器的操作和使用也很简单。这也是 PLC 获得普及和推广的主要原因之一。

(3)硬件配套齐全,功能完善,适用性强

PLC 发展到今天,已经形成了大、中、小各种规模的系列化产品,并且已经标准化、系列化、模块化,配备有品种齐全的各种硬件装置供用户选用,用户能灵活方便地进行系统配置,组成不同功能、不同规模的系统。PLC 的安装接线也很方便,一般用接线端子连接外部接线。PLC 有较强的带负载能力,可直接驱动一般的电磁阀和交流接触器,可以用于各种规模的工业控制场合。除了逻辑处理功能以外,现代 PLC 大多具有完善的数据运算能力,可用于各种数字控制领域。近年来 PLC 的功能单元大量涌现,使 PLC 渗透到了位置控制、温度控制、CNC 等各种工业控制中。加上 PLC 通信能力的增强及人机界面技术的发展,使用 PLC 组成各种控制系统变得非常容易。

(4)易学易用,深受工程技术人员欢迎

PLC 作为通用工业控制计算机,是面向工矿企业的工控设备。它接口容易,编程语言易于为工程技术人员接受。梯形图语言的图形符号与表达方式和继电器电路图相当接近,只用 PLC 的少量开关量逻辑控制指令就可以方便地实现继电器电路的功能。为不熟悉电子电路、不懂计算机原理和汇编语言的人使用计算机从事工业控制打开了方便之门。

(5)系统的设计、安装、调试工作量小,维护方便,容易改造

PLC 的梯形图程序一般采用顺序控制设计法。这种编程方法很有规律,很容易掌握。对于复杂的控制系统,梯形图的设计时间比设计继电器系统电路图的时间要少得多。

PLC 用存储逻辑代替接线逻辑,大大减少了控制设备外部的接线,使控制系统设计及建造的周期大为缩短,同时维护也变得容易起来。更重要的是使同一设备经过改变程序、改变生产过程成为可能。这很适合多品种、小批量的生产场合。PLC 的用户程序大部分可在实验室进行模拟调试,缩短了应用设计和调试周期。在维修方面,由于 PLC 的故障率极低,维修工作量很小;而且 PLC 具有很强的自诊断功能,如果出现故障,可根据 PLC 上指示或编程器上提供的故障信息,迅速查明原因,维修极为方便。

(6)体积小,重量轻,能耗低

以超小型 PLC 为例,新近出产的品种底部尺寸小于 100 mm,仅相当于几个继电器的大小,因此可将开关柜的体积缩小到原来的 1/2 ~1/10。它的重量小于 150 g,功耗仅数瓦。由于体积小很容易装入机械内部,是实现机电一体化的理想控制设备。

5. PLC 的应用领域

目前,在国内外 PLC 已广泛应用冶金、石油、化工、建材、机械制造、电力、汽车、轻工、环

保及文化娱乐等各行各业，随着 PLC 性能价格比的不断提高，其应用领域不断扩大。从应用类型看，PLC 的应用大致可归纳为以下几个方面。

（1）开关量逻辑控制

利用 PLC 最基本的逻辑运算、定时、计数等功能实现逻辑控制，可以取代传统的继电器控制，用于单机控制、多机群控制、生产自动线控制等，例如：机床、注塑机、印刷机械、装配生产线、电镀流水线及电梯的控制等。这是 PLC 最基本的应用，也是 PLC 最广泛的应用领域。

（2）模拟量控制

在工业生产过程当中，有许多连续变化的量，如温度、压力、流量、液位和速度等都是模拟量。为了使可编程控制器处理模拟量，必须实现模拟量（Analog）和数字量（Digital）之间的 A/D 转换及 D/A 转换。PLC 厂家都生产配套的 A/D 和 D/A 转换模块，使可编程控制器用

（3）运动控制

PLC 可以用于圆周运动或直线运动的控制。从控制机构配置来说，早期直接用于开关量 I/O 模块连接位置传感器和执行机构，现在一般使用专用的运动控制模块。如可驱动步进电机或伺服电机的单轴或多轴位置控制模块。世界上各主要 PLC 厂家的产品几乎都有运动控制功能，广泛用于各种机械、机床、机器人、电梯等场合。

（4）过程控制

过程控制是指对温度、压力、流量等模拟量的闭环控制。作为工业控制计算机，PLC 能编制各种各样的控制算法程序，完成闭环控制。PID 调节是一般闭环控制系统中用得较多的调节方法。大中型 PLC 都有 PID 模块，目前许多小型 PLC 也具有此功能模块。PID 处理一般是运行专用的 PID 子程序。过程控制在冶金、化工、热处理、锅炉控制等场合有非常广泛的应用。

（5）数据处理

现代 PLC 具有数学运算（含矩阵运算、函数运算、逻辑运算）、数据传送、数据转换、排序、查表、位操作等功能，可以完成数据的采集、分析及处理。这些数据可以与存储在存储器中的参考值比较，完成一定的控制操作，也可以利用通信功能传送到别的智能装置，或将它们打印制表。数据处理一般用于大型控制系统，如无人控制的柔性制造系统；也可用于过程控制系统，如造纸、冶金、食品工业中的一些大型控制系统。

（6）通信联网

PLC 的通信包括 PLC 与 PLC、PLC 与上位计算机、PLC 与其他智能设备之间的通信，PLC 系统与通用计算机可直接或通过通信处理单元、通信转换单元相连构成网络，以实现信息的交换，并可构成“集中管理、分散控制”的多级分布式控制系统，满足工厂自动化（FA）系统发展的需要。

6. PLC 的基本结构

从结构上分，PLC 分为固定式和组合式（模块式）两种。固定式 PLC 包括 CPU 板、I/O 板、显示面板、内存块、电源等，这些元素组合成一个不可拆卸的整体。模块式 PLC 包括 CPU 模块、I/O 模块、内存、电源模块、底板或机架，这些模块可以按照一定规则组合配置。

(1)CPU 的构成

CPU 是 PLC 的核心,起神经中枢的作用,每套 PLC 至少有一个 CPU,它按 PLC 的系统程序赋予的功能接收并存储用户程序和数据,用扫描的方式采集由现场输入装置送来的状态或数据,并存入规定的寄存器中,同时,诊断电源和 PLC 内部电路的工作状态和编程过程中的语法错误等。进入运行后,从用户程序存储器中逐条读取指令,经分析后再按指令规定的任务产生相应的控制信号,去指挥有关的控制电路。

CPU 主要由运算器、控制器、寄存器及实现它们之间联系的数据、控制及状态总线构成,CPU 单元还包括外围芯片、总线接口及有关电路。内存主要用于存储程序及数据,是 PLC 不可缺少的组成单元。

在使用者看来,不必要详细分析 CPU 的内部电路,但对各部分的工作机制还是应有足够的理解。CPU 的控制器控制 CPU 工作,由它读取指令、解释指令及执行指令。但工作节奏由震荡信号控制。运算器用于进行数字或逻辑运算,在控制器指挥下工作。寄存器参与运算,并存储运算的中间结果,它也是在控制器指挥下工作。CPU 速度和内存容量是 PLC 的重要参数,它们决定着 PLC 的工作速度,I/O 数量及软件容量等,因此限制着控制规模。

(2)存储器

存放系统软件的存储器称为系统程序存储器。存放应用软件的存储器称为用户程序存储器。

(3)I/O 模块。

PLC 与电气回路的接口,是通过输入输出部分(I/O)完成的。I/O 模块集成了 PLC 的 I/O电路,其输入暂存器反映输入信号状态,输出点反映输出锁存器状态。输入模块将电信号变换成数字信号进入 PLC 系统,输出模块相反。I/O 分为开关量输入(DI),开关量输出(DO),模拟量输入(AI),模拟量输出(AO)等模块。

常用的 I/O 分类如下:

开关量:按电压水平分,有 220 VAC,110 VAC,24 VDC,按隔离方式分,有继电器隔离和晶体管隔离。

模拟量:按信号类型分,有电流型(4 ~ 20 mA,0 ~ 20 mA)、电压型(0 ~ 10 V,0 ~ 5 V,-10 ~ 10 V)等,按精度分,有 12 bit,14 bit,16 bit 等。

除了上述通用 IO 外,还有特殊 IO 模块,如热电阻、热电偶、脉冲等模块。

按 I/O 点数确定模块规格及数量,I/O 模块可多可少,但其最大数受 CPU 所能管理的基本配置的能力,即受最大的底板或机架槽数限制。

(4)电源模块

PLC 电源用于为 PLC 各模块的集成电路提供工作电源。同时,有的还为输入电路提供 24 V 的工作电源。电源输入类型有:交流电源(220 VAC 或 110 VAC),直流电源(常用的为 24 VDC)。

(5)底板或机架

大多数模块式 PLC 使用底板或机架,其作用是:电气上,实现各模块间的联系,使 CPU 能访问底板上的所有模块,机械上,实现各模块间的连接,使各模块构成一个整体。

(6)PLC 系统的其他设备

编程设备:编程器是 PLC 开发应用、监测运行、检查维护不可缺少的器件,用于编程、对系统作一些设定、监控 PLC 及 PLC 所控制的系统的工作状况,但它不直接参与现场控制运行。小编程器 PLC 一般有手持型编程器,目前一般由计算机(运行编程软件)充当编程器。也就是我们系统的上位机。

人机界面:最简单的人机界面是指示灯和按钮,目前液晶屏(或触摸屏)式的一体式操作员终端应用越来越广泛,由计算机(运行组态软件)充当人机界面非常普及。

7. PLC 的工作原理

当 PLC 投入运行后,其工作过程一般分为三个阶段,即输入采样、用户程序执行和输出刷新三个阶段。完成上述三个阶段称作一个扫描周期。在整个运行期间,PLC 的 CPU 以一定的扫描速度重复执行上述三个阶段。

(1)输入处理阶段

在输入采样阶段,PLC 以扫描方式依次地读入所有输入状态和数据,并将它们存入 I/O 映象区中的相应单元内。输入采样结束后,转入用户程序执行和输出刷新阶段。在这两个阶段中,即使输入状态和数据发生变化,I/O 映象区中的相应单元的状态和数据也不会改变。因此,如果输入是脉冲信号,则该脉冲信号的宽度必须大于一个扫描周期,才能保证在任何情况下,该输入均能被读入。

(2)程序执行阶段

在用户程序执行阶段,PLC 总是按由上而下的顺序依次地扫描用户程序(梯形图)。在扫描每一条梯形图时,又总是先扫描梯形图左边的由各触点构成的控制线路,并按先左后右、先上后下的顺序对由触点构成的控制线路进行逻辑运算,然后根据逻辑运算的结果,刷新该逻辑线圈在系统 RAM 存储区中对应位的状态;或者刷新该输出线圈在 I/O 映象区中对应位的状态;或者确定是否要执行该梯形图所规定的特殊功能指令。

即在用户程序执行过程中,只有输入点在 I/O 映象区内的状态和数据不会发生变化,而其他输出点和软设备在 I/O 映象区或系统 RAM 存储区内的状态和数据都有可能发生变化,而且排在上面的梯形图,其程序执行结果会对排在下面的凡是用到这些线圈或数据的梯形图起作用;相反,排在下面的梯形图,其被刷新的逻辑线圈的状态或数据只能到下一个扫描周期才能对排在其上面的程序起作用。

(3)输出处理阶段

当扫描用户程序结束后,PLC 就进入输出刷新阶段。在此期间,CPU 按照 I/O 映象区内对应的状态和数据刷新所有的输出锁存电路,再经输出电路驱动相应的外设。这时,才是 PLC 的真正输出。

(二)常用的程序设计语言

1. 梯形图(LD→ Ladder Diagram)

梯形图是使用得最多的图形编程语言,被称为 PLC 的第一编程语言。这种表达方式与传统的继电器控制电路图非常相似,不同点是它的特定的元件和构图规则。它比较直观、形象,对于那些熟悉继电器—接触器控制系统的人来说,易被接受。这种表达方式特别适用于比较简单的控制功能的编程。如图 3－15(a)所示的继电器控制电路，用 PLC 完成其功能的梯形图如图 3－15(b)所示。

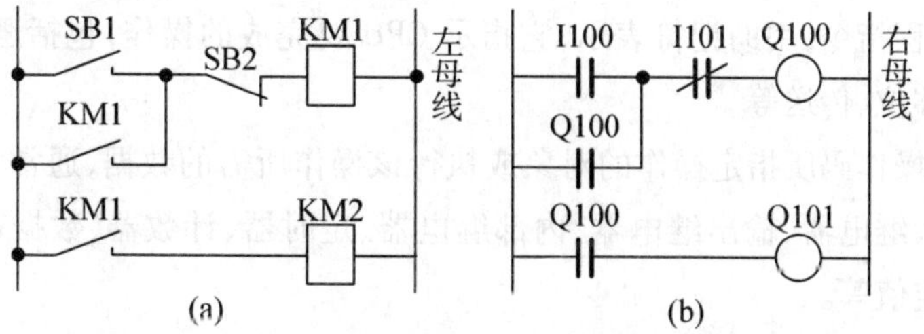

图 3－15 继电器控制电路及用 PLC 完成其功能的梯形图

梯形图的要点：梯形图按自上而下、从左到右的顺序排列。每个继电器线圈为一个逻辑行，即一层阶梯。每一逻辑行起于左母线，然后是触点的各种连接，最后终止于继电器线圈(也可以加上一条右母线)。整个图形呈阶梯状。

2. 功能模块图(FBD→ Function Black Diagram)

功能模块图是一种类似于数字逻辑门电路的编程语言。

该语言用类似与门、或门的方框来表示逻辑运算关系，方框的左侧为逻辑运算的输入变量，右侧为输出变量，输入、输出端的小圆圈表示“非”运算，方框被“导线”连接在一起，信号自左向右流动。例如对应于图 3－16(a)所示的功能模块图如图 3－16(b)所示。

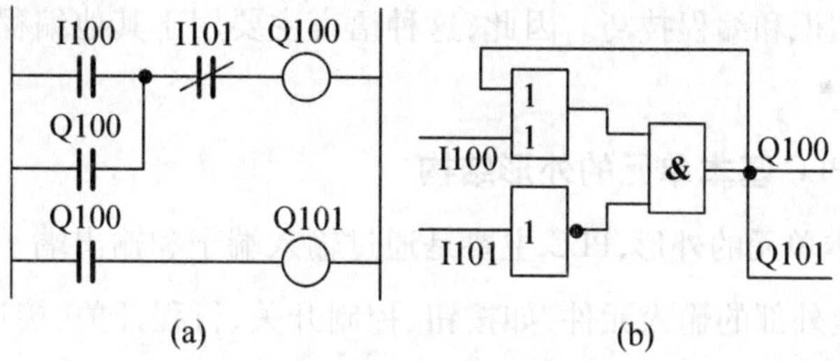

图 3－16 功能模块图

功能模块图的特点是：以功能模块为单位，分析理解控制方案简单容易；以图形的形式表达功能，直观，有数字电路基础的人很容易掌握；对规模大、控制逻辑关系复杂的控制系统，由于功能模块图能够清楚表达功能关系，使编程调试时间大大减少。

3. 顺序功能流程图(SFC→ Sequential Function Chart)

顺序功能流程图的规则是：将顺序流程动作的过程分成步和转换条件，根据转移条件对控制系统的功能流程顺序进行分配，一步一步地按照顺序动作。每一步代表一个控制功能任务，用方框表示。在方框内含有用于完成相应控制功能任务的梯形图逻辑。

由于顺序功能流程图描述控制过程详细具体(包括：每一步的输入信号，每一步的工作内容，每一步的输出状态，框与框之间的转换条件)，因此程序结构清晰，易于阅读及维护，可大大减轻编程工作量，缩短编程和调试时间。特别适用于系统规模校大，程序关系较复杂的场合。

LD
I100
OR
Q100
ANDI
I101
OUT
Q100
OUT
Q101
END

图 3－17 功
指令表

4. **指令表(IL→ Instruction List)**

它采用类似于汇编语言的指令语句来编程。指令语句的一般格式为:操作码操作数。操作码又称为编程指令,用助记符表示,它指示 CPU 要完成的操作,包括逻辑运算、算术运算、定时、计数、移位、传送等。

操作数给出操作码所指定操作的对象或执行该操作所需的数据,通常为编程元件的编号或常数,如输入继电器、输出继电器、内部继电器、定时器、计数器、数据寄存器以及定时器、计数器的设定值等。

指令语句对熟悉汇编语言的编程者特别容易接受,它编程设备简单,编程简便。采用指令语句编程时,通常都预先用以上几种方式之一表达控制原理,然后改写成相应的指令语句。应用最多的是采用梯形图与指令语句结合编程,即先按控制要求画出梯形图,再根据梯形图写出相应的指令程序。因 PLC 是按照指令存入存储器中的先后顺序来执行程序的,故要求程序中指令和顺序要正确。

5. **结构化文本(ST→ Structured Text)**

结构化文本是 IEC 工作组对各种高级编程语言合理地吸收、借鉴的基础上创建的针对工业控制的一种专用高级编程语言。

结构化文本的特点是:能实现较复杂的控制运算;编写的程序简洁、紧凑;需要有一定的计算机高级语言的知识和编程技巧。因此,这种语言主要用于其他编程语言较难实现的用户程序编制。

(三)FX2N 型 PLC 基本单元的外形结构

FX_{2N}型 PLC 基本单元的外形,PLC 主要是通过输入端子和输出端子与外部控制电器联系的。输入端子连接外部的输入元件,如按钮、控制开关、行程开关、接近开关、热继电器接点、压力继电器接点、数字开关等。输出端子连接外部的输出元件,如接触器、继电器线圈、信号灯、报警器、电磁铁、电磁阀、电动机等。

FX_{2N}型可编程序控制器上设置有 4 个指示灯,以显示 PLC 的电源、运行/停止、内部锂电池的电压、CPU 和程序的工作状态。

1. **FX2N 型 PLC 的主要种类及型号**

(1)FX2N 型 PLC 的主要种类

FX_{2N}型 PLC 按品种可分为基本单元、扩展单元、扩展模块和特殊扩展设备,基本单元由内部电源、内部输入输出、内部 CPU 和内部存储器组成,只有基本单元可以单独使用,当输入输出点数不足时可以进行扩展。

扩展单元由内部电源、内部输入输出组成,需要和基本单元一起使用。

扩展模块由内部输入输出组成,自身不带电源,由基本单元、扩展单元供电,需要和基本单元一起使用。特殊扩展设备可分为三类:特殊功能板、特殊模块和特殊单元。是一些特殊用途的装置。特殊功能板用于通信、连接和模拟量设定等,特殊模块主要有模拟量输入输出、高速计数、脉冲输出、接口等模块，特殊单元用于定位脉冲输出。

（2）FX2N 型 PLC 的型号

FX_{2N}型 PLC 的型号可表示如下：

$$\underset{①}{\underline{FX_{2N}}} - \underset{②}{\underline{128}}\ \underset{③}{\underline{M}}\ \underset{④}{\underline{R}} - \underset{⑤}{\underline{001}}$$

①PLC 系列名称，②输入和输出点数总和，128 为 64 点输入和 64 点输出，③单元种类：M－基本单元，E－输入输出混合扩展模块及扩展单元，EX－输入专用扩展模块，EY－输出专用扩展模块，④输出形式：R－继电器输出，S－晶闸管输出，T－晶体管输出，⑤其他区分：001－专为中国推出的产品。

例：型号 FX_{2N}－128 M R－001 表示为 FX_{2N}型 PLC，64 点输入和 64 点输出，128 点基本单元，继电器输出方式，专为中国推出的产品。

2. FX2N 型 PLC 的软元件

FX_{2N}型 PLC 的软元件见表 3－7。

表 3－7　基本单元一览表

输入输出点数	输入点数	输出点数	FX2N 型 PLC		
			AC 电源，DC 输入		
			继电器输出	晶闸管输出	晶体管输出
16	8	8	FX2N－16MR－001	FX2N－16MS－001	FX2N－16MT－001
32	16	16	FX2N－32MR－001	FX2N－32MS－001	FX2N－32MT－001
48	24	24	FX2N－48MR－001	FX2N－48MS－001	FX2N－48MT－001
64	32	32	FX2N－64MR－001	FX2N－64MS－001	FX2N－64MT－001
80	40	40	FX2N－80MR－001	FX2N－80MS－001	FX2N－80MT－001
128	64	64	FX2N－128MR－001	－	FX2N－128MT－001

表 3－8　扩展单元一览表

输入输出点数	输入点数	输出点数	AC 电源，DC 输入		
			继电器输出	晶闸管输出	晶体管输出
32	16	16	FX2N－32ER	FX2N－32ES	FX2N－32ET
48	24	24	FX2N－48ER	FX2N－48ET	

表 3－9　扩展模块一览表

输入输出点数	输入点数	输出点数	输入	继电器输出	晶闸管输出	晶体管输出	输入信号电压	连接形式
8(16)	4(8)	4(8)	FX0N－8ER			DC24V		横端子台
8	8	0	FX0N－8EX				DC24V	横端子台
8	0	8		FX0N－8EYR	FX0N－8EYT			横端子台
16	16	0	FX0N－16				DC24V	横端子台
16	0	16		FX0N－16EYR	FX0N－16EYT			横端子台
16	16	0	FX2N－16EX				DC24V	横端子台
16	0	16		FX2N－16EYR	FX2N－16EYT	FX2N－16EYS		横端子台

注：（ ）中的数字扩展设备占用点数，控制电源（DC5 V）由基本单元或扩展单元供电。

在常规电器控制电路中，采用各种电气开关、继电器、接触器等控制元件组成电路，对电气设备进行控制。在PLC中，利用内部存储单元来模拟各种常规控制电器元件，这些模拟的电器元件叫作软元件，软元件有三种类型。

第一种为位元件，PLC中的输入继电器X、输出继电器Y、辅助继电器M和状态继电器S为位元件。存储单元中的一位表示一个继电器，其值为“0”或“1”，“0”表示继电器失电，“1”表示继电器得电。

第二种为字元件，最典型的字元件为数据寄存器D，一个数据寄存器可以存放16位二进制数，两个数据寄存器可以存放32位二进制数，在PLC控制中用于数据处理。定时器T和计数器C也可以作为数据寄存器来使用。

第三种为位与字混合元件，如定时器T和计数器C，它们的线圈和接点是位元件，它们的设定值寄存器和当前值寄存器为字元件。

表3-10　FX_{2N}型PLC软元件表

软元件	类型	点数		编码范围
输入继电器(X)		184点	合计256点	X0~X267
输出继电器(Y)		184点		Y0~Y267
辅助继电器(M)	一般	500点		M0~M499
	锁定	2572点		M500~M3071
	特殊	256点		M8000~M8255
状态继电器(S)	一般	490点		S0~S499
	锁定	400点		S500~S899
	初始	10点		S0~S9
	信号报警器	100点		S900~S999
定时器(T)	100 ms	0.1~3 276.7 s 200点		T0~T199
	10 ms	0.01~327.67 s 46点		T200~T245
	1 ms保持型	0.01~32.767s 4点		T246~T249
	100 ms保持型	0.1~3 276.7s 6点		T250~T255
计数器(C)	一般16位	0~32 767 200点		C0~C99 16位加计数器
	锁定16位	100点(子系统)		C100~C199 16位加计数器
	一般32位	-2 147 483 648~+2 147 483 647		C200~C219 32位加/减计数器
	35点	C200~C219 32位加/减计数器		
	锁定32位	15点		C220~C234 32位加/减计数器
高速计数器(C)	单相	范围：-2 147 483 648~+2 147 483 647		C235~C245 11点
	双相			C246~C250 5点
	A/B相			C251~C255 5点

续表

软元件	类型	点数	编码范围
数据寄存器(D)(使用2个可组成一个32位数据寄存器)	一般(16位)	200点	D0～D199
	锁定(16位)	7 800点	D200～D7999
	文件寄存器(16位)	7 000点	D1000～D7999
	特殊(16位)	256点	从D8000～D8255
	变址(16位)	16点	V0～V7以及Z0～Z7
指针(P)	用于CALL	128点	P0～P127
	用于中断	6输入点、3定时器、6计数器	100＊～150＊和16＊＊～18＊＊（上升触发＊=1,下降触发＊=0,＊＊=时间(单位:ms)）
嵌套层次		用于MC和MRC时8点	N0～N7
常数	十进制	16位:－32 768～32 767 32位:－2147483648～2147483647	
	十六进制	16位:0～FFFF 32位:0～FFFFFFFF	

3. 输入、输出继电器(X,Y)

输入继电器(X)用于连接外部的输入开关、接点连接,接受外部开关量信号,并通过梯形图进行逻辑运算,其运算结果由输出继电器(Y)输出,驱动外部负载。表3－11为输入继电器和输出继电器元件分配表。

表3－11　输入继电器和输出继电器元件分配表

型号	FX2N－16M	FX2N－32M	FX2N－48M	FX2N－64M	FX2N－80M	FX2N－128M	扩展时
输入继电器	X0～X7 8点	X0～X17 16点	X0～X27 24点	X0～X37 32点	X0～X47 40点	X0～X77 64点	X0～X267 184点
输出继电器	Y0～Y7 8点	Y0～Y17 16点	Y0～Y27 24点	Y0～Y37 32点	Y0～Y47 40点	Y0～Y77 64点	Y0～Y267 184点

输入继电器(X)和输出继电器(Y)在PLC中各有184点,采用八进制编号。

输入继电器编号为:X0～X7,X10～X17,X20～X27……X267。

输出继电器编号为:Y0～Y7,Y10～Y17,Y20～Y27……Y267。

但输入继电器和输出继电器点数之和不得超过256,如接入特殊单元、特殊模块时,每个占8点,应从256点中扣除。

4. 辅助继电器(M)

辅助继电器(M)相当于中间继电器,它只能在内部程序(梯形图)中使用,不能对外驱动外部负载，在梯形图用于逻辑变换和逻辑记忆作用。

在 FX_{2N} 型 PLC 中，除了输入继电器和输出继电器的元件号采用八进制外，其他软元件的元件号均采用十进制。辅助继电器有通用辅助继电器、断电保持辅助继电器和特殊辅助继电器。

(1)通用辅助继电器

通用辅助继电器的元件编号为 M0 ~ M499，共 500 点。它和普通的中间继电器功能一样，运行时，如果通用辅助继电器线圈得电，当电源突然中断时线圈失电，若电源再次接通时，线圈仍失电。通用辅助继电器也可通过参数设定将其改为断电保持辅助继电器。

(2)断电保持辅助继电器

断电保持辅助继电器的元件编号为 M500 ~ M3071。其中 M500 ~ M1023 共 524 点，可通过参数设定将其改为通用辅助继电器。M1024 ~ M3071 共 2 048 点，为专用断电保持辅助继电器。其中 M2800 ~ M3071 用于上升沿，下降沿指令的接点时，有一种特殊性，这将在后面说明。

(3)特殊辅助继电器

特殊辅助继电器用来表示 PLC 的某些状态、提供时钟脉冲和标志(如进位、借位标志等)、设定 PLC 的运行方式、步进顺控、禁止中断、设定计数器的计数方式等。

特殊辅助继电器通常分为两类。

1)接点型(只读型)特殊辅助继电器

此类辅助继电器的接点由 PLC 定义，在用户程序中只可直接使用其触点。下面介绍几种常用的接点型特殊辅助继电器的定义和应用实例。

M8000：运行监控。常开接点，PLC 在运行(RUN)时接点闭合。

M8002：初始化脉冲。常开接点，仅在 PLC 运行开始时接通一个扫描周期。

M8005：锂电池电压降低。锂电池电压下降至规定值时接点闭合，可以用它的触点和输出继电器驱动外部指示灯，以提醒工作人员更换锂电池。

M8011 ~ M8014 分别为 10 ms，100 ms，1 s，1min 时钟脉冲。占空比均为 0.5。例 M8013 为 1 s 时钟脉冲，该接点为 0.5 s 接通，0.5 s 断开。

①M8000 常开接点闭合，Y0 得电，用 Y0 控制一个信号灯，灯亮表示 PLC 正在运行当中。

②当 PLC 内部的锂电池电压下降至规定值时，M8005 接点闭合，由于 M8013 接点 0.5 s 接通、0.5 s 断开，由 Y1 控制的信号灯时亮时灭，警示要更换锂电池了。

③ M500 为断电保持辅助继电器，当失电后恢复供电时将保持失电前的状态，用 M8002 常闭接点在来电 PLC 运行时断开一个扫描周期，这样就能使 M500 失去断电保持的功能了。

2)线圈型(可读可写型)特殊辅助继电器

这类特殊辅助继电器由用户程序控制其线圈，当其线圈得电时能执行某种特定的操作。如：M8033，M8034 的线圈等。

M8030：M8030 的线圈得电时，当锂电池电压降低时，PLC 面板上的指示灯不亮。

M8033：M8033 的线圈得电时，在 PLC 停止（STOP）时，元件映象寄存器中（Y，M，C，T，D 等）的数据仍保持。

M8034：线圈得电时．全部输出继电器失电不输出。

M8035：强制运行（RUN）模式。

M8036：强制运行（RUN）指令。

M8037：强制停止（STOP）指令。

M8039：线圈得电时，PLC 以 D8039 中指定的扫描时间工作。

5．状态继电器（S）

状态继电器（S）主要用于步进顺序控制，在工业控制过程中有很多设备都是按一定动作顺序工作的，例如机械手抓取物品，机床加工零件等都是按一系列固定动作一步一步完成的。这种步进顺序控制方式用状态继电器进行控制将会变得很方便，状态继电器采用专用的步进指令进行编程，其编程方法将在后面讲解。

状态继电器有 3 种类型。元件编号范围为 S0 ~ S　999。

（1）通用型状态继电器：S0 ~ S 499 共 500 点，其中 S0 ~ S9 共 10 点用于初始状态，S10 ~ S19 共 10 点用于回零状态。通用型状态继电器没有失电保持功能。

（2）失电保持型状态继电器：S500 ~ S899 共 400 点，在失电时能保持原来的状态。

（3）报警型状态继电器：S900 ~ S999 共 100 点，失电保持型，它和功能指令 ANS，ANR 等配合可以组成各种故障诊断电路，并发出报警信号。

利用外部设备（如编程软件或编程器）进行参数设定，可改变其状态继电器的失电保持的范围，例如将原始的 S500 ~ S999 改为 S200 ~ S999，则 S0 ~ S　199 为通用型状态继电器，S200 ~ S999 为失电保持型状态继电器。状态继电器如果不用于步进指令编程，也可以当作辅助继电器使用，使用方法和辅助继电器一样。

6．定时器（T）

定时器相当于通电延时型时间继电器，在梯形图中起时间控制作用，FX_{2N}系列 PLC 给用户提供了 256 个定时器，其编号为 T0 ~ T255。其中通用定时器 246 个，积算定时器 10 个。每个定时器的设定值在 K0 ~ K32767 之间，设定值可以用常数 K 进行设定，也可以用数据寄存器（D）的内容来设定。例如用外部数字开关输入的数据送到数据寄存器（D）中作为定时器的设定值。定时器按时钟脉冲分有 1 ms，10 ms，100 ms 三挡，当所计时间到达设定值时，输出触点动作。定时器的类型如表 3 - 12 所示。FX_{2N}型 PLC 中的定时器实际上是对时钟脉冲计数来定时的，所以定时器的动作时间等于设定值乘它的时钟脉冲。例如定时器 T200 的设定值为 K30000，其动作时间等于 30 000 × 10 ms = 300 s。

（1）定时器的基本用法

图 3 - 19 所示为通断电均延时型定时器，当 X0 接点闭合时，定时器 T200 的线圈得电，如果 X0 接点在 1.23 s 之内断开，T200 的当前值复位为 0，如果达到或大于 1.23 s，T200 的常开接点闭合，T200 的当前值保持为 K123 不变。X0 接点断开后，线圈失电，接点断开，定时器的值变为 K0，它和通电延时型时间继电器的动作过程完全一致。

表 3-12 定时器的类型

	16 位定时器(设定值 K0 ~ K32767)(共 256 点)	
通用定时器	T0 ~ T199(共 200 点) 100 ms 时钟脉冲(Tl 92—T199 中断用)	T200 ~ T245(共 46 点) 10 ms 时钟脉冲,
积算定时器	T246 ~ T249(共 4 点) 1 ms 时钟脉冲(执行中断电池备用)	T250 ~ T255(共 6 点) 100 ms 时钟脉冲(电池备用)

(2)定时器设定值的设定方法

(3)典型定时器应用梯形图

1)断电延时型定时器。PLC 中的定时器为通电延时型,而断电延时型定时器可以用图 3-18 所示的梯形图来实现。

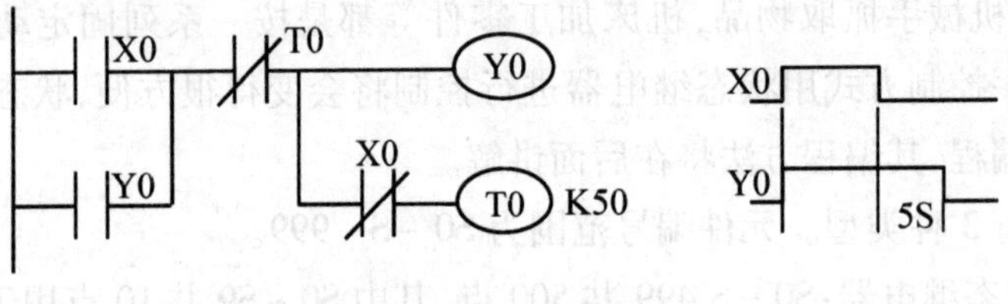

图 3-18 断电延时型定时器

2)通断电均延时型定时器(见图 3-19)。

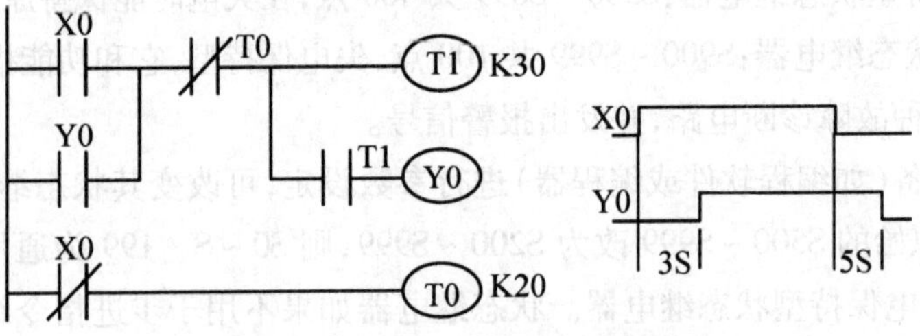

图 3-19 通断电均延时型定时器

3)定时脉冲电路(见图 3-20)。

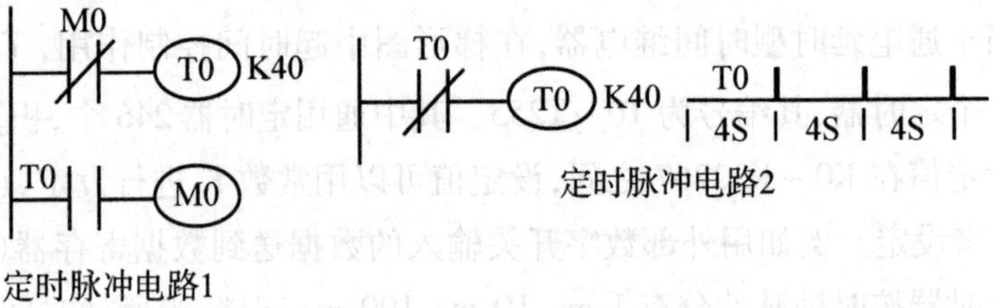

图 3-20 定时脉冲电路

4)震荡电路(见图 3-21)。

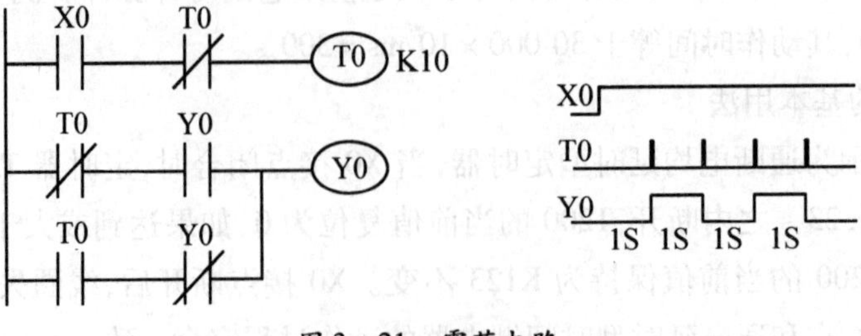

图 3-21 震荡电路

5）占空比可调震荡电路（见图3－22）。

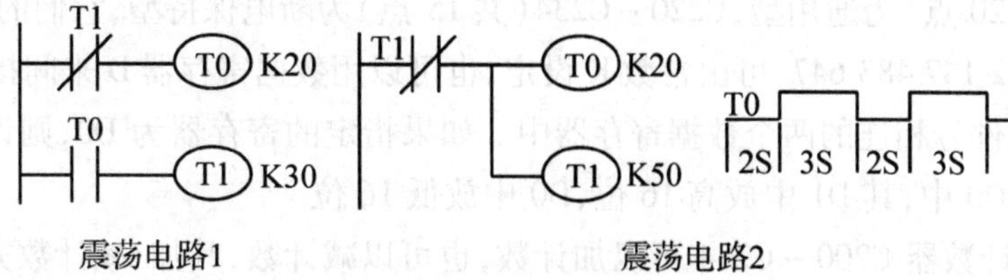

图3－22　占空比可调震荡电路

7. 计数器（C）

计数器用于对各种软元件接点的闭合次数进行计数，计数器可分为两大类：内部信号计数器和外部信号计数器（即高速计数器）。

（1）内部信号计数器

内部信号计数器用于对PLC中的内部软元件（如X，Y，M，S，T，C）的信号进行计数。可分为16位加计数器（共200点）和32位加/减计数器（共35点）。见表3－13。

表3－13　内部信号计数器

	通用型	断电保持型
16位加计数器（共200点） 设定值1～32767	C0～C99（共100点）	C100～C199（共100点）
32位加/减计数器（共35点） 设定值－2147483648～＋2147483647	C200～C219（共20点） 加减控制（M8200～M8219）	C220～C234（共15点） 加减控制（M8220～M8234）

1）16位加计数器。16位加计数器的元件编号为C0～C199。其中C0～C99为通用型，C100～C199为断电保持型。设定值为K1～K32767。如图3－23所示为16位加计数器的工作过程示意图。

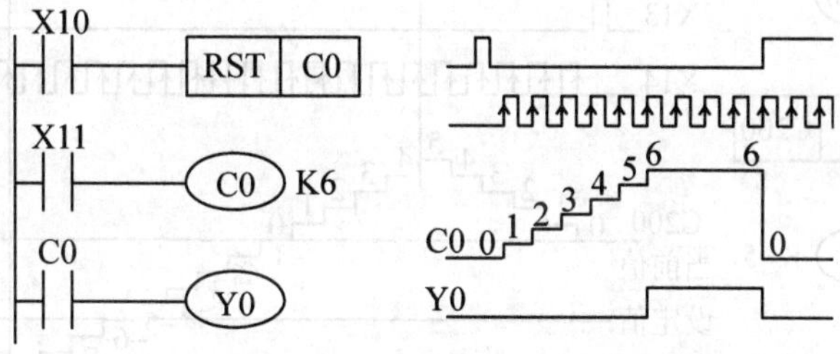

图3－23　16位加计数器的工作过程示意图

图中加计数器C0对X11的上升沿进行计数，当计到设定值6时就保持为6不变，同时C0的接点动作，使Y0线圈得电。如要计数器C0复位，需用复位指令RST。当X10接点闭合时执行复位指令，计数器C0的计数值为0，同时C0的接点复位。在X10接点闭合执行复位指令时，计数器不能计数。

通用型计数器（C0～C99）在失电后，计数器将自动复位，计数值为0。断电保持型计数器（C100～C199）在失电后，计数器的计数值将保持不变，来电后接着原来的计数值计数。和定时器一样，计数器的设定值也可以间接设定。

2）32 位加/减计数器。32 位加/减计数器共有 35 个，元件编号为 C200 ~ C234，其中 C200 ~ C219（共 20 点）为通用型，C220 ~ C234（共 15 点）为断电保持型，它们的设定值为 −2 147 483 648 ~ +2 147 483 647，可由常数 K 设定，也可以用数据寄存器 D 来间接设定。32 位设定值存放在元件号相连的两个数据寄存器中。如果指定的寄存器为 D0，则设定值实际上是存放在 D1 和 D0 中，其 D1 中放高 16 位，D0 中放低 16 位。

32 位加/减计数器 C200 ~ C234 可以加计数，也可以减计数，其加/减计数方式由特殊辅助继电器 M8200 ~ M8234 设定。见表 3 − 14。当特殊辅助继电器为 1 时，对应的计数器为减计数，反之为 0 时为加计数。

表 3 − 14　32 位加/减计数器的加减方式控制用的特殊辅助继电器

计数器编号	加减方式	计数器编号	加减方式	计数器编号	加减方式	计数器编号	加减方式
C200	M8200	C209	M8209	C218	M8218	C227	M8227
C201	M8201	C210	M8210	C219	M8219	C228	M8228
C202	M8202	C211	M8211	C220	M8220	C229	M8229
C203	M8203	C212	M8212	C221	M8221	C230	M8230
C204	M8204	C213	M8213	C222	M8222	C231	M8231
C205	M8205	C214	M8214	C223	M8223	C232	M8232
C206	M8206	C215	M8215	C224	M8224	C233	M8233
C207	M8207	C216	M8216	C225	M8225	C234	M8234
C208	M8208	C217	M8217	C226	M8226	C235	M8235

如图 3 − 24 所示为 32 位加/减计数器的工作过程示意图，图中 C200 的设定值为 −5，当 X12 输入断开，M8200 线圈失电时，对应的计数器 C200 为加计数方式。当 X12 闭合，M8200 线圈得电时，对应的计数器 C200 为减计数方式。计数器 C200 对 X14 的上升沿进行计数。

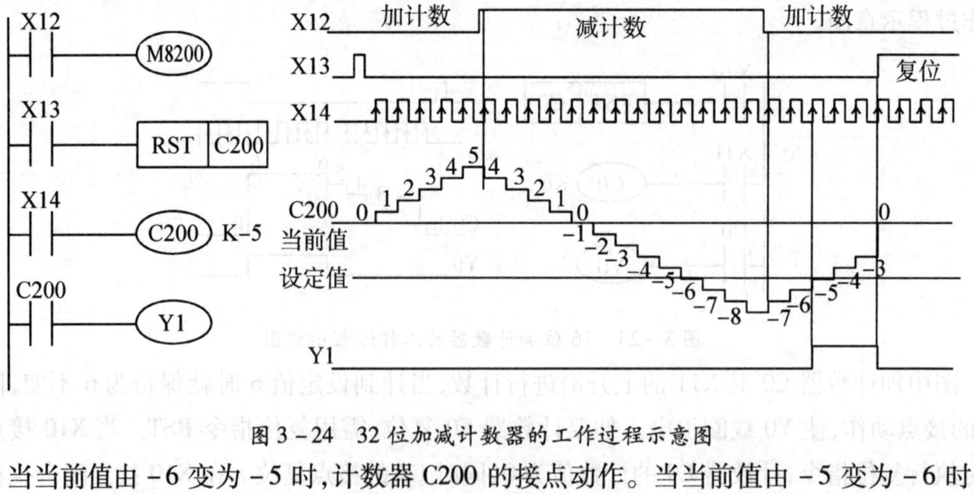

图 3 − 24　32 位加减计数器的工作过程示意图

当当前值由 −6 变为 −5 时，计数器 C200 的接点动作。当当前值由 −5 变为 −6 时，计数器 C200 的接点复位。当 X13 的接点接通执行复位指令时，C200 被复位，其 C200 常开接点断开，常闭接点闭合。

对于 16 位加计数器，当计数值达设定值时则保持为设定值不变，而 32 位加/减计数器不一样，它是一种循环计数方式，当计数值达设定值时将继续计数。如果在加计数方式下计数，将一直加计数到最大值2 147 483 647，再加1 就变成最小值 -2 147 483 648。如果在减计数方式下，将一直减计数到最小值 -2 147 483 648，再减 1 就变成最大值2 147 483 647。

由 PLC 的工作方式可知，PLC 是采用反复不断地读程序、并进行逻辑运算的工作方式。如图 3 -24 中的计数器 C200，当 PLC 读到 X14 接点时，如 X14 =1，则对 C200 加 1(或减 1)，如果 X14 接点变化频率太快，在一个扫描周期中多次变化，则计数器 C200 将无法对它进行计数，可见内部计数器的计数频率是受到一定限制的。也就是说，输入接点的动作时间必须大于一个扫描周期。

32 位加减计数器 C200 ~ C234 如果不作为计数器使用时，可当作 32 位数据寄存器使用，但不能用于 16 位指令的操作元件。

(2)高速计数器

内部信号计数器的计数方式和扫描周期有关，所以不能对高频率的输入信号计数，而高速计数器采用中断工作方式，和扫描周期无关，可以对高频率的输入信号计数。高速计数器只对固定的输入继电器(X0 ~ X5)进行计数。

FX_{2N}型 PLC 中共有 21 点高速计数器(C235 ~ C255)，高速计数器分为三种类型，一相一计数输入型、一相二计数输入型和 AB 相计数输入型。每种类型中还可分为 1 型、2 型和 3 型。1 型只有计数输入端，2 型有计数输入端和复位输入端，3 型有计数输入端、复位输入端和启动输入端。

高速计数器具有停电保持功能，也可以利用参数设定变为非停电保持型。如果不作为高速计数器使用时也可作为 32 位数据寄存器使用。

8. 数据寄存器(D)

数据寄存器(D)主要用于数据处理，见表 3 -15。

表 3 -15　数据寄存器分类及元件号

普通用	停电保持用	停电保持专用	特殊用	变址用
D0 ~ D199 (200 点)①	D200 ~ D511 (312 点)② 供链路用： 主站→从站 D490 ~ D499 从站→主站 D500 ~ D509	D512 ~ D7999 (7488 点)③ 文件用： D1000 ~ D7999 可 500 点为一组作文件数据寄存器	D8000 ~ D8195 (256 点)	V0 ~ V7 Z0 ~ Z7 (16 点)

①非停电保持型，但可利用参数设定变为停电保持型。

②停电保持型，但可利用参数设定变为非停电保持型。

③不能利用参数设定变为非停电保持型。

数据寄存器都是 16 位的，最高位为正负符号位，可存放 16 位二进制数。也可将 2 个数据寄存器组合，可存放 32 位二进制数，最高位是正负符号位。

1 个数据寄存器(16 位)处理的数值为 -32 768 ~ +32 767。寄存器的数值读出与写入一般采用功能指令。也可以由数据存取单元(显示器)或编程器等设备读出或写入。

2 个相邻的数据寄存器可以表示 32 位数据，可处理 -2 147 483 648 ~ +2 147 483 647 的数值，在指定 32 位时（高位为大号，低位为小号。在变址寄存器中，V 为高位，Z 为低位），如指定 D0，则实际上是把高 16 位存放在 D1 中，把低 16 位存放在 D0 中。低位可用奇数或偶数元件号，考虑到外围设备的监视功能，低位可采用偶数元件号，如图 3-26(b)所示。

(1)普通型数据寄存器

普通型数据寄存器元件号为 D0 ~ D199，共 200 点。普通型数据寄存器中一旦写入数据，在未写入其他数据之前，数据是不会变化的。但是 PLC 在停止时或停电时，所有数据被清除为 0，(如果使特殊辅助继电器 M8033 = 1，则可以保持)。通过参数设定也可变为停电保持型的数据寄存器。

(2)停电保持型的数据寄存器

停电保持型的数据寄存器元件号为 D100 ~ D511，共 312 点。使用方法和普通型数据寄存器一样。但是 PLC 在停止时或停电时数据被保存，通过参数设定也可变为普通型非停电保持型。在并联通信中，D490 ~ D509 被作为通信占用。

(3)停电保持专用型的数据寄存器

停电保持专用型的数据寄存器元件号为 D512 ~ D7999，共 7 488 点。其特点是不能通过参数设定改变其停电保持数据的特性。如要改变停电保持的特性，可以在程序的起始步采用初始化脉冲(M8002)和复位(RST)或区间复位(ZRST)指令将其内容清除。

利用参数设定可以将 D1000 ~ D7999，(共 7 000 点)范围内的数据寄存器分为 500 点为一组的文件数据寄存器。文件寄存器实际上是一类专用数据寄存器，用于存储大量的数据，例如采集数据、统计计算数据、多组控制参数等。

(4)特殊型的数据寄存器

特殊型的数据寄存器元件号为 D8000 ~ D8255，共 256 点。但其中有些元件号没有定义或没有使用，这些元件号用户也不能使用。特殊用途的数据寄存器有两种，一种是只能读取或利用其中数据的数据寄存器，如可以从 D8005 中读取 PLC 中锂电池的电压值。一种是用于写入特定的数据的数据寄存器，例如图 3-25 中，利用传送指令(MOV)向监视定时器时间的数据寄存器 D8000 中写入设定时间，并用监视定时器刷新指令 WDT 对其刷新。

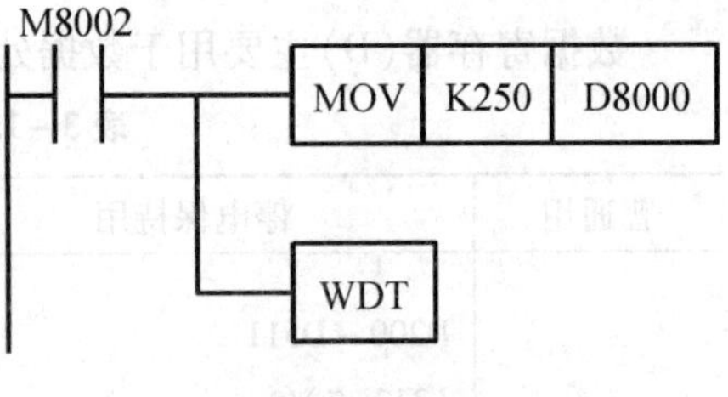

图 3-25　特殊数据寄存器的数据设定

(5)变址寄存器[V,Z]

变址寄存器元件号为 V0 ~ V7，Z0 ~ Z7 共 16 点。V0 和 Z0 可分别用 V 和 Z 表示。和通用型数据寄存器一样，可以进行数值数据读与写，但主要用于操作数地址的修改。V0 ~ V7，Z0 ~ Z7 单独使用，可组成 16 个 16 位变址寄存器，如图 3-26(a)所示。

进行 32 位数据处理时，V0 ~ V7，Z0 ~ Z7 需组合使用，可组成 8 个 32 位变址寄存器。V 为高 16 位，Z 为低 16 位，如图 3-26(b)所示。

图 3-26(c)所示为变址寄存器应用举例，当 X1 闭合时，将常数 5 传送到 Z 中，Z = 5。当 X2 闭合时，将常数 1234 传送到 D(10 +5)即 D15 中。当 X3 闭合时，将常数 12345678 传送到 V2，Z2 组成的 32 位变址寄存器中，常数 12345678 是以二进制数形式存放在 V2，Z2 中

的，其中高16位存放在V2中，低16位存放在Z2中。

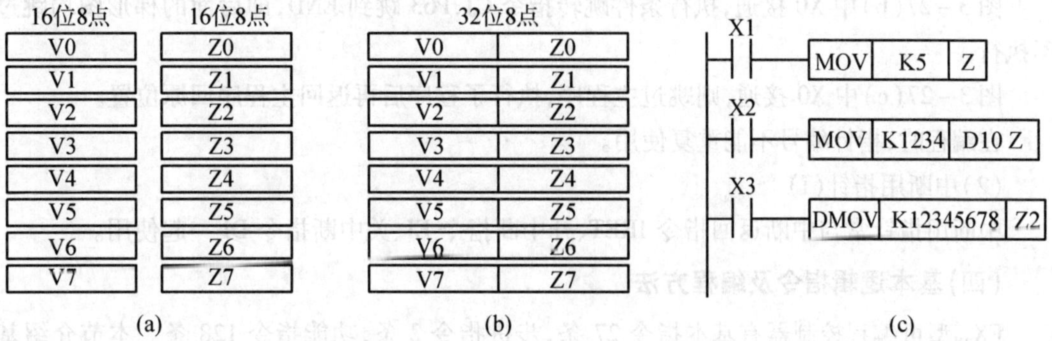

图3－26 变址寄存器

(a)16位变址寄存器；(b)32位变址寄存器；(c)变址寄存器应用举例

9. **指针(P)、(I)**

指针用于跳转、中断等程序的入口地址，与跳转、子程序、中断程序等指令一起应用。按用途可分为分支用指针P和中断用指针I两类，其中中断用指针I又可分为输入中断用、定时器中断用和计数器中断用三种。见表3－16。

表3－16 FX2N型PLC指针种类

分支用指针	中断用指针		
	输入中断用	定时器中断用	计数器中断用
P0～P127 128点 其中P63为结束跳转	I00□（X0） I10□（X1） I20□（X2） I30□（X3） I40□（X4） I50□（X5） 6点	I6□□ I7□□ I8□□ 3点	I010 I020 I030 I040 I050 I060 6点

(1)分支用指针P

分支用指针P用于条件跳转，子程序调用指令，应用举例如图3－27所示。

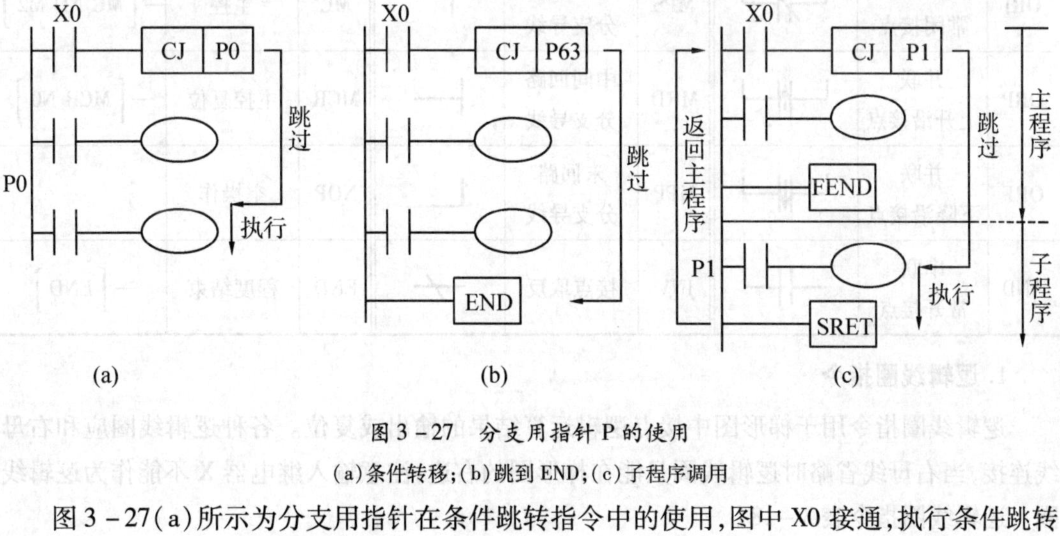

图3－27 分支用指针P的使用

(a)条件转移；(b)跳到END；(c)子程序调用

图3－27(a)所示为分支用指针在条件跳转指令中的使用，图中X0接通，执行条件跳转

指令 CJ，跳过一段程序转到指针指定的标号 P0 位置，执行其后的程序。

图 3－27(b)中 X0 接通，执行条件跳转指令 CJ，P63 跳到 END，即后面的梯形图均跳过不执行。

图 3－27(c)中 X0 接通，则跳过主程序，执行子程序后再返回主程序回原位置。

在编程时，指针编号不能重复使用。

(2)中断用指针(I)

中断用指针常与中断返回指令 IRET、开中断指令 EI、关中断指令 DI 一起使用。

(四)基本逻辑指令及编程方法

FX_{2N}型可编程控制器有基本指令 27 条，步进指令 2 条，功能指令 128 条。本节介绍基本指令。FX_{2N}型可编程控制器的编程语言主要有梯形图和指令表。指令表和梯形图有对应关系。FX_{2N}型可编程控制器的基本指令和图形符号见表 3－17。

表 3－17　FX_{2N}型可编程控制器的基本指令和图形符号

指令	功能	梯形图符号	指令	功能	梯形图符号	指令	功能	梯形图符号
LB	起始连接常开接点		ANI	串联常闭接点		OUT	普通线圈	—(Y000)
LDI	起始连接常闭接点		ANDP	串联上升沿接点		SET	置位	—[SET M3]
LDP	起始连接上升沿接点		ANDF	串联下降沿接点		RST	复位	—[RST M3]
LDF	起始连接下降沿接点		ANB	串联导线	——	PLS	上升沿	—[PLS M2]
OR	并联常开接点		ORB	并联导线	|	PLF	下降沿	—[PLF M3]
ORI	并联常闭接点		MPS	回路向下分支导线		MC	主控	—[MC NO M2]
ORP	并联上升沿接点		MRD	中间回路分支导线		MCR	主控复位	—[MCR NO]
ORF	并联下降沿接点		MPP	末回路分支导线		NOP	空操作	
AND	串联常开接点		INV	接点取反		END	程度结束	—[END]

1. 逻辑线圈指令

逻辑线圈指令用于梯形图中接点逻辑运算结果的输出或复位。各种逻辑线圈应和右母线连接，当右母线省略时逻辑线圈只能在梯形图的右边，注意输入继电器 X 不能作为逻辑线圈。逻辑线圈指令表 3－18。

表3－18　逻辑线圈指令

	指令	梯形图符号	可用软元件
普通线圈指令	OUT	—[Y000]　—(Y000)	Y,M,S,T,C
置位线圈指令	SET	—[SET M3]—　—[SET M3]	Y,M,S
复位线圈指令	RST	—[RST M3]—　—[RST M3]	Y,M,S,T,C,D
上升沿线圈指	PLS	—[PLS M2]—　—[PLS M2]	Y,M
下降沿线圈指令	PLF	—[PLF M3]—　—[PLF M3]	Y,M
主控线圈指令	MC	—[MC NO M2]—　—[MC NO M2]	Y,M
主控复位线圈指令	MCR	—[MCR NO]—　—[MCR NO]	N

2. 编程注意事项

画梯形图时应注意以下几点：

(1)图中的连接线(相当于导线)不能相互交叉，并且只能水平或垂直绘制，

(2)图中的接点一般只能水平绘制，不能垂直绘制，

(3)种继电器线圈只能与右母线连接，不能与左母线连接，

(4)不能与右母线连接，

(5)图中的“电流”只能从左向右单方向流动，不能出现反向流动的现象。

消除接点中逆向流动“电流”的方法是：先将逆向流动接点上端的线圈回路断开，画出接点下端的线圈回路。再将逆向流动接点下端的线圈回路断开，画出接点上端的线圈回路即可。如图3－28所示。

图3－29(a)所示接点组中的接点X2中有逆向流动的“电流”，消除方法是：先将逆向流动接点X2下端右侧(左侧也可以)的导线断开，画出接点上端的接点组。再将逆向流动接点X2上端右侧(左侧也可以)的导线断开，画出接点下端的接点组。

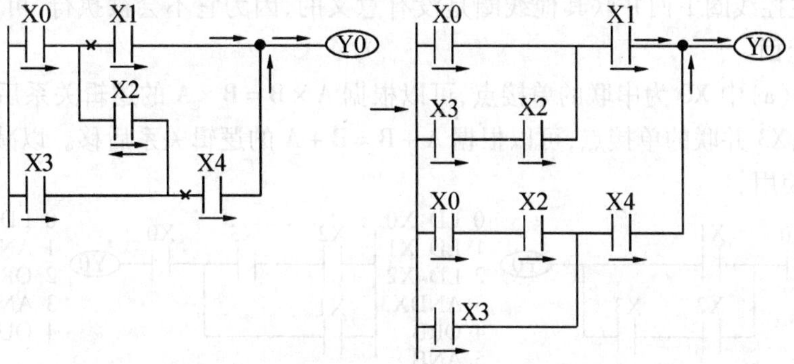

(a)

图3－28　接点组逆流接点的处理

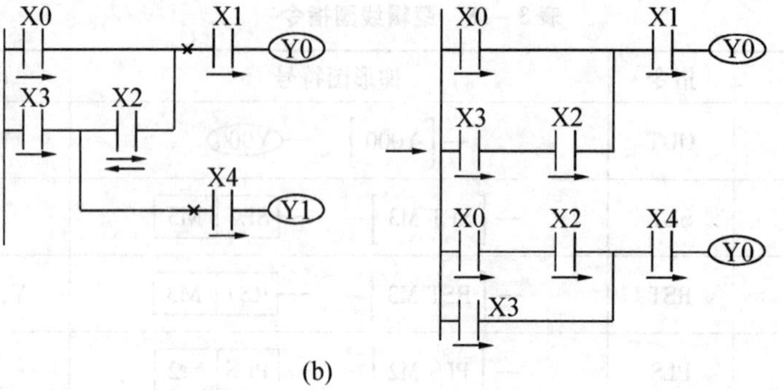

续图 3－28　接点组逆流接点的处理

图 3－29(a)所示是不符合规定的梯形图，可以改为如图 3－29(b)所示。

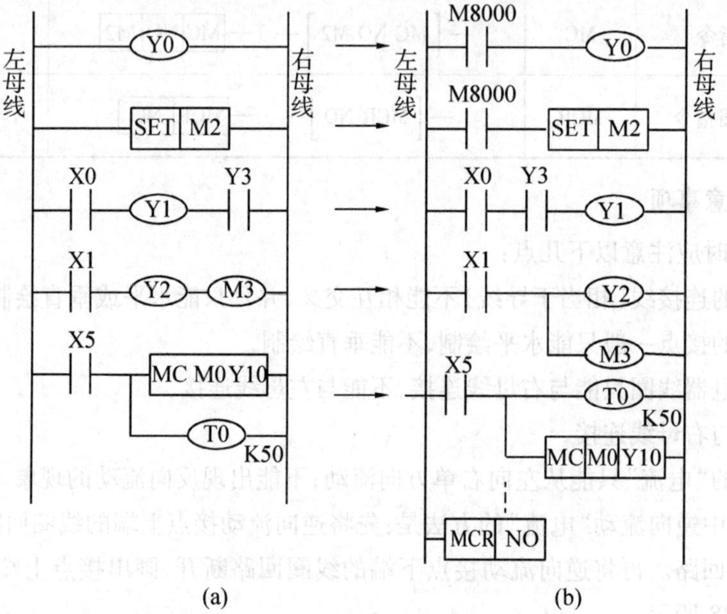

图 3－29 不能编程梯形图的修正

当梯形图中的线圈(MCR 例外)不需要接点时，也不能和左母线连接，一般用 M8000 常开接点和左母线连接。连接在右母线上的接点应移到线圈左边。线圈不能串联，但可以并联。在 MC 主控线圈下面并联其他线圈是没有意义的，因为它不会被执行，可以改放在 MC 主控线圈的上面。

图 3－30(a)中 X0 为串联的单接点，可以根据 A×B＝B×A 的逻辑关系后移。X1 在接点组是与 X2，X3 并联的单接点，可以根据 A＋B＝B＋A 的逻辑关系后移。以减少了 ANB 和 ORB 指令的使用。

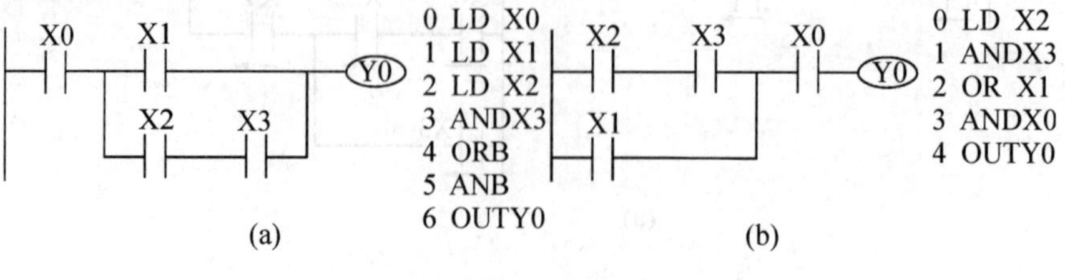

图 3－30 单接点后移

图 3 - 31 中的单接点如图(a)所示,将其后移后如图(b)所示。

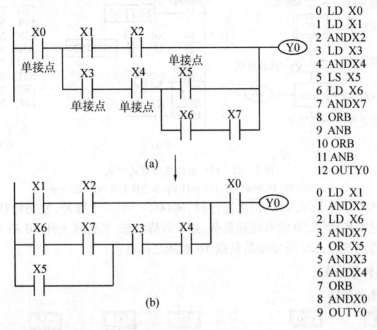

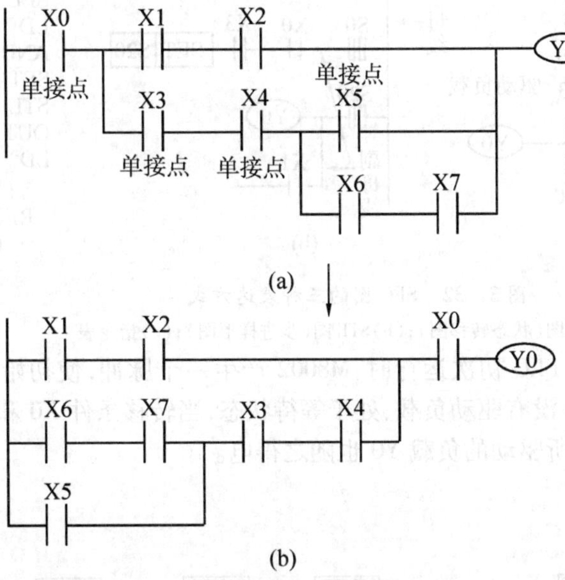

0 LD X0
1 LD X1
2 ANDX2
3 LD X3
4 ANDX4
5 LS X5
6 LD X6
7 ANDX7
8 ORB
9 ANB
10 ORB
11 ANB
12 OUTY0

0 LD X1
1 ANDX2
2 LD X6
3 ANDX7
4 OR X5
5 ANDX3
6 ANDX4
7 ORB
8 ANDX0
9 OUTY0

图 3 - 31　单接点后移 2

3. 步进顺控指令及编程方法

(1)步进梯形图指令

步进梯形图指令见表 3 - 19:步进梯形图指令 STL 使用的软元件为状态继电器 S,元件编号范围为 S0 ~ S899 共 900 点。步进梯形图是 SFC 图的另一种表达方式。

通用型状态继电器:S0 ~ S 499 共 500 点,其中 S0 ~ S9 共 10 点用于初始状态,S10 ~ S19 共 10 点用于回零状态。

表 3 - 19　步进梯形图指令

	指令	梯形图符号	可用软元件
步进指令	STL	—|||—或—|STL|—	S
步进结束指令	RET	—|REL|	

失电保持型状态继电器:S500 ~ S899 共 400 点,可在失电时保持原来的状态不变。

(2)状态转移图和步进梯形图

状态转移图(SFC 图)主要由“状态步”“转移条件”和“驱动负载”三部分组成,如图 3 - 32(a)所示。初始状态步一般使用初始状态继电器 S0 ~ S9。SFC 图将一个控制程序分成若干状态步,每个状态步用一个状态继电器 S 表示,由每个状态步驱动对应的负载,完成对应的动作。状态步必须满足对应的转移条件才能处于动作状态(状态继电器 S 得电)。

初始状态步可以由梯形图中的接点作为转移条件,也常用 M8002(初始化脉冲)的接点作为转移条件。当一个状态步处于动作状态时,如果与之下面相连的转移条件接通后,该状态步将自动复位,它下面的状态步置位处于动作状态,并驱动对应的负载。

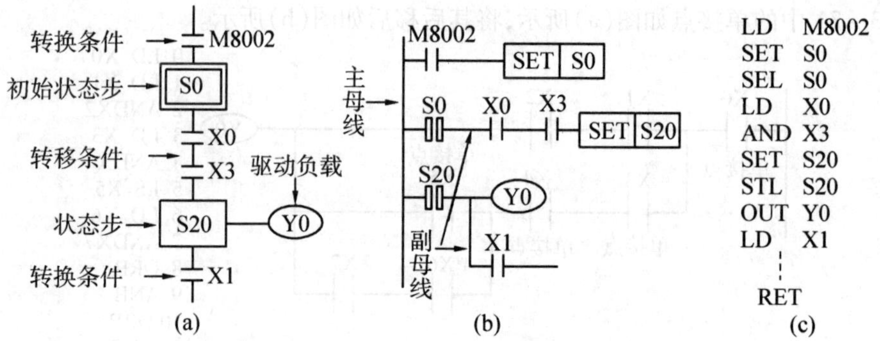

图 3－32　SFC 图的三种表达方式

(a)SFC 图(状态转移图)；(b)STL 图(步进梯形图)；(c)指令表

如图 3－32(a)所示，当 PLC 初次运行时，M8002 产生一个脉冲，使初始状态继电器 S0 得电，即初始状态步动作，S0 没有驱动负载，处于等待状态，当转移条件 X0 和 X3 都闭合时，S0 复位，S20 得电置位，S20 所驱动的负载 Y0 也随之得电。

4. 图的跳转与分支

(1)SFC 图的跳转

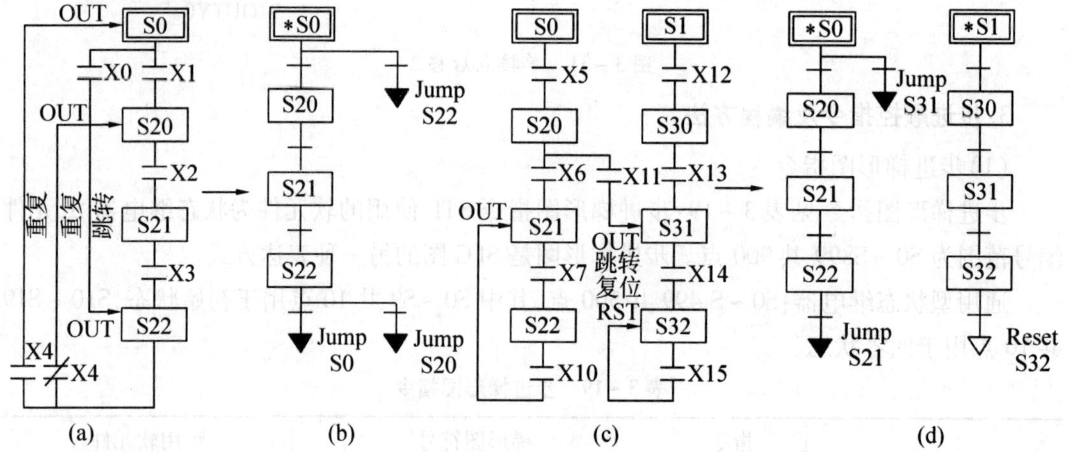

图 3－33　跳转的形式

SFC 图的跳转如图 3－33 所示，有以下几种形式：

1)向下跳：跳过相邻的状态步，到下面的状态步，如图 3－33(a)所示，当转移条件 X0 = 1 时，从 S0 状态步跳到 S22 状态步。

2)向上跳：跳回到上面的状态步(也叫重复)，如图 3－33(a)所示，当转移条件 X4 = 1 时，从 S22 状态步跳回到 S0 状态步，当转移条件 X4 = 0 时，从 S22 跳回到 S20 状态步。

3)跳向另一条分支：如图 3－33(c)所示，当转移条件 X11 = 1 时，从 S20 状态步跳到另一条分支的 S31 状态步。

4)复位：如图 3－33(c)所示，当转移条件 X15 = 1 时，使本状态步 S32 复位。

在编程软件中，SFC 图的跳转用箭头表示，如图 3－33(b)(d)所示。

(2)SFC 图的分支

状态转移(SFC)图可分为单分支、选择分支、并行分支和混合分支。

选择分支如 3－34(a)所示，在选择分支状态转移图中，有多个分支，只能选择其中的一条分支。如 X2 = 1 时，选择左分支 S23，如 X2 = 0 时，选择右分支 S26。

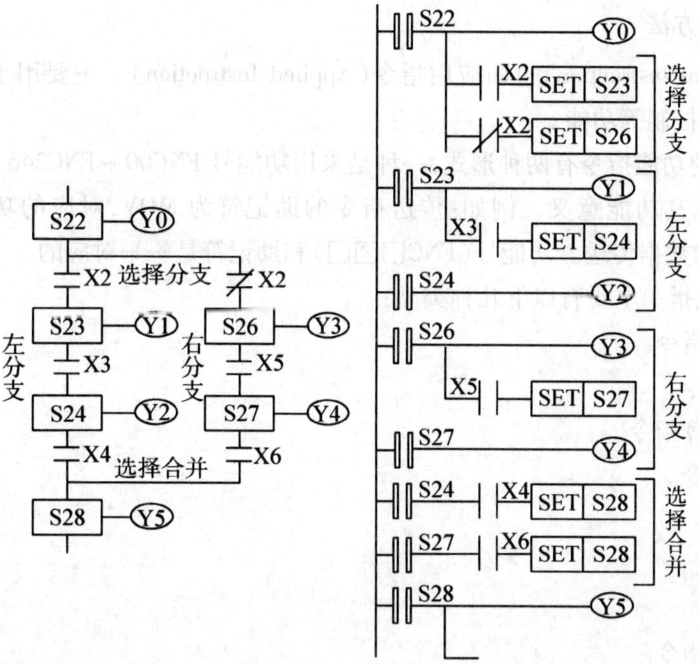


```
STL   S22
OUT   Y0
LD    X2
SET   S23
LDT   X2
SET   S26
STL   S23
OUT   Y1
LD    X3
SET   S24
STL   S24
OUT   Y3
LD    X5
SET   S27
STL   S27
OUT   Y4
STL   S24
LD    X4
SET   S28
STL   S27
LD    X6
SET   S28
OUT   Y5
LD
```

(a)　　(b)　　(c)

图 3－34　选择分支

(a)状态转移图;(b)步进梯形图;(c)指令表

并行分支如 3－35(a)所示,在并行分支状态转移图中,有多个分支,当满足转移条件 X2 时,所有并行分支 S23,S26 同时置位,在并行合并处所有并行分支 S24,S27 同时置位时,当转移条件 X5＝1 时转移到 S28 状态步。

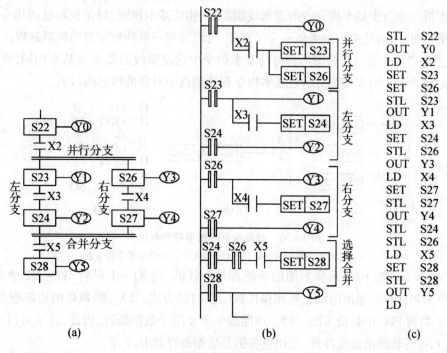

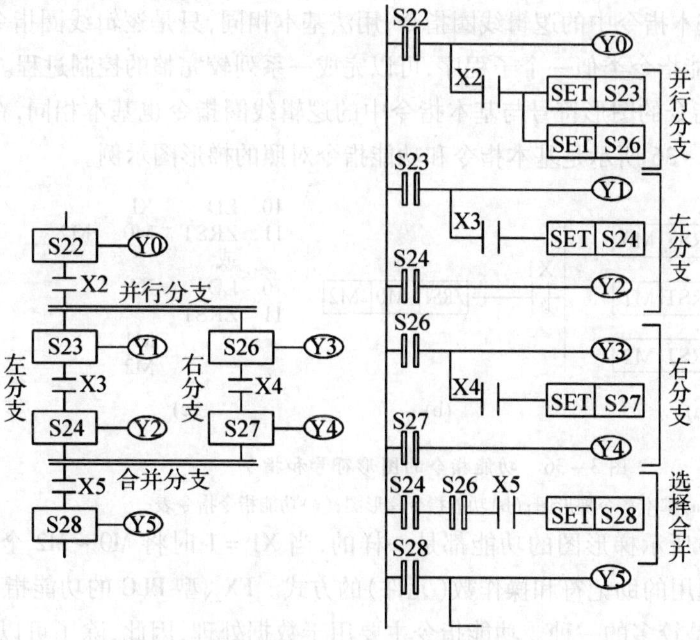


```
STL   S22
OUT   Y0
LD    X2
SET   S23
SET   S26
STL   S23
OUT   Y1
LD    X3
SET   S24
STL   S26
OUT   Y3
LD    X4
SET   S27
STL   S27
OUT   Y4
STL   S24
STL   S26
LD    X5
SET   S28
STL   S28
OUT   Y5
LD
```

(a)　　(b)　　(c)

图 3－35　并行分支

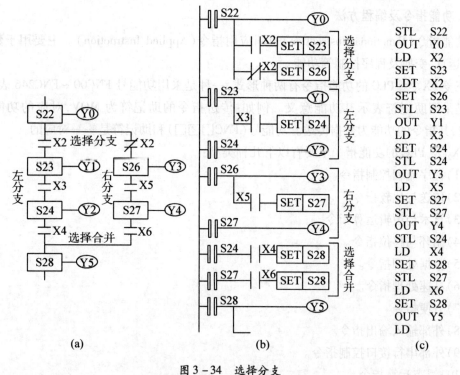

(a)状态转移图;(b)步进梯形图;(c)指令表

5. 功能指令及编程方法

功能指令(Functionai Instruction)也叫应用指令(Applied Instruction)。主要用于数据的传送、运算、变换及程序控制等功能。

三菱 FX_{2N}型 PLC 的功能指令有两种形式,一种是采用功能号 FNC00 ~ FNC246 表示,另一种是采用助记符表示其功能意义。例如:传送指令的助记符为 MOV,对应的功能号为 FNC12,其指令的功能为数据传送。功能号(FNC□□□)和助记符是一一对应的。

FX_{2N}型 PLC 的功能指令主要有以下几种类型:

(1)程序流程控制指令。

(2)传送与比较指令。

(3)算术与逻辑运算指令。

(4)循环与移位指令。

(5)数据处理指令。

(6)高速处理指令。

(7)方便指令。

(8)外部输入输出指令。

(9)外部串行接口控制指令。

(10)浮点运算指令。

(11)实时时钟指令。

(12)接点比较指令。

6. 功能指令的图形符号和指令

功能指令相当于基本指令中的逻辑线圈指令,用法基本相同,只是逻辑线圈指令所执行的功能比较单一,而功能指令类似一个子程序,可以完成一系列较完整的控制过程。

FX_{2N}型 PLC 功能指令的图形符号与基本指令中的逻辑线圈指令也基本相同,在梯形图中使用方框表示。图 3 -36 所示是基本指令和功能指令对照的梯形图示例。

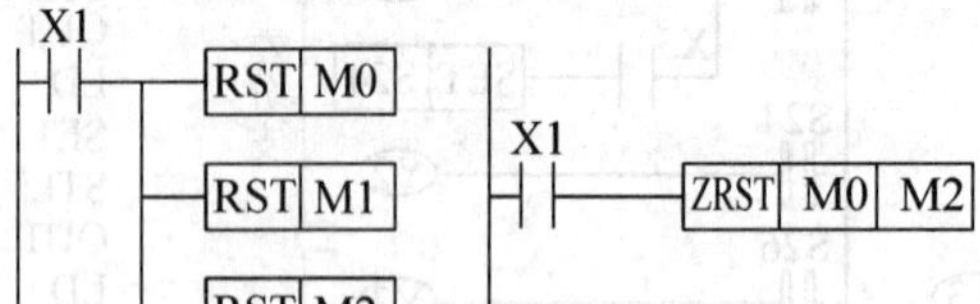


```
10 LD   XI
11 ZRST M0 M2
或
10 LD   X1
11 ZRST
        M1
        M2
```

(c)

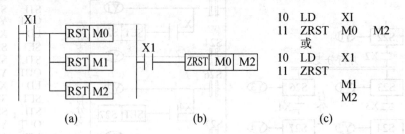

图 3 -36 功能指令的图形符号和指令

(a)基本指令梯形图;(b)功能指令梯形图;(c)功能指令指令表

图 3 -36(a)和(b)所示梯形图的功能都是一样的,当 X1 = 1 时将 M0 ~ M2 全部复位。功能指令采用计算机通用的助记符和操作数(元件)的方式。FX_{2N}型 PLC 的功能指令有 128 种,在 FX 系列 PLC 中是较多的一种。功能指令主要用于数据处理,因此,除了可以使用 X,Y,M,S,T,C 等软继电器元件外,使用更多的是数据寄存器 D,V,Z。

7. **功能指令的格式及说明**

(1)功能指令使用的软元件

功能指令使用的软元件有字元件如位元件两种类型:

字元件	K,H	KnX	KnY	KnM	KnS	C	T	D	V,Z

位元件	X	Y	M	S

能表达数值的元件叫作字元件,字元件有三种类型:

1)常数:"K"表示十进制常数,"H"表示十六进制常数,如 K1369,H06C8,

2)位元件组成的字元件:如 KnX,KnY,KnM,KnS,如 K1X0,K4M10,K3S3,

3)数据寄存器:D,V,Z,T,C,如 D100,T0。

在功能指令中可以将 4 个连续编号的位元件组合成一组组合单元,KnX、KnY、KnM、KnS 中的 n 为组数,例 K2Y0 由 Y7 ~ Y0 组成的 2 个 4 位字元件。Y0 为低位,Y7 为高位。用它可以表示 2 位 10 进制数或 2 位 16 进制数,也可以表示 8 位 2 进制数。

在执行 16 位功能指令时 n = 1 ~ 4,在执行 32 位功能指令时 n = 1 ~ 8。

例如执行下面图 3 – 37 的梯形图时,当 X1 = 1 时,将 D0 中的 2 进制数传送到 K2Y0 中,其结果是 D0 中的低 8 位的值传送到 Y7 ~ Y0 中,结果是 Y7 ~ Y0 = 01000101_{BIN},其中 Y0,Y2,Y6 三个输出继电器得电。

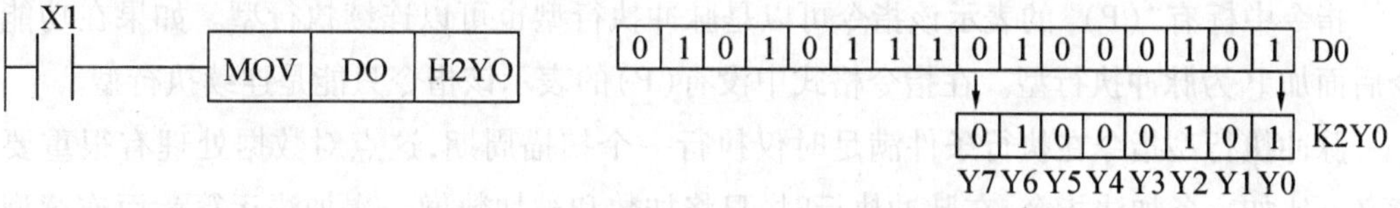

图 3 – 37　16 位元件组成的字元件的应用

(2)功能指令的指令格式

每种功能指令都有规定的指令格式,例如位右移 SFTR(SHIFT RIGHT)功能指令的指令格式如下:

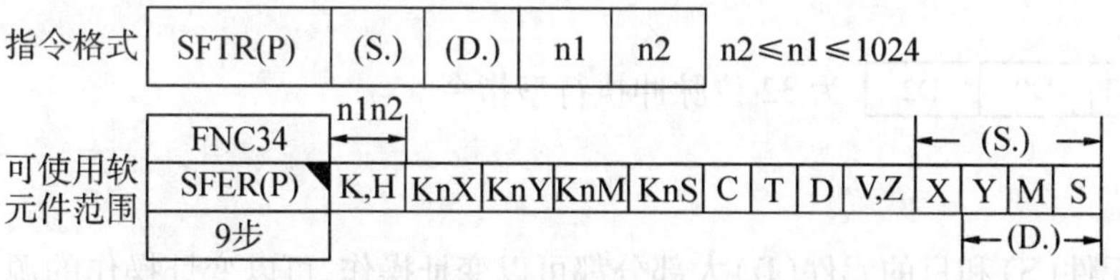

(S):源元件,其数据或状态不随指令的执行而变化的元件。如果源元件可以变址,用(S.)表示,如果有多个源元件可以用(S1.)(S2.)等表示。

(D):目的元件,其数据或状态将随指令的执行而变化的元件。如果目的元件可以变址,用(D.)表示,如果有多个源元件可以用(D1.)(D2.)等表示。

m,n:既不做源元件又不做目的元件用 m,n 表示,当元件数量多时用 m1,m2,n1,n2 等表示。

功能指令执行的过程比较复杂,通常要程序步较多,例如 SFTR 功能指令的程序步为 9 步。功能指令最少为 1 步,最多为 17 步。

每种功能指令使用的软元件都有规定的范围,例如上述 SFTR 指令的源元件(S.)可使用位元件为 X,Y,M,S;目的元件(D.)可使用位元件为 Y,M,S 等。

(3)元件的数据长度

FX_{2N}型 PLC 中的数据寄存器 D 为 16 位,用于存放 16 位二进制数。在功能指令的前面加字母 D 就变成了 32 位指令,例如:

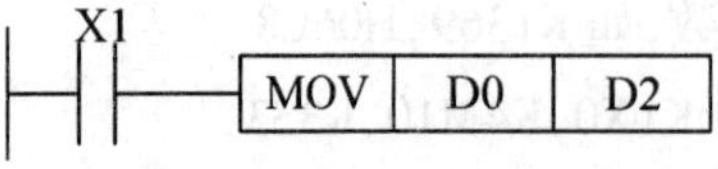

表示将 D0 中的 16 位二进制数据传送到 D2 中。

表示将(D1,D0)中的 32 位二进制数据传送到(D3,D2)中。

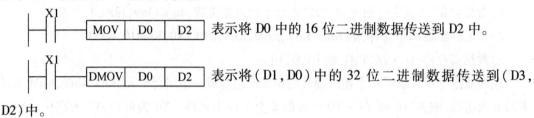

在指令格式中,功能指令中的"(D.)"表示该指令加 D 为 32 位指令,不加 D 为 16 位指令,在功能指令中的"D"表示该指令只能是 32 位指令。

功能指令的指令格式参见附录 B。

(4)执行形式

功能指令有脉冲执行型和连续执行型两种执行形式。

指令中标有"(P)"的表示该指令可以是脉冲执行型也可以连续执行型。如果在功能指令后面加 P 为脉冲执行型。在指令格式中没有(P)的表示该指令只能是连续执行型。

脉冲执行型指令在执行条件满足时仅执行一个扫描周期,这点对数据处理有很重要的意义。比如一条加法指令,在脉冲执行时,只将加数和被加数做一次加法运算。而连续型加法运算指令在执行条件满足时,每一个扫描周期都要相加一次,这样就失去了控制。为了避免这种情况,对需要注意的指令,在指令的旁边中用"◥"加以警示,参见附录 B。

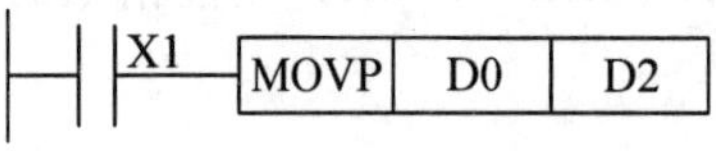

为 16 位脉冲执行型指令,

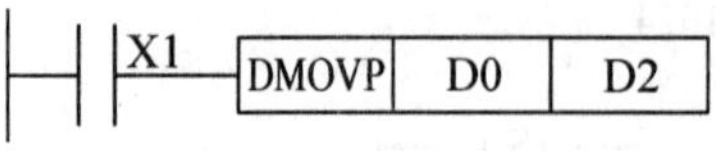

为 32 位脉冲执行型指令。

(5)变址操作

功能指令的源元件(S)和目的元件(D)大部分都可以变址操作,可以变址操作的源元件用(S.)表示,可以变址操作的目的元件用(D.)表示。

变址操作使用变址寄存器 V0~V7,Z0~Z7。用变址寄存器对功能指令中的源元件(S)和目的元件(D)进行修改,可以大大提高功能指令的控制功能。

(五)FX-4AD 模拟量输入模块

FX-4AD 模拟量输入模块有四个输入通道,通道号分别为 CH1,CH2,CH3,CH4。输入通道用于将外部输入的模拟量信号转换成数字量信号,即称为 A/D 转换,其分辨率为 12

位。输入的模拟量信号可以是电压也可以是电流，输入电压或电流的选择是由用户通过不同的接线来完成的。模拟电压值范围是 -10 ~ +10 V，分辨率为 5 mV。如果为电流输入，则电流输入范围为 4 ~ 20 mA 或 -20 mA ~ +20 mA，分辨率为 20 μA。

1. 性能指标

FX-4AD 的性能见表 3-20。

表 3-20　FX-4AD 的性能指标

项目	电压输入	电流输入
	电压输入或电流输入应选择相应的输入端子，可使用 4 个输入点	
模拟输入范围	-10 V（输入阻抗 200 kΩ）（注意：如果输入电压超过 ±15V，单元会被损坏）	-20 ~ +20 mA（输入阻抗 250 Ω）（注意：如果输入电流超过 ±32mA，单元会被损坏）
数字输出	带符号位的 12 位二进制（有效数位 11 位），超过 2 047 时为 2 047，小于 -2 048 时为 -2 048	
分辨率	5 mV（10 V × 1/2 000）	20 μA（20 mA × 1/1 000）
总体精度	±1%	%（满量程 4 ~ 20 mA）
转换速度	15 mS/通道（常速），6 mS/通道（高速）	

2. 模拟输入量的设定值范围

（1）-10 V ~ +10 V；

（2）+4 mA ~ +20 mA；

（3）-20 mA ~ +20 mA。

FX-4AD 模拟量输入模块 AD 转换关系如图 3-38 所示。

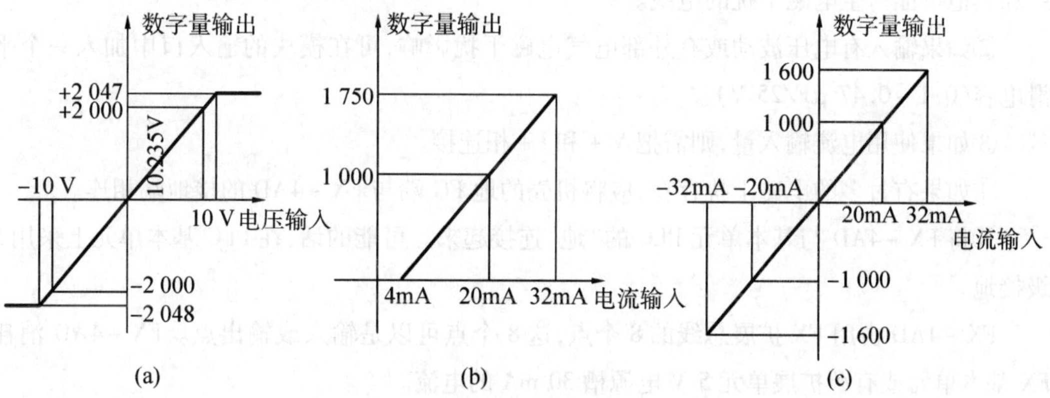

图 3-38　FX-4AD 模拟量输入模块 AD 转换关系

(a) 设置 0（-10 ~ +10 V）；(b) 设置 1（4 ~ 20 mA）；(c) 设置 2（-20 ~ +20 mA）

3. FX-4AD 模块的外部连线

FX-4AD 模块的外部连线如图 3-39 所示。

图 3-39 中标注①~⑤的说明如下：

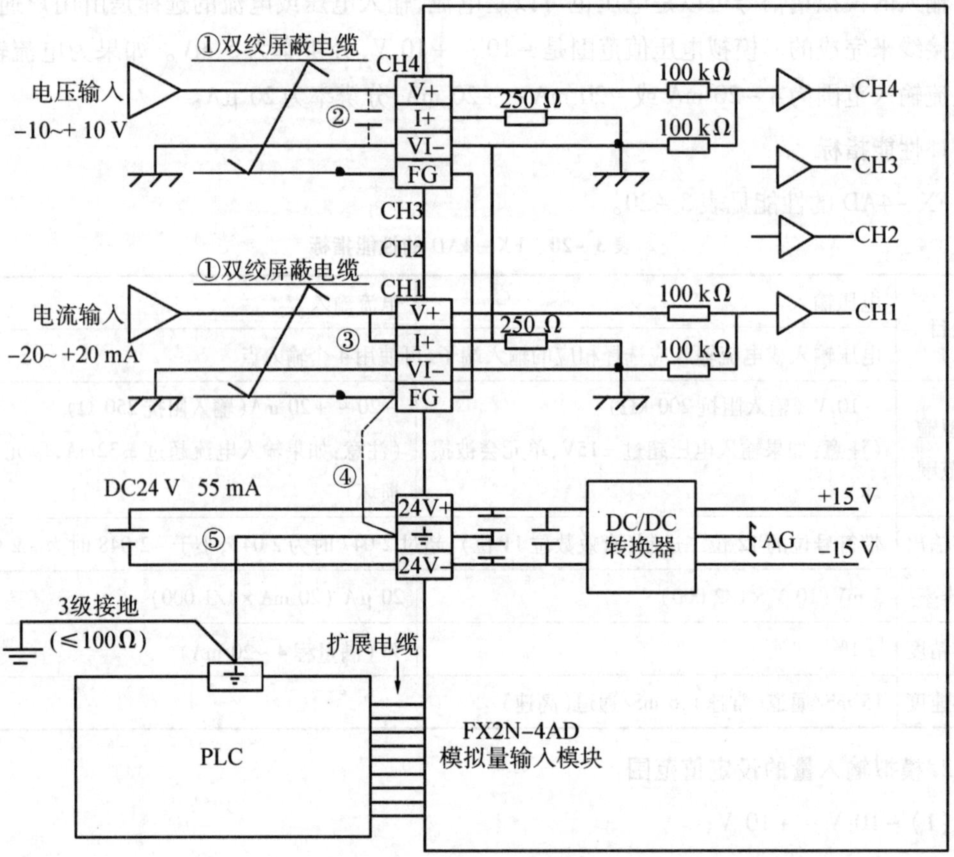

图 3 - 39 FX - 4AD 模块的外部连线

①外部模拟量输入通过双绞屏蔽电缆输入至 FX - 4AD 各个通道中。电缆应远离电源线和其他可能产生电磁干扰的电线。

②如果输入有电压波动或有外部电气电磁干扰影响,可在模块的输入口中加入一个平滑电容(0.1 ~0.47 μF/25 V)。

③如果使用电流输入量,则需把 V + 和 I + 相连接。

④如果有过多的电磁干扰存在,应将机壳的地 FG 端与 FX - 4AD 的接地端相连。

⑤将 FX - 4AD 与基本单元 PLC 的“地”连接起来。可能的话,在 PLC 基本单元上采用 3 级接地。

FX - 4AD 占用 FX 扩展总线的 8 个点,这 8 个点可以是输入或输出点。FX - 4AD 消耗 FX 基本单元或有源扩展单元 5 V 电源槽 30 mA 的电流。

4. FX - 4AD 缓冲寄存器(BFM)

FX - 4AD 内部共有 32 个缓冲寄存器(BFM),用来与 PLC 基本单元进行数据交换,每个缓冲寄存器的位数为 16 位。可编程序控制器基本单元与 FX - 4AD 之间的数据通信是由 FROM/TO 指令来执行的。FROM 是基本单元从 FX - 4AD 读数据的指令。TO 是基本单元将数据写到 FX - 4AD 的指令。实际上读写操作都是针对 FX - 4AD 的缓冲寄存器 BFM 进行的操作。缓冲寄存器编号为 BFM#0 ~ #31，FX－4AD 的缓冲寄存器 BFM 分配表见表3－21。

表 3－21　FX－4AD 缓冲寄存器（BFM）分配表

<table>
<tr><th>BFM</th><th colspan="9">内　容</th></tr>
<tr><td>☆#0</td><td colspan="9">初始化通道，省缺值为 H0000。设定值如用 H□□□□表示，则
□＝0 时，设定值输入范围为－10 ~ ＋10 V
□＝1 时，设定值输入范围为＋4 ~ ＋20 mA
□＝2 时，设定值输入范围为－20 ~ ＋20 mA
□＝3 时，关闭该通道
H□□□□的最低位□控制通道 1，依次为通道 2，通道 3，最高位□控制通道 4。</td></tr>
<tr><td>☆#1</td><td>通道 1</td><td colspan="8" rowspan="4">各通道平均值的采样次数，采样次数范围为 1 ~ 4096，若超过该值范围时按省缺值 8 次处理。</td></tr>
<tr><td>☆#2</td><td>通道 2</td></tr>
<tr><td>☆#3</td><td>通道 3</td></tr>
<tr><td>☆#4</td><td>通道 4</td></tr>
<tr><td>#5</td><td>通道 1</td><td colspan="8" rowspan="4">输入采样的平均值</td></tr>
<tr><td>#6</td><td>通道 2</td></tr>
<tr><td>#7</td><td>通道 3</td></tr>
<tr><td>#8</td><td>通道 4</td></tr>
<tr><td>#9</td><td>通道 1</td><td colspan="8" rowspan="4">输入采样的当前值</td></tr>
<tr><td>#10</td><td>通道 2</td></tr>
<tr><td>#11</td><td>通道 3</td></tr>
<tr><td>#12</td><td>通道 4</td></tr>
<tr><td>#13 ~ #14</td><td colspan="9">未使用</td></tr>
<tr><td>#15</td><td colspan="9">转换速度的选择，置 1 时为 15 ms/通道，置 0 时为 6 ms/通道</td></tr>
<tr><td>#16 ~ #19</td><td colspan="9">未使用</td></tr>
<tr><td>☆#20</td><td colspan="9">置 1 时设定值均回复到省缺值，置 0 时设定值不改变</td></tr>
<tr><td>☆#21</td><td colspan="9">增益和零点值调整：b1，b0＝10 时禁止调整，b1，b0＝01 时允许调整。</td></tr>
<tr><td rowspan="2">☆#22</td><td colspan="2" rowspan="2">增益“G”和零点“O”值调整</td><td>b7</td><td>b6</td><td>b5</td><td>b4</td><td>b3</td><td>b2</td><td>b1</td><td>b0</td></tr>
<tr><td>G4</td><td>O4</td><td>G3</td><td>O3</td><td>G2</td><td>O2</td><td>G1</td><td>O1</td></tr>
<tr><td>☆#23</td><td>零点值</td><td colspan="8" rowspan="2">调整的输入通道由 BFM#22 的 G－O 位的状态指定，如 BFM#22 的 G1，O1 位置 1，则#23 和#24 的设定值即可送入通道 1 的零点和增益寄存器。各通道的零点和增益可以统一调整，也可单独调整。</td></tr>
<tr><td>☆#24</td><td>增益值</td></tr>
<tr><td>#25 ~ #28</td><td colspan="9">未使用</td></tr>
<tr><td>#29</td><td colspan="9">错误状态信息</td></tr>
<tr><td>#30</td><td colspan="9">特殊功能模块识别码，用 FROM 指令读入，FX－4AD 的识别码为 K2010</td></tr>
<tr><td>#31</td><td colspan="9">未使用</td></tr>
</table>

注：表 3－21 中带“☆”的缓冲寄存器 BFM 中的数据可由 PLC 通过 TO 指令改写。改写带“☆”的缓冲寄存器 BFM

的设定值即可改变 FX－4AD 的运行参数，调整其输入方式，输入增益和零点等。

从指定的模拟输入模块读入数据前应先将设定值写入，否则按缺缺值设定。

PLC 可用 FROM 指令将不带“☆”的缓冲寄存器 BFM 中的数据读入。

表 3－22　错误状态信息 BFM #29

BFM#29 的位	=1	=0
b0：错误	b1～b3 中任意一个为 1 时， b2～b4 中任意一个为 1 时，所有通道停止	无错误
b1：偏移/增益错误	在 EEPROM 中的偏移/增益数据不正常或调整错误	偏移/增益数据正常
b2：电源故障	24V DC 电源故障	电源正常
b3：硬件故障	AD 转换器或其他硬件故障	硬件正常
b10：数字范围错误	数字范围超出－2048～＋2047	数字范围正常
b11：平均采样错误	平均采样数超出 1～4097	平均采样数正常
b12：偏移/增益调整禁止	禁止 BFM#21 的（b0b1 设为 10）	允许 BFM#21 的（b0b1 设为 10）

5. FX－4AD 的增益和偏移

增益是指数字量 1 000 所对应的输入电压或输入电流模拟量值，输入电压省缺值为 5 V，输入电流省缺值为 20 mA，为零增益。小增益读取数字间隔大，大增益读取数字间隔小。偏移是指数字量 0 所对应的输入电压或输入电流模拟量值，输入电压省缺值为 0 V，输入电流省缺值为 4 mA，为零偏移。如图 3－40 所示。

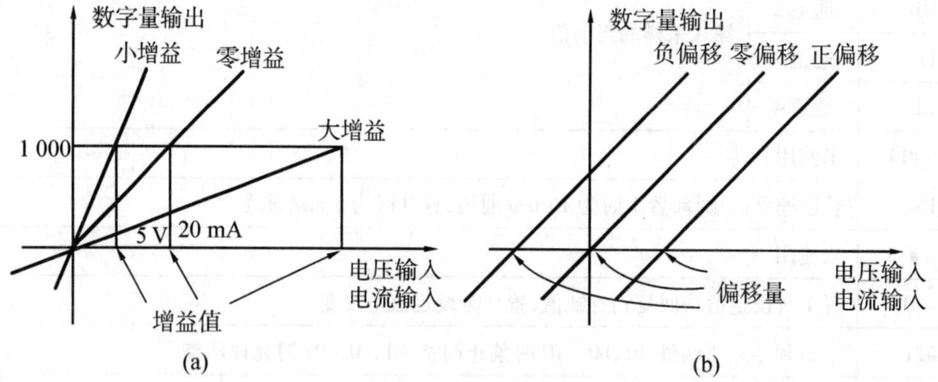

图 3－40　FX－4AD 的增益和偏移

(a)增益；(b)偏置

增益和偏移值可以单独设置，也可以一起设置，增益值的合理调整范围为 1～15 V，或 4～32 mA。偏移值的合理调整范围为－5～＋5 V，或－20～20 mA。设置增益和偏移值时，应将 BFM#21 的 b1，b0 设置为01（允许设置），省缺值为01，设置后改为10，以防止不正确的改动。

BFM#23，#24 中的增益和偏移值的单位是 mV 或 μA，实际的响应是以 5 mV 或 20 μA 为最小单位值。

6. FX－4AD 的基本应用程序

将 FX－4AD 特殊功能模块安装在基本单元右边第一个位置，即 0 号模块。设置 CH1、

CH2 为电压输入，平均采样次数为 4 次，CH1 中的平均值存放到 D0 中，CH2 中的平均值存放到 D1 中，用 M10 ~ M25 存放错误状态信息，根据以上情况编制的梯形图。

7. 用程序设置 FX－4AD 的增益和偏移

可以使用可编程控制器输入终端上的下压按钮开关来调整 FX－4AD 的增益和偏移，也可以用 PLC 编程的方法来调整。如图 3－41 所示。下例中输入通道 CH1 的增益和偏移值分别调整为 0 V 和 2.5 V。

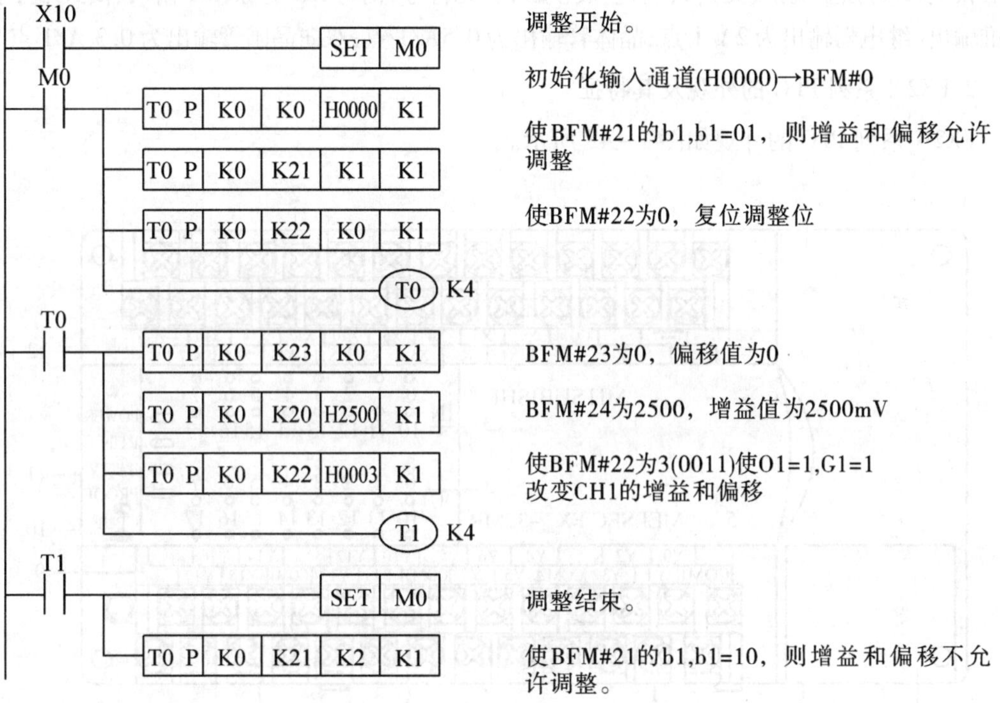

图 3－41 增益和偏移调整程序

(六) 三菱 FX 系列 PLC 简介

三菱公司是日本生产 PLC 的主要厂家之一，先后推出的小型、超小型 PLC 有 F1，F2，FX0，FX1，FX2，FX2C，FX0S，FX1S，FX0N，FX1N，FX2N，FX2NC 等系列。其中，FX0S，FX1S，FX0N，FX2N，FX2C 等系列机因为设计合理、结构紧凑、体积小、重量轻，具有很强的抗干扰能力和负载能力及优良的性价比，因此在我国应用较广泛。

1. FX2N 系列 PLC 型号名称的含义

FX2N 系列 PLC 型号名称的含义如图 3－42 所示。

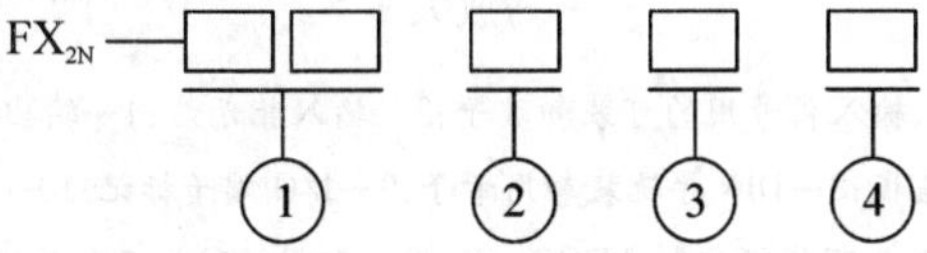

图 3－42 FX2N 系列 PLC 型号

在图 3－42 中，各部分的含义如下：

①表示输入/输出的总点数：16 ~ 256。

② 表示单元类型：M 表示基本单元；E 为输入/输出混合扩展单元与扩展模块；EX 为输入专用扩展模块；EY 为输出专用扩展模块。

③ 表示输出形式：R 为继电器输出；T 为晶体管输出；S 为双向晶闸管输出。

④ 表示特殊品种的区别：D 为 DC(直流)电源，DC 输出；UA1 为 AC(交流)电源，AC 输入(AC100 V～120 V)或 AC 输出模块；H 为大电流输出扩展模块(1A/1 点)；V 为立式端子排的扩展模块；C 为接插口输入方式；F 为输入滤波时间常数为 1 ms 的扩展模块；L 为 TTL 输入扩展模块；S 为独立端子(无公共端)扩展模块；若无符号，则为 AC 电源、DC 输入、横式端子排、标准输出(继电器输出为 2A/1 点；晶体管输出为 0.5A/1 点；双向晶闸管输出为 0.3 A/1 点)。

2. FX2N 系列 PLC 的外观及其特征

FX2N 系列 PLC 的外观如图 3－43 所示。

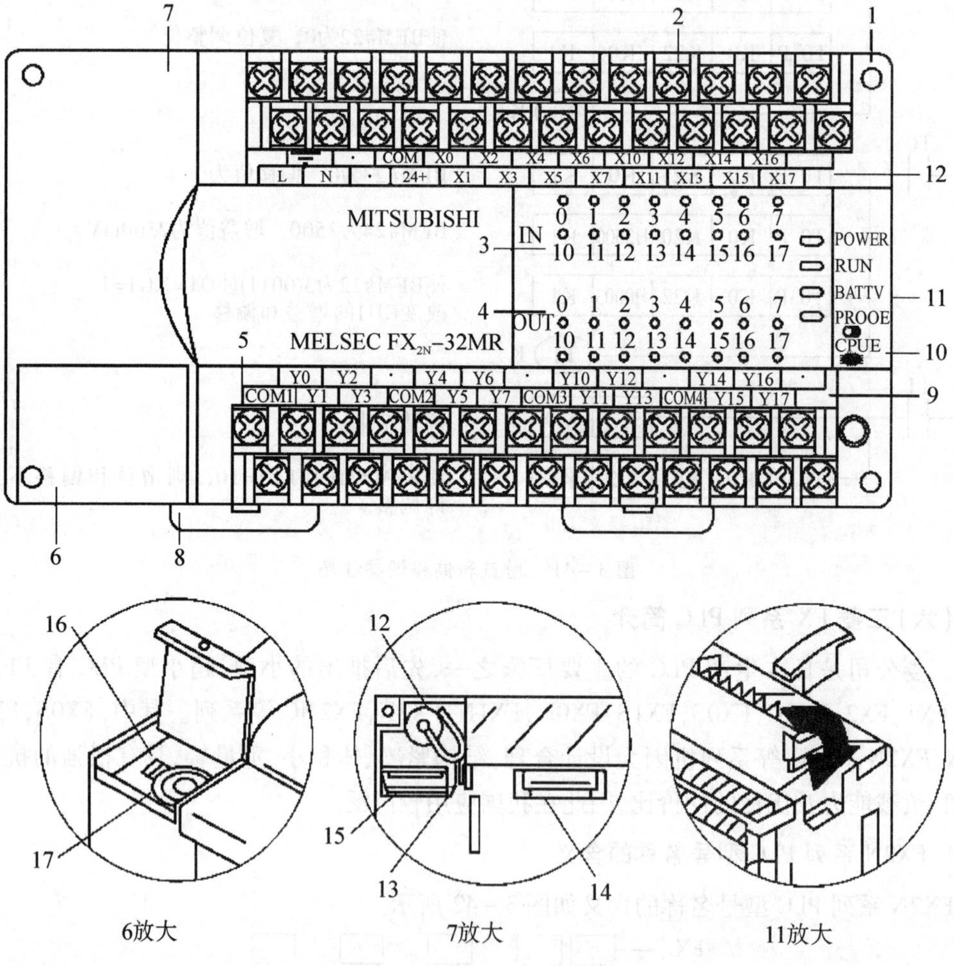

1—安装孔 4 个；2—电源、辅助电源、输入信号用的可装卸端子；3—输入指示灯；4—输出指示灯；5—输出用的可装卸端子；6—外围设备接线插座、盖板；7—面盖板；8—DIN 导轨装卸用卡子；9—I/O 端子标记；10—动作指示灯(POWER：电源指示灯，RUN：运行指示灯，BATT. V：电池电压下降指示灯，PROG－E：指示灯闪烁时表示程序出错，CPU－E：指示灯亮时出错)；11—扩展单元、扩展模块、特殊单元、特殊模块的接线插座盖板；12—锂电池；13—锂电池连接插座；14—另选存储器滤波器安装插座；15—功能扩展板安装插座；16—内置 RUN/STOP 开关；17—编程设备、数据存储单元接线插座

图 3－43　FX2N 系列 PLC 外形图

(1)外部接线端子

外部接线端子包括 PLC 电源端子(L,N)、直流 24 V 电源端子(24 +,COM)、输入端子(X)、输出端子(Y)等。其主要完成电源、输入信号和输出信号的连接。其中,24 +,COM 是机器为输入回路提供的 24 V 电源,为了减少接线,其正极在机器内已经与输入回路连接。当某输入点需要加入输入信号时,只需将 COM 通过输入设备接至对应的输入点即可,一旦 COM 与对应点接通,该点就为“ON”,此时对应输入指示灯点亮。

(2)指示部分

指示部分包括各 I/O 点的状态指示、PLC 电源(POWER)指示、PLC 运行(RUN)指示、用户程序存储器后备电池(BATT. V)状态指示及程序出错(PROG - E)、CPU 出错(CPU - E)指示灯等。其用于反映 I/O 点及 PLC 机器的状态。

(3)接口部分

接口部分主要包括编程器、扩展单元、扩展模块、特殊模块及存储器卡盒等外部设备的接口,其作用是完成基本单元同上述外部设备的连接。在编程器接口旁边,设置了一个 PLC 运行模式转换开关 SW1,它有“RUN”和“STOP”两种运行模式。RUN 模式能使 PLC 处于运行状态(RUN 指示灯亮);STOP 模式能使 PLC 处于停止状态(RUN 指示灯灭),此时,PLC 可进行用户程序的录入、编辑和修改。

3. 输入/输出方式

(1)输入方式

PLC 的输入方式按输入回路电流来分,有直流输入、交流输入、交流/直流输入方式三种。直流输入线路如图 3 - 44 所示,直流电源由 PLC 内部提供。交流输入线路如图 3 - 45 所示,交流/直流输入线路如图 3 - 46 所示。

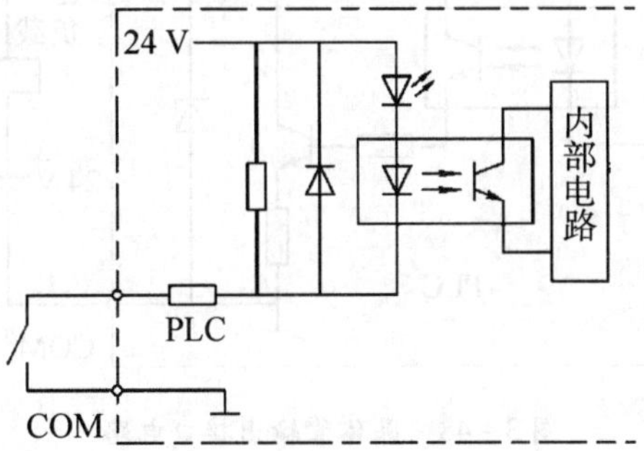

图 3 - 44　直流输入接口电路

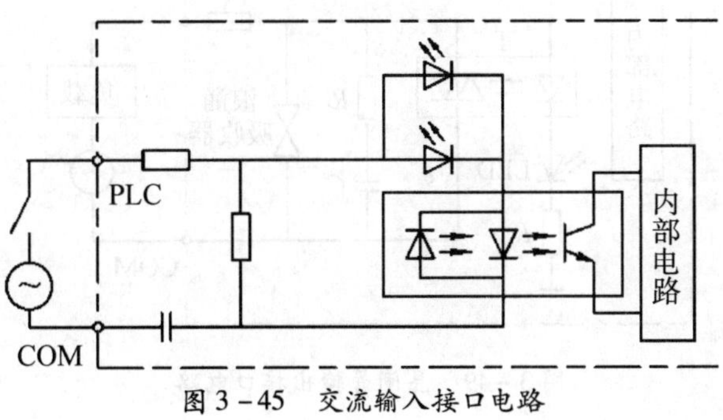

图 3 - 45　交流输入接口电路

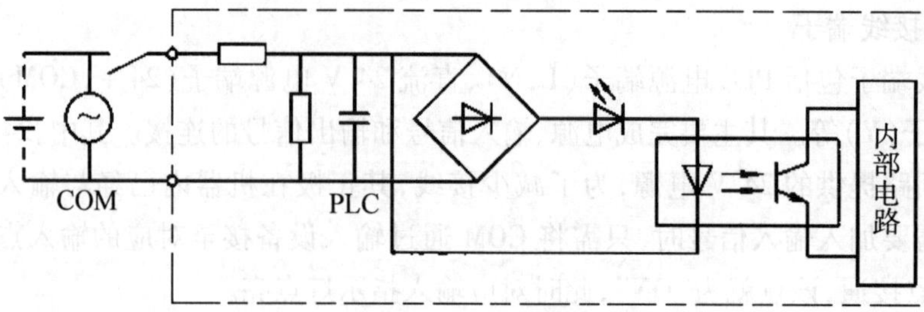

图 3-46　交流/直流输入接口电路

(2)输出方式

按负载使用的电源分类,有直流、交流和交直流三种输出方式;按输出开关器件的种类分类,有继电器、晶体管和晶闸管三种输出方式。继电器输出线路如图 3-47 所示,晶体管输出线路如图 3-48 所示,晶闸管输出线路如图 3-49 所示。

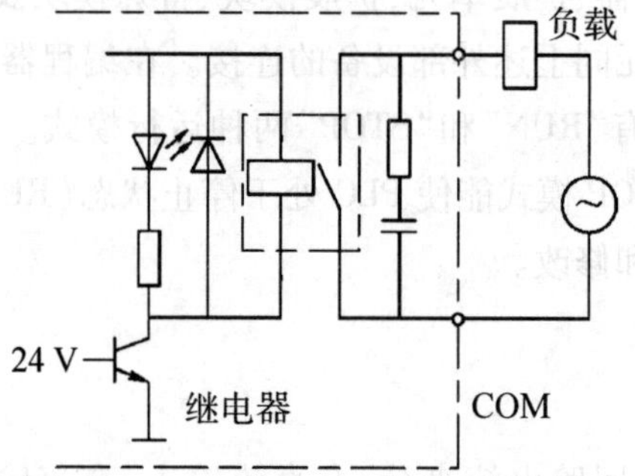

图 3-47　继电器输出接口电路

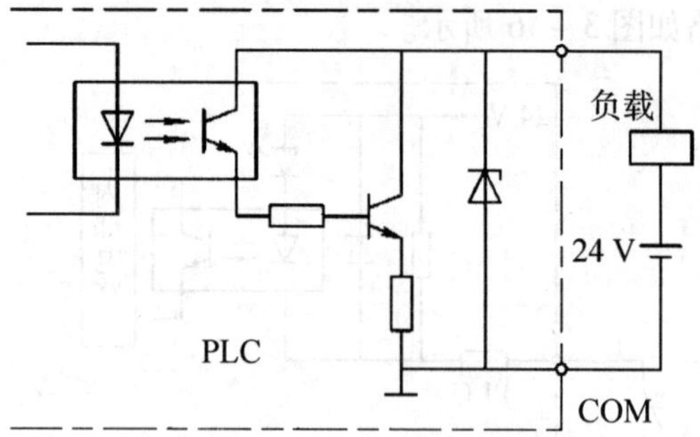

图 3-48　晶体管输出接口电路

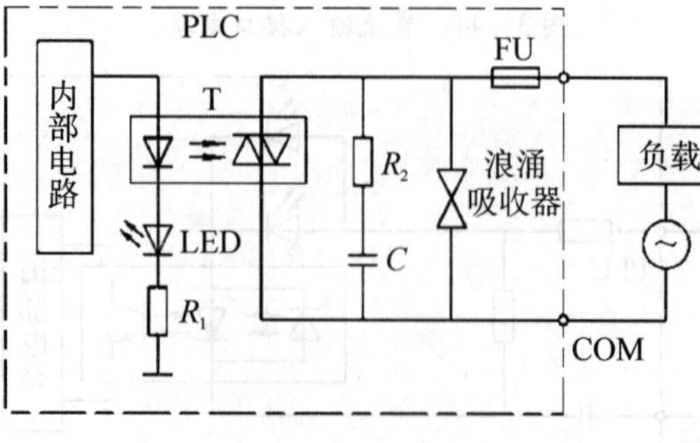

图 3-49　晶闸管输出接口电路

4. PLC 的安装、接线

(1)PLC 的安装

PLC 的安装固定常用两种方式:一是直接利用机箱上的安装孔,用螺钉将机箱固定在控制柜的背板或面板上;二是利用 DIN 导轨安装,这需要先将 DIN 导轨固定好,再将 PLC 的基本单元、扩展单元、特殊模块等安装在 DIN 导轨上。安装时须注意在 PLC 周围留足散热及接线的空间。

(2)PLC 的接线

1) 电源的接线。PLC 基本单元的供电通常有两种情况:一是直接使用工频交流电,通过交流输入端子连接,对电压的要求比较宽松,100 V ~ 250 V 均可使用;二是采用外部直流开关电源供电,一般配有直流 24 V 内部电源,为输入器件及扩展单元供电。FX 系列 PLC 大多为交流电源,直流输入形式。

2) 输入接口器件的接线。PLC 的输入接口连接输入信号,器件主要有开关、按钮及各种传感器,如图 3 – 50 所示,这些都是触点类型器件。在接入 PLC 时,每个触点的两个接头分别连接一个输入点(X)及输入公共端(COM)。PLC 的开关量接线点都是螺钉接入方式,每一位信号占用一个螺钉。输入公共端(COM)在某些 PLC 中是分组隔离的,FX2N 机型是连通的。图 3 – 50 所示中开关、按钮等器件都是无源器件,PLC 内部电源能为每个输入点提供 7 mA 工作电流,这限制了线路的长度。PLC 与三线传感器之间的连接如图 3 – 50 所示,三线传感器既可由 PLC 的 24 + 端子供电,也可以由外部电源供电;PLC 与两线传感器之间的连接如图 3 – 50 所示,两线传感器由 PLC 的内部供电。

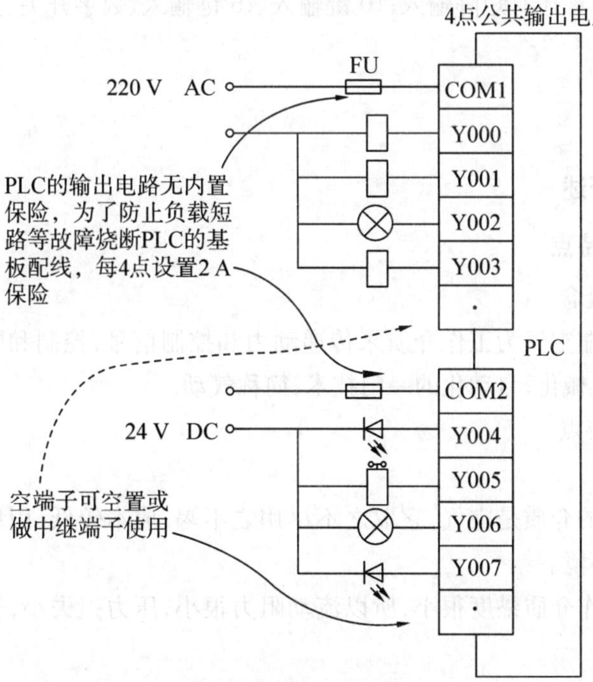

图 3 – 50 PLC 输出器件接线图

3) 输出接口器件的接线。PLC 的输出接口上连接的器件主要有继电器、接触器、电磁阀的线圈、指示灯、蜂鸣器等,如图 3 – 50 所示。这些器件均采用由 PLC 机外的专用电源供电,PLC 内部只提供一组开关接点。

4) 通信线的连接。PLC 一般设有专用的通信口,通常为 RS－485 口或 RS－422 口。与通信口的连接采用专用的接插件进行连接。

5. FX2N 系列 PLC 的技术特点

(1) FX2N 系列 PLC 采用一体化箱体结构,将 CPU、存储器、输入/输出接口及电源等都集成在一个模块内,因此具有结构紧凑、体积小巧、成本低、安装方便等优点。

(2) FX2N 是 FX 系列中功能最强的 PLC, FX2N 基本指令执行时间可高达 0.08 μS,超过了许多大、中型 PLC 的执行时间。

(3) FX2N 系列 PLC 的用户存储器容量可扩展到 16K, FX2N 的 I/O 点数最大可扩展到 256 点, FX2N 内装实时钟,有时钟数据的比较、加减、读出/写入指令,可用于时间控制。

(4) FX2N 系列 PLC 有多种特殊功能模块,如模拟量输入/输出模块、高速计数器模块、脉冲输出模块、位置控制模块、RS－232C/RS－422/RS－485 串行通信模块或功能扩展板、模拟定时器扩展板等。

(5) FX2N 系列 PLC 有 3000 多点辅助继电器、1000 点状态继电器、200 多点定时器、200 点 16 位加计数器、35 点 32 位加/减计数器、8000 多点 16 位数据寄存器、128 点跳步指针、15 点中断指针。

(6) FX2N 系列 PLC 具有中断输入处理、修改输入滤波器常数、数学运算、浮点数运算、数据检索、数据排序、PID 运算、开平方、三角函数运算、脉冲输出、脉宽调制、ACL 码输出、串行数据传送、校验码、比较触点等功能指令。

(7) FX2N 系列 PLC 还有矩阵输入、10 键输入、16 键输入、数字开关、方向开关、7 段显示器扫描显示等指令。

三、气压传动

(一) 气压传动概述

1. 气压传动及其特点

(1) 气压传动的概念

气压传动是以压缩空气为工作介质来传递动力和控制信号,控制和驱动各种机械和设备,以实现生产过程机械化、自动化的一门技术,简称气动。

(2) 气压传动的特点

1) 优点:

①气压传动系统的介质是空气,它取之不尽用之不竭,成本较低,用后的空气可以排到大气中去,不会污染环境。

②气压传动的工作介质黏度很小,所以流动阻力很小,压力损失小,便于集中供气和远距离输送,便于使用。

③气压传动工作环境适应性好。

④气压传动有较好的自保持能力。即使气源停止工作,或气阀关闭,气压传动系统仍可维持一个稳定压力。

⑤气压传动在一定的超负载工况下运行也能保证系统安全工作,并不易发生过热现象。

2)缺点:

①气压传动系统的工作压力低,因此气压传动装置的推力一般不宜大于10~40 kN,仅适用于小功率场合,在相同输出力的情况下,气压传动装置比液压传动装置尺寸大。

②由于空气的可压缩性大,气压传动系统的速度稳定性差,位置和速度控制精度不高。

③气压传动系统的噪声大。

④气压传动工作介质本身没有润滑性。

⑤气压传动动作速度和反应快。

2. 气压传动系统的组成

图3-51所示为一可完成某程序动作的气压系统的组成原理图,其中的控制装置是由若干气动元件组成的气动逻辑回路。它可以根据气缸活塞杆的始末位置,由行程开关等传递信号,再做出下一步的动作,从而实现规定的自动工作循环。

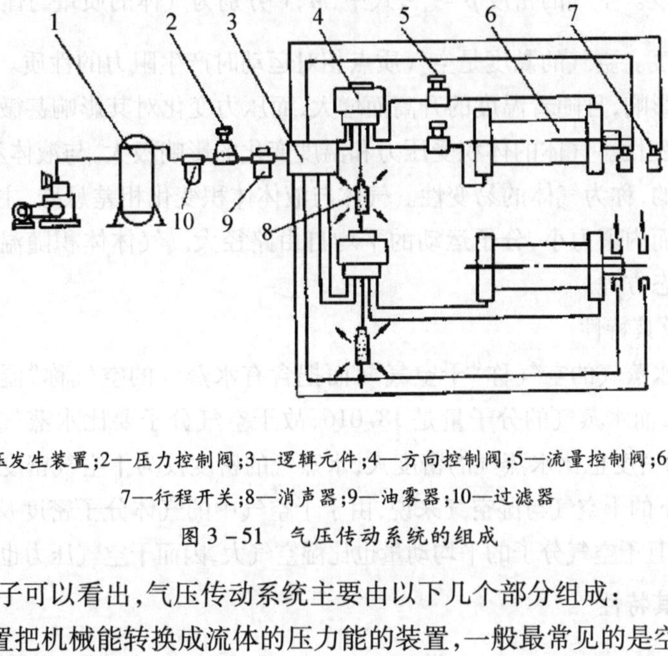

1—气压发生装置;2—压力控制阀;3—逻辑元件;4—方向控制阀;5—流量控制阀;6—气缸;7—行程开关;8—消声器;9—油雾器;10—过滤器

图3-51　气压传动系统的组成

由上面的例子可以看出,气压传动系统主要由以下几个部分组成:

(1)能源装置把机械能转换成流体的压力能的装置,一般最常见的是空气压缩机。

(2)执行装置把流体的压力能转换成机械能的装置,一般指气压缸或气压马达。

(3)控制调节装置对气压系统中流体的压力、流量和流动方向进行控制和调节的装置。如压力阀、流量阀、方向阀等。

(4)辅助装置指除以上三种以外的装置,分水滤气器、油雾器、消声器等,它们对保证气压系统可靠和稳定地工作有重大作用。

(5)传动介质传递能量的流体,即压缩空气。

3. 气压传动及其控制技术的应用和发展

气压传动的应用也相当普遍,许多机器设备中都装有气压传动系统,在工业各领域,如机械、电子、钢铁、运行车辆及制造、橡胶、纺织、化工、食品、包装、印刷和烟草机械等,气压传动技术不但在各工业领域应用广泛,而且,在尖端技术领域如核工业和宇航中,气压传动技术也占据着重要的地位。目前,气压传动在实现高压、高速、大功率、高效率、低噪声、长寿命、高度集成化、小型化与轻量化、一体化、执行件柔性化等方面取得了很大的进展。同时,由于它与微电子技术密切配合,能在尽可能小的空间内传递出尽可能大的功率并加以准确地控制,从而更使得它在各行各业中发挥出了巨大作用。

(二)气压传动基础知识

1. 空气的特征

(1)空气的组成

空气由多种气体混合而成。其主成分罚是氮和氧,其次是氩和少量的二氧化碳及其他气体,清洁的空气是无色、无臭、无味、透明的气体,空气可分为干空气和湿空气两种形态,以是否含有水蒸气作为区分标致:不含水蒸气的空气为干空气,含有水蒸气的空气成为湿空气。

(2)空气的特征参数

1)空气的密度。空气的密度$\rho = \frac{M}{V}$,式中,M,V分别为气体的质量与体积。

2)空气的黏度。空气的黏度是空气质点相对运动时产生阻力的性质。空气黏度的变化只受温度变化的影响,且随着温度的升高而增大,而压力变化对其影响甚微,可忽略不计。

3)气体的易变性。气体的体积受压力和温度变化的影响极大,与液体和固体相比较,气体的体积是易变的,称为气体的易变性。气体与液体体积变化相差悬殊,主要原因在于气体分子间的距离大而内聚力小,分子运动的平均自由路径大。气体体积随温度和压力的变化规律遵循气体状态方程。

(3)干空气及其特性

我们把不含水蒸气的空气称“干空气”,而把含有水蒸气的空气称“湿空气。干空气的分子量是28.966,而水蒸气的分子量是18.016,故干空气分子要比水蒸气分子重。在相同状况下,干空气的密度也比水蒸气的密度大,水蒸气的密度仅为干空气密度的62%左右。

对相同状况下的干空气与湿空气来说,由于干空气中的气体分子密度及分子的平均质量都比湿空气要大,且干空气分子的平均动量也比湿空气大,因而干空气压力也就比湿空气大。

2. 湿空气及其特性

(1)湿度

1)绝对湿度。单位体积的湿空气中所含水蒸汽的质量,称为湿空气的绝对湿度,用x表示

$$x = \frac{m_s}{V}(\mathrm{kg/m^3})$$

或由气体状态方程导出

$$x = \rho_s = p_s/(R_s T)(\mathrm{kg/m^3})$$

式中,m_s这湿空气中水蒸气的质量;

V——湿空气的体积;p_s为水蒸气的分压力;T这绝对温度;ρ_s为水蒸气的密度;R_s为水蒸气的气体常数,$R_s = 462.05\mathrm{N \cdot m/(kg \cdot K)}$。

2)饱和绝对湿度。在一定温度下,单位体积湿空气中所含水蒸气的质量达到最大极限

度时，称此时湿空气为饱和湿空气。此时，湿空气中水蒸气的分压力达到该温度下水蒸气的饱和压力，其绝对湿度称为饱和绝对湿度，用 x_b 表示，

$$x_b = \rho_b = \frac{p_b}{R_3 T}$$

式中，p_b 为饱和湿空气中水蒸气的分压力；ρ_b 为饱和湿空气中水蒸汽中的密度。

3）相对湿度。在一定温度和压力下，绝对湿度和饱和绝对湿度之比称为该温度下的相对湿度，用 φ 表示。

$$\varphi = \frac{x}{x_b} \times 100\% = \frac{\mathrm{p_s}}{\mathrm{p_b}} \times 100\%$$

（2）含湿量

1）质量含湿量。即单位质量的干空气中所混合的水蒸气的质量，用 d（单位为 g/kg）表示，

$$d = \frac{m_s}{m_g} = 622\frac{p_s}{p_g} = 622\frac{\varphi p_b}{p - \varphi p_b}$$

式中，m_s 为水蒸气质量；m_g 为干空气的质量；p_b 为饱和水蒸气的分压力；p 为湿空气的全压力；φ 为相对湿度。

2）容积含湿量。即单位体积的干空气中所混合的水蒸气的质量，用 d'表示，

$$d' = \frac{m_s}{V_g} = \frac{dm_g}{V_g} = d\rho$$

式中，ρ 为干空气的密度；V_g 为干空气的体积。

3. 气体状态方程

（1）理想气体状态方程

不计黏性的气体称为理想气体。理想气体的状态应符合下述关系：

$p = \rho RT$ 或 $p\,\overline{V} = RT$

式中，p 为绝对压力；$\overline{V}$ 为气体比容；ρ 这气体密度；T 为绝对温度；R 为气体常数。

1）等容过程。一定质量的气体，在容积保持不变时，从某一状态变化到另一状态的过程，称为等容过程。如图 3－52 所示，设气体从状态 1 变化到状态 2，在此过程中，比容 $\overline{V}$ = 常数。由式得

$$\frac{p_1}{T_1} = \frac{p_2}{T_2} = \frac{R}{\overline{V}}$$

在等容变化过程时，气体对外做功为

$$W = \int_{\overline{V}p_1 d}^{\overline{V}_2} \overline{V} = 0$$

即气体对外不做功，但绝对稳定随压力增加而增加，提高了气体的内能。单位质量的气体所增加的内能为

$$E_v = c_v(T_2 - T_1)$$

式中，c_v 为定容比热，对空气 c_v = 718 J(kg · K)。

2）等压过程。一定质量的气体，在压力保持不变时，从某一状态变化到另一状态的过程，称为等压过程。

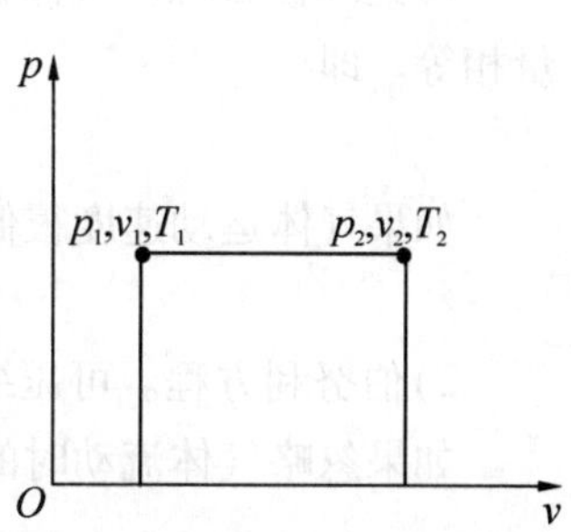

图 3－52　气体状态变化示意图

如图所示，设气体从状态 1 变化到状态 2，在此过程中压力 p = 常数。由式可得

$$\bar{V}/T_1 = \bar{V}_2/T_2 = R/p = 常数$$

说明压力不变时，气体温度上升必然导致体积膨胀，稳定下降体积将缩小。比容与绝对温度成正比关系，气体吸收或释放热量而发生状态变化。在等压变化过程中，单位质量气体所得到的热量

$$Q = c_p(T_2 - T_1)$$

式中，c_p 为定压比热，此过程中，单位质量气体膨胀所做功

$$W = \int_{\bar{V}_1 pd}^{\bar{V}_2} \bar{V} = p(\bar{V}_2 - \bar{V}_1) = R(T_2 - T_1)$$

3）等温过程。一定质量的气体在温度保持不变时，从某一状态变化到另一状态的过程，称为等温过程。

$$p_1\bar{V}_1 = p_2\bar{V}_2 = RT = 常数$$

由式知，温度不变时，气体压力与比容成反比关系。压力增加，气体被压缩，单位质量的气体所需压缩功

$$W = \int_{v_1}^{V_2} p(-d\bar{V}) = \int_{v_1}^{V_2} \frac{RT}{V} d\bar{V} = RTL_n \frac{\bar{V}_1}{\bar{V}_2}$$

此变化过程温度不变时，系统内能无变化，假如系统的热量全部用来做功。

4）热过程。气体在状态变化过程中，系统与外界无热量交换的状态变化过程，成为绝热过程。绝热过程气体所作功

$$W = \frac{p_1\bar{V}_1}{k-1}\left[\frac{T_2}{T_1} - 1\right] = \frac{rT_1}{k-1}\frac{T_2 - T_1}{T_1} = \frac{R}{k-1}(T_2 - T_1)$$

5）多变过程。不加任何限制条件的气体状态变化过程，称为多变过程。

多变过程气体做功，和绝热过程的推导方法相同，结果为

$$W = \frac{R}{n-1}(T_2 - T_1)$$

（2）流动规律

在以下讨论过程中不计气体的质量力，并认为是理想气体的绝热流动。理想气体一元定常绝热流动的运动方程为

$$-\frac{1}{\rho}\frac{dp}{dS} = v\frac{dv}{dS} \text{ 或 } v dv + \frac{1}{\rho}dp = 0$$

1）连续性方程。气体在管道中作定常流动时，同一时间内流过管道每一截面的质量流量相等。即

$$\rho_1 v_1 A_1 = \rho_2 v_2 A_2 = q_m = 常数$$

如果气体运动速度很低，认为是不可压缩的，则

$$v_1 A_1 = v_2 A_2 = q = 常数$$

2）伯努利方程。可压缩气体绝热流动的伯努利方程：

如果忽略气体流动时的能量损失和位能变化，可得

$$\frac{k}{k-1}\frac{p_1}{\rho_1} + \frac{v_1^2}{2} = \frac{k}{k-1}\frac{p_2}{\rho_2} + \frac{v_2^2}{2}$$

或

$$\frac{k}{k-1}\frac{p_1}{\rho_{1g}}+\frac{v_1^2}{2g}=\frac{k}{k-1}\frac{p_2}{\rho_{2g}}+\frac{v_2^2}{2g}$$

式中，k 为绝热指数。

有机械功的压缩气体能量方程：

在所研究的管道流过流断面之间有流体机械对气体供以能量 E 时，绝热过程能量方程为

$$\frac{k}{k-1}\frac{p_1}{p_1}+\frac{v_1^2}{2}+E-\frac{k}{k-1}\frac{p_2}{p_2}+\frac{v_2^2}{2}$$

$$E_n=\frac{n}{n-1}\frac{p_1}{\rho_1}\left[\left(\frac{p_2}{p_1}\right)^{n-1/n}-1\right]+\frac{v_2^2-v_1^2}{2}$$

3）通流能力。有效截面积：节流孔口如图 3－53 所示，气体流经气流孔口，且设孔口面积为 A_0。由于孔口具有尖锐边缘，而流线又不可能突然转折，经孔口后流束发生收缩，其最小收缩截面积称为有效截面积，以 A 表示，它代表了节流孔的通流能力。节流孔的有效截面积 A 与孔口截面积 A_0 之比，称为收缩系数，以 α 表示，即 $\alpha=A/A_0$。

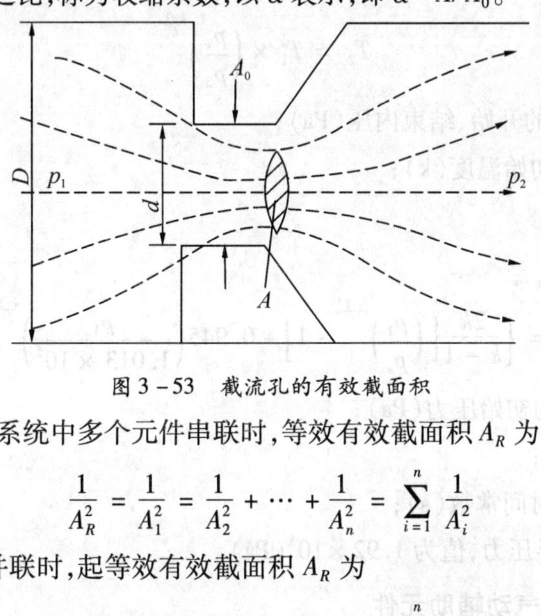

图 3－53　截流孔的有效截面积

管道的有效截面：系统中多个元件串联时，等效有效截面积 A_R 为

$$\frac{1}{A_R^2}=\frac{1}{A_1^2}=\frac{1}{A_2^2}+\cdots+\frac{1}{A_n^2}=\sum_{i=1}^{n}\frac{1}{A_i^2}$$

系统中多个元件并联时，起等效有效截面积 A_R 为

$$A_R=A_1+A_2+\cdots+A_n=\sum_{i=1}^{n}A_i$$

通过节流小孔的流量：气流通过气动元件，使元件进口压力 p_1 保持不变，出口压力 p_2 降低。

当气流压力之比 $p_1/p_2>1.893$，$p_2/p_1<0.528$ 时，流速在声区内。自由状态流量为

$$q_z=113.4\,Ap_1\sqrt{\frac{273}{T_1}}$$

当 $p_2/p_1<0.528$ 或 $p_2/p_1<1.893$ 时，流速在压声速区自由状态的流量为

$$q_z=234\,A\sqrt{\Delta p\cdot p_1}\sqrt{\frac{273}{T_1}}$$

4）充气温度与时间的计算。充气时引起温度变化，充气后的温度为

$$T_2 = \frac{k}{1+\frac{p_1}{p_2}(k-1)}T,$$

式中 T_s——气源温度（K）；

k——绝热指数；

p_1, p_2——容器的开始、结束内压(Pa)。

充气时间：

$$t = (1.285 - \frac{p_1}{p_s})\tau$$

式中 p_1——容器内的初始压力(Pa)；

p_s——气源的压力(Pa)；

τ——充、放气时间常数(s)。

5)放气温度与时间计算。放气时引起温度变化，放气后的温度为

$$T_2 = T_1 \times \left(\frac{p_1}{p_2}\right)^{\frac{k-1}{k}}$$

式中 p_1, p_2——容器的开始、结束内压(Pa)；

T_1——容器内初始温度(k)；

k——绝热系数。

放气时间：

$$t = \left\{\frac{2k}{k-1}\left[\left(\frac{p_1}{p_e}\right)^{\frac{k-1}{2k}} - 1\right] + 0.945\left(\frac{p_1}{1.013\times 10^5}\right)^{\frac{k-1}{2k}}\right\}\tau$$

式中 p_1——容器内的初始压力(Pa)；

k——绝热系数；

τ——充、放气时间常数(s)；

p_e——放气临界压力，值为 1.92×10^5(Pa)。

（三）气源装置和气动辅助元件

1. 气源装置

(1)传动对工作介质的要求

1)求压缩空气具有一定的压力和足够的流量。

2)要求压缩空气具有一定的净化程度，保证空气质量。

3)有些气动装置和气动仪表还要求压缩空气的压力波动不能太大，一般气源压力波动应控制在4%以内。

因为一般气动设备所使用的空气压缩机都是属于工作压力较低（小于1 MPa），使用油润滑的活塞式空气压缩机。它排出的压缩空气温度一般在140～170℃，使空气中的水分和部分润滑油变成气态，再与吸入的灰尘混合，形成油汽、水汽、灰尘相混合的杂质混在压缩空气中。上述压缩空气是不能为气动装置所用的，这样的压缩空气必须经过除油、除水、除尘、

干燥等净化处理后才能被气压传动系统所使用。

(2)气源系统的组成

气源装置是气动系统的动力源,它应提供清洁、干燥且具有一定压力和流量的压缩空气,以满足条件不同的使用场合对压缩空气的质量的要求。气源装置一般由四部分组成:

1)产生压缩空气的气压发生装置(如空气压缩机)。

2)压缩空气的净化处理和贮存装置(如后冷却器、贮气罐、空气干燥器、空气过滤器、油水分离器等)。

3)传输压缩空气的管道系统。

4)气动三大件(分水过滤器、减压阀、油雾器)。

(3)空气压缩机

空气压缩机是气动系统的动力源,它把电机输出的机械能转换成气压能输送给气压系统。

1)空气压缩机的分类。按工作原理主要可分为容积型和速度型两类。目前,使用最广泛的是活塞式压缩机。

2)空气压缩机的工作原理。气压传动系统中最常见的空气压缩机是往复活塞式。

3)空气压缩机的选用原则。选择空气压缩机的根据是气压传动系统所需要的工作压力和流量两个主要参数。

①工作压力的选择。一般空气压缩机为中夺空气压缩机,额定排气压力为 1 MPa;低夺空气压缩机,排气压力为 0.2 MPa;高压空气压缩机,排气压力为 10 MPa;超高压空气压缩机,排气压力为 100 MPa。

②输出流量的选择。根据整个气压系统对压缩空气的需要量再加上一定的备用余量,作为选择空气压缩机流量的依据。空气压缩机铭牌上的流量是自由空气的流量。

压缩空气与自由空气的体积流量之间的转换关系为

$$q_z = q_y \frac{(p + p_0)T_z}{p_0 T_y}$$

q_z为自由空气的体积流量,q_y为压缩空气的体积流量,p 为压缩空气的表压力,p_0为标准大气压,T_y为压缩空气的温度,T_z为自由空气的温度。

(4)冷却器

后冷却器的作用是:吸收压缩空气中的热量,使其降低温度,促使压缩空气中的水汽、油汽大部分都凝聚成液态的水滴和油滴而被分离出来,由油水分离器排出。

蛇管式冷却器是指压缩空气在管内流动,冷却水在管外流动。该冷却器结构简单,检修及清洗方便,适用于排量较小的任何压力范围,是目前空气压缩机战使用较多的一种。

(5)油水分离器

油水分离器的作用是分离压缩空气中所含的水分、油分等杂质,使压缩空气得到初步净化。油水分离器,气流以一定的速度 v_1经输入口进入分离器内受挡板阻挡被撞击折回下方,然后产生环形回转并以一定速度 v_2上升。对一般低压传动系统,有

$$q_z = \frac{\pi}{d} d^2 v_1 = \frac{\pi}{4} D^2 v_2 \leqslant \frac{\pi}{4} D^2 \times 1$$

$$D \geqslant d\sqrt{v_1}$$

式中，D 为油水分离器内径；d 为气体输入口管道内径；v_1 为气体输入流速；v_2 为油水分离器中气体回转后上升的速度。

(6)干燥器

空气干燥器的作用是进一步除去压缩空气中含有的水分、油分和颗粒杂质等，使压缩空气干燥，主要用于对气源质量要求较高的气动装置，如气动仪表等。潮湿高温的压缩空气流入前置冷却器(高温型专用)散热后流入热交换器与从蒸发器排出来的冷空气进行热交换，使进入蒸发器的压缩空气的温度降低。

换热后的压缩空气流入蒸发器通过蒸发器的换热功能与制冷剂热交换，压缩空气中的热量被制冷剂带走，压缩空气迅速冷却，潮湿空气中的水份达到饱和温度迅速冷凝，冷凝后的水分经凝聚后形成水滴，经过独特气水分离器高速旋转，水分因离心力的作用与空气分离，分离后水从自动排水阀处排出。经降温后的空气压力露点最低可达2℃。

降温后的冷空气流经空气热交换与入口的高温潮湿热空气进行热交换，经热交换的冷空气因吸收了入口空气的热量提升了温度，同时压缩空气还经过冷冻系统的二次冷凝器(同行独有的设计)与高温的冷媒再次热交换使出口的温度得到充分的加热，确保出口空气管路不结露。同时充分利用了出口空气的冷源，保证了机台冷冻系统的冷凝效果，确保了机台出口空气的质量。

(7)储气罐

储气罐的作用是储存一定数量的压缩空气，消除压力波动。保证输出气流的连续性；进一步分离压缩空气中的水分和油分。

立式储气罐的高度 H 为其直径 D 的 2 ~ 3 倍，同时应使进气管在下，出气管在上。

选择储气罐的容积 V(单位：m^3)，一般以空气压缩机每分钟的排气量 q(单位：m^3/min)为依据：

当 $q<6$ 时，取 $V=1.2$；

当 $q=6\sim30$ 时，取 $V=1.2\sim4.5$；

当 $q>6$ 时，取 $V=4.5$。

当以知空气压缩机的机器压力 p_c 和排气压力 p 及排气流量 q_z 时，则

$$V_c = q_z \frac{p_c}{p_c + p}$$

储气罐的高度由充气容积求得 $H=\dfrac{4V_c}{\pi d^2}$，式中 D 为储气罐直径。

2.启动辅助元件

(1)气动三大件

水滤气器、减压阀和油雾器一起被称为气动三大件。三大件无管连接而成的组件称为三联件。三大件是多数气动系统中不可缺少的气源装置，安装在用气设备近处，是压缩空气质量的最后保证。三大件的安装顺序依进气方向分别为分水滤气器、减压阀和油雾器。在使用中可以根据实际要求采用一件或两件，也可多于三件。

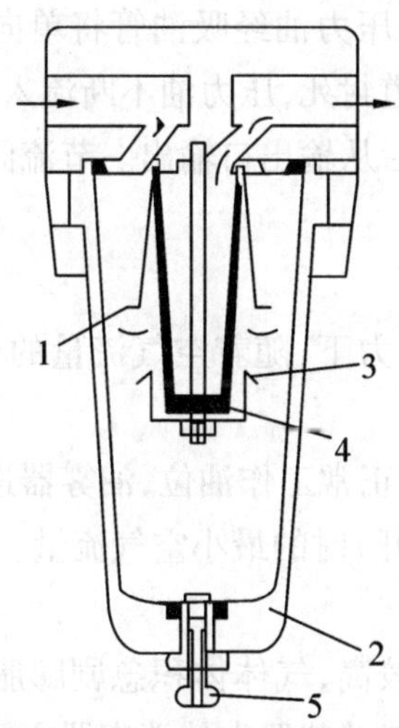

图 3-54 分水滤气器结构

1）分水滤气器。分水滤气器的作用是滤去空气中的灰尘和杂质，并将空气中的水分分离出来。工作原理：分水滤气器的结构原理如图所示。压缩空气从输入口进入后被引进旋风叶子，旋风叶子上冲制有很多小缺口，迫使空气沿切线方向产生强烈的旋转，使混杂在空气中的杂质获得较大的离心力。从气体中分离出来的水滴、油滴和灰尘沿水杯滤芯的内壁流到水杯的底部，并定期从排水阀放掉。进来的气体经过离心旋转后还要经滤芯的进一步过滤，然后从输出口输出。挡水板是为防止杯中污水被卷起破坏滤芯的过滤作用而设置的。

主要性能指标：

①过滤度指允许通过的杂质颗粒的最大直径。可根据需要选择相应的过滤度。

②水分离率指分离水分的能力，定义为

$$\eta_{cs} = \frac{\varphi_1 - \varphi_2}{\varphi_1} \times 100\%$$

式中，φ_1 和 φ_2 分别是分水滤气器前、后空气的相对湿度。规定分水滤气器的水分离率不小于65%。

③流量特性表示一定压力的压缩空气进入分水滤气器后，其输出压力与输入流量之间的关系。在额定流量下，输入压力与输出压力之差不超过输入压力的5%。

④虑灰效率是指过滤器收集到的杂质重量与进入过滤器杂质的总重量之比：

$$\eta_{ch} = \frac{W_1}{W}$$

式中，W_1 为过滤器收集到的杂质重量，W 为进入过滤器杂质的总重量，η_{ch}为滤灰效率。

2）减压阀。气动减压阀起减压和稳压作用，其工作原理与液压系统中的减压阀相同，这里不再赘述。

3）油雾器。油雾器是一种特殊的注油装置。当压缩空气流过时，它将润滑油喷射成雾状。随压缩空气一起流渗透需要润滑的部件，达到润滑的目的。

工作原理和结构。：当压缩空气从输入口进入后，通过喷嘴下端的小孔进入阀座的腔室内，在截止阀的钢球上下表面形成差压。由于泄漏和弹簧的作用。钢球处于中间位置，压缩空气进入存油杯的上腔,油面受压,压力油经吸油管将单向阀的钢球顶起,钢球上部管道有一个方型小孔,钢球不能将上部管道封死,压力油不断流入视油器内,再滴入喷嘴中,被主管气流从上面的小孔引射出来,雾化后从输出口输出。节流阀 8 可以调节油量,使油滴量在每分钟 0 ~ 120 滴内变化。

主要性能指标:

①流量特性表征在给定进口压力下,随着空气流量的变化,油雾器进、出口压力降的变化情况。

②起雾油量存油杯中油位处于正常工作油位,油雾器进口压力为规定值,油滴量约为每分钟 5 滴(节流阀处于全开)时的最小空气流量。

(2)消声器

气缸、气阀等工作时排气速度较高,气体体积急剧膨胀,会产生强烈的噪声。为了降低噪声,可以在排气口装设消声器。气动装置中的消声器主要有阻性消声器、抗性消声器及阻抗复合消声器三大类。

1)吸收型消声器。吸收型消声器(又称阻性消声器)主要利用吸声材料(玻璃纤维、毛毡、泡沫塑料、烧结金属、烧结陶瓷以及烧结塑料等)来降低噪声。在气体流动的管道内固定吸声材料,或按一定方式在管道中排列,这就构成了阻性消声器。当气流流入时,一部分声音能被吸声材料吸收,起到消声作用。

2)膨胀干涉型消声器。膨胀干涉型消声器(又称抗性消声器)是根据声学滤波原理制造的,它具有良好的低频消声性能,但消声频带窄,对高频消声效果差。

3)膨胀干涉吸收型消声器。膨胀干涉吸收型消声器(又称阻抗复合消声器)是综合上述两种消声器的特点而构成的,这种消声器既有阻性吸声材料,又有抗性消声器的干涉等作用,能在很宽的频率范围内起消声作用。

(3)管道连接件

管道连接件包括管子和各种管接头。有了管路连接,才能把气动控制元件、气动执行元件以及辅助元件等连接成一个完整的气动控制系统。

1)管子。管子可分为硬管和软管两种。一般总气管和支气管等一些固定不动的不需要经常装拆的管路使用硬管,硬管有铁管、钢管、黄铜管、紫铜管和硬塑料管等。连接运动部件,临时使用希望装拆方便的管路应使用软管,软管有塑料管,尼龙管,橡胶管、金属编织塑料管等。常用的是紫铜管和尼龙管。

2)管接头。气动系统中使用的管接头的结构及工作原理与液压管接头基本相似,分为卡套式、扩口螺纹式、卡箍式、插入快换式等。

(三)气动执行元件

1. 气缸

(1)气缸的类型

气缸一般由缸体、活塞、活塞杆、前端盖、后端盖及密封件等组成。汽缸的种类很多,分类方法也不同。

(2)汽缸的设计计算

1)汽缸作用力。气缸活塞杆的推力 F_1 和拉力 F_2 分别为

$$F_1 = \frac{\pi}{4}D^2 p\eta \qquad (\mathrm{N})$$

$$F_2 = \frac{\pi}{4}(D^2 - d^2)p\eta \qquad (\mathrm{N})$$

式中 D,d 分别是气缸内径和活塞杆直径,p 为汽缸工作压力,η 为负载率。

负载率与汽缸工作压力有关,综合反映活塞的快速作用和气缸的效率。

2)气缸内径的计算。

推力做功时

$$D = \sqrt{\frac{4F_1}{\pi p\eta}} \qquad (\mathrm{m})$$

拉力做功时

$$D = \sqrt{\frac{4F_2}{\pi p\eta} + d^2} \qquad (\mathrm{m})$$

3)活塞杆直径 d 的计算与计算气缸内径 D 相同。一般取 $d/D = 0.2 \sim 0.3$,必要时也可取 $d/D = 0.16 \sim 0.4$ 的那个活塞杆受压,且其行程 $L \geqslant 10\ d$ 时,还须校核其稳定性。

4)缸筒壁厚的计算。一般气缸筒壁厚 δ 与缸径 D 之比小于 1/10,可按薄壁圆筒公式计算,即

$$\delta = \frac{Dp_s}{2[\sigma]} \qquad (\mathrm{m})$$

$$[\sigma] = \frac{\sigma_b}{n} \qquad (\mathrm{Pa})$$

5)耗气量的计算。气缸耗气量与其自身结构、动作时间以及连接管容积等有关、一个往复行程的压缩空气耗量 q 为

$$q = \frac{\pi(2D^2 - d^2)s}{4\eta_v t} \qquad (\mathrm{m^3/s})$$

换算成自由空气耗量 q_z 为

$$q_z = [1 + (p/p_0)]/q \qquad (\mathrm{m^3/s})$$

6)缓冲计算。缓冲室内气体被急剧压缩,属绝热过程,其中气体所吸收的能量 E_P 为

$$E_p = \frac{k}{k-1}p_2 V_2\left[\left(\frac{p_3}{p_2}\right)^{(k-1)/k} - 1\right] \qquad (\mathrm{J})$$

运动部件在行程末端的动能

$$E_v = \frac{mv^2}{2} \qquad (\mathrm{J})$$

按能量平衡原则应有

$$E_p \geqslant E_d + E_v \pm E_g - E_f \qquad (\mathrm{J})$$

(3)气缸的选用

1)选择气缸类型。

2)选择安装形式。

3)确定气缸作用力。

4)确定气缸行程。

5)确定运动速度。

6)润滑。

(4)膜片式气缸

它主要由膜片和中间硬芯相连来代替普通气缸中的活塞,依靠膜片在气压作用下的变形来使活塞杆前进,膜片的复位主要靠弹簧力来完成。活塞的行程较小,一般适用于气动夹具、自动调节阀及短行程工作场所。

2. 气动马达

(1)叶片式马达的工作原理和特性

如图3-55所示是双向叶片式气动马达的工作原理。压缩空气由A孔输入,小部分经定子两端的密封盖的槽进入叶片底部(图中未表示),将叶片推出,使叶片贴紧在定子内壁上,大部分压缩空气进入相应的密封空间而作用在两个叶片上。由于两叶片伸出长度不等,因此,就产生了转矩差,使叶片与转子按逆时针方向旋转,作功后的气体由定子上的孔B排出。

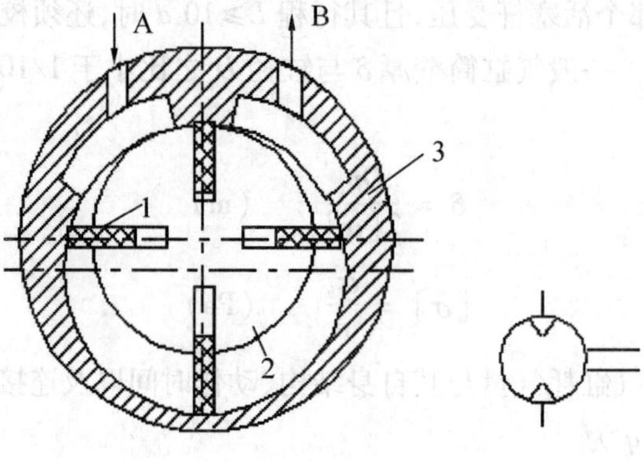

1—叶片;2—转子;3—定子

图3-55　双向旋转的叶片式马达

若改变压缩空气的输入方向(即压缩空气由B孔进入,从A孔排出),则可改变转子的转向。

气动马达具有软特性的特点。当外加转矩 T 等于零时,即为空转,此时速度达到最大值 n_{max},气动马达输出的功率等于零;当外加转矩等于气动马达的最大转矩 T_{max} 时,马达停止转动,此时功率也等于零;当外加转矩等于最大转矩的一半时。马达的转速也为最大转速的1/2,此时马达的输出功率 P 最大,用 P_{max} 表示。

(2)气动马达的特点及应用

气动马达是将压缩空气的压力能转换成旋转的机械能的装置。按结构形式可分为:叶片式、活塞式、齿轮式等。最为常用的是叶片式和活塞式气动马达。

叶片式气动马达:结构紧凑,但低速启动转矩小,低速性能不好,适用于要求低或中等功率的机械,目前在矿山机械及风动工具中应用普遍。

活塞式气动马达:在低速情况下有较大的输出功率,低速性能好。适用于载荷较大和低速性能要求高的机械,如起重机、绞车绞盘、拉管机等。

(3)气动马达的特点

1)有过载保护作用。过载时,转速降低或停车,过载消除后立即恢复正常工作,不会产生故障,长时间满载工作温升小。

2)可以无级调速。控制进气流量,就能调节马达的功率和转速。

3)具有较高的启动转矩,可直接带负载启动。

4)能够正转和反转。

5)工作安全。在易燃、易爆、高温、振动、潮湿、粉尘等恶劣的工作环境下能正常工作。

6)操纵方便,维修简单。

7)输出功率相对较小。最大只有 20 kW 左右。

8)耗气量大,效率低,噪声大。

(四)气动控制元件

1. 压力控制阀

(1)安全阀

当贮气罐或回路中压力超过某调定值,要用安全阀向外放气,安全阀在系统中起过载保护作用。图 3－56 所示为安全阀工作原理图。当系统中气体压力在调定范围内时,作用在活塞 3 上的压力小于弹簧 2 的力,活塞处于关闭状态如图(a)所示。当系统压力升高,作用在活塞 3 上的压力大于弹簧的预定压力时,活塞 3 向上移动,阀门开启排气如图(b)所示。直到系统压力降到调定范围以下,活塞又重新关闭。开启压力的大小与弹簧的预压量有关。

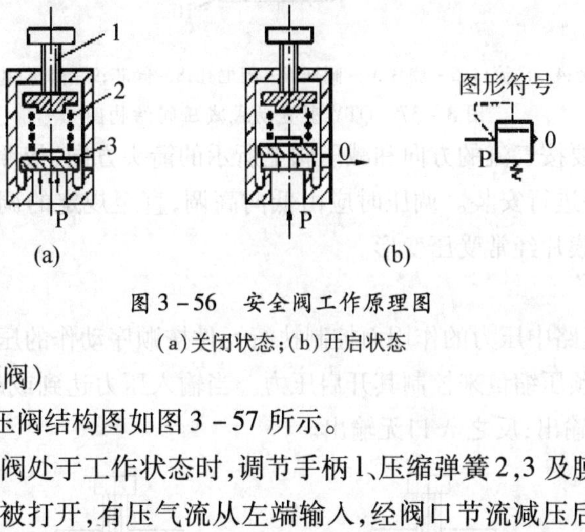

图 3－56　安全阀工作原理图

(a)关闭状态;(b)开启状态

(2) 减压阀(调压阀)

QTY 型直动式减压阀结构图如图 3－57 所示。

其工作原理是:当阀处于工作状态时,调节手柄 1、压缩弹簧 2,3 及膜片 5,通过阀杆 6 使阀芯 8 下移,进气阀口被打开,有压气流从左端输入,经阀口节流减压后从右端输出。输出气流的一部分由阻尼管 7 进入膜片气室,在膜片 5 的下方产生一个向上的推力,这个推力总是企图把阀口开度关小,使其输出压力下降。当作用于膜片上的推力与弹簧力相平衡后,减压阀的输出压力便保持一定。

当输入压力发生波动时,如输入压力瞬时升高,输出压力也随之升高,作用于膜片 5 上的气体推力也随之增大,破坏了原来的力的平衡,使膜片 5 向上移动,有少量气体经溢流口 4、排气孔 11 排出。在膜片上移的同时,因复位弹簧 10 的作用,使输出压力下降,直到新的平衡为止。重新平衡后的输出压力又基本上恢复至原值。反之,输出压力瞬时下降,膜片下移,进气口开度增大,节流作用减小,输出压力又基本上回升至原值。调节手柄 1 使弹簧 2、3 恢复自由状态,输出压力降至零,阀芯 8 在复位弹簧 10 的作用下,关闭进气阀口,这样,减压阀便处于截止状态,无气流输出。QTY 型直动式减压阀的调压范围为 0.05 ~ 0.63 MPa。为限制气体流过减压阀所造成的压力损失,规定气体通过阀内通道的流速在 15 ~ 25 m/s 范围内。

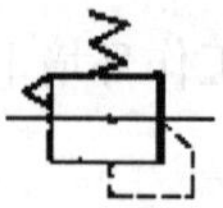

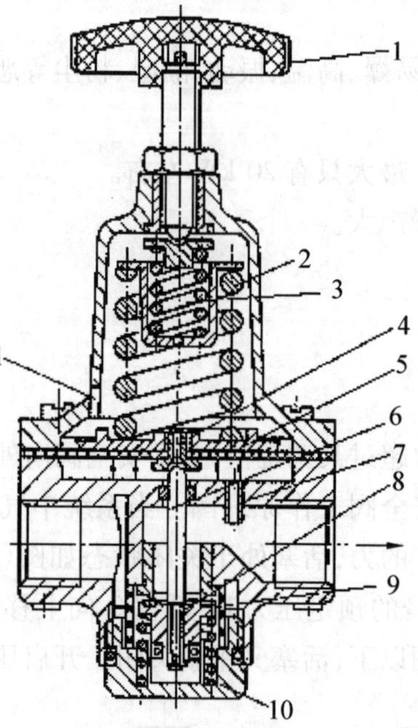

1 - 手柄;2,3 - 调压弹簧;4 - 溢流口;5 - 膜片;6 - 阀杆;7 - 阻尼孔;8 - 阀芯;9 - 阀座;10 - 复位弹簧;11 - 排气孔

图 3 - 57　QTY 型直动式减压阀结构图

安装减压阀时,要按气流的方向和减压阀上所示的箭头方向,依照分水滤气器→减压阀→油雾器的安装次序进行安装。调压时应由低向高调,直至规定的调压值为止。阀不用时应把手柄放松,以免膜片经常受压变形。

(3)顺序阀

顺序阀是依靠气路中压力的作用而控制执行元件按顺序动作的压力控制阀,如图 3 - 58 所示,它根据弹簧的预压缩量来控制其开启压力。当输入压力达到或超过开启压力时,顶开弹簧,于是 A 口才有输出;反之 A 口无输出。

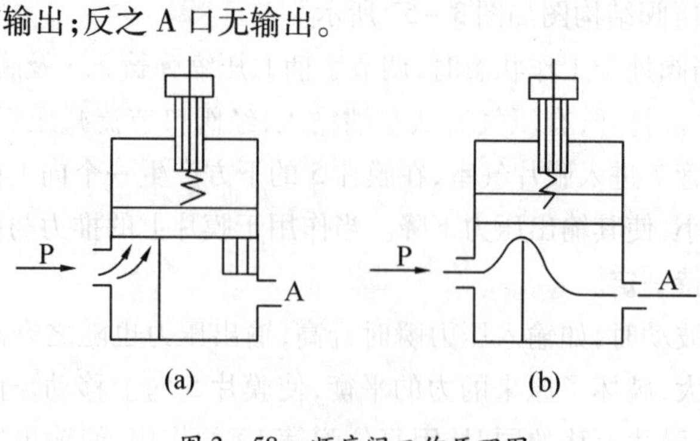

图 3 - 58　顺序阀工作原理图

(a)关闭状态;(b)开启状态

顺序阀一般很少单独使用,往往与单向阀配合在一起,构成单向顺序阀。图 3-59 所示为单向顺序阀的工作原理图。当压缩空气由左端进入阀腔后,作用于活塞 3 上的气压力超过压缩弹簧 3 上的力时,将活塞顶起,压缩空气从 P 经 A 输出,见图 3-59(a),此时单向阀 4 在压差力及弹簧力的作用下处于关闭状态。反向流动时,输入侧变成排气口,输出侧压力将顶开单向阀 4 由 O 口排气,见图 3-59(b)。调节旋钮就可改变单向顺序阀的开启压力,以便在不同的开启压力下,控制执行元件的顺序动作。

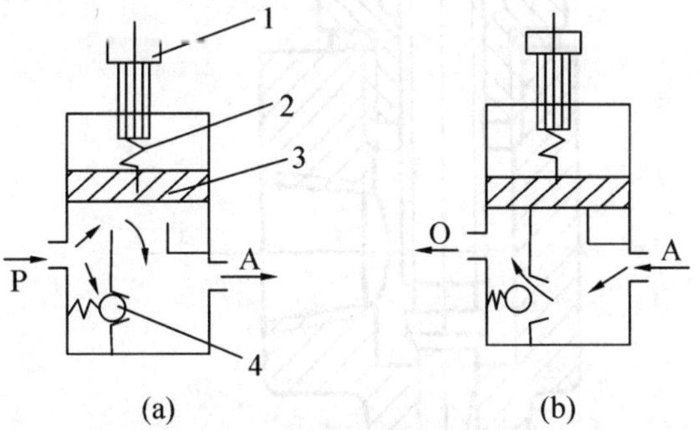

1—调节手柄;2—弹簧;3—活塞;4—单向阀

图 3-59 单向顺序阀工作原理图

(a)关闭状态;(b)开启状态

2. 流量控制阀

在气压传动系统中,有时需要控制气缸的运动速度,有时需要控制换向阀的切换时间和气动信号的传递速度,这些都需要调节压缩空气的流量来实现。流量控制阀就是通过改变阀的通流截面积来实现流量控制的元件。流量控制阀包括节流阀、单向节流阀、排气节流阀和快速排气阀等。

(1) 节流阀

图 3-60 所示为圆柱斜切型节流阀的结构图。压缩空气由 P 口进入,经过节流后,由 A 口流出。旋转阀芯螺杆,就可改变节流口的开度,这样就调节了压缩空气的流量。由于这种节流阀的结构简单、体积小,故应用范围较广。

(2) 单向节流阀

单向节流阀是由单向阀和节流阀并联而成的组合式流量控制阀,如图 3-61 所示。当气流沿着一个方向,例如 P→A(见图(a))流动时,经过节流阀节流;反方向(见图(b))流动,由 A→P 时单向阀打开,不节流,单向节流阀常用于气缸的调速和延时回路。

(3) 排气节流阀

排气节流阀是装在执行元件的排气口处,调节进入大气中气体流量的一种控制阀。它不仅能调节执行元件的运动速度,还常带有消声器件,所以也能起降低排气噪声的作用。

图 3-62 所示为排气节流阀工作原理图。其工作原理和节流阀类似,靠调节节流口 1 处的通流面积来调节排气流量,由消声套 2 来减小排气噪声。

用流量控制的方法控制气缸内活塞的运动速度,采用气动比采用液压困难。特别是在极低速控制中,要按照预定行程变化来控制速度,只用气动很难实现。在外部负载变化很大时，仅用气动流量阀也不会得到满意的调速效果。为提高其运动平稳性，建议采用气液联动。

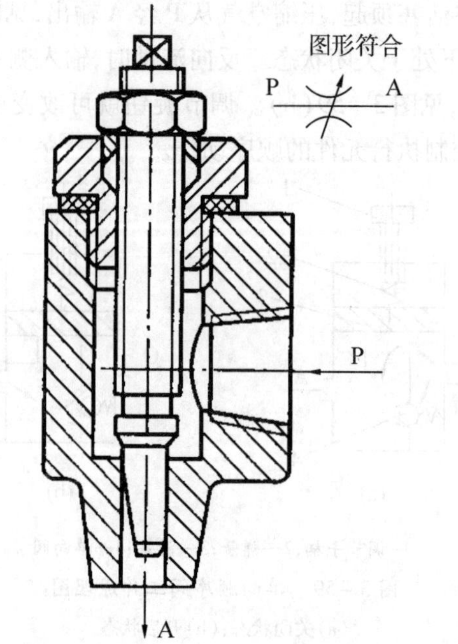

图 3－60　节流阀工作原理图

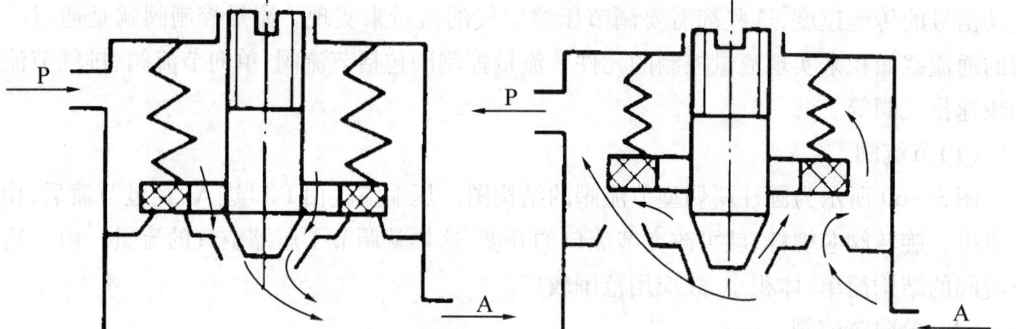

图 3－61　单向节流阀工作原理图

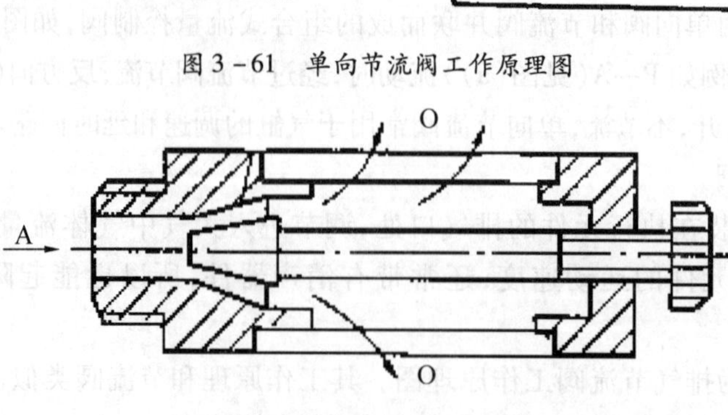

图 3－62　图排气节流阀工作原理图

（4）柔性节流阀

柔性节流阀的工作原理，依靠阀杆夹紧柔韧的橡胶管而产生节流作用，也可以利用气体压力来代替阀杆压缩胶管。柔性节流阀结构简单,压力降小,动作可靠性高。对污染不敏感,通常工作压力范围为0.3~0.63 MPa。应用气动流量控制阀对气动执行元件进行调速,比用液压流量控制阀调速要困难、因气体具有压缩性。所以用气动流量控制阀调速应注意以下几点,以防产生爬行。

1)管道上不能有漏气现象。

2)气缸、活塞间的润滑状态要好。

3)流量控制阀应尽量安装在气缸或气动马达附近。

4)尽可能采用出口节流调速方式。

5)外加负载应当稳定。若外负载变化较大,应借助液压或机械装置(如气液联动)来补偿由于载荷变动造成的速度变化。

3. 方向控制阀

(1)方向控制阀的常用类型

气动方向阀和液压相似、分类方法也大致相同。气动方向阀是气压传动系统中通过改变压缩空气的流动方向和气流的通断,来控制执行元件启动、停止及运动方向的气动元件。

根据方向控制阀的功能、控制方式、结构方式、阀内气流的方向及密封形式等,可将方向控制阀分为几类。见表3-23。

表3-23 方向控制阀的分类

分类方式	形式
按阀内气体的流动方向	单向阀、换向阀
按阀芯的结构形式	截止阀、滑阀
按阀的密封形式	硬质密封、软质密封
按阀的工作位数及通路数	二位三通、二位五通、三位五通等
按阀的控制操纵方式	气压控制、电磁控制、机械控制、手动控制

(2)单向型方向控制阀

1)单向阀。单向阀其工作原理和图形符号和液压单向阀一致,只不过气动单向阀的阀芯和阀座之间是靠密封垫密封的。

2)或门型梭阀。或门型梭阀其工作特点是不论 P_1 和 P_2 哪条通路单独通气,都能导通其与A的通路;当 P_1 和 P_2 同时通气时,哪端压力高,A就和哪端相通,另一端关闭,其逻辑关系为"或"。

3)与门型梭阀。与门型梭阀又称双压阀,其工作特点是只有 P_1 和 P_2 同时供气,A口才有输出;当 P_1 或 P_2 单独通气时,阀芯就被推至相对端,封闭截止型阀口;当 P_1 和 P_2 同时通气时,哪端压力低,A口就和哪端相通,另一端关闭,其逻辑关系为"与"。

4)快速排气阀。快速排气阀是为加快气体排放速度而采用的气压控制阀。快速排气阀的结构原理。当气体从P通入时,气体的压力使唇型密封圈右移封闭快速排气口e,并压缩密封圈的唇边,导通P口和A口,当P口没有压缩空气时,密封圈的唇边张开,封闭A和P通道,A口气体的压力使唇型密封圈左移,A,T通过排气通道e连通而快速排气(一般排到大气中)。

(3)换向型方向控制阀

1)气压控制换向阀。气压控制换向阀是以压缩空气为动力切换气阀,使气路换向或通断的阀类。气压控制换向阀的用途很广,多用于组成全气阀控制的气压传动系统或易燃、易爆以及高净化等场合。

截止式气控换向阀工作原理。图 3-63(a)所示为 K 口无气控信号时阀的状态(即常态),此时,阀芯 1 在弹簧 2 的作用下处于上端位置,使阀 A 与 O 相通,A 口排气。图 3-63(b)所示为 K 口有气控信号时阀的状态(即动力阀状态)。由于气压力的作用,阀芯 1 压缩弹簧 2 下移,使阀口 A 与 O 断开,P 与 A 接通,A 口有气体输出。

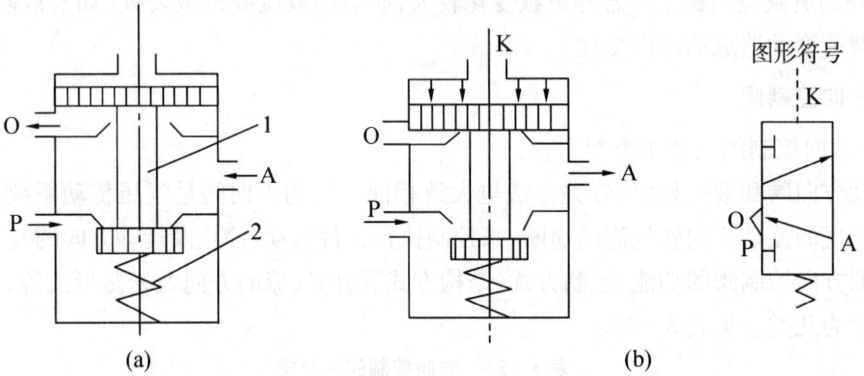

1-阀芯;2-弹簧

图 3-63 单气控加压截止式换向阀的工作原理图

(a)无控制信号状态;(b)有控制信号状态

2)截止式方向控制阀。图 3-64 所示为二位三通单气控截止式换向阀的结构原理。图示为 K 口没有控制信号时的状态,阀芯 4 在弹簧 2 与 P 腔气压作用下右移,使 P 与 A 断开,A 与 T 导通;当 K 口有控制信号时,推动活塞 5 通过阀芯压缩弹簧打开 P 与 A 通道,封闭 A 与 T 通道。图示为常断型阀,如果 P,T 换接则成为常通型。这里,换向阀芯换位采用的是加压的方法,所以称为加压控制换向阀。相反情况则为减压控制换向阀。

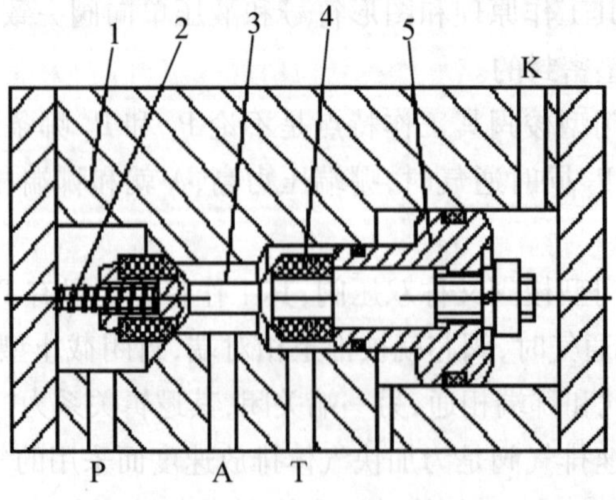

图 3-64 二位三通单气控截止式换向阀的结构

3)电磁控制换向阀 。电磁换向阀是利用电磁力的作用来实现阀的切换以控制气流的流动方向。常用的电磁换向阀有直动式和先导式两种。

① 直动式电磁换向阀。图 3-65 所示为直动式单电控电磁阀的工作原理图。它只有一

个电磁铁。图 3－65(a)所示为常态情况，即线圈不通电，此时阀在复位弹簧的作用下处于上端位置。其通路状态为 A 与 T 相通，A 口排气。当通电时，电磁铁 1 推动阀芯向下移动，气路换向，其通路为 P 与 A 相通，A 口进气，如图 3－65(b)所示。

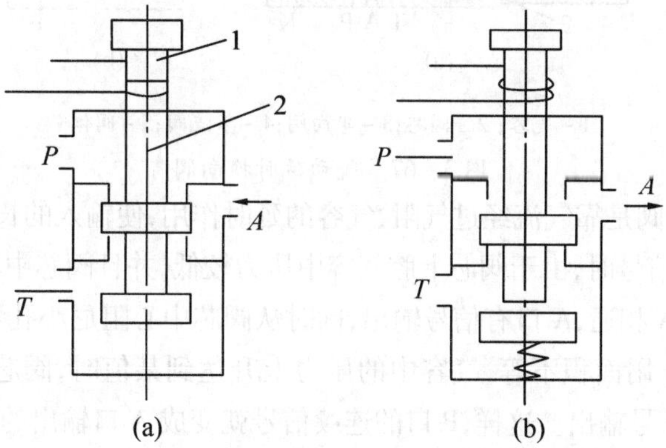

1－电磁铁；2－阀芯

图 3－65 直动式单电控电磁阀的工作原理图

(a)断电时状态；(b)通电时状态

图 3－66 所示为直动式双电控电磁阀的工作原理图。它有两个，当线圈 1 通电、2 断电时，阀芯被推向右端，其通路状态是 P 口与 A 口、B 口与 O_2 口相通，A 口进气、B 口排气。当线圈 1 断电时，阀芯仍处于原有状态，即具有记忆性。当电磁线圈 2 通电、1 断电时，阀芯被推向左端，其通路状态是 P 口与 B 口、A 口与 O_1 口相通，B 口进气、A 口排气。

直动式电磁阀是由电磁铁直接推动阀芯移动的，当阀通径较大时，用直动式结构所需的电磁铁体积和电力消耗都必然加大，为克服此弱点可采用先导式结构。

②先导式电磁阀。先导式电磁阀是由电磁铁首先控制气路，产生先导压力，再由先导压力推动主阀阀芯，使其换向。

4)时间控制换向阀。时间换向阀是通过气容或气阻的作用对阀的换向时间进行控制的换向阀。它包括延时阀和脉冲阀。

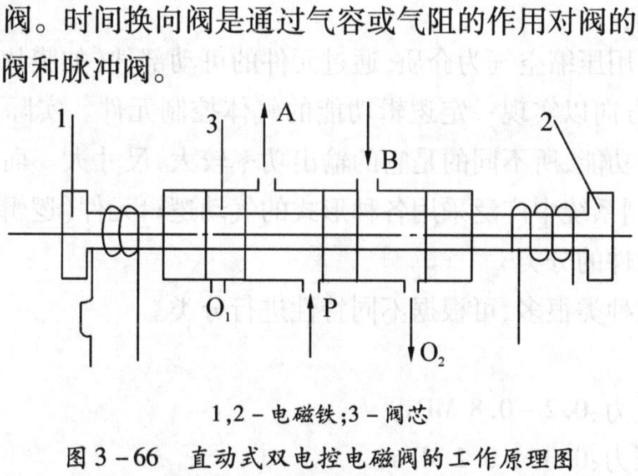

1，2－电磁铁；3－阀芯

图 3－66 直动式双电控电磁阀的工作原理图

①延时阀。二位三通气动延时阀的结构原理如图 3－67 所示。它由延时控制部分和主阀组成。常态时，弹簧的作用使阀芯 2 处在左端位置。当从 K 口通入气控信号时，气体通过可调节流阀 4(气阻)使气容腔 1 充气，当气容内的压力达到一定值时，通过阀芯压缩弹簧使阀芯向右动作，换向阀换向；气控信号消失后，气容中的气体通过单向阀快速卸压，当压力降到某值时，阀芯左移，换向阀换向。

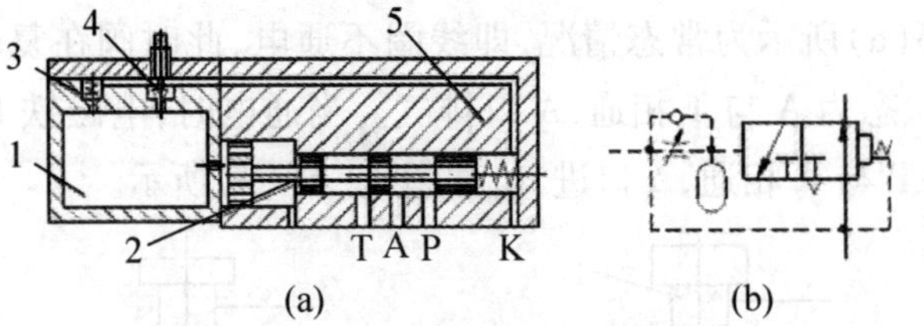

1－气容；2－阀芯；3－单向阀；4－节流阀；5－阀体

图3－67　气动延时换向阀

②脉冲阀。脉冲阀是靠气流经过气阻、气容的延时作用，使输入的长信号变成脉冲信号输出的阀。P口有输入信号时，由于阀芯上腔气容中压力较低，并且阀芯中心阻尼小孔很小，所以阀芯向上移动，使P,A相通，A口有信号输出，同时从阀芯中心阻尼小孔不断给上部气容充气，因为阀芯的上、下端作用面积不等，气容中的压力上升达到某值时，阀芯下降封闭P,A通道，A,T相通，A口没有信号输出。这样，P口的连续信号就变成A口输出的脉冲信号。

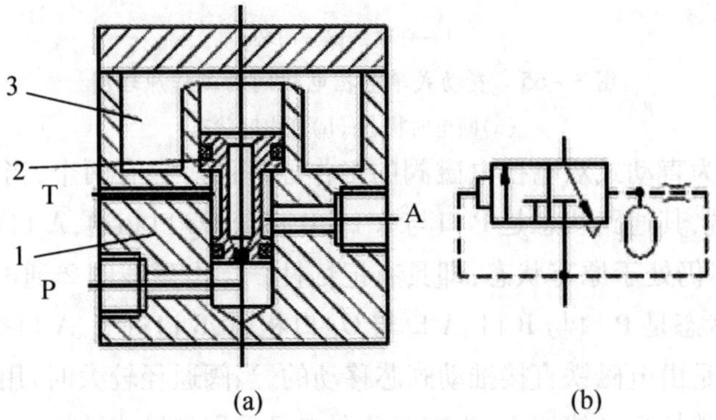

1－阀体；2－阀芯；3－气容

图3－68　气动脉冲阀

4.气动逻辑元件

气动逻辑元件是用压缩空气为介质，通过元件的可动部件（如膜片、阀心）在气控信号作用下动作，改变气流方向以实现一定逻辑功能的气体控制元件。实际上气动方向控制阀也具有逻辑元件的各种功能，所不同的是它的输出功率较大，尺寸大。而气动逻辑元件的尺寸较小，因此在气动控制系统中广泛采用各种形式的气动逻辑元件（逻辑阀）。

（1）气动逻辑元件的分类

气动逻辑元件的种类很多，可根据不同特性进行分类。

按工作压力：

1）高压型工作压力：0.2～0.8 MPa；

2）低压型工作压力：0.05～0.2 MPa；

3）微压型工作压力：0.005～0.05 MPa。

按结构形式：

元件的结构总是由开关部分和控制部分组成。开关部分是在控制气压信号作用下来回动作，改变气流通路，完成逻辑功能。根据组成原理，气动逻辑元件的结构形式可分为三类：

1）截止式气路的通断依靠可动件的端面（平面或锥面）与气嘴构成的气口的开启或关

闭来实现。

2)滑柱式(滑块型)依靠滑柱(或滑块)的移动,实现气口的开启或关闭。

3)膜片式气路的通断依靠弹性膜片的变形开启或关闭气口。

按逻辑功能:

对二进制逻辑功能的元件,可按逻辑功能的性质分为两大类:

1)单功能元件每个元件只具备一种逻辑功能,如或、非、与、双稳等。

2)多功能元件每个元件具有多种逻辑功能,各种逻辑功能由不同的连接方式获得。如三膜片多功能气动逻辑元件等。

(2)高压截止式逻辑元件

高压截止式逻辑元件是依靠控制气压信号推动阀心或通过膜片的变形推动阀芯动作,改变气流的流动方向以实现一定逻辑功能的逻辑元件。气压逻辑系统中广泛采用高压截止式逻辑元件。它具有行程小、流量大、工作压力高、对气源压力净化要求低,便于实现集成安装和实现集中控制等,其拆卸也方便。

1)或门元件。图3-69所示为或门元件的结构原理。A,B为元件的信号输入口,S为信号的输出口。气流的流通关系是:A,B口任意一个有信号或同时有信号,则S口有信号输出;逻辑关系式:S=A+B。

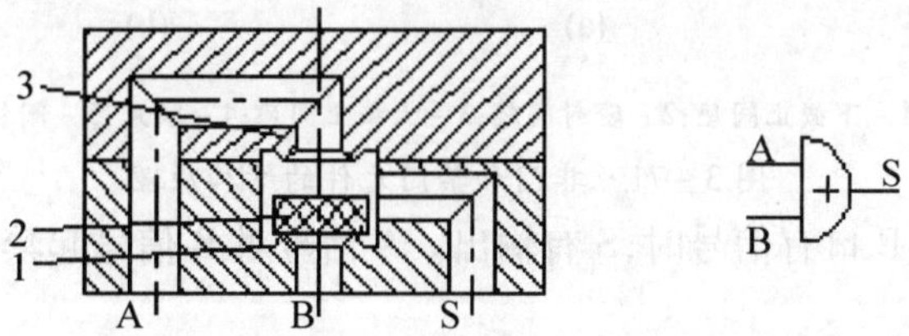

图3-69　或门元件的结构原理

门和与门元件的结构原理是在A口接信号,S为输出口,中间孔接气源P情况下,元件为是门,如图3-70所示。在A口没有信号的情况下,由于弹簧力的作用,阀口处在关闭状态;当A口接入控制信号后,气流的压力作用在膜片上,压下阀芯导通P,S通道,S有输出。指示活塞8可以显示S有无输出;手动按钮7用于手动发讯。元件的逻辑关系为:S=A。

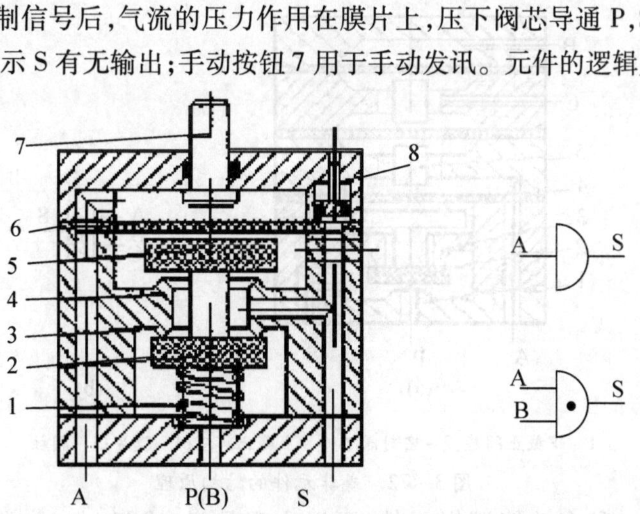

1-弹簧;2-下密封阀芯;3-下截止阀座;4-上截止阀座;5-上密封阀芯;6-膜片;7-手动按钮;8-指示活塞

图3-70　门和与门元件的结构原理

若中间孔不接气源 P 而接信号 B，则元件为与门。也就是说，只有 A，B 同时有信号时 S 口才有输出。逻辑关系式：$S = A \cdot B$。

2）非门和禁门元件。图 3－71 所示为非门和禁门元件的结构原理。在 P 口接气源，A 口接信号，S 为输出口情况下元件为非门。在 A 口没有信号的情况下，气源压力 P 将阀心推离截止阀座 1，S 有信号输出；当 A 口有信号时，信号压力通过膜片把阀芯压在截止阀座 1 上，关断 P，S 通路，这时 S 没有信号。其逻辑关系式：$S = \bar{A}$。若中间孔不接气源 P 而接信号 B，则元件为禁门。也就是说，在 A，B 同时有信号时，由于作用面积的关系，阀芯紧抵下截止阀口 1，S 口没有输出。

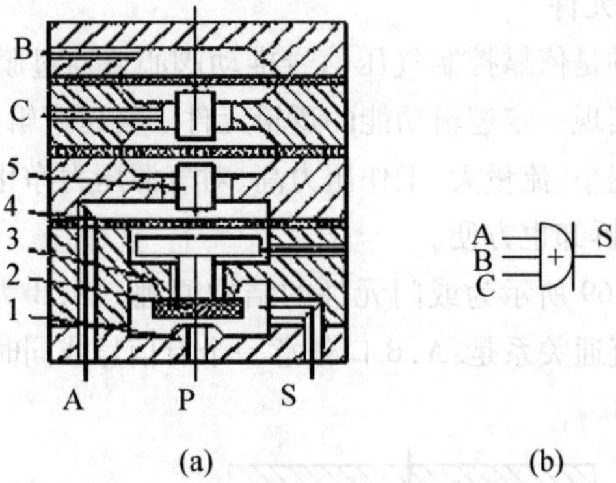

1－下截止阀座；2－密封阀芯；3－上截止阀座；4－膜片；5－阀柱

图 3－71　非门和禁门元件的结构原理

在 A 口无信号而 B 口有信号时，S 有输出。A 信号对 B 信号起禁止作用，逻辑关系式：$S = \bar{A}B$。

3）或非元件。或非元件是在非门元件的基础上增加了两个输入端，即具有 A，B，C 三个信号输入端，如图 3－72 所示。在三个输入端都没有信号时，P，S 导通，S 有输出信号。当存在任何一个输入信号时，元件都没有输出。元件的逻辑关系式：$S = \overline{A + B + C}$。

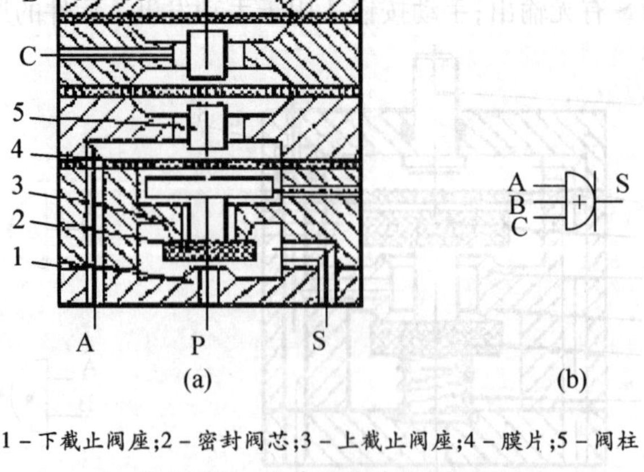

1－下截止阀座；2－密封阀芯；3－上截止阀座；4－膜片；5－阀柱

图 3－72　或非元件的结构原理

或非元件是一种多功能逻辑元件，可以实现是门、或门、与门、非门或记忆等逻辑功能。

表 3-24 或非元件组合可实现的逻辑功能。

是门	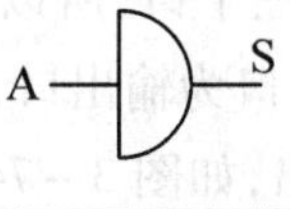	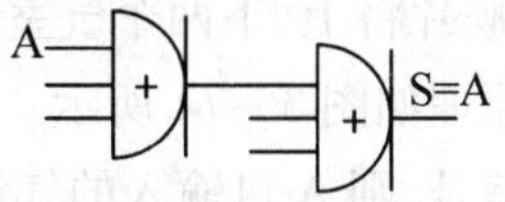
或门	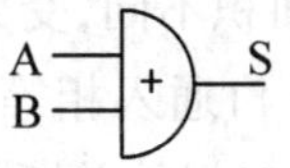	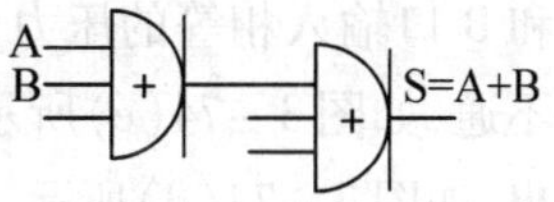
与门	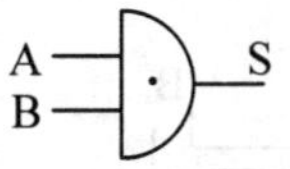	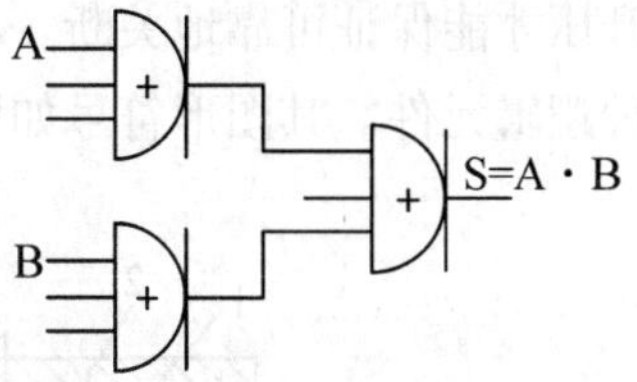
非门	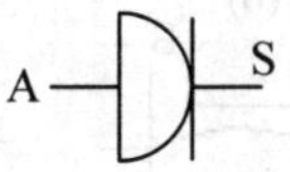	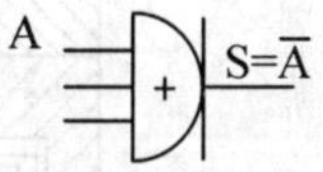
双稳	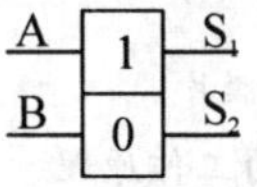	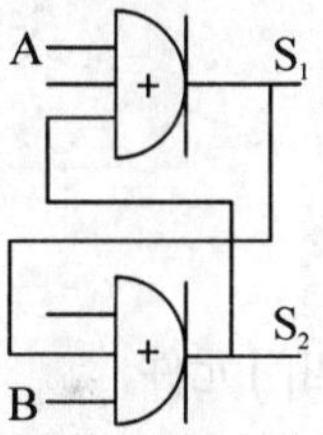

4) 双稳元件。双稳元件属于记忆型元件，在逻辑线路中具有重要的作用。图 3-73 所示为双稳元件的工作原理。

当 A 有信号输入时，阀芯移动到右端极限位置，由于滑块的分隔作用，P 口的压缩空气通过 S_1 输出，S_2 与排气口 T 相通；在 A 信号消失后 B 信号到来前，阀芯保持在右端位置，S_1 总有输出；当 B 有信号输入时，阀芯移动到左端极限位置，P 口的压缩空气通过 S_2 输出，S_1 与排气口 T 相通；在 B 信号消失后 A 信号到来前，阀芯保持在右端位置，S_2 总有输出；这里，两个输入信号不能同时存在。元件的逻辑关系式为：$S_1 = K_B^A$；$S_2 = K_A^B$

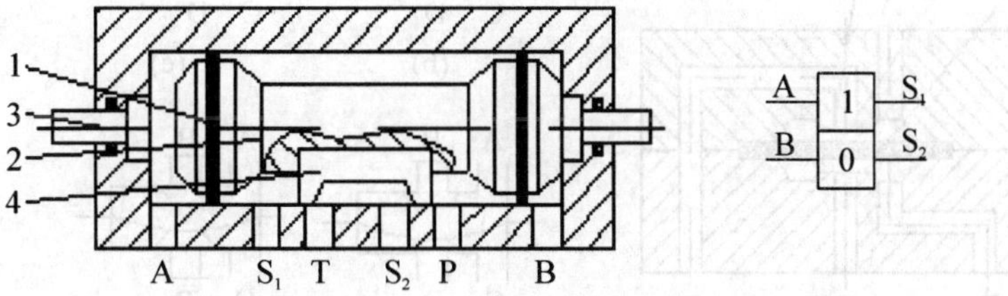

1-滑块；2-阀芯；3-手动按钮；4-密封圈

图 3-73 双稳元件的工作原理

(3) 高压膜片式逻辑元件

高压膜片式逻辑元件是利用膜片式阀芯的变形来实现其逻辑功能的。最基本的单元是三门元件和四门元件。

三门元件由上、下气室及膜片组成,下气室有输入口 A 和输出口 S,上气室有一个输入口 B,膜片将上、下两个气室隔开。因为元件共有三个口,所以称为三门元件。三门元件的工作原理如图 3－74 所示。A 口接气源(输入),S 口为输出口,B 口接控制信号。若 B 口无控制信号,则 A 口输入的气流顶开膜片从 S 口输出,如图 3－74(b)所示;如 S 口接大气,若 A 口和 B 口输入相等的压力,由于膜片两边作用面积不同,受力不等,S 口通道被封闭,A,S 气路不通,如图 3－74(c)所示。若 S 口封闭,A,B 口通入相等的压力信号,膜片受力平衡,无输出,如图 3－74(d)所示。但在 S 口接负载时,三门的关断是有条件的,即 S 口降压或 B 口升压才能保证可靠地关断。利用这个压力差作用的原理,关闭或开启元件的通道,可组成各种逻辑元件。其图形符号如图 3－74(e)所示。

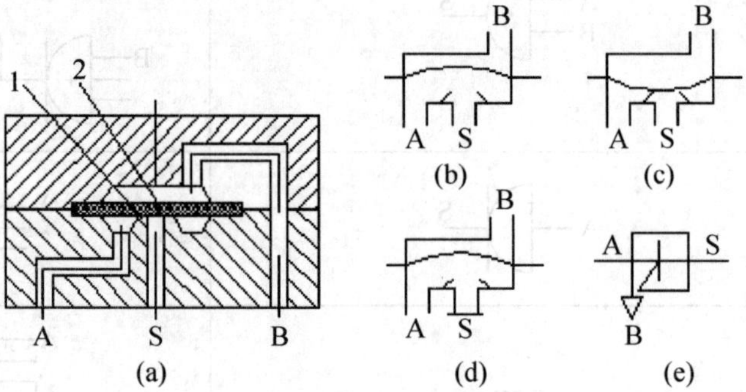

1－截止阀口;2－膜片

图 3－74　三门元件的工作原理

(4)四门元件

四门元件的工作原理如图 3－75 所示。膜片将元件分成上、下两个气室,下气室有输入口 A 和输出口 B,上气室有输入口 C 和输出口 D,因为共有四个口,所以称之为四门元件。四门元件是一个压力比较元件。就是说膜片两侧都有压力且压力不相等时,压力小的一侧通道被断开,压力高的一侧通道被导通;若膜片两侧气压相等,则要看哪一通道的气流先到达气室,先到者通过,迟到者不能通过。

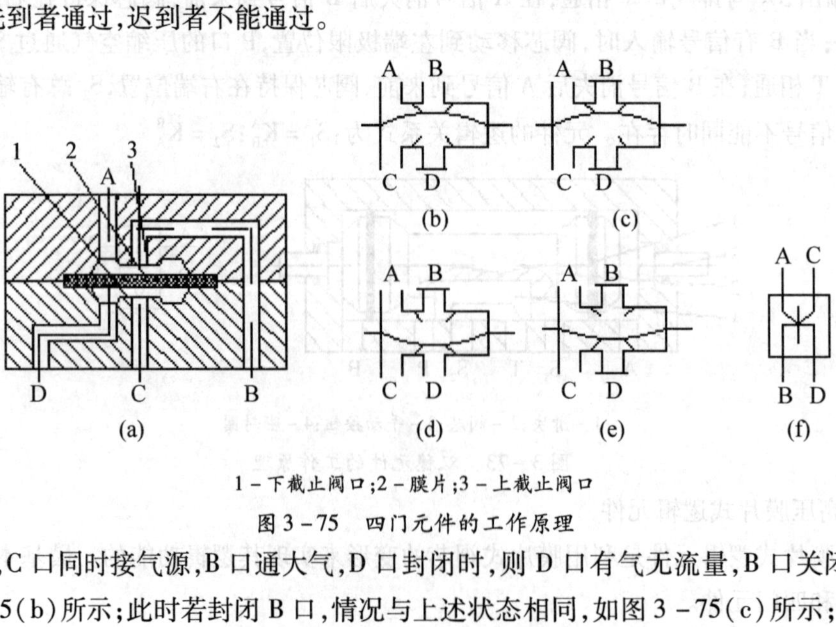

1－下截止阀口;2－膜片;3－上截止阀口

图 3－75　四门元件的工作原理

当 A,C 口同时接气源,B 口通大气,D 口封闭时,则 D 口有气无流量,B 口关闭无输出,如图 3－75(b)所示;此时若封闭 B 口,情况与上述状态相同,如图 3－75(c)所示;此时放开

D，则C至D气体流动，放空，下气室压力很小，膜片上气室气体由A输入，为气源压力，膜片下移，关闭D口，则D无气，B有气但无流量，如图3－75(d)所示；同理，此时再将D封闭，元件仍保持这一状态。

根据上述三门和四门这两个基本元件，就可构成逻辑回路中常用的或门、与门、非门、记忆元件等。

(5)逻辑元件的选用

气动逻辑控制系统所用气源的压力变化必须保障逻辑元件正常工作需要的气压范围和输出端切换时所需的切换压力，逻辑元件的输出流量和响应时间等在设计系统时可根据系统要求参照有关资料选取。

无论采用截止式或膜片式高压逻辑元件，都要尽量将元件集中布置，以便于集中管理。

由于信号的传输有一定的延时，信号的发出点(例如行程开关)与接收点(例如元件)之间，不能相距太远。一般来说，最好不要超过几十米。

当逻辑元件要相互串联时一定要有足够的流量，否则可能无力推动下一级元件。另外，尽管高压逻辑元件对气源过滤要求不高，但最好使用过滤后的气源，一定不要使加入油雾的气源进入逻辑元件。

1) 气动比例阀。气动电液比例控制阀是一种输出量与输入信号成比例的气动控制阀，它可以按给定的输入信号连续、按比例地控制气流的压力、流量和方向等。由于电液比例控制阀具有压力补偿的性能，所以其输出压力、流量等可不受负载变化的影响。

按控制信号的类型，可将气动电液比例控制阀分为气控电液比例控制阀和电控电液比例控制阀。气控电液比例控制阀以气流作为控制信号，控制阀的输出参量、可以实现流量放大，在实际系统中应用时一般应与电－气转换器相结合，才能对各种气动执行机构进行压力控制。电控电液比例控制阀则以电信号作为控制信号。

①气控比例压力阀。气控比例压力阀是一种比例元件，阀的输出压力与信号压力成比例，如图3－76所示为比例压力阀的结构原理。当有输入信号压力时，膜片6变形，推动硬芯使主阀芯2向下运动，打开主阀口，气源压力经过主阀芯节流后形成输出压力。膜片5起反馈作用，并使输出压力信号与信号压力之间保持比例。当输出压力小于信号压力时，膜片组向下运动。使主阀口开大，输出压力增大。当输出压力大于信号压力时，膜片6向上运动，溢流阀芯3开启，多余的气体排至大气。调节针阀的作用是使输出压力的一部分加到信号压力腔形成正反馈，增加阀的工作稳定性。

②电控比例压力阀。如图3－77所示为喷嘴挡板式电控比例压力阀。它由动圈式比例电磁铁、喷嘴档板放大器、气控比例压力阀三部分组成，比例电磁铁由永久磁铁10、线圈9和片簧8构成。当电流输入时，线圈9带动档板7产生微量位移，改变其与喷嘴6之间的距离，使喷嘴6的背压改变。膜片组4为比例压力阀的信号膜片及输出压力反馈膜片。背压的变化通过膜片4控制阀芯2的位置，从而控制输出压力。喷嘴6的压缩空气由气源节流阀5供给。

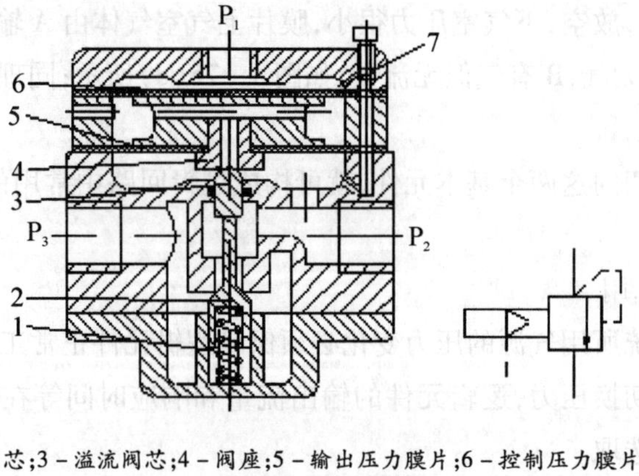

1－弹簧;2－阀芯;3－溢流阀芯;4－阀座;5－输出压力膜片;6－控制压力膜片;7－调节针阀

图 3－76　气控比例压力阀

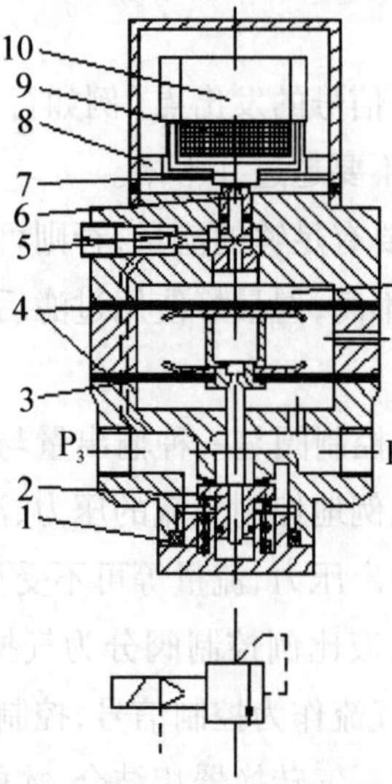

1－弹簧;2－阀芯;3－溢流口;4－膜片组;5－节流阀;6－喷嘴;7－挡板;8－片簧;9－线圈;10－磁铁

图 3－77　电控比例压力阀

2)气动伺服控制阀。气动伺服阀的工作原理与气动比例阀类似,它也是通过改变输入信号来对输出信号的参数进行连续、成比例地控制。与电液比例控制阀相比,除了在结构上有差异外,主要在于伺服阀具有很高的动态响应和静态性能。但其价格较贵,使用维护较为困难。

气动伺服阀的控制信号均为电信号,故又称电—气伺服阀。是一种将电信号转换成气压信号的电气转换装置。它是电—气伺服系统中的核心部件。图 3－78 所示为力反馈式电－气伺服阀结构原理图。其中第一级气压放大器为喷嘴挡板阀,由力矩马达控制,第二级气压放大器为滑阀。阀芯位移通过反馈杆 5 转换成机械力矩反馈到力矩马达上。其工作原理为:当有一电流输入力矩马达控制线圈时,力矩马达产生电磁力矩,使挡板偏离中位(假设其向左偏转),反馈杆变形。这时两个喷嘴档板阀的喷嘴前腔产生压力差(左腔高于右腔),在此压力差的作用下,滑阀移动(向右),反馈杆端点随着一起移动,反馈杆进一步变形,变形产生的力矩与力矩马达的电磁力矩相平衡,使挡板停留在某个与控制电流相对应的偏转角上。反馈杆的进一步变形使挡板被部分拉回中位,反馈杆端点对阀芯的反作用力与阀芯两端的气动力相平衡,使阀芯停留在与控制电流相对应的位移上。这样,伺服阀就输出一个对应的流量,达到了用电流控制流量的目的。

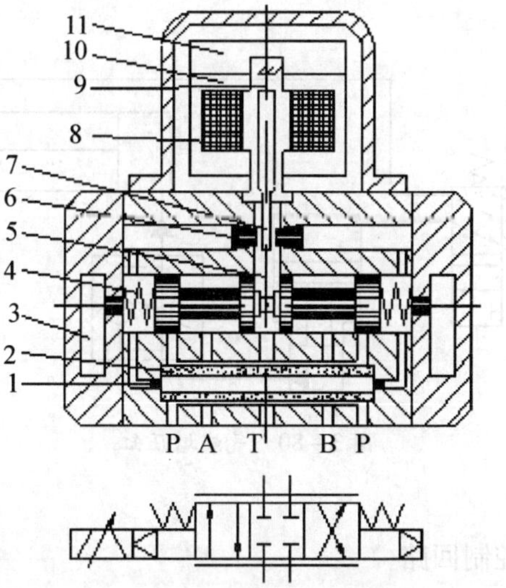

1 – 节流口;2 – 滤清器;3 – 气室;4 – 补偿弹簧;5 – 反馈杆;
6 – 喷嘴;7 – 挡板;8 – 线圈;9 – 支撑弹簧;10 – 导磁体;11 – 磁铁

图 3 – 78 电–气伺服阀

(五)气动基本回路

气动控制系统中,进行压力控制主要有两个目的,其一是为了提高系统的安全性,在此主要指控制一次压力。其二是给元件提供稳定的工作压力,使其能充分发挥元件的功能和性能,这主要指二次压力控制。

1. 一次压力控制回路

一次压力控制,是指把空气压缩机的输出压力控制在一定值以下。一般情况下,空气压缩机的出口压力为 0.8 MPa 左右,安全阀压力的调定值,一般可根据气动系统工作压力范围,调整在 0.7 MPa 左右。

2. 二次压力控制回路

二次压力控制是指把空气压缩机输送出来的压缩空气,经一次压力控制回路后得到的输出压力,再经二次压力控制回路的减压与稳压后的输出压力,作为气动控制系统的工作使用,如图 3 – 79 所示。

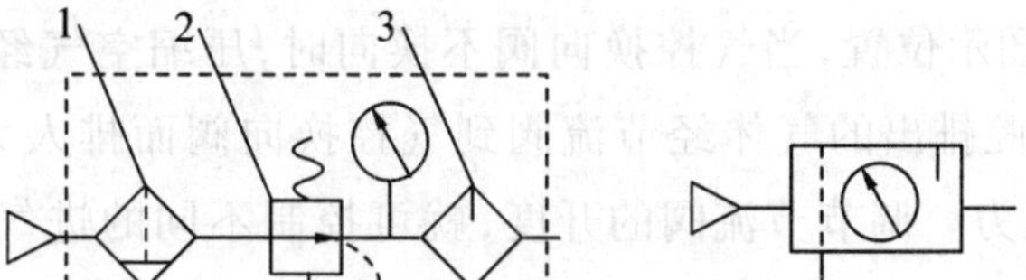

1 – 空气过滤器;2 – 减压阀;3 – 油雾器

图 3 – 79 气动三联件

3. 气液增压缸增力回路

如图 3－80 所示为利用气液增压缸 1 把较低的气压变为较高的液压力，以提高气液缸 2 的输出力的回路。

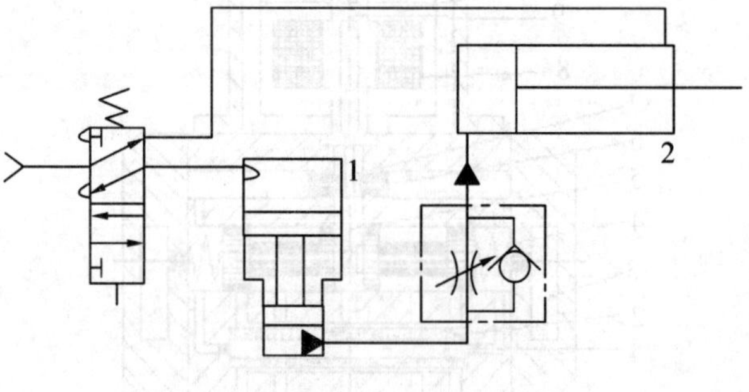

图 3－80 气液增压缸

4. 速度控制回路

(1) 单作用气缸速度控制回路

图 3－81 所示为单作用气缸速度控制回路，在图 3－81(a)中，升、降均通过节流阀调速，两个相反安装的单向节流阀，可分别控制活塞杆的伸出及缩回速度。在图 3－81(b)所示的回路中，气缸上升时可调速，下降时则通过快排气阀排气，使气缸快速返回。

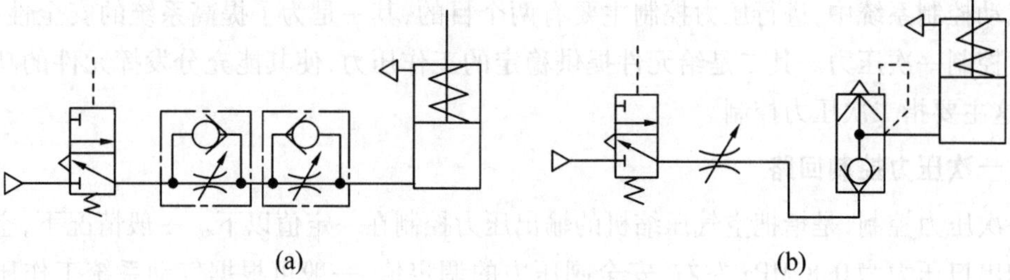

图 3－81 所示为单作用气缸速度控制回路

(2) 双作用气缸速度控制回路

1) 单向调速回路。其有节流供气和节流排气两种调速方式。

图 3－82(a)所示为节流供气调速回路，在图示位置，当气控换向阀不换向时，进入气缸腔的气流流经节流阀，B 腔排出的气体直接经换向阀快排。图 3－82(b)所示的为节流排气的回路，在图示位置，当气控换向阀不换向时，压缩空气经气控换向阀直接进入气缸的 A 腔，而 B 腔排出的气体经节流阀到气控换向阀而排人大气，因而 B 腔中的气体就具有一定的压力。调节节流阀的开度，就可控制不同的进气、排气速度，从而也就控制了活塞的运动速度。

2) 双向调速回路。在气缸的进、排气口装设节流阀，就组成了双向调速回路，在图 3－83 所示的双向节流调速回路中，图 3－83(a)所示为采用单向节流阀式的双向节流调速回路，图 3－83(b)所示为采用排气节流阀的双向节流调速回路。

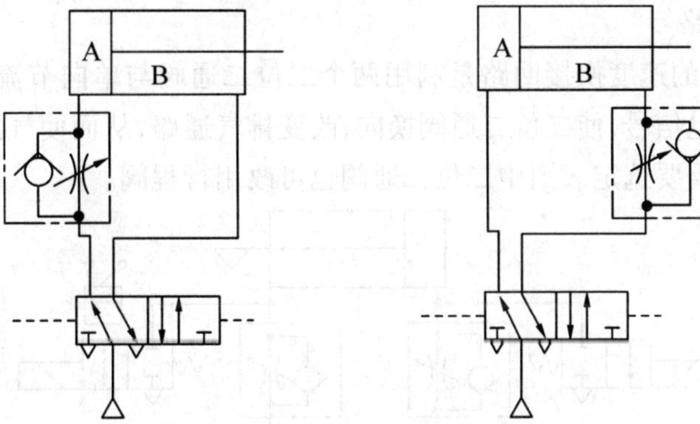

(a) (b)

图 3－82 双作用缸单向调速回路

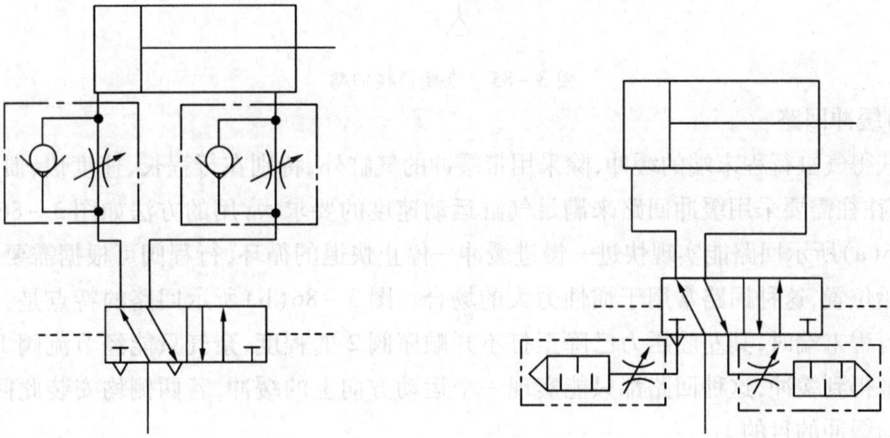

(a) (b)

图 3－83 双向节流调速回路

(a)采用单项节流阀;(b)采用排气节流阀

(3)快速往复运动回路

若将图 3－83(a)中两只单向节流阀换成快速排气阀,就构成了快速往复回路,如图 3－84 所示,若欲实现气缸单向快速运动,可只采用一只快速排气阀。

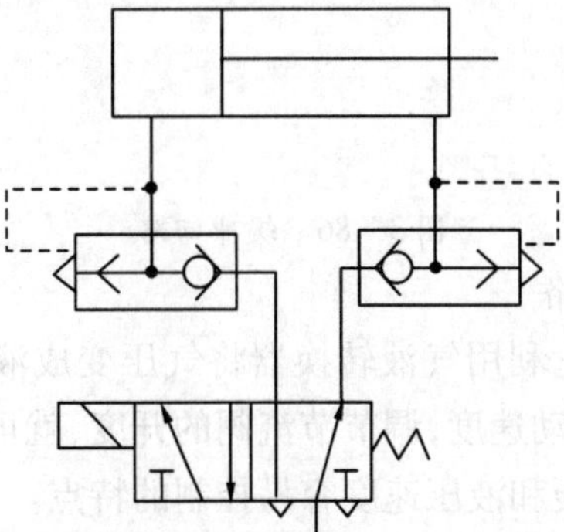

图 3－84 快速往复运动回路

(4)速度换接回路

如图3-85所示的速度换接回路是利用两个二位二通阀与单向节流阀并联,当撞块压下行程开关时,发出电信号,使二位二通阀换向,改变排气通路,从而使气缸速度改变。行程开关的位置,可根据需要选定。图中二位二通阀也可改用行程阀。

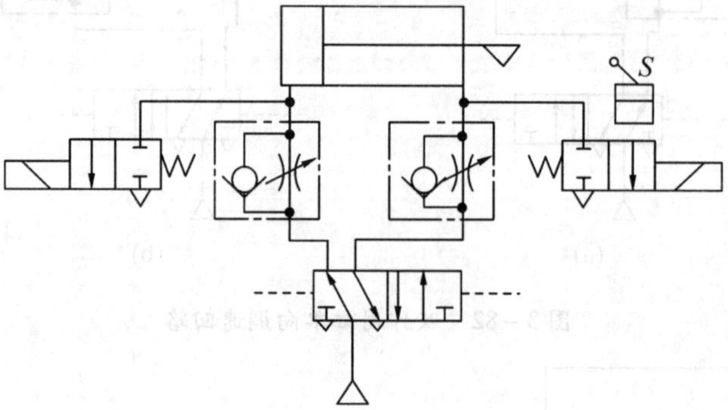

图3-85 速度换接回路

(5)缓冲回路

要获得气缸行程末端的缓冲,除采用带缓冲的气缸外,特别在行程长、速度快、惯性大的情况下,往往需要采用缓冲回路来满足气缸运动速度的要求,常用的方法如图3-86所示。图3-86(a)所示回路能实现快进—慢进缓冲—停止快退的循环,行程阀可根据需要来调整缓冲开始位置,这种回路常用于惯性力大的场合。图3-86(b)所示回路的特点是,当活塞返回到行程末端时,其左腔压力已降至打不开顺序阀2的程度,余气只能经节流阀1排出,因此活塞得到缓冲,这种回路都只能实现一个运动方向上的缓冲,若两侧均安装此回路,可达到双向缓冲的目的。

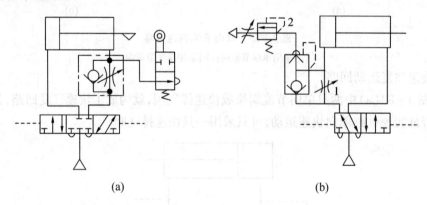

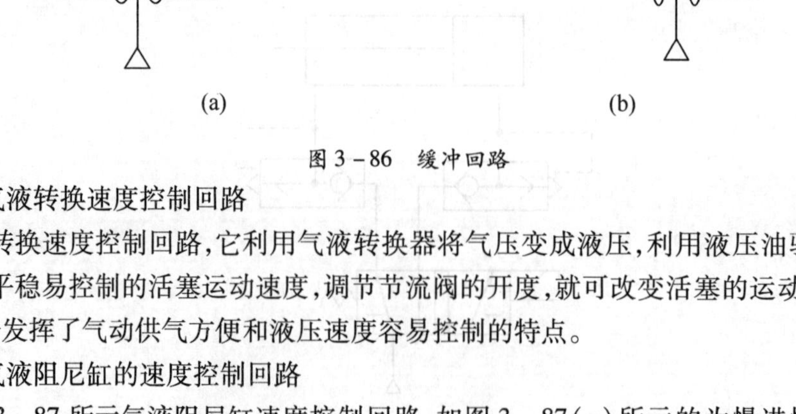

图3-86 缓冲回路

(6)气液转换速度控制回路

气液转换速度控制回路,它利用气液转换器将气压变成液压,利用液压油驱动液压缸,从而得到平稳易控制的活塞运动速度,调节节流阀的开度,就可改变活塞的运动速度。这种回路,充分发挥了气动供气方便和液压速度容易控制的特点。

(7)气液阻尼缸的速度控制回路

如图3-87所示气液阻尼缸速度控制回路,如图3-87(a)所示的为慢进快退回路,改变单向节流阀的开度,即可控制活塞的前进速度;活塞返回时,气液阻尼缸中液压缸的无杆腔的油液通过单向阀快速流入有杆腔，故返回速度较快，高位油箱起补充泄漏油液的作用。图3－87(b)所示的为能实现机床工作循环中常用的快进→工进→快退的动作。当有 K_2 信号时，五通阀换向，活塞向左运动，液压缸无杆腔中的油液通过 a 口进入有杆腔，气缸快速向左前进；当活塞将 a 口关闭时，液压缸无杆腔中的油液被迫从 b 口经节流阀进入有杆腔，活塞工作进给；当 K_2 消失，有 K_1 输入信号时，五通阀换向，活塞向右快速返回。

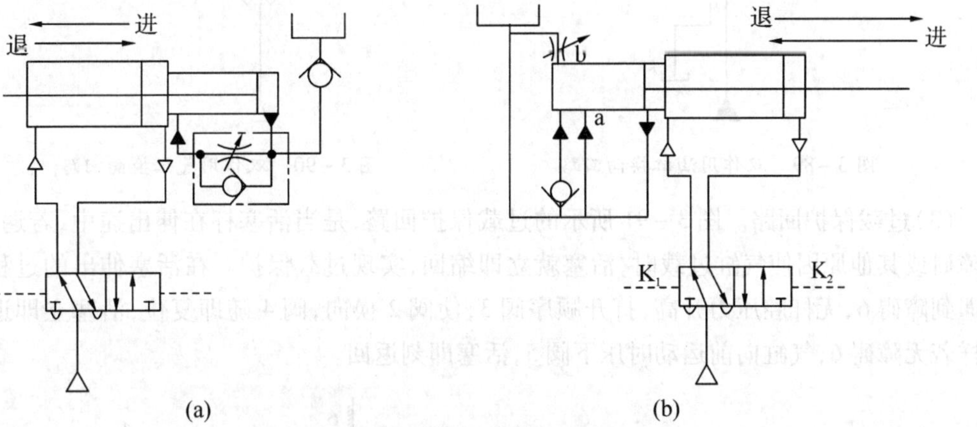

图3－87　气液阻尼缸速度控制回路

(8)气液缸同步动作回路

如图3－88所示，该回路的特点是将油液密封在回路之中，油路和气路串接，同时驱动1,2两个缸，使二者运动速度相同，但这种回路要求缸1无杆腔的有效面积必须和缸2的有杆腔面积相等。在设计和制造中，要保证活塞与缸体之间的密封，回路中的截止阀3与放气口相接，用以放掉混入油液中的空气。

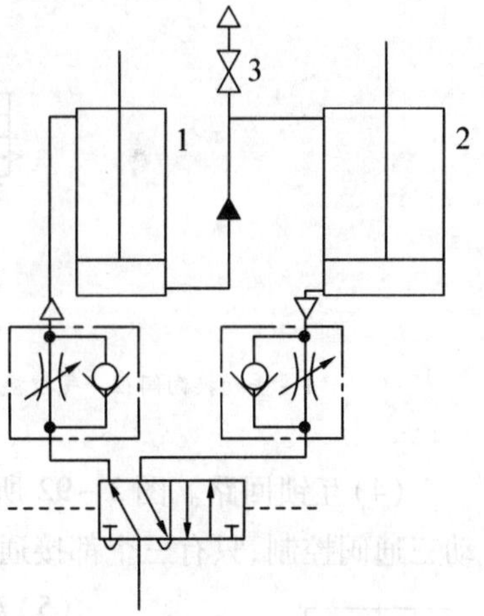

图3－88　气液缸同步动作回路

5. 换向控制回路

(1)双作用气缸换向回路。图3－89所示为双作用油缸的换向回路。由三位四通M型电磁换向阀控制油缸换向，电磁铁1YA通电时，液压力推动活塞向右运动；电磁铁2YA通电时，油压力推动活塞向左运动；换向阀在中位时，液压缸停止，液压泵卸荷。图3－90所示为双作用气缸的换向回路。由二位五通电磁换向阀控制气缸换向，电磁铁1YA通电时，气压力推动活塞向左运动；电磁铁2YA通电时，气压力推动活塞向右运动。

(2)安全保护控制回路。由于气动机构负荷的过载、气压的突然降低以及气动执行机构的快速动作等原因都可能危及操作人员或设备的安全，因此在气动回路中，常常要加入安全回路。需要指出的是，在设计任何气动回路中，特别是安全回路中，都不可缺少过滤装置和油雾器。因为，污脏空气中的杂物，可能堵塞阀中的小孔与通路，使气路发生故障。缺乏润滑油，很可能使阀发生卡死或磨损，以致整个系统的安全都发生问题。

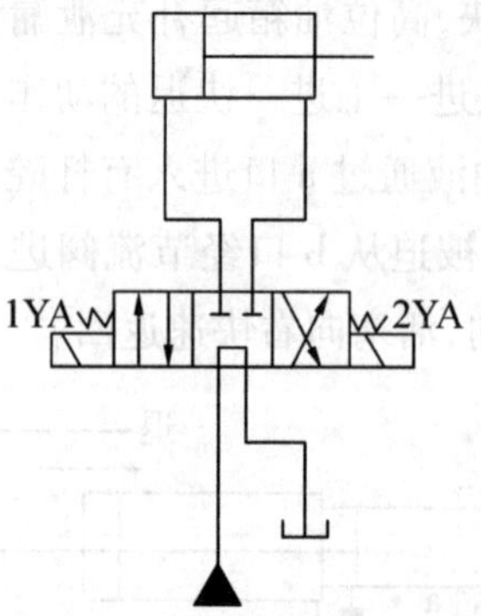

图 3-89 双作用油缸换向回路

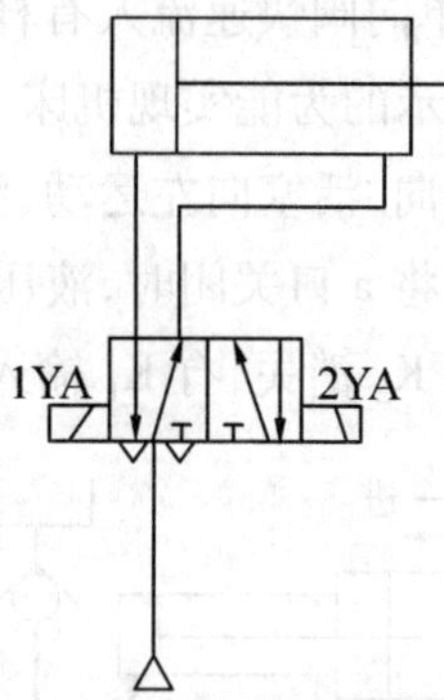

图 3-90 双作用气缸换向回路

(3)过载保护回路。图 3-91 所示的过载保护回路，是当活塞杆在伸出途中，若遇到偶然障碍或其他原因使气缸过载时，活塞就立即缩回，实现过载保护。在活塞伸出的过程中，若遇到障碍 6，无杆腔压力升高，打开顺序阀 3，使阀 2 换向，阀 4 随即复位，活塞立即退回。同样若无障碍 6，气缸向前运动时压下阀 5，活塞即刻返回。

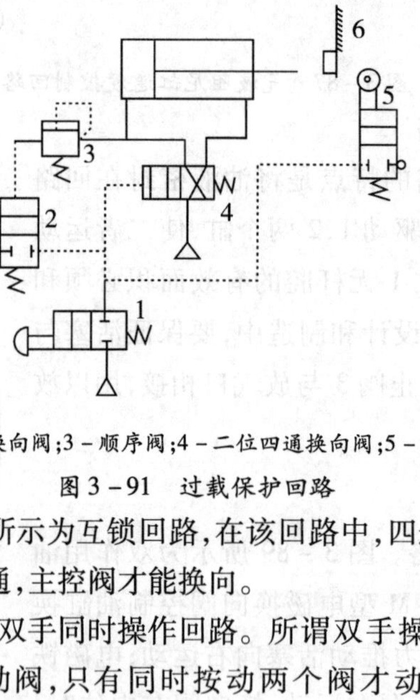

1-手动换向阀；2-气控换向阀；3-顺序阀；4-二位四通换向阀；5-机控换向阀；6-障碍物

图 3-91 过载保护回路

(4)互锁回路。图 3-92 所示为互锁回路，在该回路中，四通阀的换向受三个串联的机动三通阀控制，只有三个都接通，主控阀才能换向。

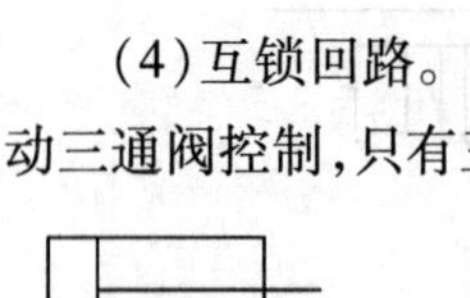

图 3-92 互锁回路

(5)双手同时操作回路。所谓双手操作回路就是使用两个启动用的手动阀，只有同时按动两个阀才动作的回路。这种回路主要是为了安全。这在锻造、冲压机械上常用来避免误动作，以保护操作者的安全。

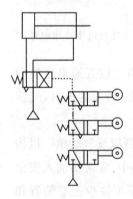

图 3-93 所示为使用逻辑“与”回路的双手操作回路，为使主控阀换向，必须使压缩空气信号进入上方侧，为此必须使两只三通手动阀同时换向，另外这两个阀必须安装在单手不能同时操作的距离上，在操作时，如任何一只手离开时则控制信号消失，主控阀复位，则活塞杆后退。图 3-93 所示为使用三位主控阀的双手操作回路，把此主控阀 1 的信号 4 作为手动阀 2 和 3 的逻辑“与”回路，亦即只有手动阀 2 和 3 同时动作时，主控制阀 1 换向到上位，活塞杆前进；把信号 B 作为手动阀 2 和 3 的逻辑“或

非”回路，即当手动阀 2 和 3 同时松开时(图示位置)，主控制阀 1 换向到下位，活塞杆返回；若手动阀 2 或 3 任何一个动作，将使主控制阀复位到中位，活塞杆处于停止状态。

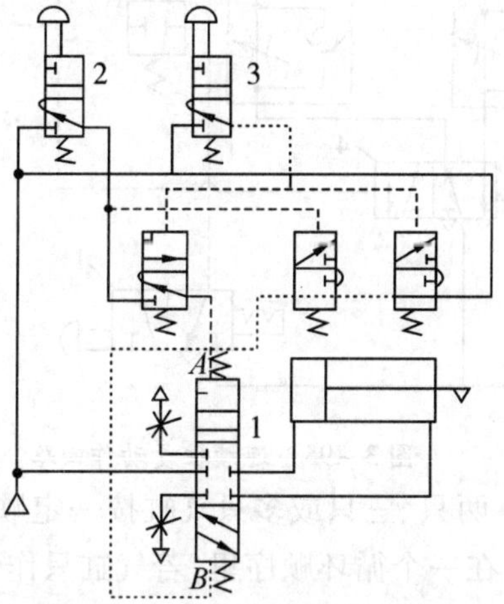

图 3-93 双手同时操作回路

(6)往复和顺序动作控制回路。顺序动作是指在气动回路中，各个气缸，按一定程序完成各自的动作。例如单缸有单往复动作、二次往复动作、连续往复动作等；双缸及多缸有单往复及多往复顺序动作等。

1)单缸往复动作回路。单缸往复动作回路可分为单缸单往复和单缸连续往复动作回路。前者指入一个信号后，气缸只完成 A_1 和 A_0 一次往复动作(A 表示气缸，下标“1”表示 A 缸活塞伸出，下标“0”表示活塞缩回动作)。而单缸连续往复动作回路指输入一个信号后，气缸可连续进行 $A_1A_0A_1A_0$…动作。

图 3-94 所示为三种单往复回路，其中图 3-94(a)所示为行程阀控制的单往复回路。当按下阀 1 的手动按钮后，压缩空气使阀 3 换向，活塞杆前进，当凸块压下行程阀 2 时，阀 3 复位，活塞杆返回，完成循环；图 3-94(b)所示为压力控制的单往复回路，按下阀 1 的手动按钮后，阀 3 阀芯右移，气缸无杆腔进气，活塞杆前进。

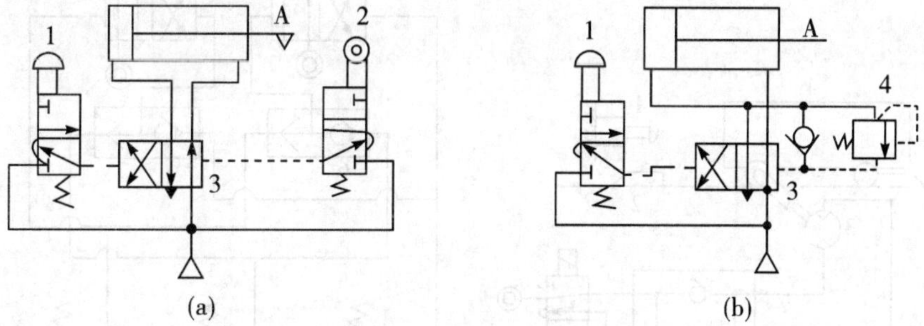

图 3-94 单缸往复动作回路

如图 3-95 所示的回路是一连续往复动作回路，能完成连续的动作循环。当按下阀 1 的按钮时，阀 4 换向，活塞向前运动，这时由于阀 3 复位将气路封闭，使阀 4 不能复位，活塞继续前进。到行程终点压下行程阀 2，使阀 4 控制气路排气，在弹簧作用下阀 4 复位，气缸返回，在终点压下阀 3，阀 4 换向，活塞再次向前，形成了 $A_1A_0A_1A_0$…的连续往复动作，待提起阀 1 的按钮后，阀 4 复位，活塞返回而停止运动。

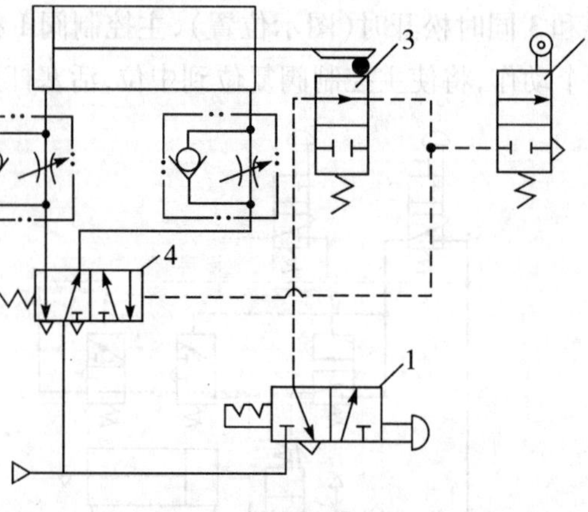

图 3－95　连续往复动作回路

2）多缸顺序动作回路。两只、三只或多只气缸按一定顺序动作的回路，称为多缸顺序动作回路。其应用较广泛，在一个循环顺序里，若气缸只作一次往复，称之为单往复顺序，若某些气缸作多次往复，就称为多往复顺序。若用 A，B，C，… 表示气缸，仍用下标“1”、“0”表示活塞的伸出和缩回，则两只气缸的基本顺序动作有 $A_1B_0A_0B_1$，$A_1B_1B_0A_0$ 和 $A_1A_0B_1B_0$ 三种。而若三只气缸的基本动作，就有 15 种之多，如 $A_1B_1C_1A_0B_0C_0$，$A_1A_0B_1C_1C_0B_0$，$A_1A_0B_1C_1B_0C_0$，$A_1B_1C_1A_0C_0B_0$，等等。这些顺序动作回路，都属于单往复顺序、即在每一个程序里，气缸只作一次往复，多往复顺序动作回路，其顺序的形成方式，将比单往复顺序多得多。

5. 位置控制回路

（1）用挡铁进行位置控制的回路（见图 3－96）。

（2）多位缸位置控制回路（见图 3－97）。

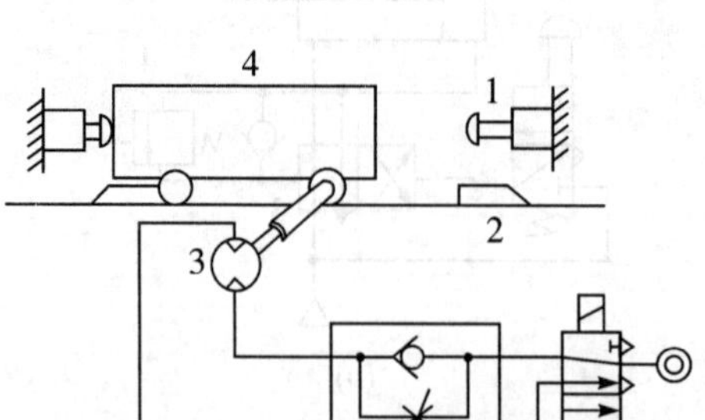

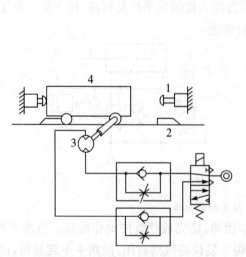

图 3－96　用缓冲挡铁的位置控制回路

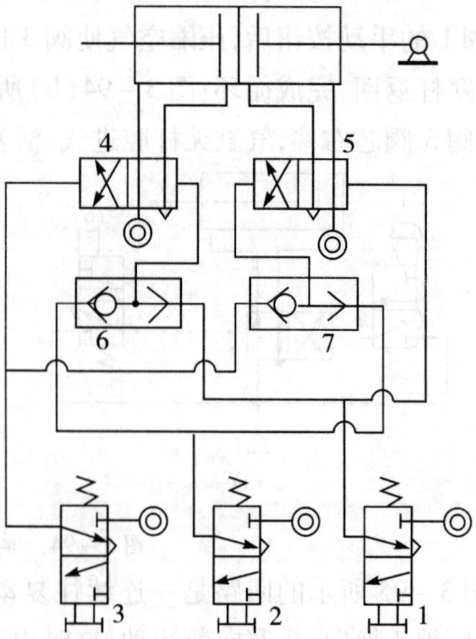

图 3－97　串联气缸实现三个位置控制回路

6. 延时回路

图 3－98 所示为延时回路。图 3－98（a）所示为延时输出回路，当控制信号 4 切换至阀

4 时,压缩空气经单向节流阀 3 向气容 2 充气。当充气压力经延时升高至使阀 1 换位时,阀 1 就有输出。

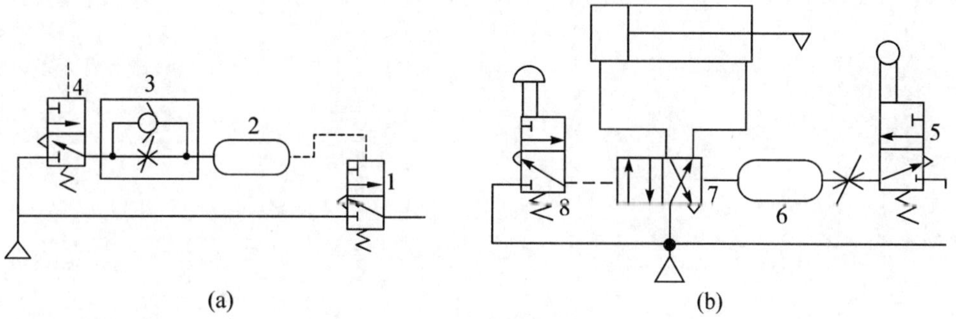

图 3－98　延时回路

在图 3－98(b)所示回路中,按下阀 8,则气缸向外伸出,当气缸在伸出行程中压下阀 5 时,压缩空气经节流阀到气容 6 延时后才将阀 7 切换,气缸退回。

7. 计数回路

计数回路可以组成二进制计数器。在图 3－99(a)所示回路中,按下阀 1 按钮,则气信号经阀 2 至阀 4 的左或右控制端使气缸推出或退回。阀 4 换向位置,取决于阀 2 的位置,而阀 2 的换位又取决于阀 3 和阀 5。如图所示,设按下阀 1 时,气信号经阀 2 至阀 4 的左端使阀 4 换至左位,同时使阀 5 切断气路,此时气缸向外伸出;当阀 1 复位时,原通人阀 4 左控制端的气信号经阀 1 排空,阀 5 复位,于是气缸无杆腔的气经阀 5 至阀 2 左端,使阀 2 换至左位等待阀 1 的下一次信号输人。当阀 1 第二次按下后,气信号经阀 2 的左位至阀 4 右控制端使阀 4 换至右位,气缸退回,同时阀 3 将气路切断。待阀 1 复位后,阀 4 右控制端信号经阀 2,阀 1 排空,阀 3 复位并将气导至阀 2 左端使其换至右位,又等待阀 1 下一次信号输入。这样,第 1,3,5,…(奇数)次按压阀 1,则气缸伸出;第 2,4,6,…(偶数)次按压阀 1,则使气缸退回。

图 3－99(b)所示的计数原理相同。不同的是按压阀 1 的时间不能过长,只要使阀 4 切换后就放开,否则气信号将经阀 5 或阀 3 通至阀 2 左或右控制端,使阀 2 换位,气缸反行,从而使气缸来回振荡。

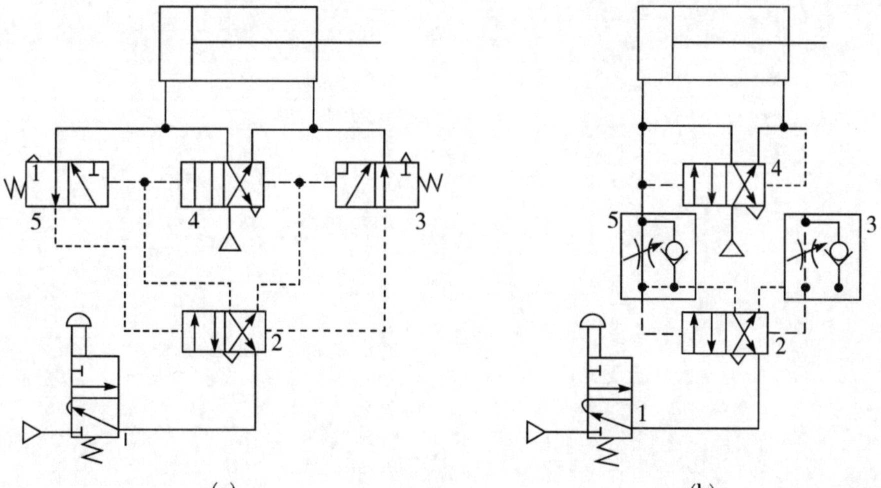

图 3－99　计数回路

请沿此线剪下　请沿此线剪下　请沿此线剪下

任务实施

资讯单

<table>
<tr><td>学习领域</td><td colspan="3">机电设备安装与调试</td></tr>
<tr><td>学习情境三</td><td>自动化生产线物料传送及分拣机构组装与调试</td><td>学时</td><td>10</td></tr>
<tr><td>资讯方式</td><td colspan="3">学生分组查询资料,找出问题的答案</td></tr>
<tr><td>资讯问题</td><td colspan="3">1. 自动化生产线传送及分拣机构的组成。
2. 自动化生产线传送及分拣机构的控制原理。
3. 自动化生产线传送及分拣机构的工作流程。
4. 光电传感器、光纤传感器的结构及工作原理。
5. 自动化生产线传送及分拣机构机械装配步骤及流程。
6. 自动化生产线传送及分拣机构电气回路连接相关知识。
7. 自动化生产线传送及分拣机构 PLC 梯形图的编制。
8. 变频器工作原理及参数设置。
9. 液压与气动元件、控制回路相关知识。
10. 机电设备安装与调试注意事项及安全操作规程。</td></tr>
<tr><td>资讯引导</td><td colspan="3">以上资讯问题可查询本书知识链接;也可利用网络环境进行搜索、图书馆查阅相关资料。建议参考以下书籍查询:
1. 王金娟. 机电设备组装与调试技能训练. 北京:机械工业出版社,2010.
2. 郝岷. 自动化生产线. 北京:电力出版社,2012.
3. 田亚娟. 单片机原理与应用. 大连: 大连理工大学出版社,2010.
4. 邹益民. 单片机 C 语言教程. 北京:中国石化出版社,2012.
5. 吕景泉. 自动化生产线安装与调试. 北京:中国铁道出版社,2009.
6. 毛开友. 液压与气动. 北京:机械工业出版社,2007.
7. 朱兴才. 液压传动与控制. 重庆:重庆大学出版社,2014.</td></tr>
</table>

请沿此线剪下

请沿此线剪下

请沿此线剪下

计划单

<table>
<tr><td>学习领域</td><td colspan="6">机电设备安装与调试</td></tr>
<tr><td>学习情境三</td><td colspan="4">自动化生产线物料传送及分拣机构组装与调试</td><td>学　时</td><td>2</td></tr>
<tr><td>计划方式</td><td colspan="6">分组讨论，制定各组的实施操作计划</td></tr>
<tr><td>序　号</td><td colspan="4">实施步骤</td><td colspan="2">使用资源</td></tr>
<tr><td>1</td><td colspan="4"></td><td colspan="2"></td></tr>
<tr><td>2</td><td colspan="4"></td><td colspan="2"></td></tr>
<tr><td>3</td><td colspan="4"></td><td colspan="2"></td></tr>
<tr><td>4</td><td colspan="4"></td><td colspan="2"></td></tr>
<tr><td>5</td><td colspan="4"></td><td colspan="2"></td></tr>
<tr><td>制定计划
说明</td><td colspan="6"></td></tr>
<tr><td rowspan="3">计划评价</td><td>班　　级</td><td></td><td>第　组</td><td>组长签字</td><td colspan="2"></td></tr>
<tr><td>教师签字</td><td colspan="2"></td><td>日　　期</td><td colspan="2"></td></tr>
<tr><td colspan="6">评语：</td></tr>
</table>

决 策 单

学习领域	机电设备安装与调试						
学习情境三	自动化生产线物料传送及分拣机构组装与调试				学 时	2	
方案讨论							
方案对比	组号	工作流程的正确性	知识运用的科学性	内容的完整性	方案的可行性	人员安排的合理性	综合评价
	1						
	2						
	3						
方案评价							
班级		组长签字		教师签字		月 日	

请沿此线剪下
请沿此线剪下
请沿此线剪下

请沿此线剪下

实施单

学习领域	机电设备安装与调试		
学习情境三	自动化生产线物料传送及分拣机构组装与调试	学时	12
实施方式	分组实施,按实际的实施情况填写此单		
序号	实施步骤	使用资源	
1			
2			
3			
4			
5			
6			
7			
8			

实施说明:

班　　级		组长签字	
教师签字		日　　期	

请沿此线剪下

请沿此线剪下

请沿此线剪下

请沿此线剪下

请沿此线剪下

检查单

学习领域	机电设备安装与调试			
学习情境三	自动化生产线物料传送及分拣机构组装与调试		学时	1
序号	检查项目	检查标准	学生自检	教师检查
1	目标认知	工作目标明确,工作计划具体结合实际,具有可操作性		
2	理论知识	工具的使用方法和技巧等基本知识的全面掌握		
3	基本技能	能够运用知识进行完整的方案设计,并顺利完成任务		
4	学习能力	能在教师的指导下自主学习,全面掌握相关知识和技能		
5	工作态度	在完成任务的过程中的参与程度,积极主动地完成任务		
6	团队合作	积极与他人合作,共同完成工作任务		
7	工具运用	熟练利用资料单进行自学,利用网络进行二手资料的查询		
8	任务完成	保质保量,圆满完成工作任务		
9	演示情况	能够按要求进行演示,效果好		
检查评价	班　　级		组长签字	
	教师签字		日　　期	

请沿此线剪下

评价单（一）

表一："机电设备安装与调试"课程考评表（学生自评表）

评价要点	评价标准			
	优	良	中	差
与完成项目相关的材料是否齐全(20)				
制定的项目工作方案是否及时,完成质量如何(20)				
项目工作方案是否完善,完善情况如何(10)				
项目实施过程中的原始记录是否符合要求(10)				
有关分析任务的实施报告是否符合要求(10)				
出具检测功能是否符合系统设计要求(10)				
课堂汇报是否流利、有见解(10)				
归档文件的条理性、整齐性、美观性(10)				
总　计				
改进意见				

请沿此线剪下

请沿此线剪下

评价单（二）

表二:“机电设备安装与调试”课程考评表(学生互评表)

评价要点	评价标准			
	优 8~10	良 6~8	中 4~6	差 2~4
1. 学习态度是否主动,是否能按时保质地完成教师布置的预习任务(10)				
2. 是否完整地记录研讨活动的过程,收集的有关的资料是否有针对性(10)				
3. 能否根据学习资料对项目进行合理分析,对所制定的方案进行可行性分析(10)				
4. 是否能够完全领会教师的授课内容,并迅速地掌握技能(10)				
5. 是否积极参与各种讨论与演讲,并能清晰地表达自己的观点(10)				
6. 能否按照设计方案独立或合作完成电路设计(10)				
7. 对设计装接过程中出现的问题能否主动思考,并使用现有知识进行解决(10)				
8. 通过设计、装接是否达到要求能力目标(10)				
9. 是否确立了安全、与团队合作精神(10)				
10. 工作过程中是否保持整齐有序、规范的工作环境(10)				
总　评				
改进意见				

知识拓展

数控机床安装与调试

一、概述

数控机床是现代制造技术的基础装备,随着数控机床的广泛应用与普及,机床的验收工作越来越受到重视,但很多用户对数控机床的验收还存在着偏差。新机检验的主要目的是为了判别机床是否符台其技术指标,判别机床能否按照预定的目标精密地加工零件。在许多时候,新机验收都是通过加工一个有代表性的典型零件决定机床能否通过验收。当该机床是用于专门加工某一种零件时,这种验收方法是可以接受的。但是对于更具有通用性的数控机床,这种切削零件的检验方法显然是不能提供足够信息来精确地判断机床的整体精度指标。只有通过对机床的几何精度和位置精度进行检验,才能反映出机床本身的制造精度。在这两项精度检验合格的基础上,然后再进行零件加工检验,以此来考核机床的加工性能。对于安置在生产线上的新机,还需通过对工序能力和生产节拍的考核来评判机床的工作能力。但是,在实际检验工作中,往往有很多用户在新机验收时都忽视了对机床精度的检验,他们以为新机在出厂时已做过检验,在使用现场安装只需调一下机床的水平,只要试加工零件经检验合格就认为机床通过验收。这些用户往往忽视了以下几方面的问题:

(1)新机通过运输环节到达现场,由于运输过程中产生的振动和变形,其水平基准与出厂检验时的状态已完全两样,此时机床的几何精度与其在出厂检验时的精度产生偏差。

(2)即使不计运输环节的影响,机床水平的调整也会对相关的几何精度项目产生影响。

(3)由于位置精度的检测元件如编码器、光栅等是直接安装在机床的丝杠和床身上,几何精度的调整会对其产生一定的影响。

(4)由检验所得到的位置精度偏差,还可直接通过数控机床的误差补偿软件及时进行调整,从而改善机床的位置精度。

(5)气压、温度、湿度等外部条件发生改变,也会对位置精度产生影响。

(6)由检验所得到的位置精度偏差,还可直接通过数控机床的误差补偿软件及时进行调整,从而改善机床的位置精度。

检验新机床时仅采用考核试加工零件精度的方法来判别机床的整体质量,并以此作为验收的唯一标准是远远不够的,必须对机床的几何精度、位置精度及工作精度作全面的检验,只有这样才能保证机床的工作性能,否则就会影响设备的安装和使用,造成较大的经济损失。

在数控机床到达用户方,完成初次的调试验收工作后,也并不意味着调试工作的彻底结束。在实际的生产企业中,常常采用这样的设备管理方法:安装调试完成后,设备投入生产加工中,只有等到设备加工精度达不到最初的要求时,才停工进行相应的调试。这样很多企业无法接受这样的停工损失,所以在日常的工作中也可以按照“六自由度测量的快速机床误差评估”方法解决这个问题,大量减少测试时间,这样小车间也可以提前控制加工过程,最终通向零故障以及更少对事后检查的依赖。

六自由度测量的快速机床误差评估方法是测量系统一次安装调试后，可同时测量六个数控机床精度项目的误差值，与传统的单一精度项目测量方法相比，可大大缩短仪器的装调、检测时间。

二、数控设备调试验收的流程

就验收过程而言，数控机床验收可以分为以下两个环节。

1. 在制造厂商工厂的预验收

预验收的目的是为了检查、验证机床能否满足用户的加工质量及生产率，检查供应商提供的资料、备件。其主要工作包括：

(1)检验机床主要零部件是否按合同要求制造。

(2)各机床参数是否达到合同要求。

(3)检验机床几何精度及位置精度是否合格。

(4)机床各动作是否正确。

(5)对合同未要求部分检验，如发现不满意处可向生产厂家提出，以便及时改进。

(6)对试件进行加工，检查是否达到精度要求。

(7)做好预验收记录，包括精度检验及要求改进之处，并由生产厂家签字。

如果预验收通过，则意味着用户同意该机床向用户厂家发运，当货物到达用户处后，用户将支付该设备的大部分金额。所以，预验收是非常重要的步骤，不可忽视。

2. 在设备采购方的最终验收

最终验收工作主要根据机床出厂合格证上规定的验收标准及用户实际能提供的检测手段，测定机床合格证上各项指标。检测结果作为该机床的原始资料存入技术档案中，作为今后维修时的技术指标依据。

不管是预验收还是最终验收，根据标准《金属切削机床通用技术条件》(GB 9061—1988)中的规定，调试验收应该包括的内容如下：

(1)外观质量；

(2)附件和工具的检验；

(3)参数的检验；

(4)机床的空运转试验；

(5)机床的负荷实验；

(6)机床的精度检验；

(7)机床的工作实验；

(8)机床的寿命实验；

(9)其他。

三、数控设备调试验收的常见标准

数控机床调试和验收应当遵循一定的规范进行，数控机床验收的标准有很多，通常按性质可以分为两大类，即通用类标准和产品类标准。

1. 通用类标准

这类标准规定了数控机床调试验收的检验方法、测量工具的使用、相关公差的定义、机床设计、制造、验收的基本要求等。如我国的标准《机床检验通则 第1部分 在无负荷或精加工条件下机床的几何精度》(GB/T 17421.1—1998)、《机床检验通则 第2部分 数控轴线的定位精度和重复定位精度的确定》(GB/T 17421.2—2000)、《机床检验通则 第4部分 数控机床的圆检验》(GB/T 17421.4—2003)。这些标准等同于ISO 230标准。

2. 产品类标准

这类标准规定具体形式的机床的几何精度和工作精度的检验方法,以及机床制造和调试验收的具体要求。如我国的《加工中心技术条件》(JB/T 8801—1998)、《加工中心检验条件 第1部分 卧式和带附加主轴头机床几何精度检验(水平Z轴)》(JB/T 8771.1—1998)、《加工中心检验条件 第6部分 进给率、速度和插补精度检验》(GB/T 18400.6—2001)等等。具体形式的机床应当参照合同约定和相关的中外标准进行具体的调试验收。

当然在实际的验收过程中,也有许多的设备采购方按照德国VDI/DGQ3441标准或日本的JIS B6201,JIS B6336,JIS B6338标准或国际标准ISO 230。不管采用什么样的标准,需要非常注意的是不同的标准对“精度”的定义差异很大,验收时一定要弄清各个标准精度指标的定义及计算方法。

四、数控设备安装的准备工作

1. 数控设备对于地基的要求

在实际的数控设备使用厂商中,很多设备使用方忽略了设备安装环境的要求,对重型机床和精密机床,制造厂一般向用户提供机床基础地基图,用户事先做好机床基础,经过一段时间保养,等基础进入稳定阶段,然后再安装机床。重型机床、精密机床必须要有稳定的机床基础,否则,无法调整机床精度。即使调整后也会反复变化。而一些中小型数控机床,对地基则没有特殊要求。根据我国的《动力机器基础设计规范》(GB 50040—1996)的规定,应该做好以下工作。

(1)一般性要求

1)基础设计时,设备厂商应该提供以下资料:

①设备的型号、转速、功率、规格几轮廓尺寸图等。

②设备的重心及重心的位置。

③设备底座外轮廓图、辅助设备、管道位置和坑、沟、孔洞尺寸以及灌浆层厚度、地脚螺栓和预埋件的位置等。

④设备的扰力和扰力力矩及其方向。

⑤基础的位置及其临近建筑的基础图。

⑥建筑场地的地质勘察资料及地基动力实验资料。

2)设备基础技术要求:

①设备基础与建筑基础、上部结构以及混凝土地面分开。

②当管道与机器连接而产生较大振动时,管道与建筑物连接处应该采取隔振措施。

③当设备基础的振动对邻近的人员、精密设备、仪器仪表、工厂生产及建筑产生有害影响时,应该采取隔离措施。

④设备基础设计不得产生有害的不均匀沉降。

3)设备地脚螺栓的设置应该符合以下要求:

①带弯钩地脚螺栓的埋置深度不应该小于20倍螺栓直径,带锚板地脚螺栓的埋置深度不应该小于15倍螺栓直径。

②地脚螺栓轴线距基础边缘不应该小于4倍螺栓直径,预留孔边距基础边缘不应该小于100 mm,当不能满足要求时,应该采取加固措施。

③预埋地脚螺栓底面下的混凝土厚度不应该小于50 mm,当为预留孔时,则孔底面下的混凝土净厚度不应该小于100 mm。

(2)对于数控设备还应该遵循以下的要求

1)机床分类可按以下原则划分:

①中、小型机床是指单机重在100 kN以下的。

②大型机床是指单机重在100~300 kN之间的。

③重型机床是指单机重在300~1000 kN之间的。

2)在进行数控设备基础设计时,除了上面的"一般性要求"以外,设备厂商还应该提供以下的资料:

①机床的外形尺寸。

②当基础倾斜和变形对机床加工精度有影响或计算基础配筋时,尚需要机床及加工工件重力的分布情况、机床移动不见或移动加工工件的重力及其移动范围。

③基础的混凝土厚度应符合表3-26中的要求。

表3-26 金属切削机床基础的混凝土厚度/m

机床名称	基础的混凝土厚度
卧式车床	$0.3+0.070\ L$
立式车床	$0.5+0.150\ h$
铣床	$0.2+0.150\ L$
龙门铣床	$0.3+0.075\ L$
摇床	$0.3+0.150\ h$
龙门刨床	$0.3+0.070\ L$
内圆磨床、无心磨床、平面磨床	$0.3+0.080\ L$
导轨磨床	$0.4+0.080\ L$
螺纹磨床、精密外圆磨床、齿轮磨床	$0.4+0.100\ L$
摇臂钻床	$0.2+0.130\ h$
深孔钻床	$0.3+0.050\ L$
坐标镗床	$0.5+0.150\ h$
卧式镗床、落地镗床	$0.3+0.120\ L$
卧式拉床	$0.3+0.050\ L$

注:①表中的L为机床外形的长度(m),h为其高度(m),均是机床样本和说明书上提供的外形尺寸。

②表中基础厚度指机床底座下(如垫铁时,指垫铁下)承重部分的混凝土厚度。

3)有提高加工精度要求的普通机床可按表3.26中的混凝土厚度增加5%～10%。

4)加工中心系列机床,其基础混凝土厚度可按组合机床的类型,取其精度较高或外形较长者按表3.26中同类型机床采用。

5)当基础倾斜与变形对机床加工精度有影响时,应进行变形验算。当变形不能满足要求时,应采取人工加固地基或增加基础刚度等措施。

6)加工精度要求较高且重力在500 kN以上的机床,其基础建造在软弱地基上时,宜对地基采取预压加固措施。预压的重力可采用机床重力及加工件最大重力之和的1.4～2.0倍,并按实际荷载情况分布,分阶段达到预压重力,预压时间可根据地基固结情况决定。

7)精密机床应远离动荷载较大的机床。大型、重型机床或精密机床的基础应与厂房柱基础脱开。

8)精密机床基础的设计可分别采取下列措施之一:

①在基础四周设置隔振沟,隔振沟的深度应与基础深度相同,宽度宜为100 mm,隔振沟内宜空或垫海绵、乳胶等材料。

②在基础四周黏贴泡沫塑料、聚苯乙烯等隔振材料。

③在基础四周设缝与混凝土地面脱开,缝中宜填沥青、麻丝等弹性材料。

④精密机床的加工精度要求较高时,根据环境振动条件,可在基础或机床底部另行采取隔振措施。设备使用方的设备管理人员及相关机构的人员,应该配合基础设计人员进行相关的基础设计,对于其他的数控设备和精密设备,基础设计的更为详细资料可以查阅《动力机器基础设计规范》(GB 50040—1996)和《建筑地面设计规范》(GB 50037—1996)两个国家标准进行。总之,设备基础是设备后续阶段良好工作和发挥高水平经济效益的基础。

2. 数控设备对于电源的要求

电源是维持系统正常工作的能源支持部分,它失效或故障的直接结果是造成系统的停机或毁坏整个系统。另外,数控系统部分运行数据,设定数据以及加工程序等一般存储在RAM存储器内,系统断电后,靠电源的后备蓄电池或锂电池来保持。因而,停机时间比较长,拔插电源或存储器都可能造成数据丢失,使系统不能运行。同时,由于数控设备使用的是三相交流380 V电源,所以安全性也是数控设备安装前期工作中重要的一环,基于以上的原因,对数控设备使用的电源有以下要求:

(1)电网电压波动应该控制在+10%～-15%之间,而我国电源波动较大,质量差,还隐藏有如高频脉冲这一类的干扰,加上人为的因素(如突然拉闸断电等)。电高峰期间,例如白天上班或下班前的一个小时左右以及晚上,往往超差较多,甚至达到±20%。使机床报警而无法进行正常工作,并对机床电源系统造成损坏。甚至导致有关参数数据的丢失等。这种现象,在CNC加工中心或车削中心等机床设备上都曾发生过,而且出现频率较高,应引起重视。

建议在CNC机床较集中的车间配置具有自动补偿调节功能的交流稳压供电系统;单台CNC机床可单独配置交流稳压器来解决。

(2)建议把机械电气设备连接到单一电源上。如果需要用其他电源供电给电气设备的某些部分(如电子电路、电磁离合器),这些电源宜尽可能取自组成为机械电气设备一部分的器件(如变压器、换能器等)。对大型复杂机械包括许多以协同方式一起工作的且占用较大空间的机械,可能需要一个以上的引入电源,这要由场地电源的配置来定。除非机械电气设备采用插头/插座直接连接电源处,否则建议电源线直接连到电源切断开关的电源端子上。如果这样做不到,则应为电源线设置独立的接线座。

电源切断开关的手柄应容易接近,应安装在易于操作位置以上 0.6 ~ 1.9 m 间。上限值建议为 1.7 m。这样可以在发生紧急情况下迅速断电,减少损失和人员伤亡。

3. 数控设备对于压缩空气供给系统的要求

数控机床一般都使用了不少气动元件,所以厂房内应接入清洁的、干燥的压缩空气供给系统网络。其流量和压力应符合要求。压缩空气机要安装在远离数控机床的地方。根据厂房内的布置情况、用气量大小,应考虑给压缩空气供给系统网络安装冷冻空气干燥机、空气过滤器、储气罐、安全阀等设备。

4. 数控设备对于工作环境的要求

精密数控设备一般有恒温环境的要求,只有在恒温条件下,才能确保机床精度和加工度。一般普通型数控机床对室温没有具体要求,但大量实践表明,当室温过高时数控系统的故障率大大增加。

潮湿的环境会降低数控机床的可靠性,尤其在酸气较大的潮湿环境下,会使印制线路板和接插件锈蚀,机床电气故障也会增加。因此中国南方的一些用户,在夏季和雨季时应采取对数控机床环境有去湿的措施。

(1)工作环境温度应在 0 ~ 35℃之间,避免阳光对数控机床直接照射,室内应配有良好的灯光照明设备。

(2)为了提高加工零件的精度,减小机床的热变形,如有条件,可将数控机床安装在相对密闭的、加装空调设备的厂房内。

(3)工作环境相对湿度应小于 75%。数控机床应安装在远离液体飞溅的场所,并防止厂房滴漏。

(4)远离过多粉尘和有腐蚀性气体的环境。

五、数控设备的开箱验收

1. 搬运和拆箱的注意事项

(1)提货时应该检查包装箱是否完好,如果发现问题,应该记录在案。

(2)了解机床净重、毛重,选择合适的起运工具,并检查吊具和起吊钢丝是否完好。

(3)吊运时,必须注意机床包装箱的吊运位置及重心位置。

(4)起吊时,严禁将身体的任何部位置于起吊的包装箱下面,严禁将起吊的包装箱从人头顶越过。

(5)起吊时,不得使包装箱发生倾斜。

(6)铲运时,铲尖应该超过重心位置适当的距离。

(7)拆箱时,严禁顶盖及四侧包装物掉入或挤入包装箱内,以免损坏机床零件或电器件等。

(8)机床未就位前,严禁拆卸机床活动部件的固定物。

(9)严禁用钢管直接垫在床身下面滚动搬运机床。

2.相关档案的验收和归档

(1)包装箱上的铭牌是否符合采购合同要求的产品。

(2)装箱是否完好,是否受潮。如果包装箱已经损坏、受潮等,应该保留相应证据,并更换设备。

(3)设备开箱后由档案人员进行资料归档,这样可以避免资料流入单位或个人手中。应该归档的开箱检验资料包括:

1)装箱单、出厂合格证。

2)出厂精度检验报告。

3)随机操作手册、维修手册、说明书,图纸资料、计算机资料及管理系统(软件)等技术文件。

4)设备开箱验收单。

(4)开箱检验阶段的资料收集需注意以下问题:

1)在档案验收过程中,装箱单是不可以代替设备开箱验收单的。因为,很多生产厂家随机资料不包含购置合同中另行提出的其他资料,这就要求档案部门除收集装箱单归档外,还要按合同规定,对照装箱单清点附件、备件、工具的数量、规格及完好情况,逐项登记,认真填写出一份用于归档的开箱验收单。

2)设备出厂精度检验单是供方根据购货合同中设备性能、指标条款规定,出具的设备出厂原始精度检测数据,这是用户在设备进厂后调试初始精度的依据数据,也是设备进入大中修阶段维修调试时的依据数据,该份资料对于需方很有保存价值,必须要求归档。如果没有,应及时与设备提供方索取。

3)要求用户在进口数控机床到货后,必须请地方商检局进行商检并将商检报告归档。对在采购运输过程中发生的事故或被盗事件,对检查主机、数控柜、操作台等有无碰撞损伤、受潮、锈蚀、各防护罩是否齐全完好等影响设备质量的情况,以及出现的调试达不到合同规定的性能、指标等问题,应及时向有关部门反映,对查询、取证或索赔的资料应收集齐全并及时归档。

按照我国《机械安全机械电气设备 第1部分 通用技术条件》(GB 5226.1—2002)国家规范,为了安装、操作和维护机械电气设备所需的资料,应以简图、图、表图、表格和说明书的形式提供。提供的资料可随提供的电气设备的复杂程度而异。对于很简单的设备,有关资料可以包容在一个文件中,只要这个文件能显示电气设备的所有器件并使之能够连接到供电网上。

(5)设备供方应确保随每台数控设备应该提供以下电气技术资料:

1)安装图。安装图应给出安装机械的准备工作所需的所有资料,在复杂情况下,可能需要参阅详细的装配图。

应清楚表明现场安装电源电缆的推荐位置、类型和截面积。应给定机械电气设备电源线用的过电流保护器件的形式、特性、额定和调定电流选择所需的数据。如果必要,应详细说明由用户准备的地基中的通道的尺寸、用途和位置。

应详细说明机械和用户自备的有关设备之间的通道、电缆托架或电缆支撑物的尺寸、类型及用途。如果必要，图上应表明移动或维修电气设备所需的空间。在需要的场合应提供互连接线图或互连接线表。这种图或表应给出所有外部连接的完整信息。如果电气设备预期使用一个以上电源供电，则互连接线图或表应指明使用的每个电源所要求的变更或连接方法。

2）框图（系统图）和功能图。如果需要便于了解操作的原理，则应提供框图（系统图）。框图（系统图）象征性地表示电气设备及其功能关系。功能图可用作框图的一部分，或除了框图之外还有功能图。

3）电路图。如果框图（系统图）不能充分详细表明电气设备的基本原理，则应提供电路图。这些图应表示出机械及其有关电气设备的电气电路。机械上的和贯穿于所有文件中的器件和元件的符号和标志应是完全一致的。在适当的场合应提供表明接口连接端子的电路图。为了简化，这种图可与电路图一起使用。电路图应包括每个单元详细电路图的参考资料。在机电图上，开关符号应展示为电源全部断开状态（如电、空气、水、润滑剂的开关），而机械及其电气设备应展示为正常启动的状态。

4）操作说明书。技术文件中应包含有一份详述安装和使用设备的正确方法的操作说明书。应特别注意所提出的安全措施和预料到的不合理的操作方法。

如果能为设备操作编制程序，则应提供编程方法、需要的设备、程序检验和附加安全措施的详细资料。

5）维修说明书。技术文件中应包含有一份详述调整、维护、预防性检查和修理的正确方法的维修说明书。维修记录有关建议应为该说明书的一部分。

6）元器件清单。元器件清单至少应包括订购备用件或替换件所需的信息（如元件、器件、软件、测试设备和技术文件）。这些文件是预防性维修和设备保养所需要的，其中包括建议由设备的用户在仓库中储备的元器件。

在开箱检验和资料归档时，应该按照以上的六项文件进行详细的查阅，不然的话，后续设备使用和检修都非常的不方便，不能将设备的效益充分的发挥出来。常见的开箱验收通常只进行资料的有无验收，而没有资料内容的完整性进行验收。而多数厂商都提供以上的六项资料，但是很多厂商的资料非常的不规范，给实际的数控设备使用厂商带来很多不便。

对金属切削机床厂商、设备采购方而言，随机技术文件的更详细的要求，也可以参照《金属切削机床 随机技术文件的编制》（JB/T 9875—1999）的规范进行资料的验收和归档。

3. 外观质量检查

对于开箱后的机床外观质量的验收，应该包含以下的内容：

（1）机床外观表面不应有图样未规定的凸起、凹陷、粗糙不平和其他损伤口。

（2）机床的防护罩应平整、匀称，不应翘曲、凹陷。

（3）机床零、部件外露结合面的边缘应整齐、匀称，不应有明显的错位，错位量及不匀称量不得超过表 3－27 的规定。

机床的门、盖与机床的结合面应贴合，贴合缝隙值不得大于表 3－27 的规定。

机床的电气柜、电气箱等的门、盖周边与其相关件的缝隙应均匀的规定，缝隙不均匀值不得大于表 3－27 的规定。

表 3－27　错位及不均匀量表

结合面边缘及门、盖边长尺寸	≤500	>500～1 250	>1 250～3 150	>3 150
错位量	1.5	2	3	4
错位不匀称量	1	1	1.5	2
贴合缝隙值	1	1.5	2	
缝隙不均匀值	1	1.5	2	

注：当结合面边缘及门、盖边长尺寸的长、宽不一致时，可按长边尺寸确定允许值。

(4)外露的焊缝应修整平直、均匀。

(5)装入沉孔的螺钉不应突出于零件表面，其头部与沉孔之间不应有明显的偏心，固定销一般应略突出于零件外表面，螺栓尾端应略突出于螺母端面，外露轴端应突出于包容件的端面，突出值约为倒棱值，内孔表面与壳体凸缘间的壁厚应均匀对称，其凸缘壁厚之差不应大于实际最大壁厚的25%。

(6)机床外露零件表面不应有磕碰、锈蚀。螺钉、铆钉、销子端部不得有扭伤、锤伤等缺陷。

(7)金属手轮轮缘和操纵手柄应有防锈层。

(8)镀件、发蓝件、发黑件色调应一致，防护层不得有褪色、脱落现象。

(9)电气、液压、润滑和冷却等管道的外露部分应布置紧凑，排列整齐。必要时应用管灾固定，管子不应产生扭曲、折叠等现象。

(10)机床零件未加工的表面应涂以油漆。可拆卸的装配结合面的接缝处，在涂漆以后应切开，切开时不应扯破边缘。机床上的各种标牌应清晰、耐久。铭牌应固定在明显位置。标牌的固定位置应正确、平整牢固、不歪斜。

六、数控设备的安装

在机床进行完资料归档和外观质量检验后，就涉及到了机床的就位和安装。这个阶段的工作直接影响后续的机床精度检验和机床正常运转。对于金属切削机床和机械设备安装，国家有两个明确的国家标准。《金属切削机床安装工程施工及验收规范》(GB 50271－1998)标准适用于规范适用于车床、钻床、锉床、磨床、齿轮加工机床、螺纹加工机床、铣床、刨插床、拉床、特种加工机床、锯床和组合机床的安装及验收。《机械设备安装工程施工及验收通用规范》(GB 50231－1998)适用于各类机械设备的安装及验收过程。本节的内容就是结合这两个标准进行阐述的。

1.数控设备的一般要求

(1)垫铁的形式、规格和布置位置应符合设备技术文件的规定；当无规定时，应符合下列要求：

1)每一地脚螺栓近旁，应至少有一组垫铁；

2）垫铁组在能放稳和不影响灌浆的条件下，宜靠近地脚螺栓和底座主要受力部位的下方；

3）相邻两个垫铁组之间的距离不宜大于 800 mm；

4）机床底座接缝处的两侧，应各垫一组垫铁；

5）每一垫铁组的块数不应超过三块。

（2）每一垫铁组应放置整齐、平稳且接触良好。

（3）机床调平后，垫铁组伸入机床底座底面的长度应超过地脚螺栓的中心，垫铁端面应露出机床底面的外缘，平垫铁宜露出 10 ~ 30 mm，斜垫铁宜露出 10 ~ 50 mm，螺栓调整垫铁应留有再调整的余量。

（4）调平机床时应使机床处于自由状态，不应采用紧固地脚螺栓局部加压等方法，强制机床变形使之达到精度要求。对于床身长度大于 8 m 的机床，达到"自然调平"的要求有困难时，可先经过"自然调平"，然后采用机床技术要求允许的方法强制达到相关的精度要求。

（5）组装机床的部件和组件应符合下列要求：

1）组装的程序、方法和技术要求应符合设备技术文件的规定，出厂时已装配好的零件、部件，不宜再拆装；

2）组装的环境应清洁，精度要求高的部件和组件的组装环境应符合设备技术文件的规定；

3）零件、部件应清洗洁净，其加工面不得被磕碰、划伤和产生锈蚀；

4）机床的移动、转动部件组装后，其运动应平稳、灵活、轻便、无阻滞现象，变位机构应准确可靠地移到规定位置；

5）组装重要和特别重要的固定结合面应符合机床技术规范中的相关检验要求。

2. 各类数控机床的安装

对于各类数控机床的安装，首先要根据数控设备厂商所提供的安装要求进行各项工作，如果在实施过程中，由于具体条件限制，不能完全按照厂商的要求进行，应该在《金属切削机床安装工程施工及验收规范》（GB 50271—1998）和《机械设备安装工程施工及验收通用规范》（GB 50231—1998）两个规范指导下进行相关的安装工作。

3. 安装水平的检验要求

数控机床完成就位和安装后，在进行几何精度检验前，通常要在基础上先用水平仪进行安装水平的调整。机床的安装水平调平的目的是为了取得机床的静态稳定性，是机床的几何精度检验和工作精度检验前提条件，但不作为交工验收的正式项目，即几何精度和工作精度检验合格，安装水平是否在允许范围不必进行交验。机床的安装水平的调平应该符合以下要求：

（1）机床应以床身导轨作为安装水平的检验基础，并用水平仪和桥板或专用检具在床身导轨两端、接缝处和立柱连接处按导轨纵向和横向进行测量。

（2）应将水平仪按床身的纵向和横向，放在工作台或溜板上，并移动工作台或溜板，在规定的位置进行测量。

（3）应以机床的工作台或溜板为安装水平检验的基础，并用水平仪按机床纵向和横向放置在工作台或溜板上进行测量，但工作台或溜板不应移动位置。

(4)应以水平仪在床身导轨纵向等距离移动测量，并将水平仪读数依次排列在坐标纸上画垂直平面内直线度偏差曲线，其安装水平应以偏差曲线两端点连线的斜率作为该机床的纵向安装水平。横向应以横向水平仪的读数值计。

(5)应以水平仪在设备技术文件规定的位置上进行测量。

4. 预调精度的检验要求

预调精度检验是机床装配或安装时，对机床有关的几何精度作预先调整和过渡性的试验。通过预调精度检验，使相应的几何精度检验达到规定的允许偏差范围内，并减少其调整的工作量。

预调精度的调整特别是对于重型车床、落地铣镗床、龙门刨床等大型机床，可使安装单位和用户少走弯路，便于达到几何精度要求。但是只要有关几何精度检验合格，预调精度不检查也可以。所以预调精度是过渡性的精度，不是交工验收的最终精度。而且当发生几何精度达不到规定时，允许调整相应部件的预调精度，该部件的预调精度在交工验收时不再复检。例如龙门刨床床身导轨在垂直平面内的直线度，当工作台放上去后原有直线度便发生了变化。且无法测量，只要工作台有关几何精度检验合格，至于导轨的直线度是否合格，变化如何可以不管。如果工作台有关几何精度检验不合格。则应调整有关床身垫铁和导轨的直线度直到工作台几何精度合格为止。预调精度检验包括：

(1)床身导轨在垂直平面内的直线度；

(2)床身导轨在垂直平面内的平行度；

(3)床身导轨在水平面内的直线度；

(4)立柱导轨对床身导轨的垂直度；

(5)两立柱导轨正导轨面的共面度。

关于以上五项的检验方法和相关的规定，可以参阅《金属切削机床安装工程施工及验收规范》(GB 50271—1998)，其中有详细的说明。当然对于大型机床，通常机床厂商也提供了相关的预调精度需要检验的内容和方法。

七、数控设备的空运行与功能检验

在机床完成安装的相关工作，并完成了就位安装的相关验收工作后，机床可以进行功能验收和调试，为后续的几何精度和工作精度的验收和调试进行前期的准备工作。通常而言，只有完成了功能验收和空运转后，才能进行几何精度和工作精度的验收、调试工作。

1. 数控设备空运行与功能检验的一般要求

空运转检验是在无负荷状态下运转机床，检验各机构的运转状态、温度变化、功率消耗、操纵机构动作的灵活性、平稳性、可靠性及安全性试验。

机床的主运动机构应从最低速度起依次运转，每级速度的运转时间不得少于 2 min。用交换齿轮、皮带传动变速和无级变速的机床，可作低、中、高速运转。在最高速度时应运转足够的时间(不得少于 1 h)，使主轴轴承(或滑枕)达到稳定温度。

进给机构应作依次变换进给量(或进给速度)的空运转试验。对于正常生产的产品，检验时，可仅作低、中、高进给量（或进给速度）试验。有快速移动的机构，应作快速移动的试验。在空运转过程中，还应该做以下的具体检验。

（1）温升检验

在主轴轴承达到稳定温度时，检验主轴轴承的温度和温升，其值均不得超过表3－28主轴轴承温度和温升的规定。

表3－28　主轴轴承温度和温升/℃

轴承形式	温度	温升
滑动轴承	60	30
滚动轴承	70	40

注：机床经过一定时间的运转后，其温度上升幅度不超过5℃/h时，一般可认为已达到稳定温度。

（2）主运动和进给运动的检验

检验主运动速度和进给速度（进给量）的正确性，并检查快速移动速度（或时间）。在所有速度下，机床工作机构均应平稳、可靠。

（3）动作检验

机床动作试验包括以下内容：

1）用一个适当速度检验主运动和进给运动的启动、停止（包括制动、反转和点动等）动作是否灵活、可靠。

2）检验自动机构（包括自动循环机构）的调整和动作是否灵活、可靠。

3）反复变换主运动和进给运动的速度，检查变速机构是否灵活、可靠以及指示的准确性。

4）检验转位、定位、分度机构动作是否灵活、可靠。

5）检验调整机构、夹紧机构、读数指示装置和其他附属装置是否灵活、可靠。

6）检验装卸工件、刀具、量具和附件是否灵活、可靠。

7）与机床连接的随机附件应在该机床上试运转，检查其相互关系是否符合设计要求。

8）检验其他操纵机构是否灵活、可靠。

9）检验有刻度装置的手轮反向空程量及手轮、手柄的操纵力，空程量应符合有关标准的规定。操纵力应符合表3.29中的要求。

表3.29　手轮、手柄的操纵力

机床重量/t			≤2	>2～5	>5～10	≥10
使用频繁程度	经常使用	操纵力/N	40	60	80	120
	不经常使用		60	100	120	160

（4）安全防护装置和保险装置的检验

按《金属切削机床安全防护通用技术条件》（GB 15760—2004）等标准的规定，检验安全防护装置和保险装置是否齐备、可靠。

（5）噪声检验

机床运动时不应有不正常的尖叫声和冲击声。在空运转条件下，对于精度等级为Ⅲ级和Ⅲ级以上的机床，噪声声压级不得超过 75 dB(A)；对于其他机床精度等级的机床，噪声声压级不应超过 85 dB(A)。

(6)液压、气动、冷却、润滑系统的检验

一般应有观察供油情况的装置和指示油位的油标，润滑系统应能保证润滑良好。机床的冷却系统应能保证冷却充分、可靠。机床的液压、气动、冷却和润滑系统及其他部位均不得漏油、漏水、漏气。冷却液不得混入液压系统和润滑系统。

(7)整机连续空运转试验时间控制

对于自动、半自动和数控机床，应进行连续空运转试验，整个运转过程中不应发生故障连续运转时间应符合表 3－30 中的规定。试验时自动循环应包括所有功能和全部工作范围，各次自动循环之间休止时间不得超过 1 min。

表 3－30　整机连续空运转时间表

机床自动控制形式	机械控制	电液控制	数字控制	
			一般数控机床	加工中心
时间/h	4	8	16	32

(8)检验场地要求

检验场地应符合有关标准要求，通常包含以下条件：

1)环境温度：15～350℃；

2)相对湿度：45%～75%；

3)大气压力：86～106kPa；

4)工作电压保持为额定值的 +10% ～ －15% 范围。

2. 数控卧式车床的空运行及功能检验

通常对于最大车削直径 200～1 000 mm，最大车削长度至 5 000 mm 的数控卧式车床形式通常按以下的要求进行空运行和功能检验。

(1)手动功能检验

用按键、开关或人工操纵对机床进行功能试验，试验其动作的灵活性、平稳性和可靠性。

1)任选一种主轴转速和动力刀具主轴转速，启动主轴和动力刀架机构进行正转、反转、停止(包括制动)的连续试验，连续操作不少于 7 次。

2)主轴和动力刀具。主轴做低、中、高转速变换试验，转速的指令值与显示值(或实测值)之差不得大于 5%。

3)任选一种进给量，将启动、进给和停止动作连续操纵，在 *Z* 轴、*X* 轴、*C′* 轴的全部行程上做工作进给和快速进给试验，*Z* 轴、*X* 轴快速行程应大于 1/2 全行程。正、反方向连续操作不少于 7 次。并测量快速进给速度及加、减速特性。测试伺服电机电流的波动，其允许差值由制造厂规定。

4)在 *Z* 轴、*X* 轴、*C′* 轴的全部行程上，做低、中、高进给量变换检验。

5)用手摇脉冲发生器或单步移动溜板、滑板、*C′* 轴的进给检验。

6)用手动或机动使尾座和尾座主轴在其全部行程上作移动检验。

7)有锁紧机构的运动部件，在其全部行程的任意位置上作锁紧试验，倾斜和垂直导轨的滑板，切断动力后不应下落。

8）回转刀架进行各种转位夹紧检验。

9）液压、润滑、冷却系统做密封、润滑、冷却性能试验，要求调整方便、动作灵活、润滑良好、冷却充分，各系统不得渗漏。

10）排屑、运屑装置检验。

11）有自动装夹换刀机构的机床，应进行自动装夹换刀检验。

12）有分度定位机构的 C' 轴应进行分度定位检验。

13）数字控制装置的各种指示灯、程序读入装置、通风系统等功能检验。

14）卡盘的夹紧、松开，检验其灵活性及可靠性。

15）机床的安全、保险、防护装置功能检验。

16）在主轴最高转数下，测量制动时间，取7次平均值。

17）自动监测、自动对刀、自动测量、自动上下料装置等辅助功能检验。

18）液压润滑、冷却系统做密封、润滑、冷却性能检验，要求操作方便、动作灵活、润滑良好、冷却充分、各系统无渗漏。

（2）控制功能验收

用 CNC 控制指令进行机床的功能检验，检验其动作的灵活性和功能可靠性。

1）主轴进行正转、反转、停止及变换主轴转速检验（无级变速机构做低、中、高速检验，有级变速机构做各级转速检验）；

2）进给机构做低、中、高进给量及快速进给变换检验；

3）C' 轴、X 轴和 Z 轴联动检验；

4）回转刀架进行各种转位夹紧试验，选定一个工位测定相邻刀位和回转180°的转位时间，连续7次，取其平均值；

5）试验进给坐标的超程、手动数据输入、坐标位置显示、回基准点、程序序号指示和检索、程序停、程序结束、程序消除、单步进给、直线插补、圆弧插补、直线切削循环、锥度切削循环、螺纹切削循环、圆弧切削循环、刀具位置补偿、螺距补偿、间隙插补及其他说明书规定的面板及程序功能的可靠性和动作的灵活性。

（3）温升检验

测量主轴高速和中速空运转时主轴轴承、润滑油和其他主要热源的温升及其变化规律。检验应连续运转180 min。为保证机床在冷态下开始试验，试验前16 h内不得工作。试验不得中途停车。试验前应检查润滑油的数量和牌号，并符合使用说明书的规定。

温度测量应在主轴轴承（前、中、后）处及主轴箱体，电机壳和液压油箱等产生热量的地方。主轴连续运转，每隔15 min测量一次。最后用被测部位温度值绘成时间—温升曲线图，以连续运转180 min的温升值作为考核数据如图3－100所示。

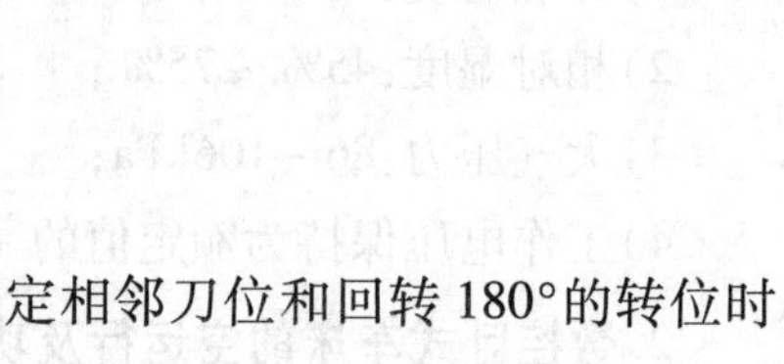

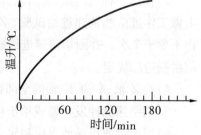

图3－100　时间–温升曲线图

在实际的检验过程中，应该注意以下几点：

1）温度测点应选择尽量靠近被测部件的位置。主轴轴承温度应以测温工艺孔为测点。在无测温工艺孔的机床上，可在主轴前、后法兰盘的紧固螺钉孔内装热电偶，螺孔内灌注润滑脂，孔口用橡皮泥或胶布封住。

2）室温测点应设在机床中心高处离机床 500 mm 的任意空间位置，油箱测温点应尽量靠近吸油口的地方。

3. 加工中心的空运行及功能检验

（1）加工中心的空运转检验

1）机床主运动机构应从最低转速起，依次运转，每级速度的运转时间不得少于 2 分钟。无级变速的机床，可做低、中、高速运转。在最高速度运转时，时间不得少于 1 小时，使主轴轴承达到稳定温度，并在靠近主轴定心轴承处测量温度和温升，其温度不应超过 60℃，温升不应超过 30℃。在各级速度运转时运转应平稳，工作机构应正常、可靠。

2）对直线坐标、回转坐标上的运动部件，分别用低、中、高进给速度和快速进行空运转检验其运动的平衡、可靠。高速无振动，低速无明显爬行现象。

3）在空运转条件下，有级传动的各级主轴转速和进给量的实际偏差，不应超过标牌指示值 $-2\% \sim +6\%$；无级变速传动的主轴转速和进给量的实际偏差，不应超过标牌指示值的 $\pm 10\%$。

4）机床主传动系统的空运转功率（不包括主电动机空载功率）不应超过设计文件的规定。

（2）手动功能检验

用手动或数控手动方式操作机床各部进行试验。

1）对主轴连续进行不少于 5 次的锁刀、松刀和吹气的动作试验，动作应灵活、可靠、准确。

2）用中速连续对主轴进行 10 次的正、反转的启动、停止（包括制动）和定向操作试验，动作应灵活、可靠。

3）无级变速的主轴至少应在低、中、高的转速范围内，有级变速的主轴应在各级转速进行变速操作试验，动作应灵活、可靠。

4）对各直线坐标、回转坐标上的运动部件，用中等进给速度连续进行各 10 次的正向、负向的启动、停止的操作试验，并选择适当的增量进给进行正向、负向的操作试验，动作应灵活、可靠、准确。

5）对进给系统在低、中、高进给速度和快速范围内，进行不少于 10 种的变速操作试验，动作应灵活、可靠。

6）对分度回转工作台或数控回转工作台连续进行 10 次的分度、定位试验，动作应灵活、可靠、准确。

7）对托板连续进行 3 次的交换试验，动作应灵活、可靠。

8）对刀库、机械手以任选方式进行换刀试验。刀库上刀具配置应包括设计规定的最大重量、最大长度和最大直径的刀具；换刀动作应灵活、可靠、准确；机械手的承载重量和换刀时间应符合设计规定。

9）对机床数字控制的各种指示灯、控制按钮、纸带阅读机、数据输出输入设备和风扇等进行空运转试验,动作应灵活、可靠。

10)对机床的安全、保险、防护装置进行必要的试验,功能必须可靠,动作应灵活、准确。

11)对机床的液压、润滑、冷却系统进行试验,应密封可靠,冷却充分,润滑良好,动作灵活、可靠;各系统不得渗漏。

12)对机床的各附属装置进行试验,工作应灵活、可靠。

(3)数控功能试验

用数控程序操作机床各部件进行试验。

1)用中速连续对主轴进行10次的正、反转启动、停止(包括制动)和定向的操作试验,动作应灵活、可靠。

2)无级变速的主轴至少在低、中、高转速范围内,有级变速的主轴在各级转速进行变速操作试验,动作应灵活、可靠。

3)对各直线坐标、回转坐标上的运动部件,用中等进给速度连续进行正、负向的启动、停止和增量进给方式的操作试验,动作应灵活、可靠、准确。

4)对进给系统至少进行低、中、高进给速度和快速的变速操作试验,动作应灵活、可靠。

5)对分度回转工作台或数控回转工作台连续进行10次的分度、定位试验,动作应灵活,运转应平稳、可靠、准确。

6)对各种托板进行5次交换试验,动作应灵活、可靠。

7)对刀库总容量中包括最大重量刀具在内的每把刀具,以任选方式进行不少于3次的自动换刀试验,动作应灵活、可靠。

8)对机床所具备的坐标联动、坐标选择、机械锁定、定位、直线及圆弧等各种插补,螺距、间隙、刀具等各种补偿,程序的暂停、急停等各种指令,有关部件、刀具的夹紧、松开以及液压、冷却、气动润滑系统的启动、停止等数控功能逐一进行试验,其功能应可靠,动作应灵活、准确。

(4)机床的连续空运转试验

1)连续空运转试验应在完成(1)和(2)检验之后,精度检验之前进行。

2)连续空运转试验应用包括机床各种主要功能在内的数控程序,操作机床各部件进行连续空运转。时间应不少于48 h。

3)连续空运转的整个过程中,机床运转应正常、平稳、可靠,不应发生故障,否则必须重新进行运转。

4)连续空运转程序中应包括下列内容:

①主轴速度应包括低、中、高在内的5种以上正转、反转停止和定位。其中高速运转时间一般不少于每个循环程序所用时间的10%。

②进给速度应把各坐标上的运动部件包括低、中、高速度和快速的正向、负向组合在一起,在接近全程范围内运行。并可选任意点进行定位。运行中不允许使用倍率开关,高速进给和快速运行时间不少于每个循环程序所用时间的10%。

③刀库中各刀位上的刀具不少于2次的自动交换。

④分度回转工作台或数控回转工作台的自动分度、定位不少于2个循环。

⑤各种托板不少于5次的自动交换。

⑥各联动坐标的联动运行。

⑦各循环程序间的暂停时间不应超过0.5 min。

对于机床最小设定单位检验有直线坐标最小设定单位检验和回转坐标最小设定单位检验两种。应分别进行试验。检验某一坐标最小设定单位时，其他运动部件，原则上置于行程的中间位置。检验时可在使用螺距补偿和间隙补偿条件下进行。

八、数控机床的精度检验

在机床完成空运行及相关功能检测后，数控机床的安装调试过程就进入了精度检验环节，这个环节也是用户和设备提供方最关心和最重要的环节，也是设备检测验收中最常见的环节。

数控机床全部检测验收是一项复杂的工作，对检测手段及技术要求也很高。它需要使用各种高精度的仪器，对机床的机、电、液、气等各部分性能及整机综合性能进行检测，最后才能对该机床得出综合结论。这项工作目前在国内只有国家权威部门(如国家机床质量监督检验中心)才能进行。对一般的数控机床用户、购买一台价格昂贵的数控机床后，千万不要吝啬几千元的验收费用，至少应对数控机床的几何精度、位置精度、工作精度及功能等重要指标进行验收，确保达到合同所约定的验收标准的要求，并将这些数据保存好，以作为日后机床维修调整时的依据。同时要对采购合同中约定的重要条款进行详细的检验验收。

1. 几何精度检验

数控机床的几何精度是综合反映机床主要零部件组装后线和面的形状误差、位置或位移误差。根据国家标准《机床检验通则 第1部分 在无负荷或精加工条件下机床的几何精度》(GB T 17421.1—1998)的说明有以下几类。

(1)直线度

1)一条线在一个平面或空间内的直线度，如数控卧式车床床身导轨的直线度；

2)部件的直线度，如数控升降台铣床工作台纵向基准T形槽的直线度；

3)运动的直线度，如立式加工中心*X*轴轴线运动的直线度。

长度测量方法有平尺和指示器法、钢丝和显微镜法、准直望远镜法和激光干涉仪法。

角度测量方法有精密水平仪法、自准直仪法和激光干涉仪法。

(2)平面度(如立式加工中心工作台面的平面度)

测量方法有平板法、平板和指示器法、平尺法、精密水平仪法和光学法。

(3)平行度、等距度、重合度

线和面的平行度，如数控卧式车床顶尖轴线对主刀架溜板移动的平行度；运动的平行度，如立式加工中心工作台面和*X*轴轴线间的平行度；等距度，如立式加工中心定位孔与工作台回转轴线的等距度；同轴度或重合度，如数控卧式车床工具孔轴线与主轴轴线的重合度。

测量方法有平尺和指示器法，精密水平仪法，指示器和检验棒法。

(4)垂直度

直线和平面的垂直度，如立式加工中心主轴轴线和*X*轴轴线运动间的垂直度；

运动的垂直度，如立式加工中心 Z 轴轴线和 X 轴轴线运动间的垂直度。

测量方法有平尺和指示器法、角尺和指示器法、光学法（如自准直仪、光学角尺、放射器）。

（5）旋转

径向跳动，如数控卧式车床主轴轴端的卡盘定位锥面的径向跳动，或主轴定位孔的径向跳动；周期性轴向窜动，如数控卧式车床主轴的周期性轴向窜动；端面跳动，如数控卧式车床主轴的卡判定位端面的跳动。

测量方法有指示器法、检验棒和指示器法、钢球和指示法。

2. 位置精度检验

数控机床位置精度，是表明所测量的机床各运动部件在数控机床的控制下所能达到的精度。根据实测的位置精度，可以判断出这台机床在以后的自动加工中能达到的最好的加工精度。

九、数控机床的工作精度检验

数控机床完成以上的检验和调试后，实际上已经基本完成独立各项指标的相关检验，但是也并没有完全充分地体现出机床整体的、在实际加工条件下的综合性能，而且用户往往也非常关心整体的、综合的、性能指标。所以还要完成工作精度的检验，以下分别介绍数控车床和加工中心的相关工作精度检验。

（一）数控车床

对于数控车床，本书根据国家标准《数控卧式车床精度检验》（GB/T 16462—1996）进行相关的阐述。

1. 圆度

靠近主轴轴端的检验零件的半径变化；切削加工直径的一致性；检验零件的每一个环带直径之间的变化。

（1）检验方式

精车夹持在标准的工件夹具上的圆柱试件。单刃车刀安装在回转刀架的一个工位上。

检验零件的材料和刀具的形式及形状、进给量、切削深度、切削速度均由制造厂规定，但应该符合国家或行业标准的相关规定。

（2）简图（见图 3－101）

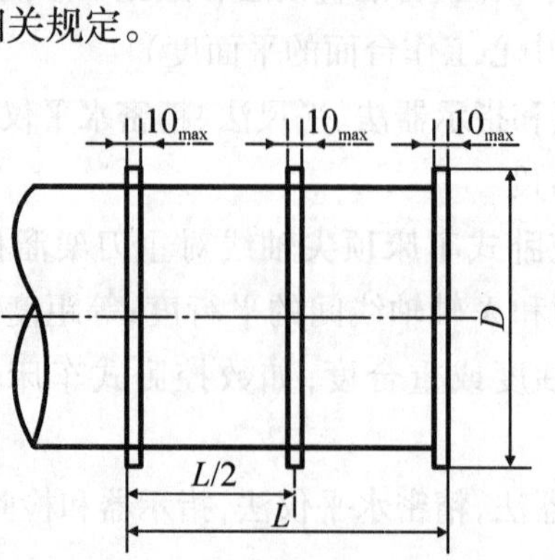

图 3－101　数控车床车削精度检验试件

L=0.5 最大车削直径或 2/3 最大车削行程

范围 1:最大为 250

范围 2:最大为 500

D_{min} =0.3L

图 3－101:圆度与切削加工直径的一致性检验图

(3)允差

范围 1:最大为 250 的情况

圆度:0.003

切削加工直径的一致性:300 长度上为 0.020

范围 2:最大为 500 的情况:

圆度:0.005

切削加工直径的一致性:300 长度上为 0.030

相邻环带间的差值不应超过两端环带间测量差值的 75% 。

2. 精车端面的平面度

(1)检验方式

精车夹持在标准的工件夹具上的试件端面。单刃车刀安装在回转刀架上的一个工位上。检验零件的材料和刀具的形式及形状、进给量、切削深度、切削速度均由制造厂规定,但应该符合国家或行业标准的相关规定。

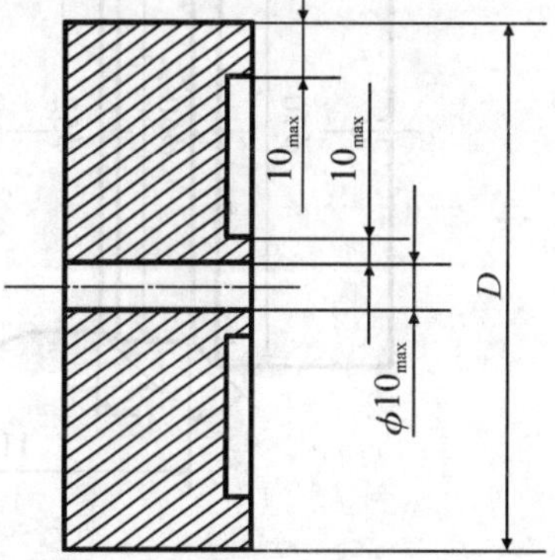

图 3－102　控车床车削精度检验试件

(2)简图(见图 3－102)

D_{min} =0.5 最大车削直径

图 3－102:精车端面的平面度检验图

(3)允差

300 直径上为 0.025,只允凹。

3. 螺距精度

(1)检验方式

用一把单刃车刀螺纹。V 型螺纹形状:螺纹的螺距不应超过丝杠螺距之半。试件的材料、直径、螺纹的螺距连同刀具的形式和形状、进给量、切削深度和切削速度均由制造厂规定,但应该符合国家或行业标准的相关规定。

注意事项:

1)螺纹表面应光滑凹陷或波纹。

2)外径为 50、长为 75、螺距的典型试件一般可满足大多数无丝杠机床。

(2)简图(见图 3－103)

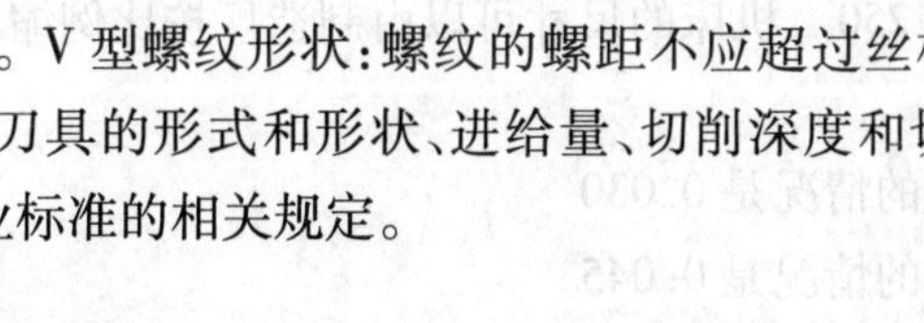

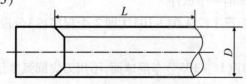

图 3－103　数控车床车削精度检验试件

$L_{min}=75$

$D\approx$丝杆直径

图 3－103：螺距精度检验图

（3）允差

任意 50 测量长度上为 0.01。

4. 在各轴的转换点处的车削轮廓与理论轮廓的偏差

（1）检验方式

在数字控制下用一把单刃车刀车削试件的轮廓。

试件的材料、直径、螺纹的螺距连同刀具的形式和形状、进给量、切削深度和切削速度均由制造厂规定，但应该符合国家或行业标准的相关规定。

（2）简图（见图 3－104）

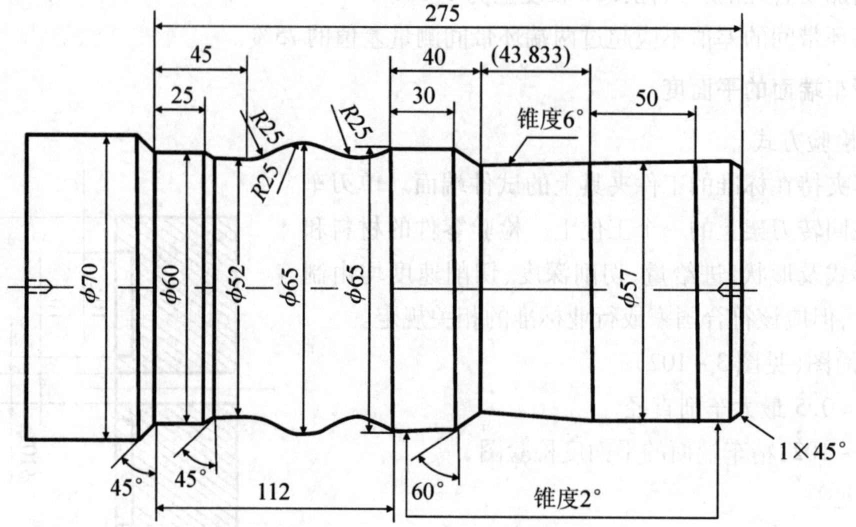

图 3－104 数控车床车削精度检验试件

图 3－104 所示的尺寸只适应于范围 2：最大为 500。

对于范围 1：最大为 250。机床的尺寸可以由制造厂按比例缩小。

（3）允差

范围 1：最大为 250 的情况是 0.030

范围 2：最大为 500 的情况是 0.045

5. 基准半径的轮廓变化、直径的尺寸、圆度误差

（1）检验方式

用程序 1 或程序 2 车削一个试件。

程序 1：以 15°为一个程序段从 0°～105°（即 7 个程序段）分段车削球面，不用刀尖圆弧半径补偿。

程序 2：只用一个程序（1°～105°）车削球面，不用刀尖圆弧半径补偿。

工序：

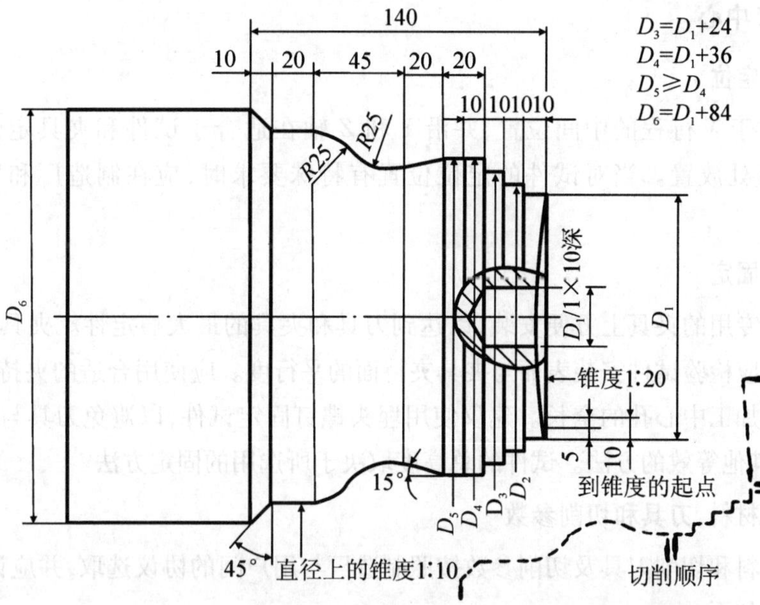

图 3－105　数控车床车削精度检验试件

1）在精加工前胚料的加工余量为0.13。

2）将试件NO.1精加工到要求尺寸。

3）不调整机床，将试件NO.2和NO.3精加工到要求尺寸。

（2）简图（见图3－106）

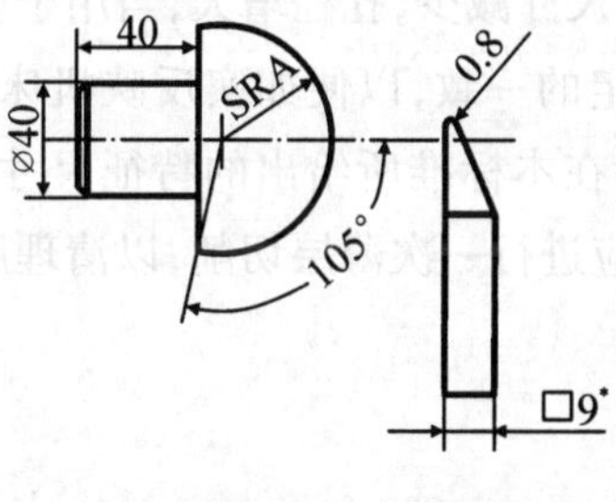

图 3－106　数控车床车削精度检验试件

（3）允差（见表3－31）

表 3－31　检验尺寸允许误差/mm

尺寸	范围1	范围2
＜100	0.008	—
＜150	0.010	—
＜250	0.015	—
＜350	—	0.020
＜500	—	0.025

注：①试件达到的表面粗糙度要做记录。
②刀尖圆弧半径的精度必须达到机床输入分辨率的两倍，并且刀具的前角为0°。
③必须使用紧密、稳定的材料（如铝合金）以获得满意的表面粗糙度。
④通过这三个试件的比较就能得到负载条件下的重复定位精度。

(二)加工中心

1. 试件的定位

试件应位于 X 行程的中间位置,并沿 Y 和 Z 轴在适合于试件和夹具定位及刀具长度的适当位置处放置。当对试件的定位位置有特殊要求时,应在制造厂和用户的协议中规定。

2. 试件的固定

试件应在专用的夹具上方便安装,以达到刀具和夹具的最大稳定性。夹具和试件的安装面应平直。应检验试件安装表面与夹具夹持面的平行度。应使用合适的夹持方法以便使刀具能贯穿和加工中心孔的全长。建议使用埋头螺钉固定试件,以避免刀具与螺钉发生干涉,也可选用其他等效的方法。试件的总高度取决于所选用的固定方法。

3. 试件的材料、刀具和切削参数

试件的材料和切削刀具及切削参数按照制造厂与用户间的协议选取,并应记录下来,推荐的切削参数如下:

(1)切削速度:铸铁件约为 50 m/min;铝件约为 300 m/min。

(2)进给量:约为(0.05 ~ 0.10) mm/齿。

(3)切削深度:所有铣削工序在径向切深应为 0.2 mm。

4. 试件的尺寸

如果试件切削了数次,外形尺寸减少,孔径增大,当用于验收检验时,建议选用最终的轮廓加工试件尺寸与本标准中规定的一致,以便如实反映机床的切削精度。试件可以在切削试验中反复使用,其规格应保持在本标准所给出的特征尺寸的 ±10% 以内。当试件再次使用时,在进行新的精切试验前,应进行一次薄层切削,以清理所有的表面。

5. 轮廓加工试件

(1)目的

该检验包括在不同轮廓上的一系列精加工,用来检查不同运动条件下的机床性能。也就是仅一个轴线进给、不同进给率的两轴线线性插补、一轴线进给率非常低的两轴线线性插补和圆弧插补。

该检验通常在 $X-Y$ 平面内进行,但当备有万能主轴头时同样可以在其他平面内进行。

(2)尺寸

轮廓加工试件共有两种规格,如图 3 – 107 和图 3 – 108 所示。

试件的最终形状应由下列加工形成:

1)通镗位于试件中心直径为“p”的孔;

2)加工边长为“L”的外正四方形;

3)加工位于正四方形上边长为“q”的菱形(倾斜 600 的正四方形);

4)加工位于菱形之上直径为“q”、深为 6 mm(或 10 mm)的圆;

5）加工正四方形上面，“α”角为 30 或 tanα = 0. 05 的倾斜面；

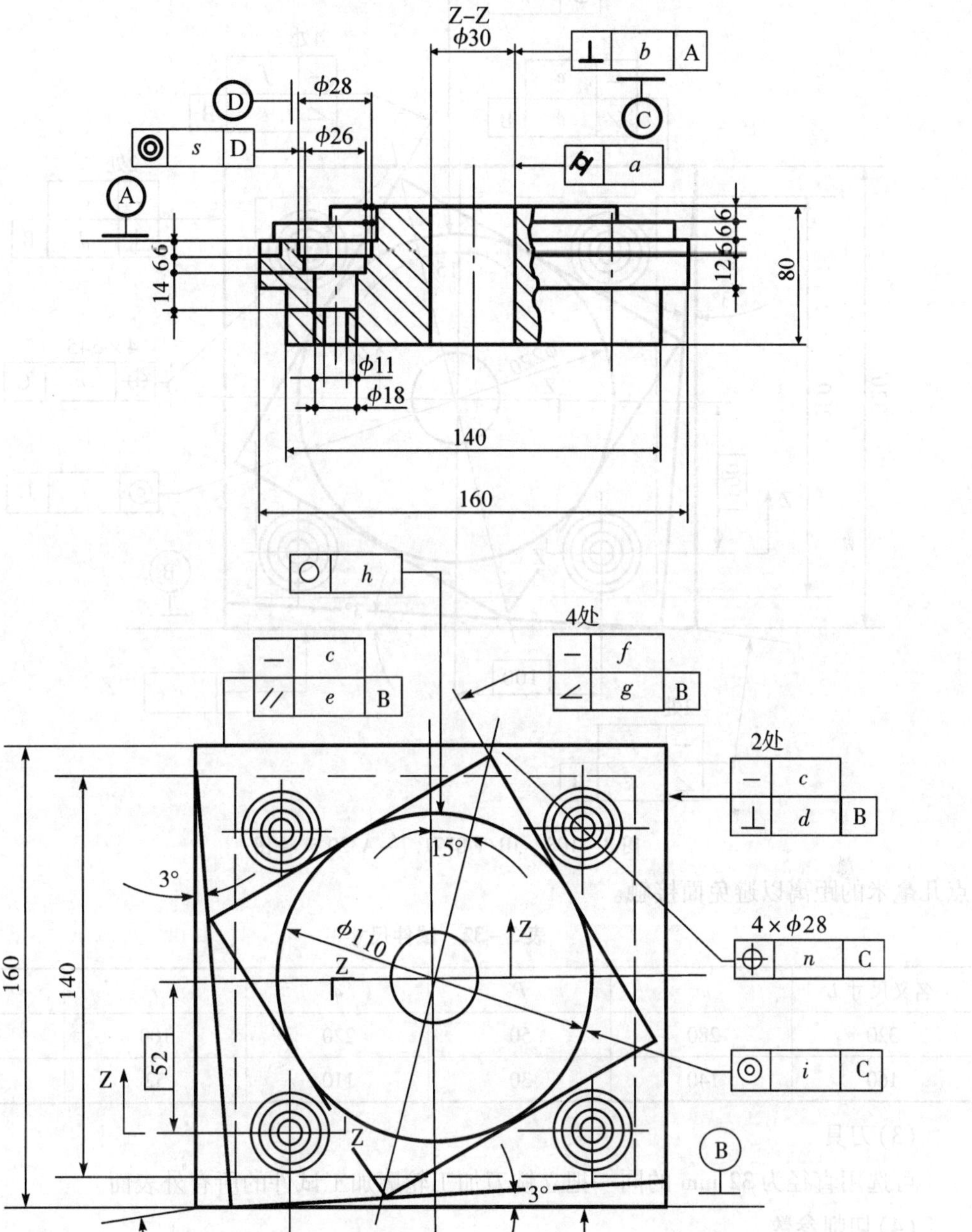

图 3－107　JB/T 8771.7－A160 试件图

6）镗削直径为 26 mm（或较大试件上的 43 mm）的四个孔和直径为 28 mm（或较大试件上的 45 mm）的四个孔。直径为 26 mm 的孔沿轴线的正向趋近，直径为 28 mm 的孔为负向趋近。这些孔定位为距试件中心“r × r”。

由于是在不同的轴向高度加工不同的轮廓表面，因此应保持刀具与下表面平面离开零

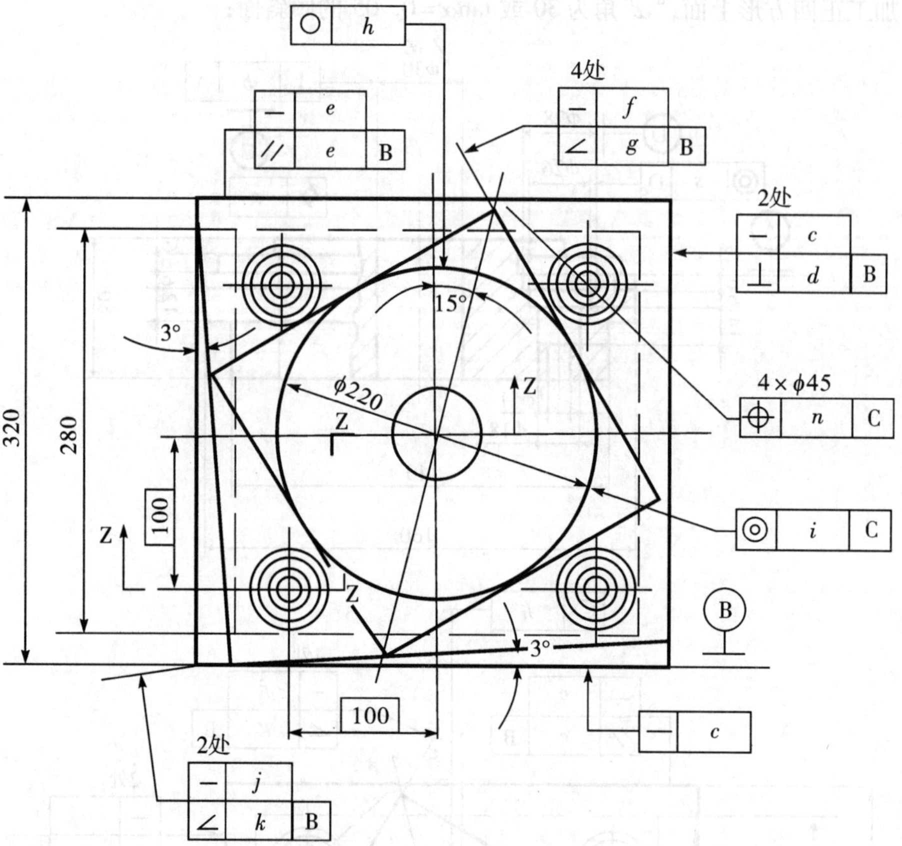

图 3－108　JB/T 8771.7－A320 试件图

点几毫米的距离以避免面接触。

表 3－32　试件尺寸

名义尺寸 L	m	P	q	r	α
320	280	50	220	100	30
160	140	30	110	52	30

(3)刀具

可选用直径为 32 mm 的同一把立铣刀加工轮廓加工试件的所有外表面。

(4)切削参数

推荐下列切削参数：

1)切削速度。铸铁件约为 50 m/min；铝件约为 300 m/min。

2)进给量。约为(0.05 ～ 0.10) mm/齿。

3)切削深度。所有铣削工序在径向切深应为 0.2 mm。

(5)毛坯和预加工

毛坯底部为正方形底座，边长为“m”，高度由安装方法确定。为使切削深度尽可能恒定。精切前应进行预加工。

(6)检验和允差(见表 3－33)

表 3－33　轮廓加工试件几何精度检验/mm

检验项目	允差		检验工具
	$L=320$	$L=160$	
中心孔 1)回柱度 2)孔中心轴线与基面 A 的垂直度	0.015 ϕ0.015	0.010 ϕ0.010	1)坐标测量机 2)坐标测量机
正四方形 3)侧面的直线度 4)相邻面与基面 B 的垂直度 5)相对面对基面 B 的平行度	0.015 0.020 0.020	0.010 0.010 0.010	3)坐标测量机或平尺和指示器 4)坐标测量机或角尺和指示器 5)坐标测量机或等高量块和指示器
菱形 6)侧面的直线度 7)侧面对基面 B 的倾斜度	0.015 0.020	0.010 0.010	6)坐标测量机或平尺和指示器 7)坐标测量机或正弦规和指示器
圆 8)圆度 9)外圃和内圆孔 C 的同心度	0.020 ϕ0.025	0.015 ϕ0.025	8)坐标侧量机或指示器或圆度测量仪 9)坐标测量机或指示器或圆度测量仪
斜面 10)斜面的直线度 11)角斜面对 B 面的倾斜度	0.015 0.020	0.010 0.010	10)坐标测量机或平尺和指示器 11)坐标测量机或正弦规和指示器
镗孔 12)孔相对于内孔 C 的位置度 13)内孔与外孔 D 的同心度	ϕ0.05 ϕ0.02	ϕ0.05 ϕ0.02	12)坐标测量机 13)坐标测量机或回度侧 f 仪

注:①如果条件允许,可将试件放在坐标测量机上进行测量。

②对直边(正四方形、菱形和斜面)而言,为获得直线度、垂直度和平行度的偏差,测头至少在 10 个点处触及被侧表面。

③对于圆度(或圆柱度)检验,如果测量为非连续性的,则至少检验 15 个点(圆柱度在每个侧平面内)。

(7)记录的信息

按标准要求检验时,应尽可能完整地将下列信息记录到检验报告中去。

1)试件的材料和标志;

2)刀具的材料和尺寸;

3)切削速度;

4)进给量;

5)切削深度;

6)斜面 30 和 tan－10.05 间的选择。

思考与练习

一、判断题

1. 与左母线连接的常闭触点使用 LDI 指令。 ( )
2. ANI 指令完成逻辑“与或”运算。 ( )
3. ORI 指令完成逻辑“或”运算。 ( )
4. PLC 由 STOP 到 RUN 的瞬间接通一个扫描周期的特殊辅助继电器是 M8000。 ( )
5. 在任何情况下 RST 指令优先执行。 ( )
6. LDP 指令只在操作元件由 OFF 到 ON 状态时产生一个扫描周期的接通脉冲。 ( )
7. 当并联电路块与前面的电路连接时使用 ORB 指令。 ( )
8. 块与指令 ANB 带操作数。 ( )
9. 可以连续使用 ORB 指令,使用次数不得超过 10 次。 ( )
10. MPS 与 MPP 指令必须配套使用。 ( )
11. 在 MC 指令内使用 MC 指令叫嵌套,有嵌套结构时嵌套级 N 的编号顺序增大,即 N0—N1—N2…N7。 ( )
12. 使用 STL 指令编写梯形图允许双线圈输出。 ( )
13. 优化设计应遵循“上重下轻,左重右轻”的原则。 ( )
14. 输入继电器编号 X 采用十进制。 ( )
15. 输出继电器 Y 在梯形图中可出现触点和线圈,触点可使用无数次。 ( )
16. SET 和 RST 指令同时出现时,RST 优先执行。 ( )
17. 每个定时器都有常开触点和常闭触点,这些触点可使用无限次。 ( )
18. 普通计数器无断电保护功能,掉电计数器具有断电保护功能。 ( )
19. 32 位增减计数器其计数方式由特殊辅助继电器 M8200—M8234 的状态决定,当特殊辅助继电器状态为 OFF 时,32 位增减计数器为减计数器。 ( )
20. 一个顺序功能图中至少应该有一个初始步。 ( )
21. 在顺序功能图中当某步是活动步时,该步所对应的非保持性动作被停止。 ( )
22. RET 指令称为“步进返回”指令,其功能是返回到原来左母线位置。 ( )
23. 只具有接通或者断开两种状态的元件叫字元件。 ( )
24. FX 系列 PLC 的数据寄存器全是 16 位,最高位是正、负符号位,1 表示正数,0 表示负数。 ( )
25. 多个跳转指令不可以使用同一个标号。 ( )

二、选择题

1. 使用 ADD 指令时,若相加结果为 0,则零标志位 M800 = ( )。

A. 2　　B. 0　　C. 1　　D. 5

2. 16 位数乘法运算，源操作数 S_1、S_2 是 16 位，目标操作数 D 占用（ ）。

A. 10　　B. 16　　C. 32　　D. 1

3. INC 指令的计算结果（ ）零标志位 M8020。

A. 影响　　B. 不影响　　C. 是　　D. 不是

4. WAND 指令的功能是将两个源操作数的数据进行（ ）进制按位相“与”，并将结果存入目标操作数。

A. 十　　B. 八　　C. 二　　D. 十六

5. WXOR 指令的功能是将两个源操作数的数据进行二进制按位相（ ）运算。

A. 与非　　B. 与或　　C. 与　　D. 异或

6. END 指令是指整个程序的结束，而 FEND 指令是表示（ ）的结束。

A. 语句　　B. 子程序　　C. 主程序　　D. 主程序和子程序

7. 循环指令 FOR、NEXT 必须（ ）出现，缺一不可。

A. 成对　　B. 单独　　C. 不　　D. 多次

8. 在使用比较指令编程序时，要清除比较结果，可用 ZRST 或（ ）指令。

A. RET　　B. END　　C. RST　　D. SET

9. 比较指令符号是 CMP，而区间比较指令是（ ）。

A. FOR　　B. ZCP　　C. LD　　D. AND

10. 用二进制形式反映十进制关系的代码叫（ ）码。

A. 二进制　　B. 十进制　　C. 十六制　　D. BCD

11. 可以产生 1S 方波振荡时钟信号的特殊辅助继电器是（ ）。

A. M8002　　B. M8013　　C. M8034　　D. M8012

12. SET 和 RST 指令都具有（ ）功能。

A. 循环　　B. 自锁　　C. 过载保护　　D. 复位

13. 并联电路块与前面的电路串联时应该使用（ ）指令。

A. ORB　　B. AND　　C. ORB　　D. ANB

14. 使用 MPS、MRD、MPP 指令时，如果其后是单个常开触点，需要使用（ ）。

A. LD　　B. AND　　C. ORB　　D. ANI

15. 主控指令可以嵌套，但最都不能超过（ ）级。

A. 8　　B. 7　　C. 5　　D. 2

16. 计数器除了计数端外，还需要一个（ ）端。

A. 置位　　B. 输入　　C. 输出　　D. 复位

17. 状态流程图（顺序功能图）由步、动作、有向线段和（ ）组成。

A. 转换　　B. 转换条件　　C. 初始步　　D. 触点

18. 运行监控的特殊辅助继电器是（ ）。

A. M8002　　B. M80013　　C. M8000　　D. M8011

19. 监视元件接通状态，即操作元件由 OFF—ON 状态产生一个扫描周期接通脉冲，应该使用（ ）指令。

A. LDF　　B. LDP　　C. AND　　D. OR

20. 由于交替输出指令在执行中每个扫描周期输出状态翻转一次，因此采用脉冲执行方式，即在指令后缀加(　　)。

A. L　　B. P　　C. F　　D. R

21. 功能指令中的 CJ 是(　　)指令。

A. 主控　　B. 跳转　　C. 中断　　D. 与

22、MO 是(　　)辅助继电器。

A. 通用　　B. 断电保持　　C. 特殊　　D. 计数

23. 常开触点与左母线连接时使用(　　)指令。

A. AND　　B. LDI　　C. OR　　D. ANB

25. 用手持式编程器输入程序时，PLC 应该处于(　　)位置。

A. 运行　　B. 不确定　　C. 停止　　D. 监视

26. 与系统的初始状态相对应的步为初始步，每一个功能图中至少(　　)个初始步。

A. 1　　B. 3　　C. 2　　D. 5

27. 顺序功能图中，步之间实现转换应该具备的条件是转换条件满足和(　　)。

A. 一个前级步为活动步　　B. 所有前级步为活动步

C. 前一步为活动步　　D. 后一步为活动步

28. 顺序功能图中两步之间绝对不能直接连接，必须用(　　)个转换将它们隔开。

A. 1　　B. 2　　C. 3　　D. 5

29. 选择序列的开始叫分支，转换符号只能标在水平连线之下；选择序列的结束叫合并，转换符号只能画在水平连线(　　)。

A. 下　　B. 上　　C. 中间　　D. 不确定

30. 三菱 PLC 的 FX－20P－E 编程器具有在线编程和离线编程两种工作方式，我们做实验时一般采用的是(　　)编程工作方式。

A. 离线　　B. 任何一种　　C. 在线　　D. 脱线

三、填空题

1. 系统程序一般存放在__________只读存储器 ROM __________。

2. 电器控制中的继电器具有__________放大、逻辑运算和电气隔离等作用。

3. PLC 的编程语言有顺序功能图、__________、功能块图、指令表和结构文本。

5. 输入继电器 X 和输出继电器 Y 的元件编号采用__________制。

6. M80000 为运行监视特殊辅助继电器，M8002 为__________脉冲特殊辅助继电器。

7. T1 设定值 K10，设定时间是__________s。

8. 将串联电路块并联连接时用 ORB 指令，两个以上触点串联而成的电路块叫__________。

9. MC 和 MCR 为__________指令和主控复位指令。

10. RST 指令和 SET 指令在任何情况下__________指令优先执行。

11. 将接入三相电动机定子绕组的任意两根__________线对调可以改变电动机转向。

12. 熔断器在低压照明电路中做过载和__________保护，在电动机控制线路中主要作短路保护。

13. 电器控制电路中短路保护、__________和欠压保护三者缺一不可。

14. 电器控制电路中的时间继电器，有断电和__________延时两类。

15. 中间继电器主要用于__________控制信号，具有多触头的特点。

16. 多控制控制的接线原则是：__________相互并联，停止按钮相互串联。

17. 大、中功率三相电动机一般采用星形－__________。

18. PLC 软件系统有系统程序和__________程序两种。

19. PLC 按结构可分为整体式和模块式。

20. PLC 采用逐行循环扫描__________工作方式，每扫描周期包含输入采样、程序执行和输出刷新三个阶段。

21. PLC 常采用的编程语言是__________。

四、问答题

1. 自动化生产线分拣机构由哪些结构组成？
2. 简述自动化生产线分拣机构工作原理。
3. 简述自动化生产线分拣机构动作流程。
4. 简述光电传感器工作原理。
5. 简述光纤传感器工作原理。
6. 自动化生产线分拣机构怎样实现物料的分拣？
7. 简述变频器工作原理。
8. 简述自动化生产线分拣机构的安装流程。
9. 简述自动化生产线分拣机构调试的流程。
10. 什么是 PLC？
11. 什么是梯形图？

◇学习情境四

自动化生产线物料供料、搬运、传输及分拣机构组装与调试

任务描述

1)根据设备装配示意图组装物料搬运、传送及分拣机构;
2)按照设备电路图连接物料搬运、传送及分拣机构的电器回路;
3)按照设备电路图连接物料搬运、传送及分拣机构的气动回路;
4)输入设备控制程序,调试物料搬运、传送及分拣机构实现功能。

学习目标

☆知识目标:
1)掌握自动化生产线物料搬运、传送及分拣机构工作流程;
2)掌握自动化生产线物料搬运、传送及分拣机构机械部件装配;
3)掌握自动化生产线物料搬运、传送及分拣机构电器回路连接;
4)掌握自动化生产线物料搬运、传送及分拣机构气动回路连接;
5)掌握自动化生产线物料搬运、传送及分拣机构 PLC 程序编制及变频器参数设定;
6)掌握自动化生产线物料搬运、传送及分拣机构整机调试;
7)对自动化生产线物料搬运、传送及分拣机构提出创新与改进意见技能目标。
☆技能目标:
1)能够识读设备图样及技术文件;
2)能够正确地执行物料搬运、传送及分拣机构装配步骤;
3)掌握 PLC 编程技能、PLC 梯形图识读与输入及转换技能;
4)掌握机电设备安装与调试技能;
5)计算机触摸屏建立方法。

学时安排

项目	资讯	计划	决策	实施	检查	评价	总计
学时	10	2	2	12	1	1	28

知识链接

一、物料搬运、传送及分拣机构的安装与调试

(一)识读设备图样及技术文件

1. 装置简介

(1)机械手复位功能。PLC 上电,机械手手爪放松、手爪上升、手臂缩回、手臂左旋至左侧限位处停止。

(2)物料搬运、传送及分拣机构的工作流程。

物料搬运、传送及分拣机构主要实现对加料站出料口的物料进行搬运、传送,并根据物料的性质进行分类存放的功能。其工作流程如图 4－1 所示。

(3)机构起停控制。机械手复位后,按下启动按钮,机构开始工作。按下停止按钮,机构完成当前工作循环后停止。

(4)搬运功能。若加料站出料口有物料,机械手臂伸出—手爪下降—手爪夹紧抓物—0.5 S 后手爪上升—手臂缩回—手臂右旋 0.5 s 后手臂伸出—手爪下降 0.5 s 后,若传送带上无物料,则手爪放松、释放物料—手爪上升—手臂缩回—左旋至左侧限位处停止。

(5)传送功能。当传送带入料口的光电传感器检测到物料时,变频器启动,驱动三相交流异步电机以 25 Hz 的频率正转运行,传送带自左向右传送物料。当物料分拣完毕时,传送带停止运转。

(6)分拣功能

1)分拣金属物料。当金属物料被传送 A 点位置时,推料一气缸(简称气缸一〉伸出,将它推人料榕一内。气缸一伸出到位后,活寒杆缩同;缩回到位后,三相异步电动机停止运行。

2)分拣白色塑料物料。当白色塑料物料被传送至 B 点位置时,推料二气缸(简称气缸二)伸出,将它推入料槽二内。气缸二伸出到位后,活塞杆缩间;缩回到位后,三相异步电动机停止运行。

3)分拣黑色塑料物料。当黑色塑料物料被传送至 C 点位迓时,推料三气缸(简称气缸三)伸出,将它推入料榕三内。气缸三伸出到位后,活塞杆缩回;缩回到位后,三相异步 电动机停止运行。

2. 识读机构装配示意图

机构装配示意图如图 4－2 所示(部件说明见表 4－1),物料搬运、传送及分拣机构是机械手搬运装置、传送及分拣装置的组合,其安装难点在于机械手气动手爪既能抓取加料站出料口的物料,又能准确地将其送进传送带的落料口内,这就要求机械手、加料站和传输带之间衔接准确,安装尺寸误差小。

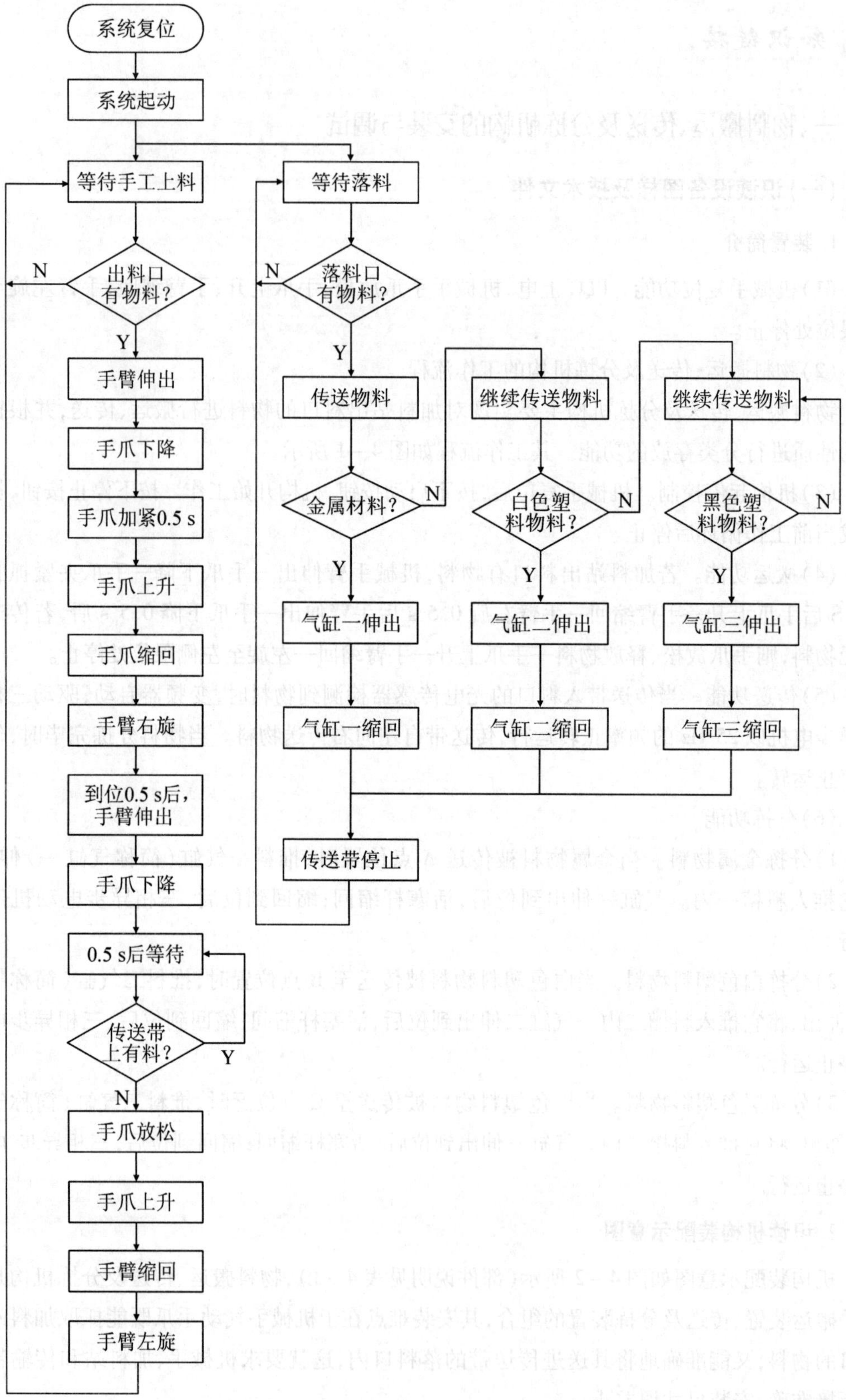

图 4－1　物料搬运、传送及分拣机构动作流程图

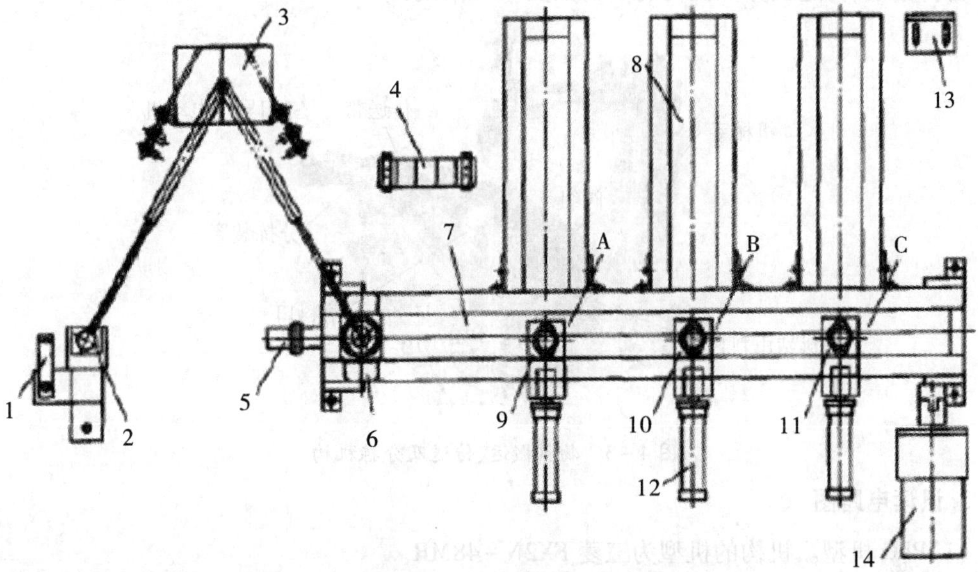

图 4－2　物料搬运、传送及分拣机构装配示意图

表 4－1　图 4－2 部件说明

序号	名称	件数
1	物料检测传感器	1
2	出料口	1
3	机械手	1
4	电磁阀阀组	1
5	落料口光电传感器	1
6	落料口	1
7	传送线	1
8	料槽	3
9	电感式传感器	1
10	光纤传感器(白)	1
11	光纤传感器(黑)	1
12	推料气缸	3
13	气动二联件	1
14	三相异步电动机	1

(1)机构结构组成。物料搬运、传送及分拣机构主要由加料站、机械手搬运装置、传送装置及分拣装置等组成。其中机械手主要由气动手爪部件、提升气缸部件、手臂伸缩气缸部件、旋转气缸部件及固定支架等组成；传送装置主要由落料口、落料检测传感器、直线皮带输送线(简称传送线)和三相异步电动机等组成；分拣装置由三组物料检测传感器、料槽、推料气缸及电磁阀阀组组成。

(2)尺寸分析。按照装配图看清物料搬运、传送及分拣机构的各部位安装定位尺寸。

物料搬运、传送及分拣机构的实物如图 4－3 所示。

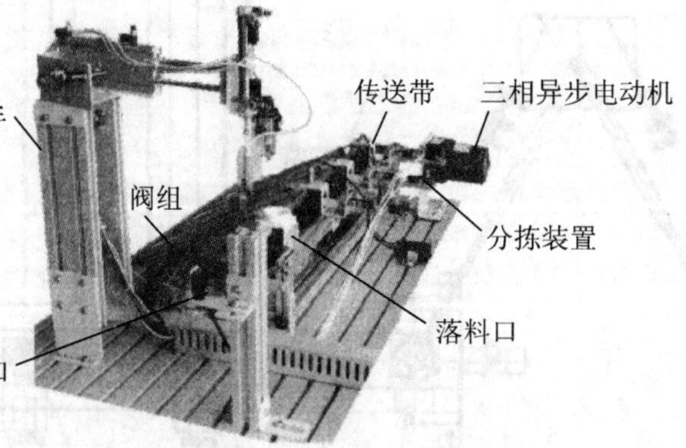

图 4－3　物料搬运、传送及分拣机构

3. 识读电路图

（1）PLC 机型。机构的机型为三菱 FX2N－48MR。

（2）I/0 点分配。PLC 输入/输出设备及输入又输出点数的分配情况见表 4－2。

（3）输入/输出设备连接特点。启动推料二传感器和启动推料三传感器都为光纤传感器，但通过调节传感器内光纤放大器的颜色感应灵敏度，便可分别识别白色物料和黑色物料。变频器的输入信号端子回路不可附加外部电源，故选择连接变频器的输出点 Y20 为 PLC 输出端子独立组中的一个。

表 4－2　输入/输出设备 I/O 点分配表

输入			输出		
元件代号	功能	输入点	元件代号	功能	输出点
SB1	启动按钮	X1	YV1	手臂右旋	Y0
SB2	停止按钮	X2	YV2	手臂左旋	Y2
SCK1	气动手爪传感器	X3	YV3	手爪加紧	Y4
SQP1	旋转左限位传感器	X4	YV4	手爪放松	Y5
SQP2	旋转右限传感器	X5	YV5	提升气缸下降	Y6
SCK2	气动手臂伸出传感器	X6	YV6	提升气缸上升	Y7
SCK3	启动手臂缩回传感器	X7	YV7	伸缩气缸伸出	Y10
SCK4	手爪提升限位传感器	X10	YV8	伸缩气缸缩回	Y11
SCK5	手爪下降限位传感器	X11	YV9	推料一伸出	Y12
SQP3	物料检测光电传感器	X12	YV10	推料二伸出	Y13
SCK6	推料气缸一伸出传感器	X13	YV11	推料三伸出	Y14
SCK7	推料气缸一缩回传感器	X14	STF(RL)	变频器低速及正传	Y20
SCK8	推料气缸二伸出传感器	X15			

续表

输入			输出		
元件代号	功能	输入点	元件代号	功能	输出点
SCK9	推料气缸二伸出传感器	X16			
SCK10	推料气缸三伸出传感器	X17			
SCK11	推料气缸三伸出传感器	X10			
SQP4	启动推料一传感器	X20			
SQP6	启动推料二传感器	X21			
SQP7	启动推料三传感器	X22			

4. 识读气路图

机构的搬运和分拣工作主要是通过电磁换向阀控制气缸的动作来实现的。气路组成如图 4－4 所示，气动回路中的控制元件分别是 4 个两位五通双控电磁换向阀、3 个两位五通单控电磁换向阀及 14 个节流阀；气动执行元件分别是提升气缸、伸缩气缸、旋转气缸、气动手爪及 3 个推料气缸。

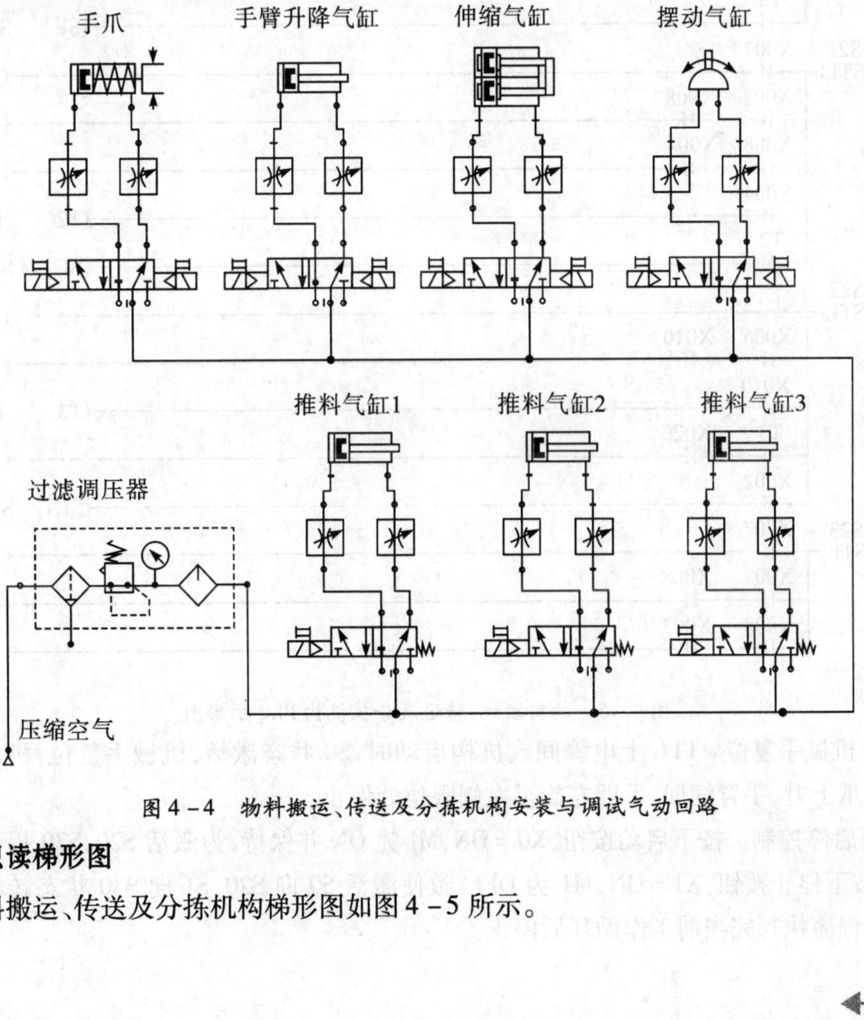

图 4－4　物料搬运、传送及分拣机构安装与调试气动回路

5. 识读梯形图

物料搬运、传送及分拣机构梯形图如图 4－5 所示。

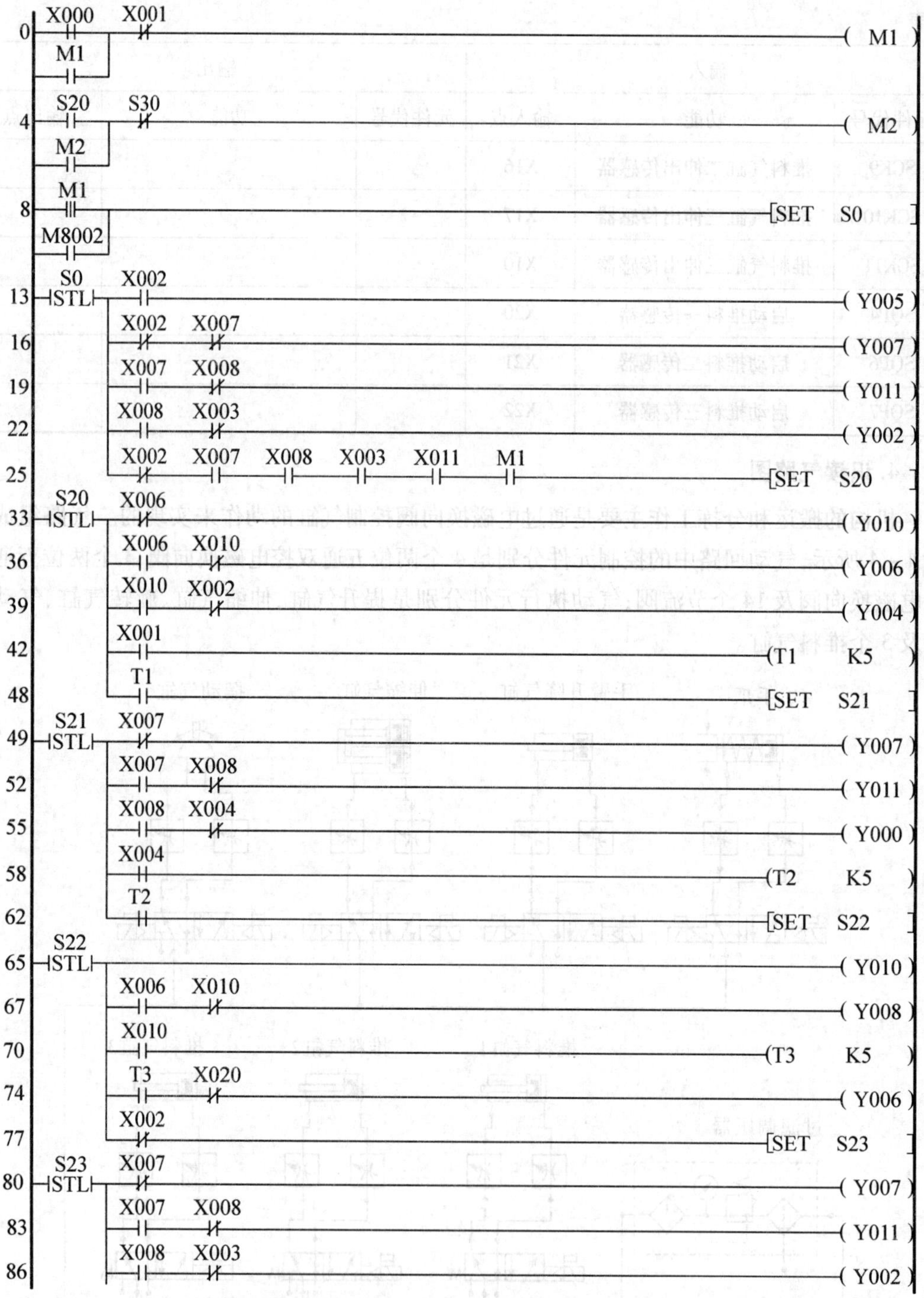

图 4－5　物料搬运、传送及分拣机构 PLC 梯形图

(1)机械手复位。PLC 上电瞬间或机构启动时，S0 状态激活，机械手复位，机械手手爪放松、手爪上升、手臂缩回、手臂左旋至左侧限位处停止。

(2)启停控制。按下启动按钮，X0 = ON，MI 为 ON 并保持，为激活 S20，S30 提供了必要条件。按下停止按钮，X1 = ON，M1 为 OFF，致使激活 S0 向 S20，S1 向 S30 状态转移的条件确定，故程序执行完当前工作循环后停止。

机械手搬运物料开始，即 S20 激活 M2 为 ON，直至传送带开始工作，S30 激活，M2 才变为 OFF，以保证机械手抓料的情况下，按下停止按钮后机构仍继续完成当前动作后才停止。

(3)搬运物料。当加料站出口有物料时，X11 为 ON，激活 S20 状态，Y10 = ON，手臂伸出，X5 = ON，Y6 = ON，手爪下降，X10 = ON，Y4 = ON，手爪夹紧、夹紧定时 0.5 s，激活 S21 状态，Y7 = ON，Y11 = ON，手臂缩回，X6 = ON，Y0 = ON，手臂右旋、手臂右旋到位定位 0.5 s 后，激活 S22 状态，Y10 = ON，手臂伸出，X5 = ON，Y6 = ON，手爪下降、手爪下降到位定时 0.5 s，Y5 = ON，手爪放松、放松到位后，X2 = OFF，激活 S23 状态，Y7 = ON，手爪上升，X7 = ON，Y11 = ON，手臂缩回，X6 = ON，Y2 = ON，手臂左旋、手臂左旋到位，X3 = ON，激活 S0 状态，开始新的循环。

(4)传送物料。PLC 上电或机构启动时，S1 状态激活。当落料口检测到物料时，X23 = ON，S30 状态激活，Y20 置位，启动变频器正传低速运行，驱动传送带运输物料。

(二)物料搬运、传送及分拣机构组装

物料传送与分拣机构的组装与调试流程如图 4 – 6 所示。

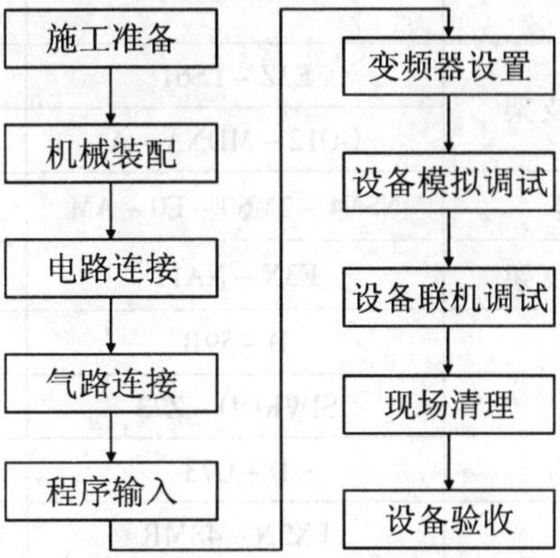

图 4 – 6　物料搬运、传送及分拣机构机械装配流程图

1. 机械装配

机械装配流程如图 4 – 7 所示。

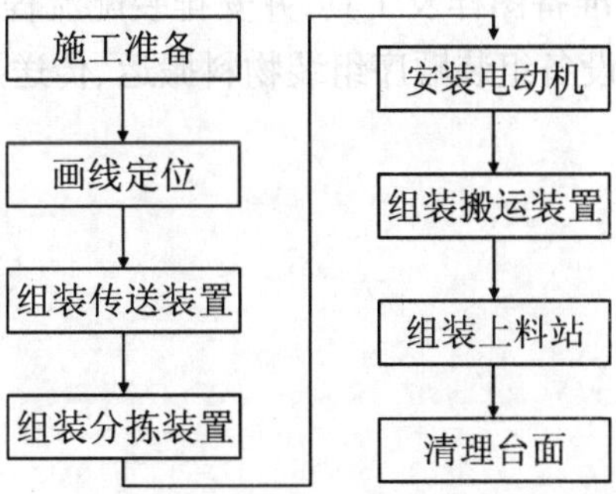

图 4 – 7　物料搬运、传送及分拣机构机械装配流程图

(1)机械装配前的准备工作

检查物料传送及分拣机构的配件是否齐全，并归类放置，其部件清单见表 4 – 3。

表 4 - 3　设备清单

序号	名称	型号规格	单位	数量	备注
1	伸缩气缸套件	CXSM15 - 100	套	1	
2	提升气缸套件	CDJ2KKB16 - 75 - B	套	1	
3	手爪套件	MHZ2 - 10D1C	套	1	
4	旋转气缸套件	CDRB2W20 - 180S	套	1	
5	机械手固定支架		套	1	
6	加料站套件		套	1	
7	缓存器		只	2	
8	传送线套件		套	1	
9	推料气缸套件	CDJ2KB10 - 10 - B	套	1	
10	料槽套件		套	3	
11	电动机及安装套件	380V/25W	套	3	
12	落料口		只	1	
13	光电传感器及其支架	E3Z - LS61			
14		GO12 - MDNA - A			
15	电感式传感器	NSN4 - 2M60 - E0 - AM	套	1	
16	光纤传感器及其支架	E3X - NA11	套	3	
17	磁性传感器	D - 59B	套	2	
18		SIWKOD - Z73	套	1	
19		D - C73	套	8	
20	PLC 模块	FX2N - 48MR	块	1	
21	变频器模块	E540	块	1	
22	按钮模块	YL157	块	1	
23	电源模块	YL046	块	1	

(2)按照要求清理现场,准备图样及工具,并安排装配流程。参考流程如图 4 - 7 所示。机械装配步骤按规定的设备组装顺序组装物料搬运、传送及分拣机构。

1)画线定位。

2)安装传送线脚支架。

3)固定落料口。

4)安装落料口传感器。

5)固定传送线。

(3)组装分拣设备

1)固定三个启动推料传感器。

2)固定三个推料气缸。

3)固定、调整三个料槽与其对应的推料气缸,使之共用同一中性线。

(4)安装电动机。调整电动机的高度、垂直度,直至电动机与传输带同轴。

(5)固定电磁阀阀座。

(6)组装搬运设备。

1)安装旋转气缸。

2)组装机械手支架。

3)组装机械手臂。

4)组装提升臂。

5)安装手爪。

6)固定磁性传感器。

7)固定左右限位装置。

8)固定机械手。调整机械手摆幅、长度等尺寸,使机械手能准确地将物料放入传送线落料口内。

(7)固定加料站。将加料站固定在定位处,调整出料口的高度尺寸,同时配合机械手的部分尺寸,保证机械手气动手爪能准确无误地从出料口抓取物料,同时又能准确无误地释放物料至传送线的落料口内。

2. 电气连接

按照要求检查电源状态,准备图样、工具及线号管并安排电路连接流程,参考流程如图4-8和图4-9所示。

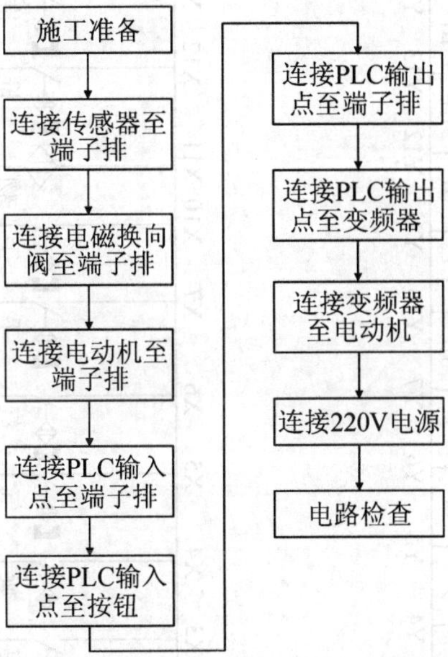

图4-8　物料搬运、传送及分拣机构电气连接流程图

(1)连接传感器至端子排。

(2)连接电动机至端子排。

(3)连接的输入信号端子至端子排。

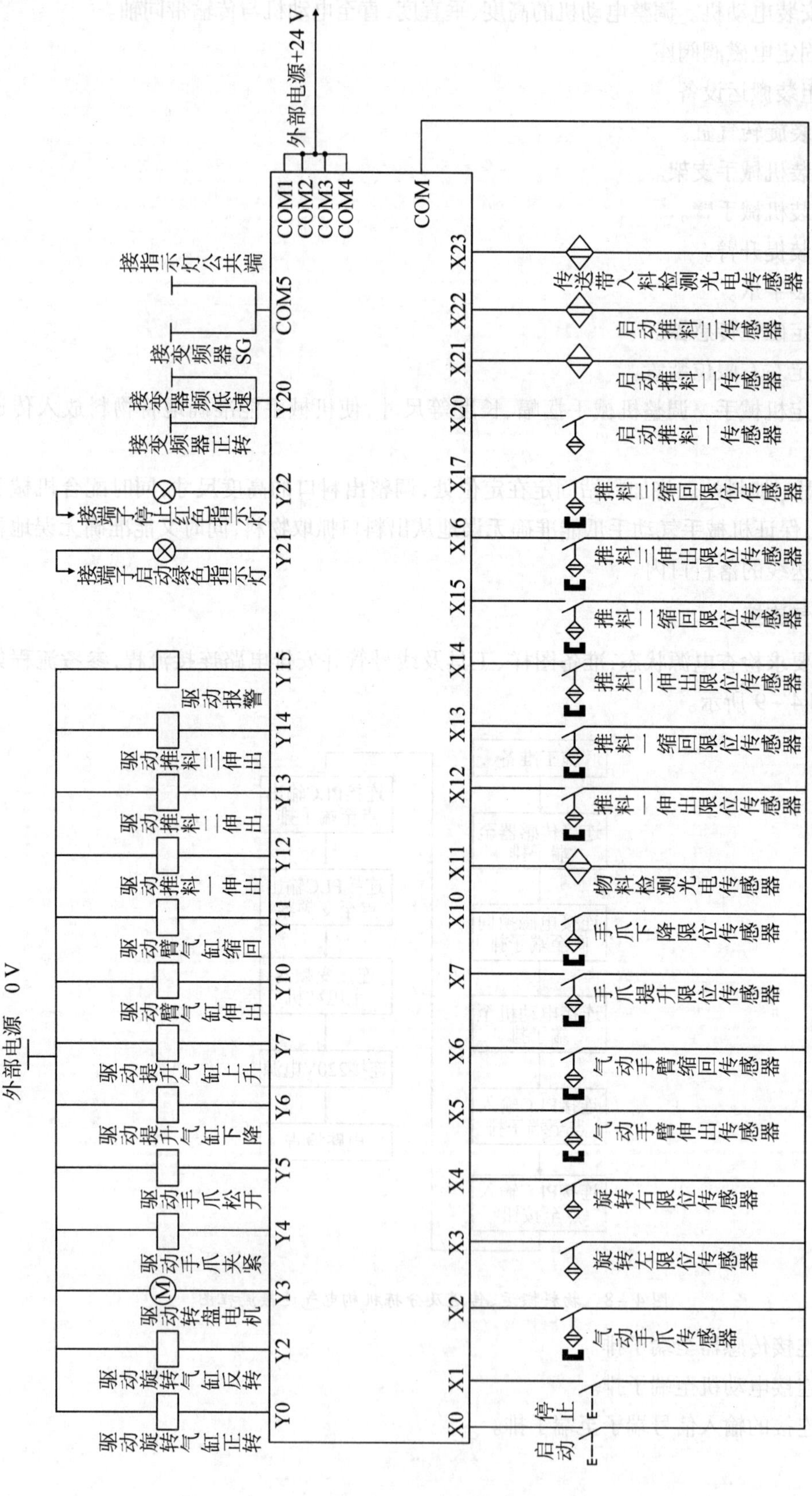

图4-9　物料搬运、传送及分拣机构PLC接线图

(4)连接的输入信号端子至按钮模块。

(5)连接 PLC 的输出信号端子至端子排(负载电源不连接,待模拟调试成功后连接)。

(6)连接的输出信号端子至变频器。

(7)连接变频器至电动机。

(8)将电源模块中的单相交流电源引至 PLC 模块。

(9)将电源模块中的三相电源和接地线引至变频器的主回路输入端子口 L1,L2,L3。

(10)电路检查。

3. 气动回路连接

(1)连接气源。

(2)连接执行元件。

(3)整理、固定气管。

4. 程序输入

(1)启动三菱 PLC 编程软件。

(2)创建新文件,选择 PLC。

(3)输入程序。

(4)转换梯形图。

(5)保存文件。

5. 变频器参数设定(见表4-4)

表4-4 三菱变频器参数设置

序号	参数代号	参数值	说明
1	P4	35	高速
2	P5	20	中速
3	P6	11	低速
4	P7	5	加速时间
5	P8	5	减速时间
6	P14	0	
7	P79	2	电动机控制模式
8	P80	默认	电动机的额定功率
9	P82	默认	电动机的额定电流
10	P83	默认	电动机的额定电压
11	P84	默认	电动机的额定频率

设定变频器上线频率 Pr. 1 =50,设定变频器上线频率 Pr. 2 =0,设定3(低速)Pr. 6 =25,设定加速 Pr. 7 =2,设定减速 Pr. 8 =2,设定操作模式为外部操作模式,Pr. 79 =2。

(三)物料搬运、传送及分拣机构的调试

1. 调试前的准备工作

按照要求清理设备、检查机械装配、电路连接、气路连接等情况，确认其安全性、正确性。在此基础上确定调试设备，调试流程如图 4 - 10 所示。

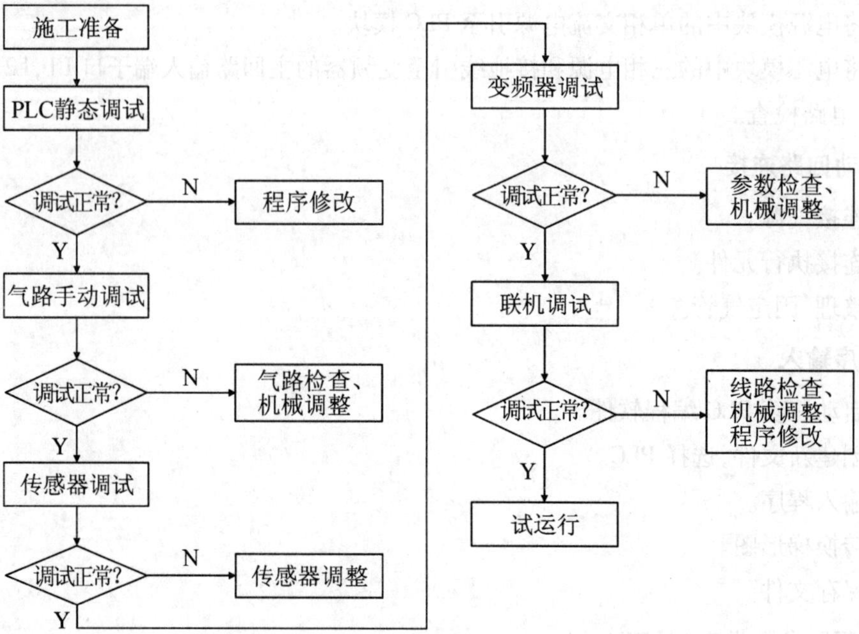

图 4 - 10　物料搬运、传送及分拣机构的调试

2. 模拟调试

(1) PLC 静态调试

1) 连接 PLC 与计算机。

2) 确认 PLC 的输出负载回路电源处于断开状态，并检查空气压缩机的阀门是否关闭。

3) 合上断路器，给设备供电。

4) 写入程序。

5) 运行 PLC，用 PLC 模块上的钮子开关模拟 PLC 输入信号，观察 PLC 的输出指示 LED。表 4 - 5 为物料搬运、传送及分拣机构静态调试情况观察记录表。

表 4 - 5　物料搬运、传送及分拣机构静态调试情况记录表

步骤	操作任务	观察任务		备注
		正确结果	观察结果	
1	动作 X2 钮子开关，PLC 上电	Y5 指示 LED 点亮		手爪放松
2	复位 X2 钮子开关	Y5 指示 LED 熄灭		放松到位
		Y7 指示 LED 点亮		手爪上升
3	动作 X7 钮子开关	Y7 指示 LED 熄灭		上升到位
		Y11 指示 LED 点亮		手臂缩回

续表

步骤	操作任务	观察任务		备注
		正确结果	观察结果	
4	动作 X6 钮子开关	Y11 指示 LED 熄灭		缩回到位
		Y2 指示 LED 点亮		手臂左旋
5	动作 X3 钮子开关	Y2 指示 LED 熄灭		有物料,手臂伸出,启动设备
6	动作 X11 钮子开关,按下 SB1	Y10 指示 LED 点亮		伸出到位
		Y10 指示 LED 熄灭		手爪下降
7	动作 X5 钮子开关,复位 X6 钮子开关	Y6 指示 LED 点亮		下降到位
		Y6 指示 LED 熄灭		手爪加紧抓物
8	动作 X10 钮子开关,复位 X7 钮子开关	Y4 指示 LED 点亮		手爪上升
		Y7 指示 LED 熄灭		上升到位
9	动作 X2 钮子开关,0.5 s 后	Y7 指示 LED 点亮		手臂缩回
10	动作 X7 钮子开关,复位 X10 钮子开关	Y11 指示 LED 熄灭		缩回到位
		Y11 指示 LED 点亮		手臂右旋
11	动作 X6 钮子开关,复位 X5 钮子开关	Y0 指示 LED 熄灭		右旋到位
		Y0 指示 LED 点亮		手臂伸出
12	动作 X4 钮子开关,复位 X3 钮子开关	Y10 指示 LED 熄灭		伸出到位
		Y10 指示 LED 点亮		手爪下降
13	0.5 s 后	Y6 指示 LED 熄灭		下降到位
14	动作 X5 钮子开关,复位 X6 钮子开关	Y6 指示 LED 点亮		手爪放缩
		Y5 指示 LED 熄灭		伸出到位
15	动作 X10 钮子开关,复位 X7 钮子开关	Y5 指示 LED 点亮		手爪下降
		Y7 指示 LED 熄灭		下降到位
16	0.5s 后,若传输带上无物料	Y7 指示 LED 点亮		手爪放松
17	复位 X2 钮子开关	Y11 指示 LED 熄灭		放松到位
		Y11 指示 LED 点亮		手爪上升
18	动作 X7 钮子开关,复位 X10 钮子开关	Y2 指示 LED 熄灭		上升到位
		Y2 指示 LED 点亮		手臂缩回
19	一次搬运结束,等待加料			
20	重新加料,按下停止按钮 SB2,机构完成当前工作循环后停止工作			
21	动作 X23 钮子开关复位	Y20 指示 LED 点亮		有物料,传输带运转
22	动作 X20 钮子开关复位	Y12 指示 LED 点亮		检测到金属物料,气缸一推出,分拣至金属物料

续表

步骤	操作任务	观察任务		备注
		正确结果	观察结果	
23	动作 X12 钮子开关	Y123 指示 LED 熄灭		气缸一缩回
24	动作 X12 钮子开关，动作 X13 钮子开关	Y20 指示 LED 熄灭		缩回到位后，传送带停止
25	动作 X23 钮子开关复位	Y20 指示 LED 熄灭		有物料，传输带运转
26	动作 X21 钮子开关复位	Y20 指示 LED 点亮		检测到白色塑料物料，气缸二推出，分拣至料槽二
27	动作 X14 钮子开关复位	Y13 指示 LED 点亮		气缸二缩回
28	动作 X4 钮子开关，动作，15 钮子开关	Y13 指示 LED 熄灭		有物料，传输带运转
29	动作 X23 钮子开关	Y20 指示 LED 熄灭		检测到黑色塑料，气缸三推出，分拣至料槽三
30	动作 X22 钮子开关复位	Y20 指示 LED 点亮		气缸三缩回
31	动作 X16 钮子开关	Y14 指示 LED 点亮		缩回到位后，传送带停止
34	重新加料，按下停止按钮 SB2	机构完成当前工作循环后停止工作		

6）将 PLC 的 RUN/STOP 开关置 STOP 位置。

7）复位 PLC 模块上的钮子开关。

（2）气动回路手动调试

1）接通空气压缩机电源，启动空气压缩机压缩空气，等待起源充足。

2）将起源压力调整到 0.5 MPa，开启启动二联件的阀门给机构供气。为确保调试安全，注意观察气路系统有无漏气现象，若有应立即解决。

3）在正常工作压力下，对气动回路进行手动调试，直至机构动作完全正常为止。

4）调整节流阀合适开度，使各气缸的运动速度趋于合理。

（3）传感器调试

放入金属物料和白色塑料物料，调整光电传感器光线漫反射灵敏度及光纤放大器的颜色灵敏度至运行准确。

（4）变频器调试

闭合变频器模块上的 STE，RL 钮子开关，电动机运转，传送带自左向右传送物料。若电动机反转，改变 U，V，W 的顺序后重新调试。

3. 联机调试

模拟调试正常后，接通 PLC 输出负载，便可联机调试。调试时要求操作人员认真观察设备运行情况，如出现问题，应立即解决或切断电源，避免扩大故障范围。物料搬运、传送及分拣机构联机调试正确结果见表 4－6。

表4－6　物料搬运、传送及分拣机构联机调试结果一览表

步骤	操作过程	设备实现功能	备　注
1	PLC上电	机械手复位	搬运、传送、分拣金属物料
2	上料站放入金属物料	机械手搬运物料	
3	机械手释放物料	机械手复位,传送带运转	
4	物料传输至料槽一位置	气缸一伸出,物料被分拣至料槽一内	
5	气缸一伸出到位后	气缸一缩回,传送带停转	搬运、传送、分拣白色塑料
6	上料站放入白色塑料物料	机械手搬运物料	
7	机械手释放物料	机械手复位,传送带运转	
8	物料传输至料槽二位置	气缸二伸出,物料被分拣至料槽二内	
9	气缸二伸出到位后	气缸二缩回,传送带停转	搬运、传送、分拣黑色塑料
10	上料站放入黑色塑料物料	机械手搬运物料	
11	机械手释放物料	机械手复位,传送带运转	
12	物料传输至料槽三位置	气缸三伸出,物料被分拣至料槽三内	
13	气缸三伸出到位后	气缸三缩回,传送带停转	
14	重新加料,按下停止按钮SB2,机构完成当前工作循环后停止工作		

二、变频调速

(一)变频器主回路

主回路主要由整流电路、限流电路、滤波电路、制动电路、逆变电路和检测取样电路部分组成。图4－11所示是它的结构图。

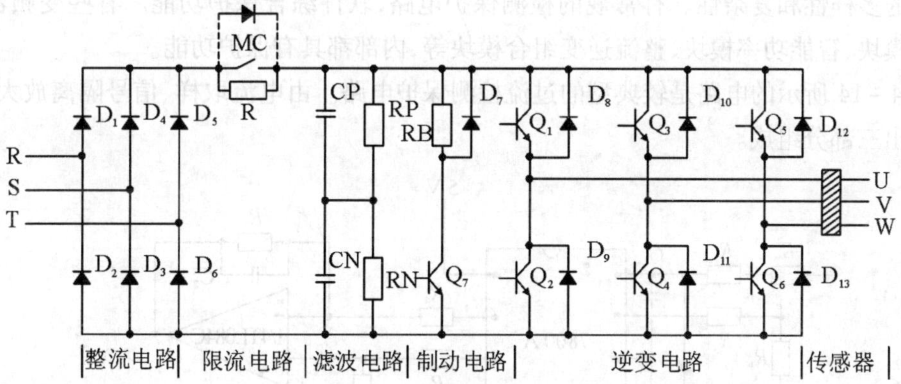

图4－11　变频器主回路结构图

1.驱动电路

驱动电路是将主控电路中CPU产生的六个PWM信号,经光电隔离和放大后,作为逆变电路的换流器件(逆变模块)提供驱动信号。

对驱动电路的各种要求,因换流器件的不同而异。同时,一些开发商开发了许多适宜各种换流器件的专用驱动模块。有些品牌、型号的变频器直接采用专用驱动模块。但是,大部

分的变频器采用驱动电路。从修理的角度考虑,这里介绍较典型的驱动电路。图 4－12 所示是较常见的驱动电路(驱动电路电源见图 4－13)。

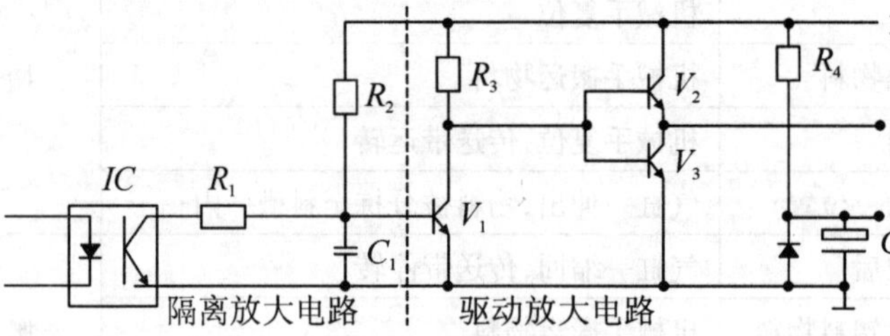

图 4－12　驱动电路图

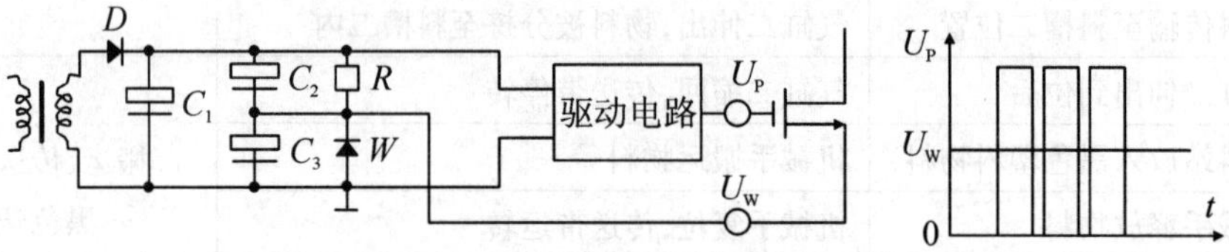

图 4－13　驱动电路电源图

驱动电路由隔离放大电路、驱动放大电路和驱动电路电源组成。三个上桥臂驱动电路是三个独立驱动电源电路,三个下桥臂驱动电路是一个公共的驱动电源电路。

2. 保护电路

当变频器出现异常时,为了使变频器因异常造成的损失减少到最小,甚至减少到零。每个品牌的变频器都很重视保护功能,都设法增加保护功能,提高保护功能的有效性。

在变频器保护功能的领域,厂商可谓使尽解数,作好文章。这样,也就形成了变频器保护电路的多样性和复杂性。有常规的检测保护电路,软件综合保护功能。有些变频器的驱动电路模块、智能功率模块、整流逆变组合模块等,内部都具有保护功能。

图 4－14 所示的电路是较典型的过流检测保护电路。由电流取样、信号隔离放大、信号放大输出三部分组成。

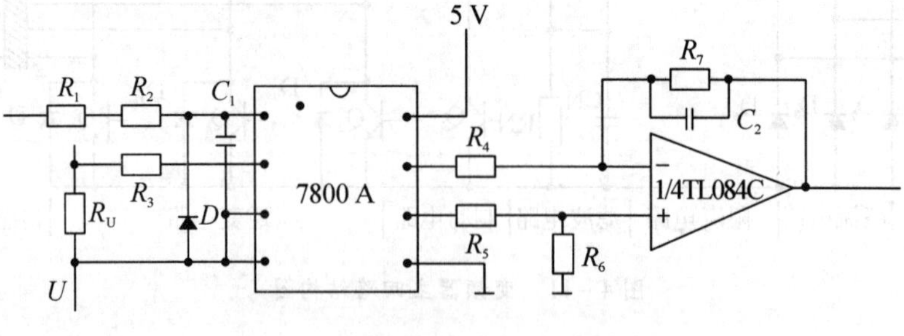

图 4－14　电流检测保护电路(U)相

3. 开关电源电路

开关电源电路向操作板、主控板、驱动电路及风机等电路提供低压电源。图 4－15 所示为富士 G11 型开关电源电路组成的结构图。

直流电压 P 端加到高频脉冲变压器初级端,开关调整管串接脉冲变压器另一个初级端后,再接到直流高压N端。开关管周期性地导通、截止,使初级直流电压换成矩形波。由脉冲变压器耦合到次级,再经整流滤波后,获得相应的直流输出电压。它又对输出电压取样比较,去控制脉冲调宽电路,以改变脉冲宽度的方式,使输出电压稳定。

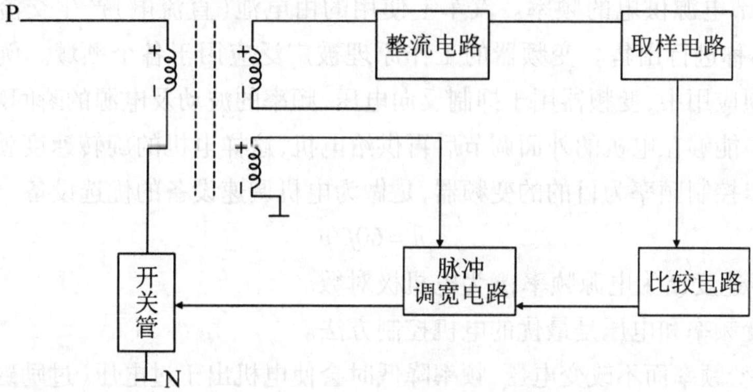

图4-15 开关电源电路结构图

4. 主控板上通信电路

当变频器由可编程(PLC)或上位计算机、人机界面等进行控制时,必须通过通信接口相互传递信号。变频器通信时,通常采用两线制的RS485接口。西门子变频器也是一样。两线分别用于传递和接收信号。变频器在接收到信号后传递信号之前,这两种信号都经过缓冲器A1701,75176B等集成电路,以保证良好的通信效果。

所以,变频器主控板上的通信接口电路主要是指这部分电路,还有信号的抗干扰。

5. 外部控制电路

变外部控制电路主要是指频率设定电压输入,频率设定电流输入、正转、反转、点动及停止运行控制,多档转速控制。频率设定电压(电流)输入信号通过变频器内的A/D转换电路进入CPU。其他一些控制通过变频器内输入电路的光耦隔离传递到CPU中。

(二)变频器工作原理

1. 变频器的组成

变频器主要由整流(交流变直流)、滤波、再次整流(直流变交流)、制动单元、驱动单元、检测单元微处理单元等组成的。

VVVF(Variable Voltage and Variable Frequency 的缩写)改变电压、改变频率。

CVCF(Constant Voltage and Constant Frequency 的缩写)恒电压、恒频率。

各国使用的交流供电电源,无论是用于家庭还是用于工厂,其电压和频率均为(200 V/60 Hz(50 Hz)或100 V/60 Hz(50 Hz)等等。

2. 变频器工作原理及用途

把电压和频率固定不变的交流电变换为电压或频率可变的交流电的装置称作“变频器”。为了产生可变的电压和频率,该设备首先要把电源的交流电变换为直流电(DC)。把直流电(DC)变换为交流电(AC)的装置,其科学术语为“Inverter”(逆变器)。由于变频器设备中产生变化的电压或频率的主要装置叫“Inverter”,故该产品本身就被命名为“Inverter”,

即:变频器,变频器也可用于家电产品。使用变频器的家电产品中不仅有电机(例如空调等),还有荧光灯等产品。

(1)用于电机控制的变频器,既可以改变电压,又可以改变频率。但用于荧光灯的变频器主要用于调节电源供电的频率。汽车上使用的由电池(直流电)产生交流电的设备也以"Inverter"的名称进行出售。变频器的工作原理被广泛应用于各个领域。例如计算机电源的供电,在该项应用中,变频器用于抑制反向电压、频率的波动及电源的瞬间断电。

另外,频率能够在电机的外面调节后再供给电机,这样电机的旋转速度就可以被自由的控制。因此,以控制频率为目的的变频器,是做为电机调速设备的优选设备。

$$n = 60f/p$$

式中,n 为同步速度;f 为电源频率;p 为电机极对数。

结论:改变频率和电压是最优的电机控制方法。

如果仅改变频率而不改变电压,频率降低时会使电机出于过电压(过励磁),导致电机可能被烧坏。因此变频器在改变频率的同时必须要同时改变电压。输出频率在额定频率以上时,电压却不可以继续增加,最高只能是等于电机的额定电压。

例如:为了使电机的旋转速度减半,把变频器的输出频率从 50 Hz 改变到 25 Hz,这时变频器的输出电压就需要从 400 V 改变到约 200 V。当电机的旋转速度(频率)改变时,其输出转矩会怎样。工频电源,由电网提供的动力电源;启动电流当电机开始运转时,变频器的输出电流。变频器驱动时的启动转矩和最大转矩要小于直接用工频电源驱动。

电机在工频电源供电时启动和加速冲击很大,而当使用变频器供电时,这些冲击就要弱一些。工频直接启动会产生一个大的启动电流。而当使用变频器时,变频器的输出电压和频率是逐渐加到电机上的,所以电机启动电流和冲击要小些。

通常,电机产生的转矩要随频率的减小(速度降低)而减小。减小的实际数据在有的变频器手册中会给出说明。

通过使用磁通矢量控制的变频器,将改善电机低速时转矩的不足,甚至在低速区电机也可输出足够的转矩。

(2)当变频器调速到大于 50 Hz 频率时,电机的输出转矩将降低。通常的电机是按 50 Hz 电压设计制造的,其额定转矩也是在这个电压范围内给出的。因此,在额定频率之下的调速称为恒转矩调速($T = T_e, P \leqslant P_e$)。

变频器输出频率大于 50 Hz 频率时,电机产生的转矩要以和频率成反比的线性关系下降。

当电机以大于 50 Hz 频率速度运行时,电机负载的大小必须要给予考虑,以防止电机输出转矩的不足。

举例,电机在 100 Hz 时产生的转矩大约要降低到 50 Hz 时产生转矩的 1/2。因此在额定频率之上的调速称为恒功率调速($P = U_e \times I_e$)。变频器 50 Hz 以上的应用情况大家知道,对一个特定的电机来说,其额定电压和额定电流是不变的。如变频器和电机额定值都是 15 kW/380 V/30 A,电机可以工作在 50 Hz 以上。

当转速为 50 Hz 时,变频器的输出电压为 380 V,电流为 30 A。这时如果增大输出频率到 60 Hz,变频器的最大输出电压电流还只能为 380 V/30 A。很显然输出功率不变,所以我们称之为恒功率调速。

已知 $P=\omega T$（ω:角速度，T:转矩），P 不变，ω 增加了，所以转矩会相应减小。我们还可以再换一个角度来看：

电机的定子电压 $U=E+I\times R$（I 为电流，R 为电子电阻，E 为感应电势）

可以看出，U,I 不变时，E 也不变。

而 $E=k\times f\times X$，（k:常数，f: 频率，X:磁通），所以当 f 由 50≥60Hz 时，X 会相应减小。对于电机来说，$T-K\times I\times X$，（K:常数，I:电流，X:磁通），因此转矩 T 会跟着磁通 X 减小而减小。

同时，小于 50 Hz 时，由于 $I\times R$ 很小，所以 $U/f=E/f$ 不变时，磁通（X）为常数，转矩 T 和电流成正比，这也就是为什么通常用变频器的过流能力来描述其过载（转矩）能力，并称为恒转矩调速（额定电流不变≥最大转矩不变）。

结论：当变频器输出频率从 50 Hz 以上增加时，电机的输出转矩会减小。

（3）其他和输出转矩有关的因素

发热和散热能力决定变频器的输出电流能力，从而影响变频器的输出转矩能力。

载波频率：一般变频器所标的额定电流都是以最高载波频率，最高环境温度下能保证持续输出的数值，降低载波频率，电机的电流不会受到影响。但元器件的发热会减小。

环境温度：就像不会因为检测到周围温度比较低时就增大变频器保护电流值。

海拔高度：海拔高度增加，对散热和绝缘性能都有影响。一般 1 000 m 以下可以不考虑。以上每 1 000 m 降容 5% 就可以了。

（4）改善电机低速输出转矩不足的技术

使用“矢量控制”，可以使电机在低速，如（无速度传感器时）1 Hz（对 4 极电机，其转速大约为 30 r/min）时的输出转矩可以达到电机在 50 Hz 供电输出的转矩（最大约为额定转矩的 150%）。

对于常规的 V/F 控制，电机的电压随着电机速度的降低而相对增加，这就导致由于励磁不足，而使电机不能获得足够的旋转力。为了补偿这个不足，变频器中需要通过提高电压，来补偿电机速度降低而引起的电压降。变频器的这个功能叫作“转矩提升”。

转矩提升功能是提高变频器的输出电压。然而即使提高很多输出电压，电机转矩并不能和其电流相对应的提高。因为电机电流包含电机产生的转矩分量和其他分量（如励磁分量）。

“矢量控制”把电机的电流值进行分配，从而确定产生转矩的电机电流分量和其他电流分量（如励磁分量）的数值。“矢量控制”可以通过对电机端的电压降的响应，进行优化补偿，在不增加电流的情况下，允许电机产出大的转矩。

对于变频器，如果输出频率降低，电机转速将跟随频率同样降低。这时会产生制动过程，由制动产生的功率将返回到变频器侧。这些功率可以用电阻发热消耗。在用于提升类负载在下降时，能量（势能）也要返回到变频器（或电源）侧，进行制动。这种操作方法被称作“再生制动”，而该方法可应用于变频器制动。在减速期间，产生的功率如果不通过热消耗的方法消耗掉，而是把能量返回送到变频器电源侧的方法叫作“功率返回再生方法”。在实际中，这种应用需要“能量回馈单元”选件。

为了用散热来消耗再生功率,需要在变频器侧安装制动电阻。为了改善制动能力,不能期望靠增加变频器的容量来解决问题。请选用“制动电阻”“制动单元”或“功率再生变换器”等选件来改善变频器的制动容量。

(5)关于冷却风扇

一般功率稍微大一点的变频器,都带有冷却风扇。同时,也建议在控制柜上出风口安装冷却风扇。进风口要加滤网以防止灰尘进入控制柜。注意控制柜和变频器上的风扇都是要的,不能谁替代谁。其他关于散热的问题,在海拔高于1 000 m的地方,因为空气密度降低,因此应加大柜子的冷却风量以改善冷却效果。理论上变频器也应考虑降容,1 000 m每增加1 000 m降5%。但由于实际上因为设计上变频器的负载能力和散热能力一般比实际使用的要大,所以也要看具体应用。比方说在1 500 m的地方,但是周期性负载,如电梯,就不必要降容。

(6)开关频率

变频器的发热主要来自于IGBT,IGBT的发热有集中在开和关的瞬间。因此开关频率高时自然变频器的发热量就变大了。有的厂家宣称降低开关频率可以扩容,就是这个道理。

(三)变频器电路原理图

1.变频器开关电源电路

变频器开关电源主要包括输入电网滤波器、输入整流滤波器、变换器、输出整流滤波器、控制电路、保护电路。我们公司产品开关电源电路如下图,是由UC3844组成的开关电路:由UC3844的开关电源主要有以下特点:

(1)体积小,重量轻:由于没有工频变频器,所以体积和重量吸有线性电源的20% ~30%。

(2)功耗小,效率高:功率晶体管工作在开关状态,所以晶体管的上功耗小,转化效率高,一般为60% ~70%,而线性电源只有30% ~40%。

2.二极管限幅电路

限幅器是一个具有非线性电压传输特性的运放电路。其特点是:当输入信号电压在某一范围时,电路处于线性放大状态,具有恒定的放大倍数,而超出此范围,进入非线性区,放大倍数接近于零或很低。在变频器电路设计中要求也是很高的,要做一个好的变频器维修技术员,了解它也相当重要。

(1)二极管并联限幅器电路图。如图4-16所示。

(2)二极管串联限幅电路图。如图4-17所示。

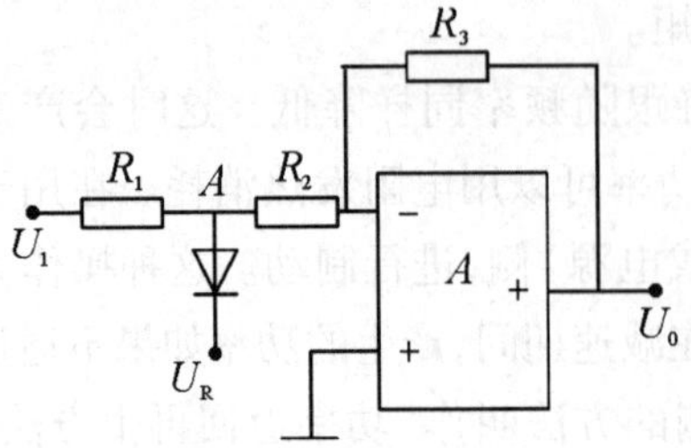

图4-16　并联限幅电路

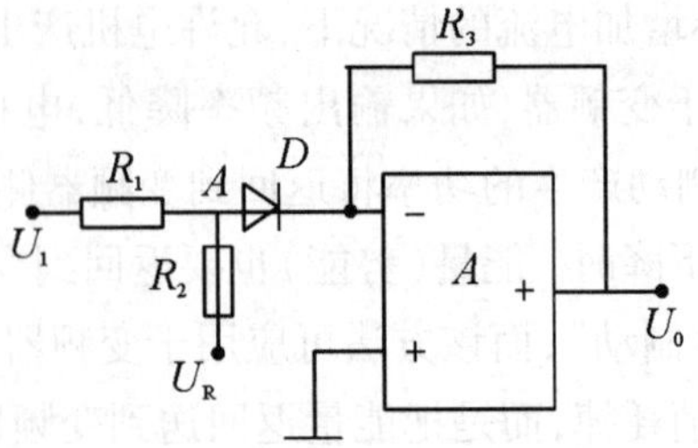

图4-17　串联限幅电路

3. 变频器控制电路组成

如图 4－17 所示，控制电路由以下电路组成：频率、电压的运算电路、主电路的电压、电流检测电路、电动机的速度检测电路、将运算电路的控制信号进行放大的驱动电路，以及逆变器和电动机的保护电路。

在图 4－17 点画线内，无速度检测电路为开环控制。在控制电路增加了速度检测电路，即增加速度指令，可以对异步电动机的速度进行控制更精确的闭环控制。

(1)运算电路

将外部的速度、转矩等指令同检测电路的电流、电压信号进行比较运算，决定逆变器的输出电压、频率。

(2)电压、电流检测电路与主回路电位隔离检测电压、电流等

(3)驱动电路

为驱动主电路器件的电路，它与控制电路隔离使主电路器件导通、关断。

(4)I/O 输入输出电路

为了变频器更好人机交互，变频器具有多种输入信号的输入（比如运行、多段速度运行等)信号，还有各种内部参数的输出“比如电流、频率、保护动作驱动等)信号。

(5)速度检测电路

以装在异步电动轴机上的速度检测器（TG，PLG 等)的信号为速度信号，送入运算回路，根据指令和运算可使电动机按指令速度运转。

(6)保护电路

检测主电路的电压、电流等，当发生过载或过电压等异常时，为了防止逆变器和异步电动机损坏，使逆变器停止工作或抑制电压、电流值。逆变器控制电路中的保护电路，可分为逆变器保护和异步电动机保护两种。

4. 模电和数电的区别

模电：一般指频率在 10^6Hz 以下，电压在数十伏以内的模拟信号以及对此信号的分析/处理及相关器件的运用。10^6Hz 以上的信号属于高频电子电路范畴。百伏以上的信号属于强电或高压电范畴。

数电：一般指通过数字逻辑和计算去分析、处理信号，数字逻辑电路的构成以及运用。数电的输入和输出端一般由模电组成，构成数电的基本逻辑元素就是模电中三级管饱和特性和截止特性。

由于数电可大规模集成，可进行复杂的数学运算，对温度、干扰、老化等参数不敏感，因此是今后的发展方向。但现实世界中信息都是模似信息(光线、无线电、热、冷等)，模电是不可能

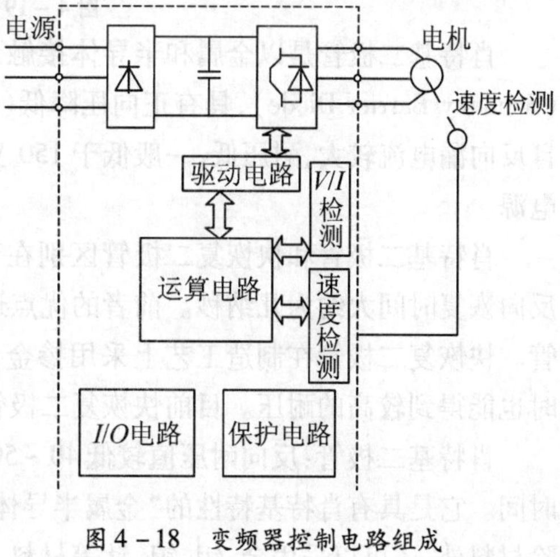

图 4－18　变频器控制电路组成

淘汰的,但就一个系统而言模电部分可能会减少。理想构成为:模拟输入—AD 采样(数字化)—数字处理—DA 转换—模拟输出。

5. 运放与比较器的区别

(1)运放可以连接成为比较输出,比较器就是比较。

(2)比较器输出一般是 OC 便于电平转换;比较器没有频补,SLEW RATE 比同级运放大,但接成放大器易自激。比较器的开环增益比一般放大器高很多,因此比较器正负端小的差异就引起输出端变化。

(3)频响是一方面,另处运放当比较器时输出不稳定,不一定能满足后级逻辑电路的要求。

(4)比较器为集电极开路输出,容易输出 TTL 电平,而运放有饱和压降,使用不便。

6. 肖特基二极管和快恢复二极管区别

快恢复二极管(见图 4 - 18)是指反向恢复时间很短的二极管(5 μs 以下),工艺上多采用掺金措施,结构上有采用 PN 结型结构,有的采用改进的 PIN 结构。其正向压降高于普通二极管(1 ~2 V),反向耐压多在 1 200 V 以下。从性能上可分为快恢复和超快恢复两个等级。前者反向恢复时间为数纳秒或更长,后者则在 100 ns 以下。

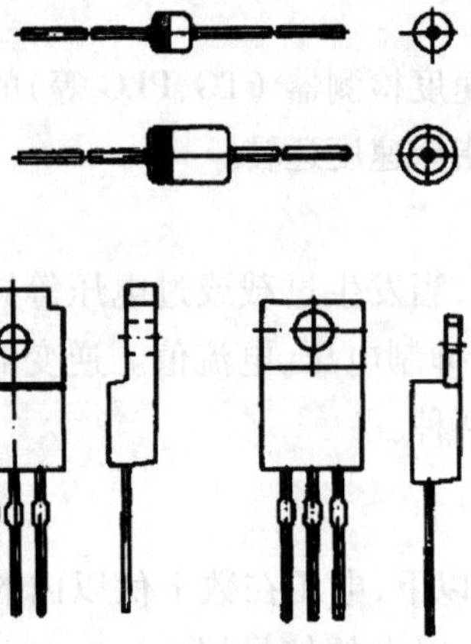

图 4 - 19　肖特基二极管

肖特基二极管是以金属和半导体接触形成的势垒为基础的二极管,简称肖特基二极管(Schottky Barrier Diode),具有正向压降低(0.4 ~0.5 V)、反向恢复时间很短(10 ~40 ns),而且反向漏电流较大,耐压低,一般低于 150 V,多用于低电压场合。这两种管子通常用于开关电源。

肖特基二极管和快恢复二极管区别在于前者的恢复时间比后者小一百倍左右,前者的反向恢复时间大约为几纳秒。前者的优点还有低功耗,大电流,超高速。电气特性都是二极管。快恢复二极管在制造工艺上采用掺金,单纯的扩散等工艺,可获得较高的开关速度,同时也能得到较高的耐压。目前快恢复二极管主要应用在逆变电源中做整流元件。

肖特基二极管:反向耐压值较低 40 ~50 V,通态压降 0.3 ~0.6V,小于 10 nS 的反向恢复时间。它是具有肖特基特性的"金属半导体结"的二极管。其正向起始电压较低。其金属层除材料外,还可以采用金、钼、镍、钛等材料。其半导体材料采用硅或砷化镓,多为 N 型半导体。这种器件是由多数载流子导电的,所以,其反向饱和电流较以少数载流子导电的 PN 结大得多。由于肖特基二极管中少数载流子的存储效应甚微,所以其频率响仅为 RC 时间常数限制,因而,它是高频和快速开关的理想器件。其工作频率可达 100 GHz。并且,MIS(金属—绝缘体—半导体)肖特基二极管可以用来制作太阳能电池或发光二极管。

快恢复二极管:有 0.8 ~1.1 V 的正向导通压降,35 ~85 nS 的反向恢复时间,在导通和截止之间迅速转换,提高了器件的使用频率并改善了波形。快恢复二极管在制造工艺上采用掺金,单纯的扩散等工艺,可获得较高的开关速度,同时也能得到较高的耐压。目前快恢复二极管主要应用在逆变电源中做整流元件。

7. 常用元器件的识别

(1)电阻

电阻在电路中用"R"加数字表示,如:R1 表示编号为1 的电阻。电阻在电路中的主要作用为分流、限流、分压、偏置等。

1)参数识别:电阻的单位为欧姆(Ω),倍率单位有:千欧(KΩ),兆欧(MΩ)等。换算方法:1 MΩ=1 000 kΩ=1 000 000Ω。电阻的参数标注方法有 3 种,即直标法、色标法和数标法。

①数标法主要用于贴片等小体积的电路,如:472 表示 47×100Ω(即 4.7K);104 则表示 100 Kb。

②色环标注法使用最多,包括四色环电阻、五色环电阻(精密电阻)等。

2)电阻的色标位置和倍率关系见表4-7。

表4-7 电阻的色标位置和倍率关系

颜色	有效数字	倍率	允许偏差(%)
银色	/	x0.01	±10
金色	/	x0.1	±5
黑色	0	+0	/
棕色	1	x10	±1
红色	2	x100	±2
橙色	3	x1000	/
黄色	4	x10000	/
绿色	5	x100000	±0.5
蓝色	6	x1000000	±0.2
紫色	7	x10000000	±0.1
灰色	8	x100000000	/

(2)电容

1)电容在电路中一般用"C"加数字表示(如 C13 表示编号为 13 的电容)。电容是由两片金属膜紧靠,中间用绝缘材料隔开而组成的元件。电容的特性主要是隔直流通交流。电容容量的大小就是表示能贮存电能的大小,电容对交流信号的阻碍作用称为容抗,它与交流信号的频率和电容量有关。

容抗 $X_C = 1/2\pi f\,C$（f 表示交流信号的频率，C 表示电容容量）

电话机中常用电容的种类有电解电容、瓷片电容、贴片电容、独石电容、钽电容和涤纶电容等。

2）识别方法：电容的识别方法与电阻的识别方法基本相同，分直标法、色标法和数标法 3 种。电容的基本单位用法拉（F）表示，其他单位还有：毫法（mF）、微法（μF）、纳法（nF）、皮法（pF）。

其中：$1F = 10^3 mF = 10^6 \mu F = 10^9 nF = 10^{12} pF$。容量大的电容其容量值在电容上直接标明，如 10uF/16 V。容量小的电容其容量值在电容上用字母表示或数字表示。字母表示法：1m = 1 000 μF，1p2 = 1.2PF，1n = 1 000 pF。数字表示法：一般用三位数字表示容量大小，前两位表示有效数字，第三位数字是倍率。

如：102 表示 10×10^2 pF = 1 000 pF；224 表示 22×10^4 pF = 0.22 μF。

3）电容容量误差表（见表 4－8）。

表 4－8　电容容量误差表

符号	F	G	J	K	L	M
允许误差	±1%	±2%	±5%	±10%	±15%	±20%

如：一瓷片电容为 104J 表示容量为 0.1 μF、误差为 ±5%。

（3）晶体二极管

晶体二极管在电路中常用“D”加数字表示，如：D5 表示编号为 5 的二极管。

1）作用：二极管的主要特性是单向导电性，也就是在正向电压的作用下，导通电阻很小；而在反向电压作用下导通电阻极大或无穷大。正因为二极管具有上述特性，无绳电话机中常把它用在整流、隔离、稳压、极性保护、编码控制、调频调制和静噪等电路中。电话机里使用的晶体二极管按作用可分为：整流二极管（如 1N4004）、隔离二极管（如 1N4148）、肖特基二极管（如 BAT85）、发光二极管、稳压二极管等。

2）识别方法：二极管的识别很简单，小功率二极管的 N 极（负极），在二极管外表大多采用一种色圈标出来，有些二极管也用二极管专用符号来表示 P 极（正极）或 N 极（负极），也有采用符号标志为“P”“N”来确定二极管极性的。发光二极管的正负极可从引脚长短来识别，长脚为正，短脚为负。

3）测试注意事项：用数字式万用表笔去测二极管时，红表笔接二极管的正极，黑表笔接二极管的负极，此时测得的阻值才是二极管的正向导通阻值，这与指针式万用表的表笔接法刚好相反。

4）常用的 1N4000 系列二极管耐压比较见表 4－9。

表 4－9　常用的 1N4000 系列二极管耐压比较

型号	1N4001	1N4002	1N4003	1N4004	1N4005	1N4006	1N4007
耐压/V	50	100	200	400	600	800	1000
电流/A	均为 1						

（4）稳压二极管

稳压二极管在电路中常用“ZD”加数字表示，如：ZD5 表示编号为 5 的稳压管。

1）稳压二极管的稳压原理：稳压二极管的特点就是击穿后，其两端的电压基本保持不变。这样，当把稳压管接入电路以后，若由于电源电压发生波动，或其他原因造成电路中各点电压变动时，负载两端的电压将基本保持不变。

2)故障特点：稳压二极管的故障主要表现在开路、短路和稳压值不稳定。在这 3 种故障中，前一种故障表现出电源电压升高；后 2 种故障表现为电源电压变低到零伏或输出不稳定。

常用稳压二极管的型号及稳压值见表 4－10。

表 4－10　常用稳压二极管的型号及稳压值

型号	1N4728	1N4729	1N4730	1N4732	1N4733	1N4734	1N4735	1N4744	1N4750	1N4751	1N4761
稳压值/V	3.3	3.6	3.9	4.7	5.1	5.6	6.2	15	27	30	75

(5)电感

电感在电路中常用“L”加数字表示，如：L6 表示编号为 6 的电感。电感线圈是将绝缘的导线在绝缘的骨架上绕一定的圈数制成。

直流可通过线圈，直流电阻就是导线本身的电阻，压降很小；当交流信号通过线圈时，线圈两端将会产生自感电动势，自感电动势的方向与外加电压的方向相反，阻碍交流的通过，所以电感的特性是通直流阻交流，频率越高，线圈阻抗越大。电感在电路中可与电容组成振荡电路。

电感一般有直标法和色标法，色标法与电阻类似。如：棕、黑、金、金表示 1 μH(误差 5%)的电感。电感的基本单位为亨(H)，换算单位有：$1\ H = 10^3\ mH = 10^6\ \mu H$。

(6)变容二极管

变容二极管是根据普通二极管内部“PN 结”的结电容能随外加反向电压的变化而变化这一原理专门设计出来的一种特殊二极管。

变容二极管在无绳电话机中主要用在手机或座机的高频调制电路上，实现低频信号调制到高频信号上，并发射出去。在工作状态，变容二极管调制电压一般加到负极上，使变容二极管的内部结电容容量随调制电压的变化而变化。

变容二极管发生故障，主要表现为漏电或性能变差：

1)发生漏电现象时，高频调制电路将不工作或调制性能变差。

2)变容性能变差时，高频调制电路的工作不稳定，使调制后的高频信号发送到对方，被对方接收后产生失真。出现上述情况之一时，就应该更换同型号的变容二极管。

(7)晶体三极管

晶体三极管在电路中常用“Q”加数字表示，如：Q17 表示编号为 17 的三极管。

其特点是晶体三极管(简称三极管)是内部含有 2 个 PN 结，并且具有放大能力的特殊器件。它分 NPN 型和 PNP 型两种类型，这两种类型的三极管从工作特性上可互相弥补，所谓 OTL 电路中的对管就是由 PNP 型和 NPN 型配对使用。

电话机中常用的 PNP 型三极管有 A92，9015 等型号；NPN 型三极管有 A42，9014，9018，9013，9012 等型号。

(8)场效应晶体管放大器

1)场效应晶体管具有较高输入阻抗和低噪声等优点，因而也被广泛应用于各种电子设备中。尤其用场效管做整个电子设备的输入级，可以获得一般晶体管很难达到的性能。

2)场效应管分成结型和绝缘栅型两大类，其控制原理都是一样的。

3）场效应管与晶体管的比较：

①场效应管是电压控制元件，而晶体管是电流控制元件。在只允许从信号源取较少电流的情况下，应选用场效应管；而在信号电压较低，又允许从信号源取较多电流的条件下，应选用晶体管。

②场效应管是利用多数载流子导电，所以称之为单极型器件，而晶体管是即有多数载流子，也利用少数载流子导电。被称之为双极型器件。

③有些场效应管的源极和漏极可以互换使用，栅压也可正可负，灵活性比晶体管好。

④场效应管能在很小电流和很低电压的条件下工作，而且它的制造工艺可以很方便地把很多场效应管集成在一块硅片上，因此场效应管在大规模集成电路中得到了广泛的应用。

（四）变频器基本电路图分析

目前，通用型变频器绝大多数是交—直—交型变频器，通常尤以电压器变频器为通用，其主回路图（见图4－19），它是变频器的核心电路，由整流回路（交－直交换），直流滤波电路（能耗电路）及逆变电路（直－交变换）组成，当然还包括有限流电路、制动电路、控制电路等组成部分。

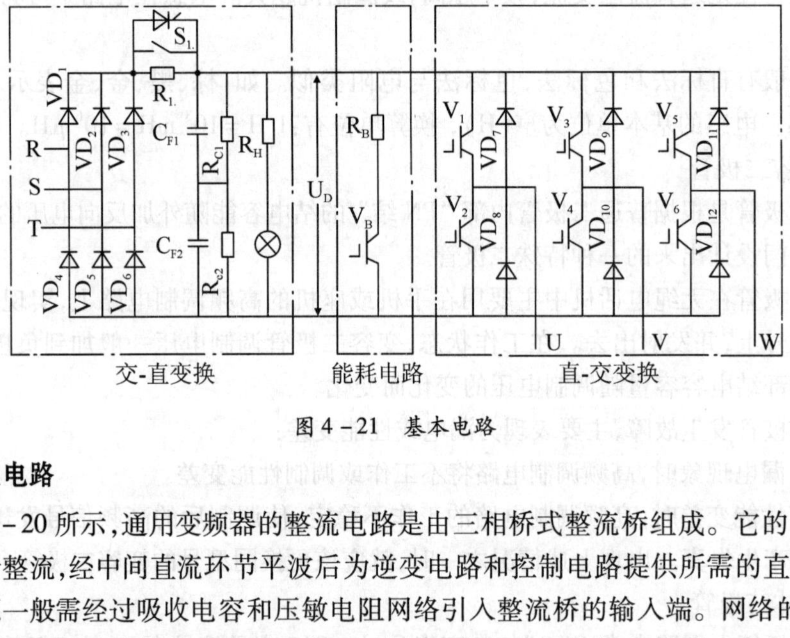

图4－21 基本电路

1. 整流电路

如图4－20所示，通用变频器的整流电路是由三相桥式整流桥组成。它的功能是将工频电源进行整流，经中间直流环节平波后为逆变电路和控制电路提供所需的直流电源。三相交流电源一般需经过吸收电容和压敏电阻网络引入整流桥的输入端。网络的作用，是吸收交流电网的高频谐波信号和浪涌过电压，从而避免由此而损坏变频器。当电源电压为三相380 V时，整流器件的最大反向电压一般为1 200～1 600 V，最大整流电流为变频器额定电流的两倍。

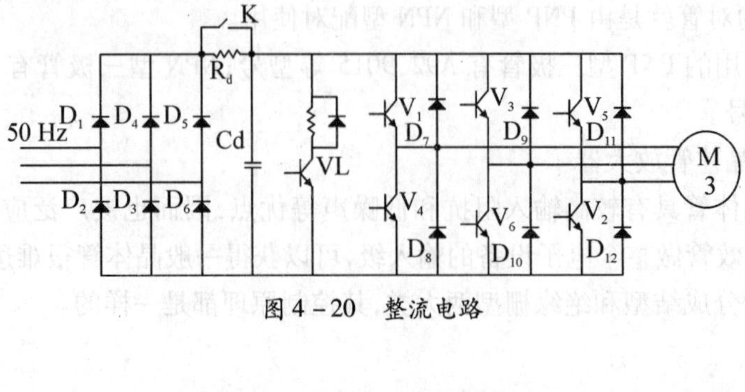

图4－20 整流电路

2. 滤波电路

逆变器的负载属感性负载的异步电动机,无论异步电动机处于电动或发电状态,在直流滤波电路和异步电动机之间,总会有无功功率的交换,这种无功能量要靠直流中间电路的储能元件来缓冲。同时,三相整流桥输出的电压和电流属直流脉冲电压和电流。为了减小直流电压和电流的波动,直流滤波电路起到对整流电路的输出进行滤波的作用。

通用变频器直流滤波电路的大容量铝电解电容,通常是由若干个电容器串联和并联构成电容器组,以得到所需的耐压值和容量。另外,因为电解电容器容量有较大的离散性,这将使它们随的电压不相等。因此,电容器要各并联一个阻值等相的匀压电阻,消除离散性的影响,因而电容的寿命则会严重制约变频器的寿命。

3. 逆变电路

逆变电路的作用是在控制电路的作用下,将直流电路输出的直流电源转换成频率和电压都可以任意调节的交流电源。逆变电路的输出就是变频器的输出,所以逆变电路是变频器的核心电路之一,起着非常重要的作用。

最常见的逆变电路结构形式是利用六个功率开关器件(GTR,IGBT,GTO 等)组成的三相桥式逆变电路,有规律地控制逆变器中功率开关器件的导通与关断,可以得到任意频率的三相交流输出。

通常的中小容量的变频器主回路器件一般采用集成模块或智能模块。智能模块的内部高度集成了整流模块、逆变模块、各种传感器、保护电路及驱动电路。如三菱公司生产的 IPMPM50RSA120,富士公司生产的 7MBP50RA060,西门子公司生产的 BSM50GD120 等,内部集成了整流模块、功率因数校正电路、IGBT 逆变模块及各种检测保护功能。模块的典型开关频率为 20 kHz,保护功能为欠电压、过电压和过热故障时输出故障信号灯。

逆变电路中都设置有续流电路。续流电路的功能是当频率下降时,异步电动机的同步转速也随之下降。为异步电动机的再生电能反馈至直流电路提供通道。在逆变过程中,寄生电感释放能量提供通道。另外,当位于同一桥臂上的两个开关,同时处于开通状态时将会出现短路现象,并烧毁换流器件。所以在实际的通用变频器中还设有缓冲电路等各种相应的辅助电路,以保证电路的正常工作和在发生意外情况时,对换流器件进行保护。

(五)变频器主要原理基本知识

三相 380 V 电网电压从变频器的 L1, L2, L3 输入端输入后,首先要经过变频器的整流桥整流,后经过电容的滤波,输出一大约 530 V 的直流电压(这 530 V 也就是我们常用来判断变频器整流部分好坏的最常测试点,当然整流桥最初是要经过断电测试的)然后经过逆变电路,通过控制逆变电路的通断来输出我们想要的合适频率的电压(变频器能变频最主要的就是控制逆变电路的关断来控制输出频率),变频器故障有无数种,好在现在变频器都趋于智能化,一般的故障它自已都能检测,并在控制面版上显示出其代码,用户只需查一下用户手册就能初步判断其故障原因。但有时,变频器在运行中或启动时或加负载时,突然指示灯不亮，风扇不转，无输出。这时只要把变频器的电源断了。断电测试一下它的整流部分与逆变部分，大多情况下就能知其故障所在了。这里有一点要千万注意，断电后不能马上测量，因变频器里有大电容存有几百伏的高压，一定要等上十几分钟再测，这一点千万要注意。

变频器上电前整流桥及逆变电路的测试。具体测量方法如下：找到变频器直流输出端的“+”与“-”，然后将万用表调到测量二极管档，黑表笔接“+”，红表笔分别接变频器的输入端 L1，L2，L3 端，整流桥的上半桥若是完好，万用表应显示 0.3……的压降，若损坏则万用表显示“1”过量程。相反将红表笔接“-”黑表笔分别接 L1，L2，L3 端应得到上述相同结果，若出现“1”则证明整流桥损坏。

然后测试其逆变电路，方法如下：将万用表调到电阻 ×10 挡将黑表笔接“+”红表笔接变频器的输出端 U，V，W 应有几十欧的阻值，反向应该无穷大。反之将红表笔接到“-”重复上述过程，应得到同样结果。这样经过测量在判断变频器的整流部分与逆变部分完好时，上电测量其直流输出端看是否有大约 530 V 高压，注意有时万用表显示几十伏大家以为整流电路工作了，其实它并没工作，它正常工作会输出 530 V 左右的高压，几十伏的电压是变频器内部感应出来的。若没 530 V 左右高压这时往往是电源版有问题。有的变频器就是由于电源版的一小贴片电阻被烧毁，导致电源板不工作，以致使变频器无显示无输出，风扇不转，指示灯不亮。这样就可以初步判断出变频器是哪部分出现了故障，然后拆机维修时就可以重点测试怀疑故障分。

在 AC 马达中，转子由定子绕组感应电流产生磁场。定子电流含两部分。一部分影响磁场，另一部分影响马达输出转矩。要使用 AC 马达在需要速度与转矩控制的场合，必须能够把影响转矩的电流分离控制，而磁束矢量控制就能够分离这两部分进行独立控制。(具有大小及方向的物理量称为矢量)

(1)定转矩应用

所需转矩大小不因速度而变的场合，常用到(定转矩应用)。如传送带等负载。(定转矩应用)通常需要较大的启动转矩。(定转矩应用)在低速运转时易有马达发热问题，解决的方法：

1)加大马达功率；

2)使用装有定速冷却的变频器专用马达(即马达的冷却方式为强制风冷)。

(2)变转矩应用

多见于离心式负载，例如泵/风机/风扇等，其使用变频器的目的一般为节能。比如当风扇以 50% 转速运转时，其所需转矩小于全速运转所需。可变转矩变频器能够仅给与马达所需转矩，达到节能效果。次应用中短暂的巅峰负载通常无需给与马达额外的能量。故变转矩变频器的过载能力可以适用于大部分用途。

定转矩变频器的过载(电流)能力须为额定值 150%/min，而可变转矩变频器所需过载(电流)能力仅需额定值 120%/min。因为离心式机械用途中很少会超出额定电流。另外，变转矩用途所需启动转矩也较定转矩用途小。

(3)变频器专用马达

变频器专用马达的主要特征如下：

1)分离式它力通风(它力风冷)；

2)10～60 Hz为定转矩输出；

3)高启动转矩；

4)低噪音；

5)马达装有编码器。

(六)变频器维修

“变频用DSP控制板”是由TI公司推出的TMS320LF2407芯片，是一款专门用于电机控制的高速DSP芯片。主要表现在它把电机控制的常用电路都集成到芯片内部了。它可以直接输出PWM波，可以直接采样“编码器”输出的位置信号。这部分电路主要和定时器有关。在2407里它叫作“事件管理器”。此外，它内部还有16路A/D转换器。此外还有三种常规的通信接口：SPI，UART，CAN。

具体分为以下六个部分：

(1)DSP核心电路。这部分电路除了一块TMS320LF2407A芯片外，为它扩展了一块外部数据/程序存储器(64KX16位)以及它的译码电路，还有它的上电复位电路及手动复位电路、编程及仿真用的JTAG端口及各种工作模式的跳线设置

(2)通信接口电路。为DSP外接了一个带光电隔离的CAN通信口、一个带光电隔离的485通信口、一个不带光电隔离的SPI通信口和一个不带光电隔离的RS232通信口。

(3)电枢电流及母线电压采样电路。这部分电路把从电流互感器上测得的电枢电流经过隔离放大和信号调理后送到DSP的A/D输入端，供DSP采样。同时还设计了电枢电流的过流告警比较电路，及母线电压过压告警比较电路。母线电压通过采样电阻分压后，也经过一路隔离放大器和信号调理器后送到DSP的A/D输入端，供DSP采样。

(4)PWM输出驱动及功率模块保护电路。这部分电路把从DSP输出的6路PWM波经过电平提升、光电隔离后送到IGBT的驱动模块上。同时接收驱动模块提供的过流保护信号。由驱动模块来的过流保护信号也经过了光电隔离。由驱动模块来的“过流保护信号”及从电枢电流采样电路来的“过流告警信号”都将关断PWM波。并且母线电压过压告警信号也将关断PWM波。如果发生了“关断PWM波”的事件，还将把故障类型通过编码后送到DSP的I/O端口上。以便DSP判断故障类型。

(5)温度传感器接口电路。由于电机控制要求中经常要检测定子的温升及功率模块的温升。本控制板设计了四路温度传感器接口电路，它可以直接连接模拟电压量输出的温度传感器。它实际上是四路基准可调，放大倍数也可调的放大器。接到DSP的A/D输入端。

(6)通用开关量输入接口电路。这部分电路提供了16路带光电隔离的开关量输入接口电路。并有一个中断口可以向DSP申请中断。除此以外，还有三路编码器的输入信号也通过光电隔离后送DSP的“事件管理器的位置传感器专用输入端”。

以上电路中，外围电路全部采用15 V供电，核心电路采用5 V供电。DSP采用3.3 V供电。两套电源是彻底隔离的。

请沿此线剪下

任务实施

资讯单

学习领域	机电设备安装与调试		
学习情境四	自动化生产线物料供料、搬运、传输及分拣机构组装与调试	学时	10
资讯方式	学生分组查询资料，找出问题的答案		
资讯问题	1. 自动化生产线搬运、传送及分拣机构的组成。 2. 自动化生产线搬运、传送及分拣机构的工作流程。 3. 光电传感器、光纤传感器的结构及工作原理。 4. 自动化生产线搬运、传送及分拣机构机械装配步骤及流程。 5. 自动化生产线搬运、传送及分拣机构电气回路连接相关知识。 6. 自动化生产线搬运、传送及分拣机构液压与气动回路连接相关知识。 7. 自动化生产线搬运、传送及分拣机构 PLC 梯形图的编制。 8. 变频器工作原理及参数设置。 9. 计算机触摸屏软开关建立相关软件安装及触摸屏建立方法与步骤。 10. 液压与气动元件、控制回路先关知识。 11. 机电设备安装与调试注意事项及安全操作规程。		
资讯引导	以上资讯问题可查询本书知识链接；也可利用网络环境进行搜索、图书馆查阅相关资料。建议参考以下书籍查询： 1. 王金娟. 机电设备组装与调试技能训练. 北京：机械工业出版社， 2. 郝岷. 自动化生产线. 北京：电力出版社， 3. 田亚娟. 单片机原理与应用. 大连：大连理工大学出版社，2010. 4. 邹益民. 单片机 C 语言教程. 北京：中国石化出版社，2012. 5. 吕景泉. 自动化生产线安装与调试. 北京：中国铁道出版社，2009. 6. 毛开友. 液压与气动. 北京：机械工业出版社，2007.		

请沿此线剪下

请沿此线剪下

请沿此线剪下
请沿此线剪下

计 划 单

<table>
<tr><td>学习领域</td><td colspan="5">机电设备安装与调试</td></tr>
<tr><td>学习情境四</td><td colspan="2">自动化生产线物料供料、搬运、传输及分拣机构组装与调试</td><td>学 时</td><td colspan="2">2</td></tr>
<tr><td>计划方式</td><td colspan="5">分组讨论，制定各组的实施操作计划</td></tr>
<tr><td>序 号</td><td colspan="4">实施步骤</td><td>使用资源</td></tr>
<tr><td>1</td><td colspan="4"></td><td></td></tr>
<tr><td>2</td><td colspan="4"></td><td></td></tr>
<tr><td>3</td><td colspan="4"></td><td></td></tr>
<tr><td>4</td><td colspan="4"></td><td></td></tr>
<tr><td>5</td><td colspan="4"></td><td></td></tr>
<tr><td>制定计划说明</td><td colspan="5"></td></tr>
<tr><td rowspan="3">计划评价</td><td>班 级</td><td></td><td>第 组</td><td>组长签字</td><td></td></tr>
<tr><td>教师签字</td><td colspan="2"></td><td>日 期</td><td></td></tr>
<tr><td colspan="5">评语：</td></tr>
</table>

请沿此线剪下

请沿此线剪下

请沿此线剪下

决策单

<table>
<tr><td colspan="2">学习领域</td><td colspan="6">机电设备安装与调试</td></tr>
<tr><td colspan="2">学习情境四</td><td colspan="3">自动化生产线物料供料、搬运、传输及分拣机构组装与调试</td><td>学　时</td><td colspan="2">2</td></tr>
<tr><td colspan="8">方案讨论</td></tr>
<tr><td rowspan="6">方案对比</td><td>组号</td><td>工作流程的正确性</td><td>知识运用的科学性</td><td>内容的完整性</td><td>方案的可行性</td><td>人员安排的合理性</td><td>综合评价</td></tr>
<tr><td>1</td><td></td><td></td><td></td><td></td><td></td><td></td></tr>
<tr><td>2</td><td></td><td></td><td></td><td></td><td></td><td></td></tr>
<tr><td>3</td><td></td><td></td><td></td><td></td><td></td><td></td></tr>
<tr><td>4</td><td></td><td></td><td></td><td></td><td></td><td></td></tr>
<tr><td>5</td><td></td><td></td><td></td><td></td><td></td><td></td></tr>
<tr><td>方案评价</td><td colspan="7"></td></tr>
<tr><td>班级</td><td></td><td>组长签字</td><td></td><td>教师签字</td><td></td><td colspan="2">月　　日</td></tr>
</table>

请沿此线剪下

实施单

学习领域	机电设备安装与调试		
学习情境四	自动化生产线物料供料、搬运、传输及分拣机构组装与调试	学时	12
实施方式	分组实施,按实际的实施情况填写此单		

序号	实施步骤	使用资源
1		
2		
3		
4		
5		
6		
7		
8		

实施说明：

班　级		组长签字	
教师签字		日　期	

请沿此线剪下

请沿此线剪下

请沿此线剪下　请沿此线剪下　请沿此线剪下

检查单

学习领域	机电设备安装与调试			
学习情境四	自动化生产线物料供料、搬运、传输及分拣机构组装与调试		学时	1
序号	检查项目	检查标准	学生自检	教师检查
1	目标认知	工作目标明确,工作计划具体结合实际,具有可操作性。		
2	理论知识	工具的使用方法和技巧等基本知识的全面掌握。		
3	基本技能	能够运用知识进行完整的方案设计,并顺利完成任务。		
4	学习能力	能在教师的指导下自主学习,全面掌握相关知识和技能。		
5	工作态度	在完成任务的过程中得参与程度,积极主动地完成任务		
6	团队合作	积极与他人合作,共同完成工作任务。		
7	工具运用	熟练利用资料单进行自学,利用网络进行二手资料的查询。		
8	任务完成	保质保量,圆满完成工作任务		
9	演示情况	能够按要求进行演示,效果好		
检查评价	班　　级		组长签字	
	教师签字		日　　期	

请沿此线剪下

评价单(一)

表一:“机电设备安装与调试”课程考评表(学生自评表)

<table>
<tr><td rowspan="2" colspan="2">评价要点</td><td colspan="4">评价标准</td></tr>
<tr><td>优</td><td>良</td><td>中</td><td>差</td></tr>
<tr><td colspan="2">与完成项目相关的材料是否齐全(20)</td><td></td><td></td><td></td><td></td></tr>
<tr><td colspan="2">制定的项目工作方案是否及时,完成质量如何(20)</td><td></td><td></td><td></td><td></td></tr>
<tr><td colspan="2">项目工作方案是否完善,完善情况如何(10)</td><td></td><td></td><td></td><td></td></tr>
<tr><td colspan="2">项目实施过程中的原始记录是否符合要求(10)</td><td></td><td></td><td></td><td></td></tr>
<tr><td colspan="2">有关分析任务的实施报告是否符合要求(10)</td><td></td><td></td><td></td><td></td></tr>
<tr><td colspan="2">出具检测功能是否符合系统设计要求(10)</td><td></td><td></td><td></td><td></td></tr>
<tr><td colspan="2">课堂汇报是否流利、有见解(10)</td><td></td><td></td><td></td><td></td></tr>
<tr><td colspan="2">归档文件的条理性、整齐性、美观性(10)</td><td></td><td></td><td></td><td></td></tr>
<tr><td>总 计</td><td colspan="5"></td></tr>
<tr><td>改进意见</td><td colspan="5"></td></tr>
</table>

请沿此线剪下

请沿此线剪下

评 价 单(二)

表二:“机电设备安装与调试”课程考评表(学生互评表)

<table>
<tr><td rowspan="2">评价要点</td><td colspan="4">评价标准</td></tr>
<tr><td>优 8～10</td><td>良 6～8</td><td>中 4～6</td><td>差 2～4</td></tr>
<tr><td>1. 学习态度是否主动,是否能按时保质的完成教师布置的预习任务(10)</td><td></td><td></td><td></td><td></td></tr>
<tr><td>2. 是否完整地记录研讨活动的过程,收集的有关的资料是否有针对性(10)</td><td></td><td></td><td></td><td></td></tr>
<tr><td>3. 能否根据学习资料对项目进行合理分析,对所制定的方案进行可行性分析(10)</td><td></td><td></td><td></td><td></td></tr>
<tr><td>4. 是否能够完全领会教师的授课内容,并迅速的掌握技能(10)</td><td></td><td></td><td></td><td></td></tr>
<tr><td>5. 是否积极参与各种讨论与演讲,并能清晰的表达自己的观点(10)</td><td></td><td></td><td></td><td></td></tr>
<tr><td>6. 能否按照设计方案独立或合作完成电路设计(10)</td><td></td><td></td><td></td><td></td></tr>
<tr><td>7. 对设计装接过程中出现的问题能否主动思考,并使用现有知识进行解决(10)</td><td></td><td></td><td></td><td></td></tr>
<tr><td>8. 通过设计、装接是否达到要求能力目标(10)</td><td></td><td></td><td></td><td></td></tr>
<tr><td>9. 是否确立了安全、与团队合作精神(10)</td><td></td><td></td><td></td><td></td></tr>
<tr><td>10. 工作过程中是否保持整有序、规范的工作环境(10)</td><td></td><td></td><td></td><td></td></tr>
<tr><td>总　评</td><td colspan="4"></td></tr>
<tr><td>改进意见</td><td colspan="4"></td></tr>
</table>

知识拓展

计算机触摸屏的建立

一、软件的安装

计算机最低硬件要求(推荐配置):

CPU:INTEL Pentium Ⅱ 以上等级

内存: 128MB 以上(推荐 512 MB)

硬盘: 2.5GB 以上,最少留有 100 MB 以上的磁盘空间(推荐 40 GB 以上)

光驱: 4 倍速以上光驱一个

显示器: 支持分辨率 800 × 600,16 位色以上的显示器(推荐 1 024 × 768,32 位真彩色以上)。

鼠标键盘: 各一个。

RS - 232 COM 口: 至少保留一个,以备触摸屏在使用串口线通信时使用。

USB 口:USB 1.1 以上主口。

打印机:一台。

操作系统:Windows 2000/ Windows XP。

1. 安装步骤

(1)将光盘放入光驱,计算机将会自动运行安装程序,或者您手动运行光盘根目录下的(Setup. exe)。

屏幕显示如图 4 - 21 和图 4 - 22 所示。

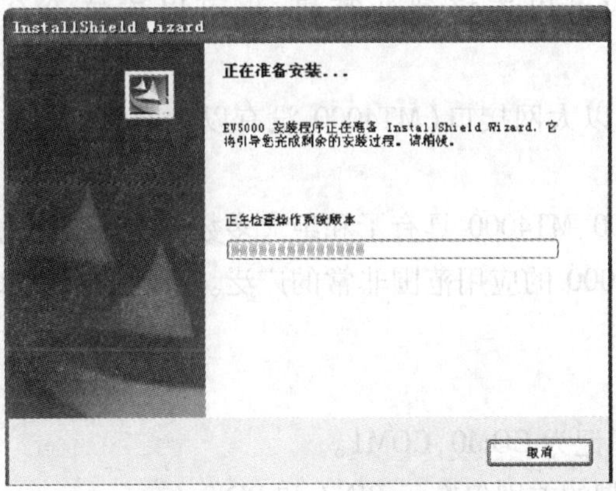

图 4 - 22

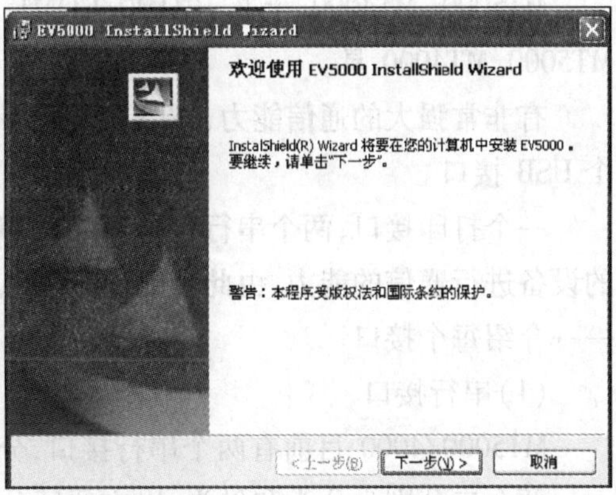

图 4 - 23

(2)根据向导提示,一路按下【下一步】,输入用户信息,如图 4 - 23 ~ 图 4 - 25 所示。

(3)按下[完成],软件安装完毕。

(4) 要运行程序时,可以从菜单[开始]/[程序]/[Stepservo]/[ev5000]下找到相应的可执行程序即可。

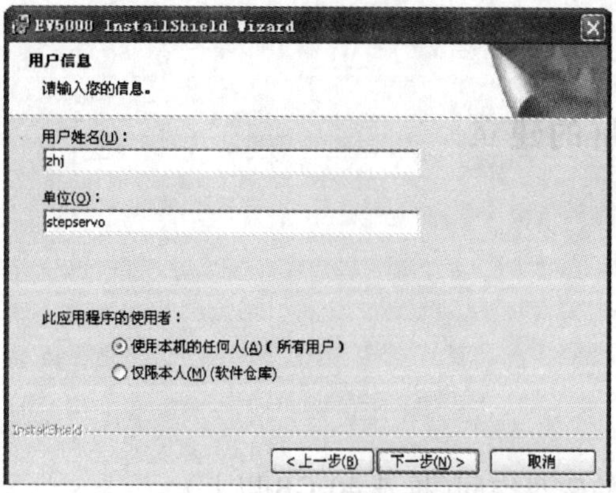

图 4－24

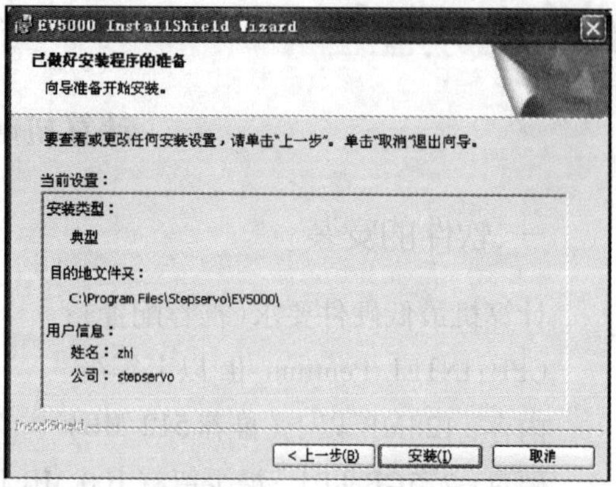

图 4－25

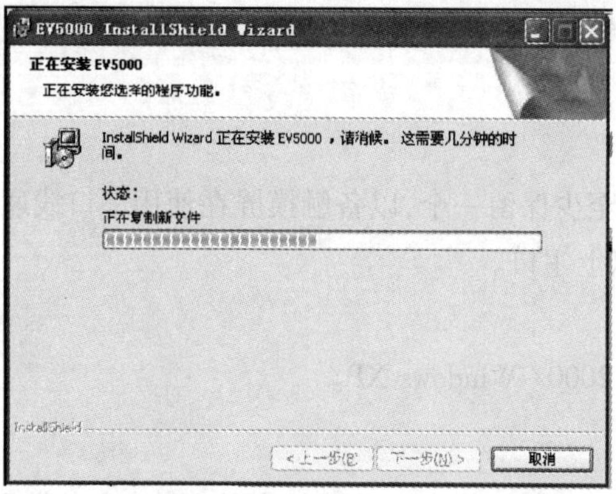

图 4－26

2. 接口图

MT5000，MT4000 上的 COM0/COM1 口均可以连接到计算机，也可以连接 PLC。MT5000，MT4000 具。

有非常强大的通信能力，MT5000 拥有一个以太网接口（MT4000 没有以太网接口），一个 USB 接口。

一个打印接口，两个串行接口。因此 MT5000、MT4000 具有了和绝大多数具有通信能力的设备进行通信的能力，由此可见 MT5000、MT4000 的应用范围非常的广泛。下面我们就来一一介绍每个接口。

（1）串行接口

MT5000/4000 目前有两个串行接口，分别标记为 COM0，COM1。

两个口分别为公头和母头，以方便区分，管脚的差别仅在于 PIN7 和 PIN8。

COM0 为 9 针公头，管脚定义如图 4－26 所示。

COM1 为 9 针母头，管脚图如图 4－27 所示，与 COM0 的区别仅在于 PC_RXD，PC_TXD 被换成了 PLC 232 连接的硬件流控 TRS_PLC，CTS_PLC。

（2）以太网接口（Ethernet）

MT5000（MT4000 没有以太网接口）具有一个 10M/100M 自适应网络接口，可以实现程序的下载。

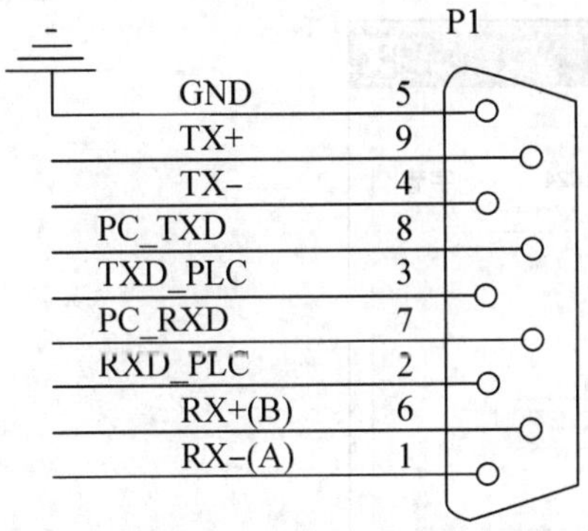

PC232/PLC232-NO HARDWARE CONTROL/485/422

图 4－27 COM0 MALE

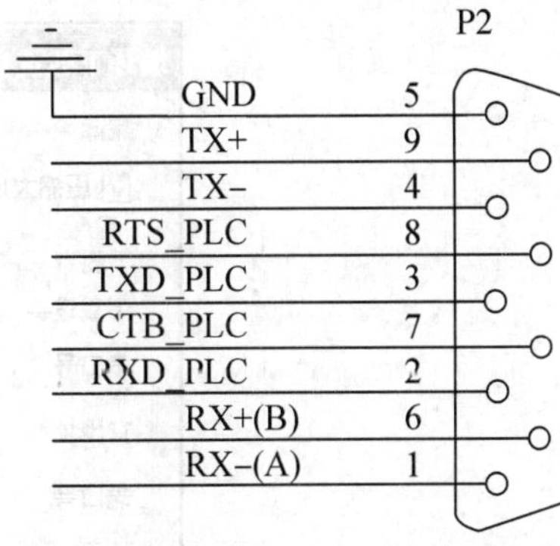

PLC232-HARDWARE CONTROL/485/422

图 4－28 COMI FEMALE

使用以太网可以进行如下的操作：

1）从 PC 下载程序到 HMI，它的速度比通过 RS232 或 USB 都要快很多；

2）实现多个 HMI 的组网互联；

3）实现 HMI 与现场设备之间的通信；

(3) 以太网接口设置

以太网接口的设置如下：

1) 在工程结构窗口，双击 HMI 图标，就会弹出如图 4－28 所示的对话框。

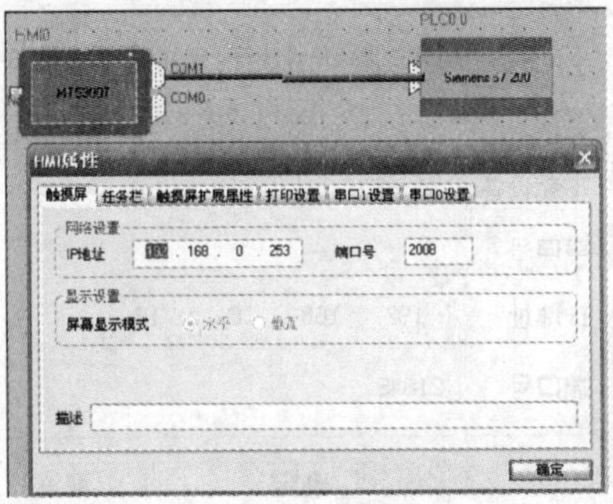

图 4－29

2) 设置 IP 地址、端口号，如图 4－29 所示。注意，同一网络中 IP 地址不能一样。

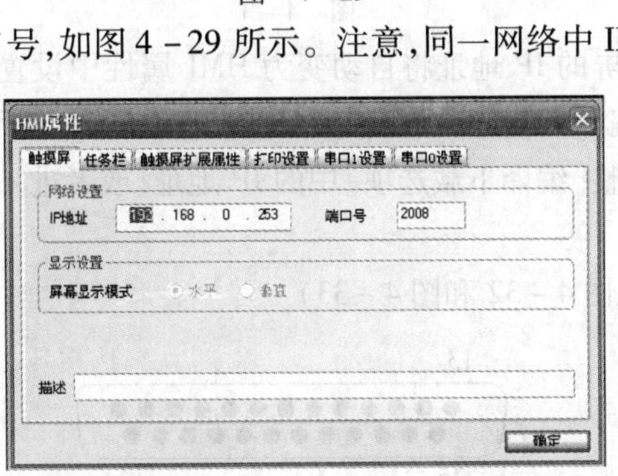

图 4－30

3) 保存编译后，可通过串口或 USB 端口下载 HMI 的 IP 地址。下载后，屏的 IP 地址将变为上图所设置的 IP 地址,如图 4 - 30 所示。

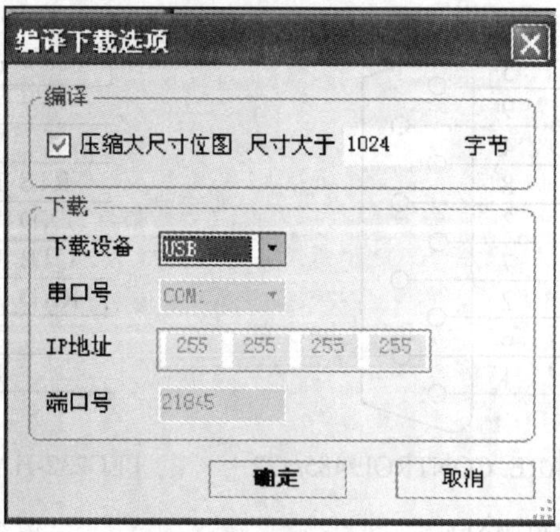

图 4 - 31

4)如果通过以太网接口来下载程序,需要把 IP 地址设置与 PC 相异。你可以通过触摸屏后面的两个拨码开关全部拨到 ON,然后复位 HMI,即可进入内置的 SETUP 界面,进行 IP 地址的修改。

5)点击[工具]菜单里[设置选项],打开编译下载选项,选择下载设备为“以太网”,设置为触摸屏的 IP 地址与端口号,如图 4 - 31 所示。

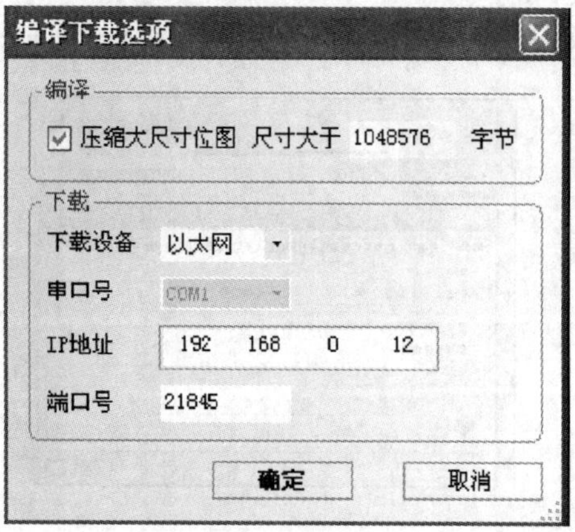

图 4 - 32

注意:工程下载后,屏的 IP 地址将自动变为 HMI 属性中设置的 IP 地址。如果 HMI 属性中设置的 IP 地址与编译下载选项中设定的 IP 地址不一致,使用旧的下载 IP 地址将无法成功下载。此时需要调整[编译下载选项]中的 IP 地址,或者进入 SETUP 状态,修改屏的当前 IP 地址。

(4)打印机接口(见图 4 - 32 和图 4 - 33)

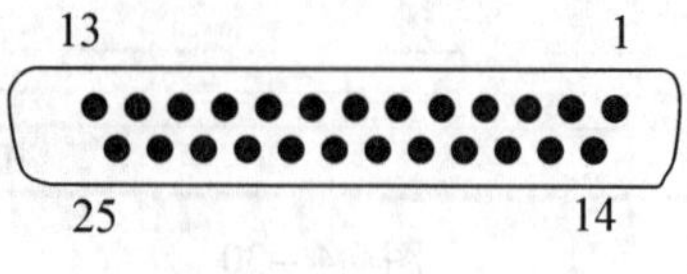

图 4 - 33 标准打印口 25 针 D 型母座

MT5000 系列以及 MT4400T，MT4500T 系列提供了一个打印机接口，接口设置与电脑接口一样。

MT4300 系列提供了一个 15 针的打印接口。

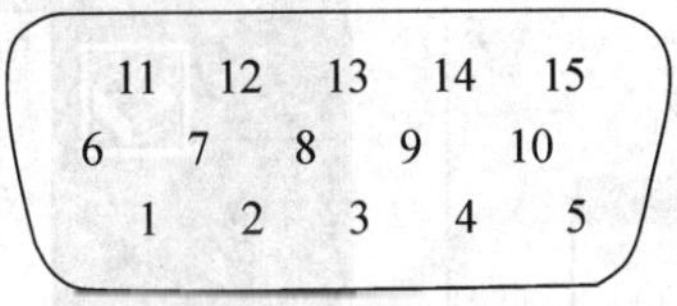

图 4－34　并行打印通信端口 15 针 D 型母座

用户可以在线打印窗口、事件、文本、位图等等。

打印机设置：在工程结构窗口中，双击 HMI 图标，就会弹出［HMI 属性］对话框，然后进入［打印机设置］，如图 4－34 所示。

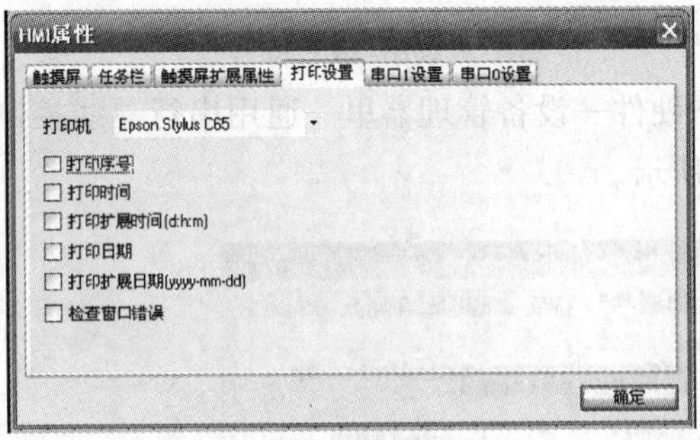

图　4－35

（5）USB 接口

MT5000，MT4000 提供了一个高速的下载通道，这就是 USB 口，它将大大加快下载的速度，且不需要预先知道目标触摸屏的 IP 地址，因此建议使用 USB 来下载。

3. 如何安装 USB 驱动

第一次使用 USB 下载，要手动安装驱动。把 USB 一端连接到 PC 的 USB 接口上，一端连接屏的 USB 接口，在屏上点的条件下，会弹出如图 4－35 所示的安装信息。

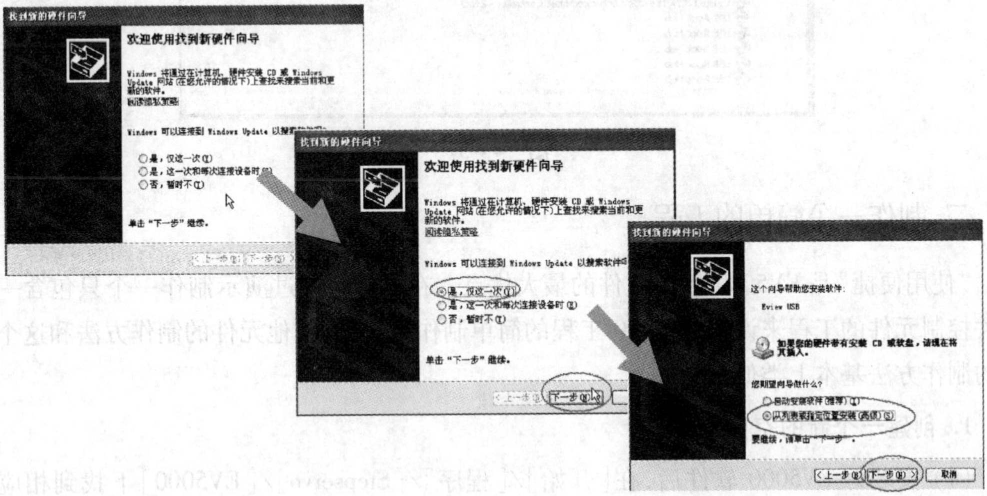

图　4－36

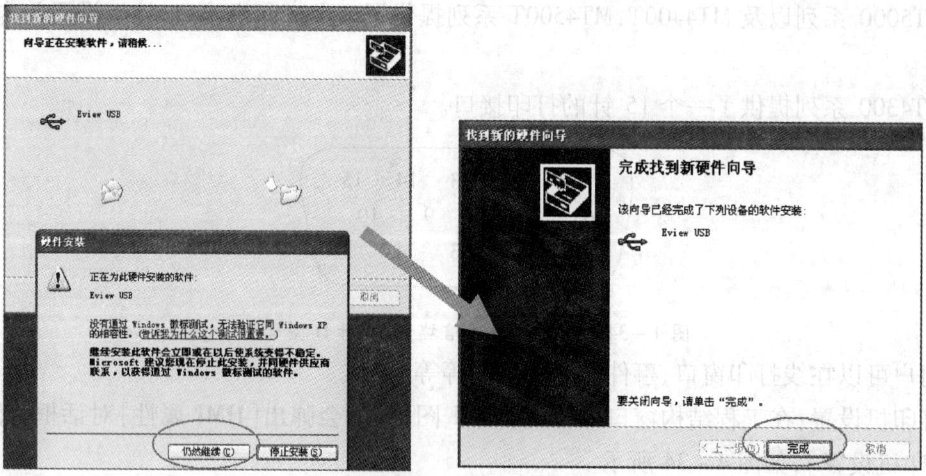

续图　4-36

从我的电脑—属性—硬件—设备管理器里—通用串行总线控制器,可以查看到 USB 是否安装成功,如图 4-36 所示。

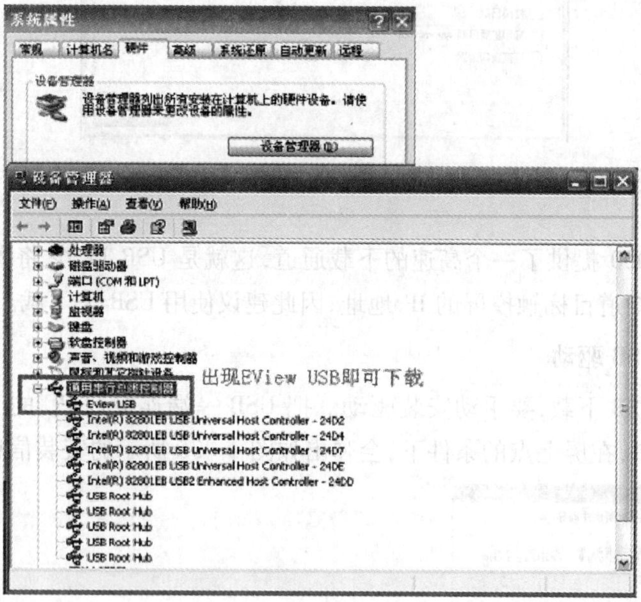

图　4-37

二、制作一个简单的工程

“使用便捷”是 EV5000 组态软件的最大优点。在这里将通过演示制作一个只包含一个开关控制元件的工程来说明 EV5000 工程的简单制作方法,而其他元件的制作方法和这个开关的制作方法基本上类似。

1. 创建一个新的空白工程

(1) 安装好 EV5000 软件后,在[开始]/[程序]/[Stepservo]/[EV5000]下找到相应的可执行程序点击。

(2) 这时将弹出如图 4 - 37 所示画面。

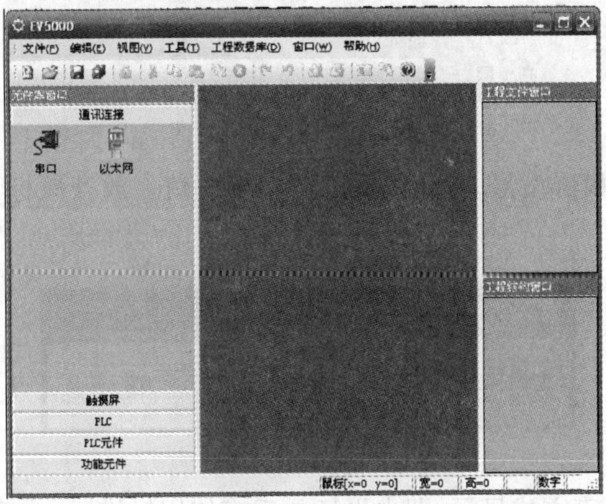

图 4 - 38

(3) 点击菜单[文件]里的[新建工程],这时将弹出如图 4 - 38 所示对话框,输入想建工程的名称。

(4)以点击“ > > ”来选择所建文件的存放路径,如图 4 - 39 所示。在这里我们命名为“test_01”。点击[建立]即可。

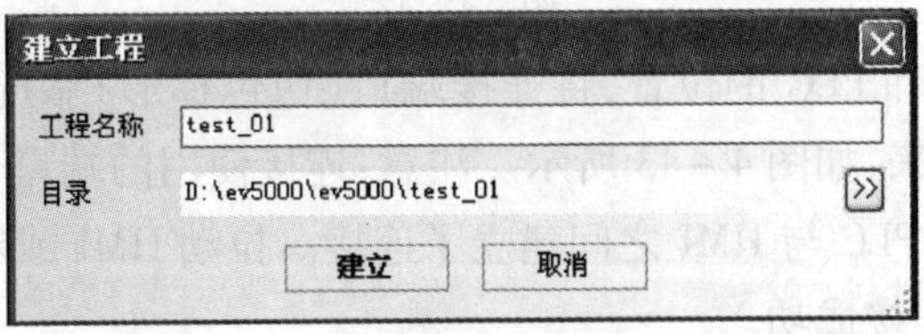

图 4 - 39

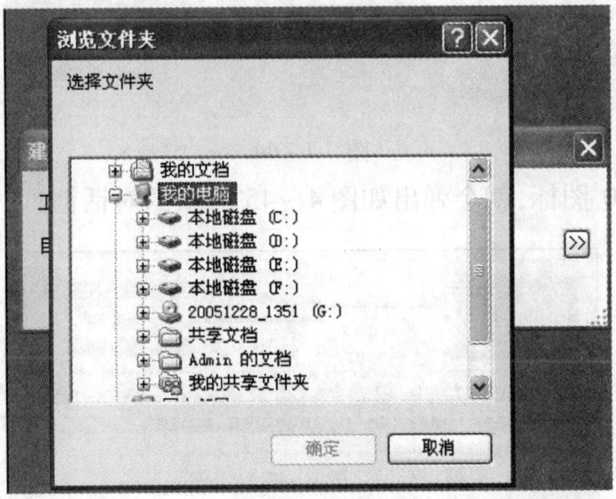

图 4 - 40

(5)选择所需的通信连接方式,MT5000 支持串口、以太网连接,点击元件库窗口里的通信连接,选中所需的连接方式拖入工程结构窗口中即可,如图 4 - 40 所示。

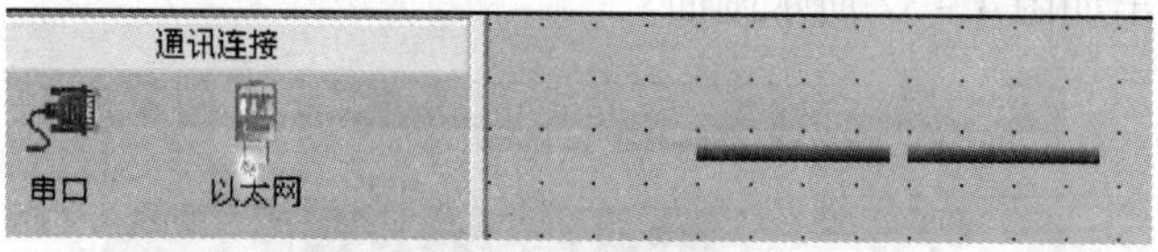

图 4-41

(6)选择所需的触摸屏型号,将其拖入工程结构窗口。放开鼠标,将弹出如图 4-41 所示对话框。

图 4-42

可以选择水平或垂直方式显示,即水平还是垂直使用触摸屏,然后点击“OK”确认。

(7)选择需要连线的 PLC 类型,拖入工程结构窗口里,如图 4-42 所示。

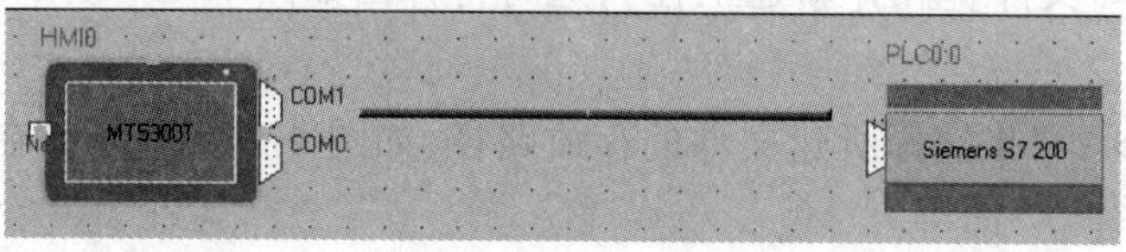

图 4-43

(8)适当移动 HMI 和 PLC 的位置,将连接端口(白色梯形)靠近连接线的任意一端,就可以顺利把它们连接起来,如图 4-43 所示。注意:连接使用的端口号要与实际的物理连接一致。这样就成功地在 PLC 与 HMI 之间建立了连接。拉动 HMI 或者 PLC 检查连接线是否断开,如不断开就表示连接成功。

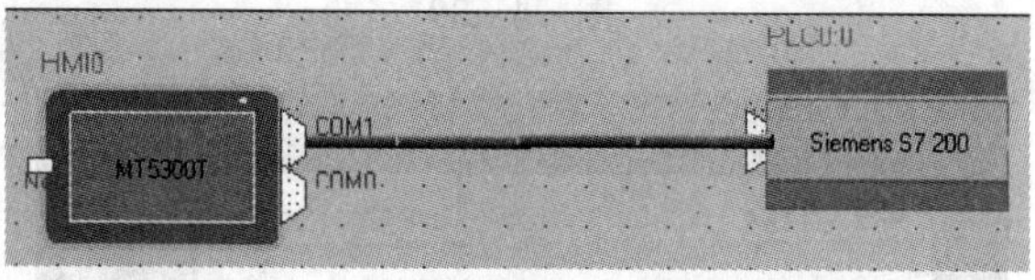

图 4-44

(9)然后双击 HMI0 图标,就会弹出如图 4-45 所示的对话框。

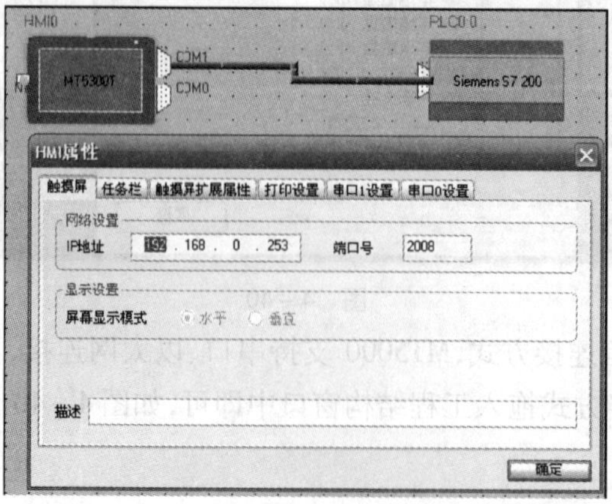

图 4-45

在此对话框中需要设置触摸屏的 IP 地址和端口号。如果使用的是单机系统,且不使用以太网下载组态和间接在线模拟,则可以不必设置此窗口。如果使用了以太网多机互联或以太网下载组态等功能,请根据所在的局域网情况给触摸屏分配唯一的 IP 地址。如果网络内没有冲突,建议不要修改默认的端口号。

(10)双击 PLC 图标,设置站号为相应的 PLC 站号,如衅 4-46 所示。

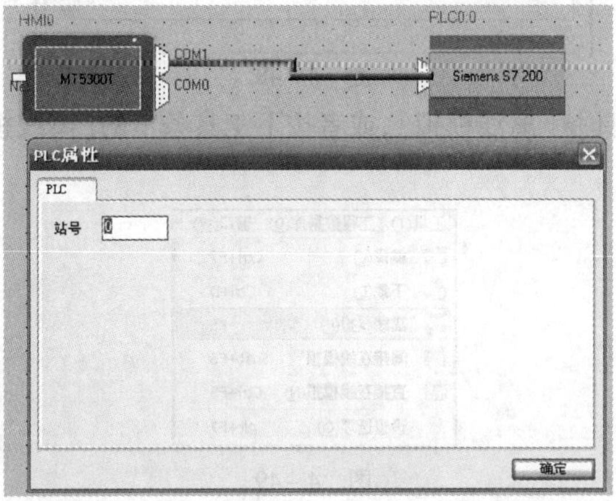

图 4-46

(11)设置连接参数:如图 4-47 所示,双击 HMI0 图标,在弹出的[HMI 属性]框里切换到[串口 1 设置]里修改串口 1 的参数(如果 PLC 连接在 COM0,请在[串口 0 设置]里修改串口 0 的参数),如下图所示:

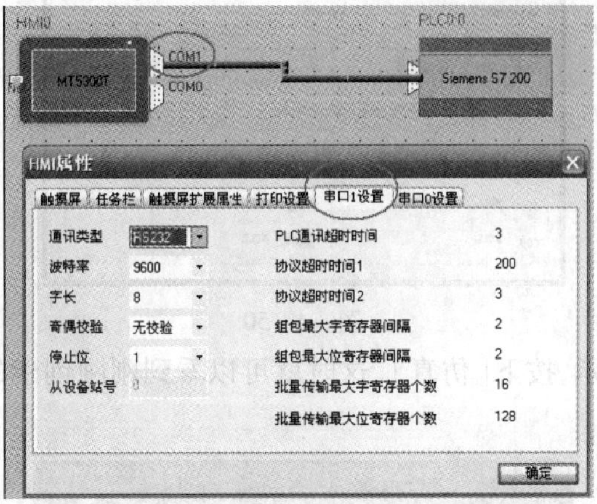

图 4-47

根据 PLC 连线情况,设置通信类型为 RS232,RS485-4W 或 RS485-2W,并设置与 PLC 相同的波特率,字长和校验位,停止位等属性。右面一栏非高级用户,一般不必改动。这样,新工程就创建好了。按下工具条上的[保存]图标即可保存工程。

(12)选择菜单[工具]/[编译],或者按下工具条上的[编译]图标。编译完毕后,在编译信息窗口会出现"编译完成",如图 4-48 所示。

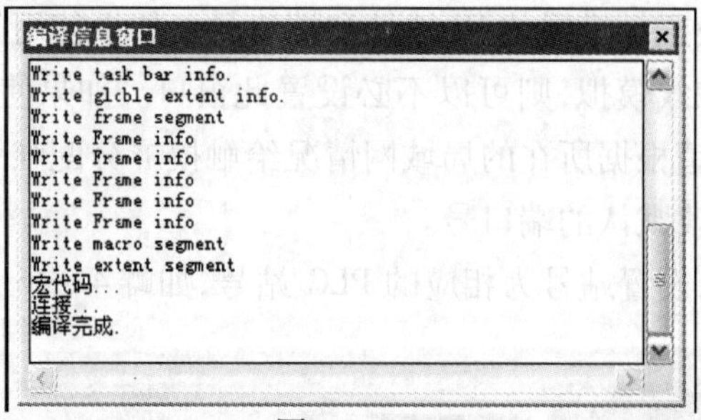

图 4-48

(13)选择菜单[工具]/[离线模拟],或者按下工具条上的[离线模拟]图标,如图4-49所示。

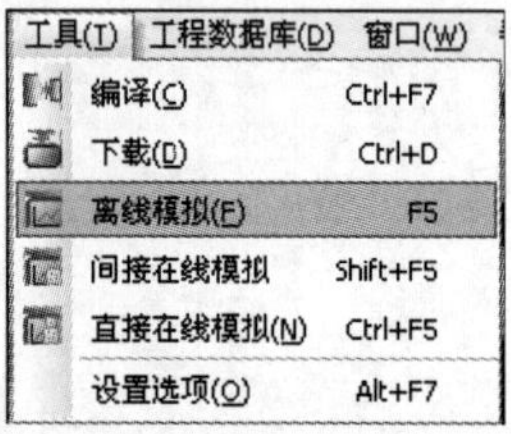

图 4-49

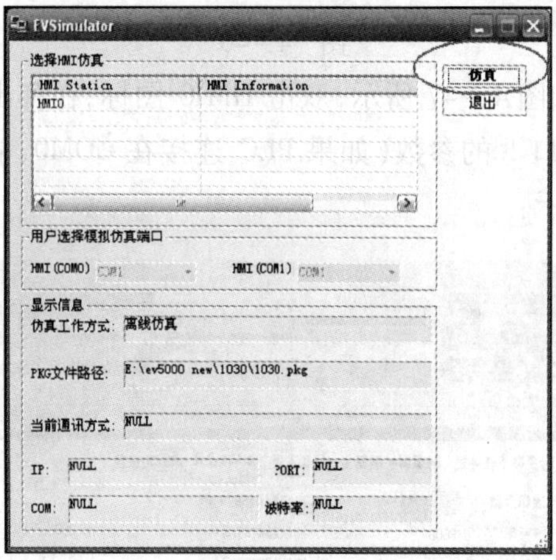

图 4-50

(14)如图4-50所示,按下[仿真],这时就可以看到刚刚创建的新空白工程的模拟图了,如图4-51所示。

图 4-51

可以看到该工程没有任何元件，并不能执行任何操作。在当前屏幕上单击鼠标右键[Close]或者直接按下空格键可以退出模拟程序。

2. 创建一个开关元件

接下来向这个工程中添加一个开关元件。

(1)首先在工程结构窗口中，选中 HMI 图标，点击右键里的[编辑组态]，如下图所示。

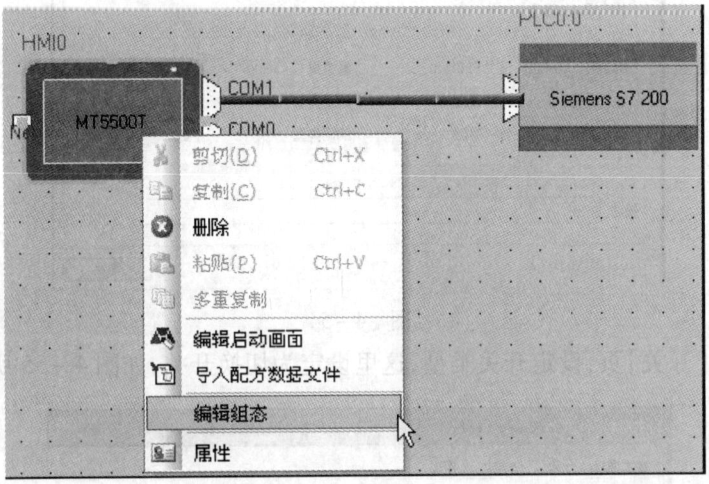

图　4-52

(2)然后就进入了组态窗口，如图 4-53 所示。

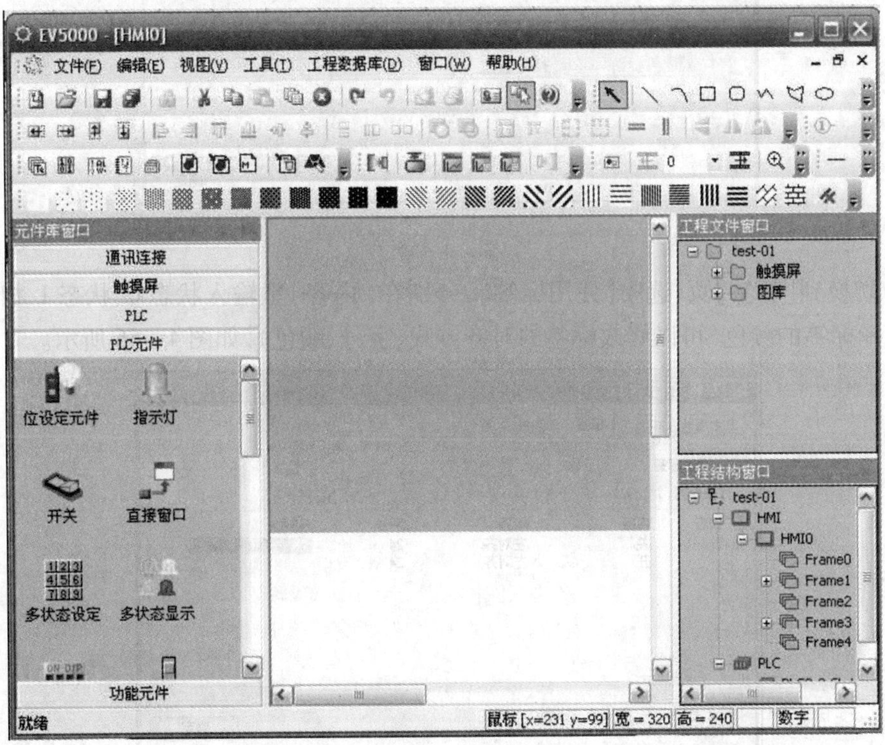

图　4-53

(3)在左边的 PLC 元件窗口里,轻轻点击图标 

,将其拖入组态窗口中放置,这时将弹出位控制元件[基本属性]对话框,设置位控制元件的输入/输出地址,如图 4-54 所示。

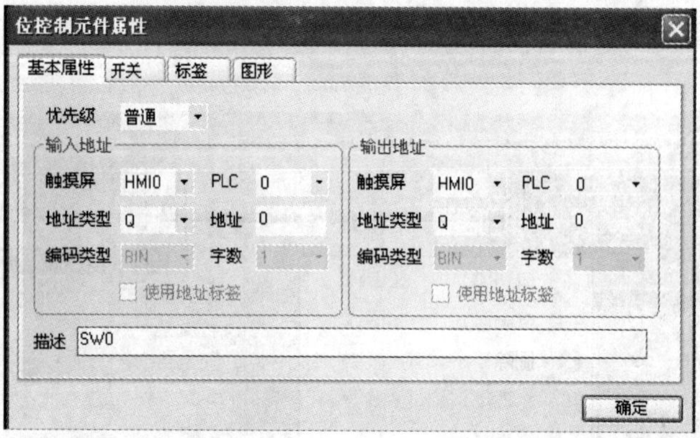

图 4-54

(4)切换到[开关]页,设定开关类型,这里设定为切换开关,如图 4-55 所示。

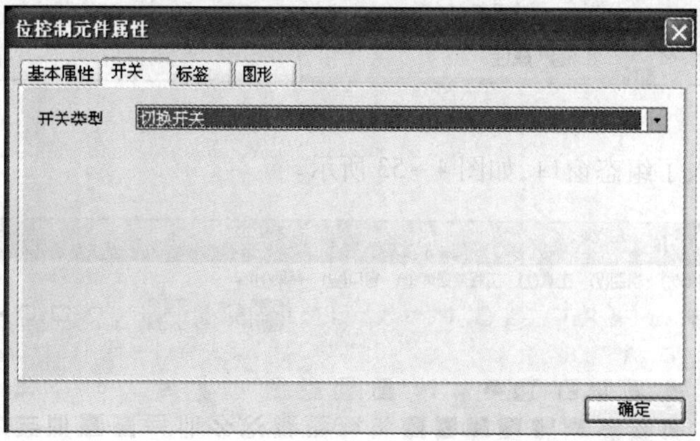

图 4-55

(5)切换到[标签]页,选中[使用标签],分别在[内容]里输入状态 0、状态 1 相应的标签,并选择标签的颜色(可以修改标签的对齐方式、字号、颜色),如图 4-56 所示。

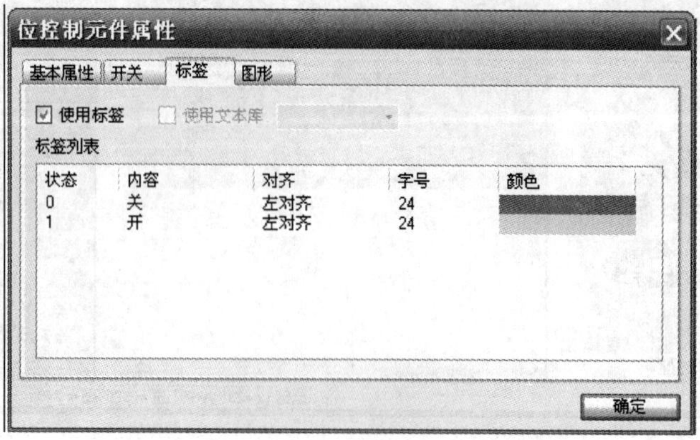

图 4-56

(6)切换到[图形]页,选中[使用向量图]复选框,选择一个想要的图形,这里选择了如图4-57所示的开关。

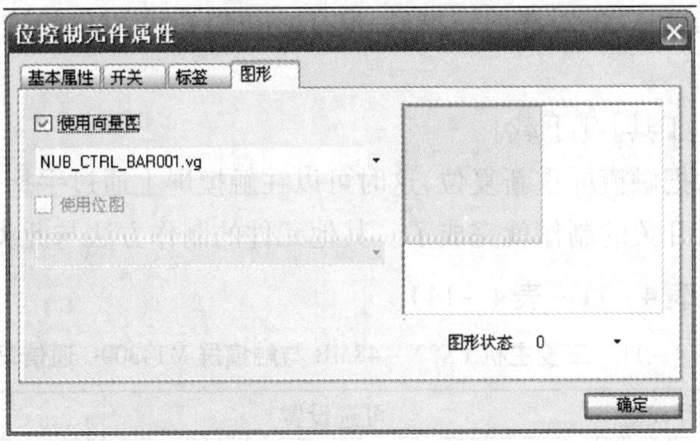

图4-57

(7)最后点确定关闭对话框,放置好的元件如图4-58所示。

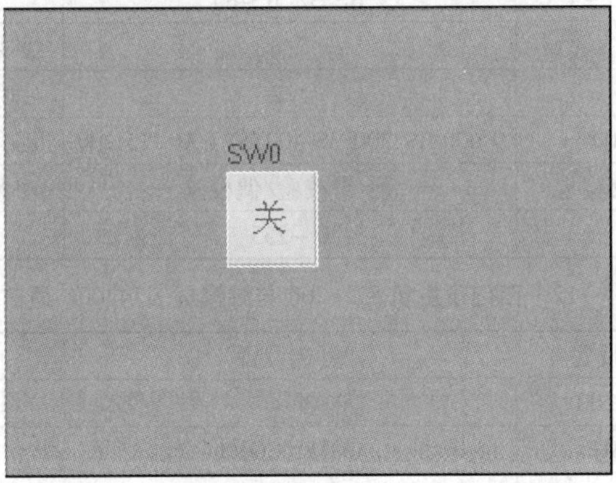

图　4-58

(8)选择工具条上的[保存],接着选择菜单[工具]/[编译]。如果编译没有错误,那么这个工程就做完了。

(9)选择菜单[工具]/[离线模拟]/[仿真]。可以看到设置的开关在点击它时将可以来回切换状态,和真正的开关一模一样！如图4-59所示。

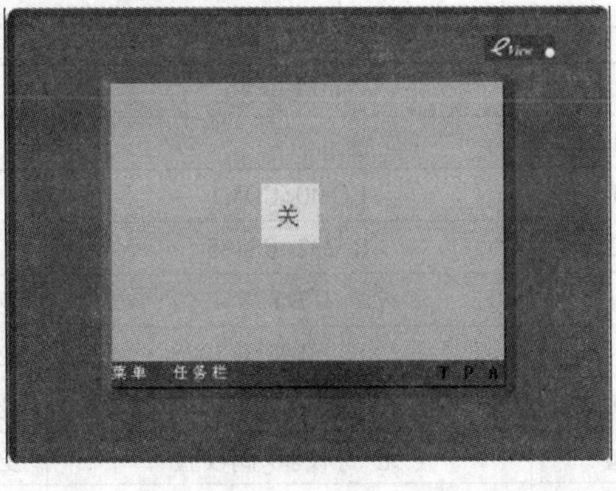

图　4-59

(10)如果设置了 IP 地址,则可以使用间接在线模拟。

(11)选择菜单[工具]/[间接在线模拟],这时在计算机屏幕上用鼠标触控该开关,将可以发现已经可以控制 PLC 的对应的输出口 Q0 了。可以让该 PLC 的这个输出口来回切换开关状态。

(12)选择菜单[工具]/[下载]。

(13)下载完毕,把触摸屏重新复位,这时可以在触摸屏上通过手指来触控这个开关了。

(14)到此为止,开关的制作就完成了。其他元件的制作方法与此类似。

3. 通信设置(见表 4-11 ~ 表 4-14)

表 4-11　三菱主机 FX2N-48MR 与触摸屏 MT4300C 通信设置

参　数	推荐设置	可选设置	注意事项
PLC 类型	FX2N-48MR		
通信口类型	COM1	COM0/COM1	
通信类型	RS485-4	RS232/RS485	
数据位	7	7/8	必须与 PLC 通信口设定一致
停止位	1	1/2	必须与 PLC 通信口设定一致
波特率	9 600	9 600/19 200/38 400/57 600/115 200	必须与 PLC 通信口设定一致
校验	偶校验	无/奇校验/偶校验	必须与 PLC 通信口设定一致
PLC 站号	0	0 ~ 255	必须采用推荐设定

表 4-12　西门子主机 S7-200 与触摸屏 MT4300C 通信设置

参　数	推荐设置	可选设置	注意事项
PLC 类型	S7-200		
通信口类型	COM1	COM0/COM1	
通信类型	RS485-2	RS232/RS485	
数据位	8	7/8	必须与 PLC 通信口设定一致
停止位	1	1/2	必须与 PLC 通信口设定一致
波特率	9 600	9 600/19 200/38 400/57 600/115 200	必须与 PLC 通信口设定一致
校验	偶校验	无/奇校验/偶校验	必须与 PLC 通信口设定一致
PLC 站号	2	0 ~ 255	必须采用推荐设定

表 4-13　松下主机 FP-X L60 与触摸屏 MT4300C 通信设置

参　数	推荐设置	可选设置	注意事项
PLC 类型	FP-X L60		
通信口类型	COM1	COM0/COM1	
通信类型	RS232	RS232/RS485	
数据位	8	7/8	必须与 PLC 通信口设定一致
停止位	1	1/2	必须与 PLC 通信口设定一致
波特率	9 600	9 600/19 200/38 400/57 600/115 200	必须与 PLC 通信口设定一致
校验	奇校验	无/奇校验/偶校验	必须与 PLC 通信口设定一致
PLC 站号	1	0 ~ 255	必须采用推荐设定

表 4-14　欧姆龙主机 CPM2AH 与触摸屏 MT4300C 通信设置

参　数	推荐设置	可选设置	注意事项
PLC 类型	CPM2AH		
通信口类型	COM1	COM0/COM1	
通信类型	RS232	RS232/RS485	
数据位	7	7/8	必须与 PLC 通信口设定一致
停止位	2	1/2	必须与 PLC 通信口设定一致
波特率	9 600	9 600/19 200/38 400/57 600/115 200	必须与 PLC 通信口设定一致
校验	偶校验	无/奇校验/偶校验	必须与 PLC 通信口设定一致
PLC 站号	0	0～255	必须采用推荐设定

思考与练习

1. 简述自动化生产线搬运、传送与分拣机构的组成。
2. 自动化生产线搬运、传送与分拣机构的工作流程。
3. 简述自动化生产线搬运、传送与分拣机构安装流程。
4. 简述自动化生产线搬运、传送与分拣机构调试流程。
5. 制作一个触摸屏“启动”“停止”“取款”“存款”软开关。

参考文献

[1] 王金娟. 机电设备组装与调试技能训练[M]. 北京:机械工业出版社,2010.
[2] 郝岷. 自动化生产线[M]. 北京:电力出版社,2012.
[3] 田亚娟. 单片机原理与应用[M]. 大连:大连理工大学出版社,2010.
[4] 邹益民. 单片机C语言教程[M]. 北京:中国石化出版社,2010.
[5] 吕景泉. 自动化生产线安装与调试[M]. 北京:中国铁道出版社,2009.
[6] 朱兴才. 液压传动与控制[M]. 重庆:重庆大学出版社,2012.
[7] 张洪润. 传感器原理及应用[M]. 北京: 清华大学出版社,2008.
[8] 董海棠. 电气控制及PLC技术[M]. 北京:人民邮电出版社,2013.
[9] 滕文建. 液压与气压传动[M]. 北京:北京大学出版社,2010.
[10] 徐冬元. 钳工工艺与技能训练[M]. 北京:高等教育出版社,2007.